FACHBUCHREIHE
für wirtschaftliche Bildung

Wissen macht sicher

➠ **Sicher in die (Meister-)Prüfung**

➠ **Bestehen im Beruf/in der Schule**

- **Rechnungswesen**
- **Wirtschaft**
- **Recht und Steuern**

von Achim Pollert
      Bernd Kirchner

9. Auflage

VERLAG EUROPA-LEHRMITTEL · Nourney, Vollmer GmbH & Co. KG
Düsselberger Straße 23 · 42781 Haan-Gruiten

Europa-Nr.: 79110

Autoren

Achim Pollert,   Dipl.-Handelslehrer, Oberstudienrat   Bad Wildungen

Bernd Kirchner,   Dipl.-Ökonom, Bankkaufmann   Bad Wildungen

9., neubearbeitete Auflage 2016

Druck 5 4 3 2 1

Alle Drucke derselben Auflage sind parallel einsetzbar, da sie bis auf die Behebung von Druckfehlern untereinander unverändert sind.

ISBN 978-3-8085-2645-3

© 2016 by Verlag EUROPA-LEHRMITTEL, Nourney, Vollmer GmbH & Co. KG, 42781 Haan-Gruiten
        http://www.europa-lehrmittel.de
Umschlaggestaltung: Michael M. Kappenstein, 60385 Frankfurt/M.
Layout, Satz und Grafik: rkt, 42799 Leichlingen, www.rktypo.com
Druck: Triltsch Print und digitale Medien GmbH, 97199 Ochsenfurt-Hohestadt

Vorwort

Angst vor der Prüfung? Sicherheit im Unterricht erwerben? –

Dann haben Sie mit

»Wissen macht sicher«

das richtige Buch in Händen, um sich fit zu machen für Ihre Prüfung, für Ihren Kurs.

Das Buch enthält alle wirtschaftlichen und rechtlichen Inhalte, auch für Teil III der Meisterprüfung.

In Frage- und Antwortform (auch mit Kurzantwort) enthält es folgende Handlungsfelder:

☞ **Grundlagen des Rechnungswesens und Controllings** mit Buchhaltung und Bilanz, Kosten- und Erlösrechnung, Bilanz- und Erfolgsanalyse;

☞ **Grundlagen der Berufsausbildung**

☞ **Grundlagen wirtschaftlichen Handelns** mit gesamtwirtschaftlichen Grundlagen, Marketing, Organisation, Betriebsgründung, Personalwesen und Finanzierung;

☞ **Rechtliche und Steuerliche Grundlagen** mit bürgerlichem Recht, Handwerks- und Handelsrecht, Arbeitsrecht, Wettbewerbs- und Verbraucherrecht, Sozialversicherungsrecht und Steuerwesen.

Im fünften Teil finden Sie

☞ über **250 Prüfungsfragen** mit den **Lösungen** im Anhang. Testen Sie sich, auch wenn Sie zur Zeit nicht geprüft werden.

Jetzt sind Sie dran!

Viel Erfolg wünschen Ihnen die Verfasser.

Für Anregungen, Kritik und Fragen stehen wir Ihnen gerne zur Verfügung:

Achim Pollert, Am Langen Rod 70, 34537 Bad Wildungen,
Tel.: 0 56 21/9 21 31, E-Mail: apollert@gmx.de

Bernd Kirchner, Am Birkenacker 2, 34537 Bad Wildungen, Tel.: 0 56 21/47 18

• Wollen Sie sich mit **Rechnungswesen** (Buchführung, Kostenrechnung, Bilanzanalyse) intensiver auseinandersetzen, empfehlen wir Ihnen das Lehr- und Arbeitsbuch
»Aufstieg im Handwerk – Rechnungswesen und Controlling«
im Verlag Europa-Lehrmittel, Europa-Nr.: 99111

Inhaltsverzeichnis

A Grundlagen des Rechnungswesens und Controllings

I Buchhaltung und Bilanz

1 Einführung in die Buchführung

1.1 Grundlagen

1 *In welche Bereiche gliedert sich das Rechnungswesen?*

Die **Buchführung** erfasst alle Bestände der Vermögens- und Kapitalteile des **Unternehmens** sowie alle Arten von Aufwendungen (Werteverbrauch) und Erträgen (Wertezuwachs) für einen bestimmten Zeitabschnitt (Geschäftsjahr, Quartal, Monat).

Die **Kosten- und Leistungsrechnung (KLR)** befasst sich mit den wirtschaftlichen Daten des **Betriebes als Ort der Leistungserstellung.** Über Einkauf, Lagerung, Produktion und Absatz werden die **Kosten (Werteverbrauch der Betriebstätigkeit)** und die **Leistungen (Wertezuwachs durch Kundenzahlungen)** in dem Betriebserfolg erfasst. Neben der Kostenaufstellung für einen Zeitabschnitt ist die wichtigste Aufgabe die Ermittlung der **Selbstkosten** (Kalkulation des Angebotspreises eines Produktes).

Die betriebswirtschaftliche **Statistik** bereitet die Zahlen der Buchführung und der KLR auf, um sie in tabellarischer und grafischer Form darzustellen.

Die **Planungsrechnung** beruht auf den Zahlen der Buchführung, KLR und Statistik, um die zukünftige betriebliche Entwicklung in Form von z.B. Kostenvoranschlägen zu berechnen.

Das betriebliche Rechnungswesen gliedert sich in 4 Bereiche:

- **Buchführung** (Zeitrechnung)
- **Kosten- und Leistungsrechnung** (Stück- und Zeitrechnung)
- **Statistik** (Vergleichsrechnung)
- **Planungsrechnung** (Vorschaurechnung)

2 *Was bezeichnet man als Buchführung?*

Die planmäßige, lückenlose und ordnungsmäßige Erfassung und **Aufzeichnung der Geschäftsfälle** eines Unternehmens aufgrund von **Belegen.**

3 *Welche Geschäftsfälle gibt es z.B. im Handwerksbetrieb?*

Geschäftsfälle eines Betriebes, der **Werkstoffe** (Roh-, Hilfs- und Betriebsstoffe) mit Hilfe von **Betriebsmitteln** (z.B. Gebäude, Maschinen, Werkzeuge) zu neuen Erzeugnissen be- und verarbeitet und die fertigen Erzeugnisse verkauft, sind z.B.:

- Ein Schreiner **kauft** Holz für 2000 € und bezahlt bar.
- Ein Elektromeister **verbraucht** Roh-, Hilfs- und Betriebsstoffe für 800 €.
- Ein Bäcker **verkauft** Brötchen an eine Klinik für 1500 €.

Alle Vorgänge im Betrieb
- Käufe
- Verbrauch
- Verkauf
- Geldzahlungen

4 *Welchen Zwecken dient die Buchführung?*

Die Buchführung dient

1. der **Selbstinformation** des Unternehmers (Dokumentation)
2. der **Rechenschaftslegung** gegenüber den Gesellschaftern
3. als **Besteuerungsgrundlage**
4. dem **Gläubigerschutz** und
5. als **Beweismittel** in einem Prozess

5 *Worüber kann sich der Unternehmer anhand der Buchführung informieren?*

Der Unternehmer informiert sich im wesentlichen

1. wie sich sein **Vermögen** und seine **Schulden** zusammensetzen und verändern,
2. welchen **Gewinn** oder **Verlust** er innerhalb eines Zeitraums erwirtschaftet hat,
3. welche **Aufwendungen** und **Erträge** seinen Erfolg im einzelnen beeinflusst haben,
4. wie hoch seine **Privatentnahmen** sind.

Selbstinformation über
- Vermögen und Schulden
- Gewinn oder Verlust
- Privatentnahmen

6 *Welches Interesse hat das Finanzamt an der Buchführung?*

Wesentliche **Besteuerungsgrundlagen** ergeben sich aus der **Buchführung** (z.B. Verkaufserlöse (= Umsatz), (Gewinn). Das Finanzamt hat das Recht nachzuprüfen, ob die angegebenen Besteuerungsgrundlagen stimmen. Bei einer Betriebsprüfung dient die Buchführung als **Kontrollmittel** zur Feststellung der zu entrichtenden Steuern.

Buchführung:
- Umsatz
- Gewinn
= wesentliche Besteuerungsgrundlage

7 *Weshalb dient die Buchführung auch dem Gläubigerschutz?*

Der **direkte** Gläubigerschutz besteht darin, dass sich eine Bank anhand geprüfter Buchführungszahlen vor der Kreditgewährung ein Urteil über die Kreditwürdigkeit des Kreditnehmers bildet und sich dann Kenntnisse über dessen wirtschaftliche Lage verschafft.

Indirekt kann die Buchführung zum Gläubigerschutz beitragen, wenn sie den Unternehmer davor bewahrt, zum Nachteil der Gläubiger (z.B. Aktionäre) wirtschaftliche falsch zu handeln und zu hohe Privatentnahmen vorzunehmen.

- Direkter Gläubigerschutz: Bank ist durch Buchführung über die Kreditwürdigkeit informiert.
- Indirekter Gläubigerschutz: Unternehmer soll gut wirtschaften.

8 *Wer ist handelsrechtlich zur Buchführung verpflichtet?*

Wer **buchführungspflichtig** ist, ergibt sich aus dem **Handelsgesetzbuch (HGB).** § 238 lautet: *»Jeder Kaufmann ist verpflichtet, Bücher zu führen und in diesen seine Handelsgeschäfte und die Lage seines Vermögens nach den Grundsätzen ordnungsmäßiger Buchführung ersichtlich zu machen.«* Das gilt für alle **Kaufleute.**

»Handelsgewerbe ist jeder Gewerbetrieb, es sei denn, dass das Unternehmen nach Art oder Umfang einen in kaufmännischer Weise eingerichteten Geschäftsbetrieb *nicht erfordert«* (§ 1 HGB). Diese sind **Nichtkaufleute.**

Das Handelsgesetzbuch (HGB) regelt die Buchführungspflicht.
- Jeder Kaufmann ist zur Buchführung verpflichtet.
- Nichtkaufleute sind nicht buchführungspflichtig.

9 *Wer ist steuerrechtlich zur Buchführung verpflichtet?*

Die **Abgabenordnung (AO)** regelt die steuerrechtliche Buchführungspflicht **(abgeleitete Buchführungspflicht)**. Nach **§ 140 AO** fallen alle **Kaufleute** darunter.

Durch **§ 141 AO** wird der buchführungspflichtige Kreis erweitert. Danach sind **alle gewerblichen Unternehmer** und damit auch Handwerksbetriebe verpflichtet für ihren Betrieb Bücher zu führen, wenn folgendes gilt:

1. Umsätze von mehr als **500 000 €** im Jahr oder einen

2. **Gewinn** aus dem Gewerbebetrieb von mehr als **50 000 €** pro Jahr. Betriebe können durch Wareneinkäufe am Jahresende den Gewinn noch mindern, sodass sie u. U. dann nicht buchführungspflichtig, sondern nur aufzeichnungspflichtig wären.

Selbstständig Tätige (z.B. Ärzte, Steuerberater) als **Nicht-Kaufleute** sind nicht buchführungs-, sondern nur **aufzeichnungspflichtig** (Betriebseinnahmen und Betriebsausgaben = Einnahmen-Überschussrechnung).

Die Abgabenordnung (AO) regelt die steuerrechtliche Buchführungspflicht.

Diese gilt für
- alle gewerblichen Unternehmer
- auch Nichtkaufleute, wenn die nebenstehenden Größen erreicht werden

10 A *Welche Ordnungsvorschriften sind beim Führen der Bücher zu beachten?*

Die **Grundsätze ordnungsmäßiger Buchführung** (GoB) sind vom Kaufmann zu beachten (§§ 238 HGB, §§ 145 AO), dies sind u.a.:

1. Die Buchführung muss so beschaffen sein, dass sie einem **sachverständigen Dritten** innerhalb angemessener Zeit einen Überblick über die Geschäftsfälle und über die Lage des Unternehmens vermitteln kann.

2. Keine Buchung ohne Beleg.

3. Die Buchungen sind **vollständig, richtig, zeitgerecht** und **geordnet** vorzunehmen. Dabei hat der Jahresabschluss sämtliche Vermögensgegenstände, Schulden, Aufwendungen und Erträge zu enthalten, wobei diese nicht gegenseitig verrechnet werden dürfen.

4. Eine Buchung darf nicht in einer Weise verändert werden, dass der **ursprüngliche Inhalt** nicht mehr feststellbar ist.

5. Kasseneinnahmen und -ausgaben sollen **täglich** festgehalten werden.

Beachtung der GoB[1]: Grundsatz der...
- Klarheit
- Wahrheit
- Vorsicht
- Wirtschaftlichkeit/Wesentlichkeit

10 B *Welche Aufbewahrungsfristen gelten?*

1. **10 Jahre** müssen aufbewahrt werden: Bilanzen, Buchführungskonten, Belege der Buchführung **(Rechnungen,** Bankauszüge, Darlehensunterlagen, Kassenbons, Preislisten, gesamte Lohnbuchhaltung, EDV-Software), Lieferscheine.

Aufbewahrungsfristen:
- 10 Jahre

A Grundlagen des Rechnungswesens und Controllings

---

[1] Seit 14.11.2014 verschärft die Finanzverwaltung die Anforderungen an die elektronische Buchführung; Stichwort: »Grundsätze ordnungsmäßiger Führung und Aufbewahrung von Büchern, Aufzeichnungen und Unterlagen in elektronischer Form (GoBD)«.

2. **6 Jahre** Aufbewahrungsfrist:

   Geschäftsbriefe, Kaufverträge, Lieferscheine, Frachtbriefe, Preislisten.

- 6 Jahre

---

11 *Was bedeutet der Grundsatz der Vorsicht?*

Die laufende Buchführung umfasst in erster Linie feste Daten. Anders dagegen in der **Bilanz.** Diese hier bewerteten, d.h. geschätzten Daten sollen im deutschen Recht grundsätzlich **vorsichtig** eingesetzt werden.

Vermögensgegenstände werden damit eher **niedriger** bewertet (Grundstückskauf: 50 000 €, heutiger Verkehrswert 200 000 €; Bilanzansatz: 50 000 €), **Schulden** sind eher **höher** anzusetzen (Rechnung in $, damals 0,88 € je $, zum Jahresabschluss 0,84 €; Bilanzansatz 0,88 €).

Der **Grundsatz** der **Vorsicht** bezieht sich auf die Bilanz im Jahresabschluss:
- Vermögen eher niedriger
- Schulden eher höher

ansetzen

---

12 *Was heißt Wirtschaftlichkeit und Wesentlichkeit?*

Um den Grundsätzen der Wahrheit, Klarheit und Vorsicht folgen zu können, sollen komplizierte Berechnungen und aufwendige z.B. Inventurverfahren vermieden werden, um die Buchführung **wirtschaftlich** betreiben zu können.

Sind Daten und Fakten für Kapitalgeber, Gläubiger, Geschäftspartner wichtig – dann sind sie in den Jahresabschluss zu übernehmen **(Wesentlichkeit).**

Der **Grundsatz** der **Wirtschaftlichkeit** soll den Buchführungsaufwand vereinfachen, der **Grundsatz** der **Wesentlichkeit** soll einen schnellen Überblick über den Jahresabschluss ermöglichen.

1.2 Inventur, Inventar, Bilanz, Konten, Buchungen

13 *Was bedeutet: »Ein Unternehmen macht Inventur«?*

Nach HGB (§ 240 und AO (§ 140 f.)) ist der Kaufmann verpflichtet, **Vermögen** und **Schulden** seines Unternehmens festzustellen:
1. bei **Gründung,**
2. zum **Schluss** eines **Geschäftsjahres** (häufig zum 31.12.),
3. bei **Auflösung** oder **Verkauf** seines Unternehmens

Diese Tätigkeit wird **Inventur** genannt. Diese **Bestandsaufnahme** soll alle Vermögensteile und Schulden des Unternehmens nach Art, Menge und Wert zu einem bestimmten Zeitpunkt (Stichtag) erfassen.

Neben dieser **körperlichen Inventur** (Roh-, Hilfs- und Betriebsstoffe, Handelswaren) gibt es die sogenannte **Buchinventur.** Dabei werden nichtkörperliche Gegenstände, wie z.B. Forderungen, Darlehensschulden mit Hilfe von Belegen und buchhalterischen Aufzeichnungen aufgenommen.

Inventur (= Bestandsaufnahme) ist die mengen- und wertmäßige Aufnahme aller Vermögensteile und Schulden eines Unternehmens zu einem bestimmten Zeitpunkt.

Durchführung der Inventur:
- körperliche (mengenmäßige) Inventur
- Buchinventur (wertmäßige Bestandsaufnahme)

14 *Welche Inventurverfahren werden unterschieden?*

Zur körperlichen Bestandsaufnahme **(Inventur)** der Vorräte nach § 240f. HGB unterscheidet man folgende Verfahren:

1. **Stichtaginventur.** Die Erfassung der Vorräte sowie Handelswaren zum Abschlussstichtag ist zeitraubend und schwierig. Diese Stichtaginventur muss **zeitnah,** d.h. in der Regel innerhalb einer Frist von 10 Tagen vor oder nach dem Abschlussstichtag (31.12.) durchgeführt werden.

2. **Permanente Inventur.** In einer **Lagerkartei** werden **fortlaufend** die Zu- und Abgänge der Vorräte nach Art und Menge während des Geschäftsjahres erfasst. Zum Abschlussstichtag kann der **Bestand** damit **buchmäßig** nachgewiesen werden. Zu einem beliebigen Zeitpunkt des Jahres müssen allerdings diese Buchbestände durch eine körperliche Bestandsaufnahme überprüft werden.

3. **Verlegte Inventur.** Die mengenmäßige Erfassung der Vorräte wird hierbei auf einen Zeitpunkt innerhalb der letzten **3 Monate vor** oder **2 ersten Monate nach Schluss** des Geschäftsjahres »verlegt«. Die Inventurwerte müssen dann auf den Abschlussstichtag **fortgeschrieben** bzw. **zurückgerechnet** werden.

4. **Stichprobeninventur.** Der Bestand an Vorräten darf auch mit Hilfe **mathematisch-statistischer Methoden** aufgrund von **Stichproben** ermittelt werden.

Verfahren zur körperlichen Bestandsaufnahme der Vorräte:
- Stichtaginventur (10 Tage vor oder nach Abschlussstichtag)
- Permanente Inventur (fortlaufende Erfassung in Lagerkartei)
- Verlegte Inventur (3 Monate vor oder 2 Monate nach Schluss des Geschäftsjahres)
- Stichprobeninventur (mathematisch-statistische Stichproben)

15 *Wann kann auf eine jährliche körperliche Bestandsaufnahme der Vorräte verzichtet werden?*

Inventurerleichterungen gibt es so, dass Roh-, Hilfs- und Betriebsstoffe, die einen geringeren Wert darstellen, für die Dauer von 3 Jahren mit einer gleichbleibenden Menge und Wert angesetzt werden können **(Festwertverfahren).** Auch können diese Vorräte mit einem Durchschnittswert je Gruppe angesetzt werden **(Gruppenbewertung).**

Verfahren zur Inventurerleichterung:
- Festwertverfahren
- Gruppenbewertung

16 *Was versteht man unter dem Inventar?*

Die durch die Inventur ermittelten Vermögensteile und Schulden werden nach Art, Menge und unter Angabe ihres Wertes in einem **Bestandsverzeichnis** oder **Inventar** zusammengestellt.

Das Inventar besteht aus den Werten aller **Vermögensteile,** den gesamten **Schulden** und dem **Reinvermögen** (Eigenkapital).

Dabei ist der **Unterschiedsbetrag** zwischen der Summe des Vermögens und der Summe der Schulden das **Reinvermögen (= Eigenkapital).**

Aus der Inventur wird das Bestandsverzeichnis = Inventar ermittelt.

Aufbau:
A. Vermögen   –
B. Schulden   =
C. Reinvermögen (Eigenkapital)

A Grundlagen des Rechnungswesens und Controllings

17 *Wie wird das Ver-*
mögen im Inventar
gegliedert?

Das **Vermögen** wird unterteilt in

1. **Anlagevermögen.** Dazu gehören alle Wirtschaftsgüter, die dazu bestimmt sind, **dauernd** dem Geschäftsbetrieb zu dienen, z.B. Grundstücke, Gebäude, Maschinen, Fahrzeuge, Betriebs- und Geschäftsausstattung.

2. **Umlaufvermögen.** Darunter werden alle Wirtschaftsgüter zusammengefasst, die dem Geschäftsbetrieb **nur vorübergehend** dienen, z.B. Vorräte (Roh-, Hilfs- und Betriebsstoffe), Handelswaren, Forderungen gegenüber Kunden, Bank- und Kassenbestand.

Gliederung des Vermögens:

- Anlagevermögen (alle dauerhaften Wirtschaftsgüter)

- Umlaufvermögen (nur vorübergehende Wirtschaftsgüter)

18 *Wie werden die*
Schulden im
Inventar
gegliedert?

Die **Schulden** werden unterteilt in

1. **Langfristige Schulden.** Hypotheken- und Darlehensschulden gegenüber Banken.

2. **Kurzfristige Schulden.** Liefererschulden, kurzfristige Bankschulden aus dem laufenden Konto, Schulden gegenüber dem Finanzamt aus Umsatz- und Lohnsteuer. Diese Schulden sind in der Regel solche, die innerhalb von 90 Tagen fällig werden

Beispiel:

(siehe *Nr. 21*).

Gliederung der Schulden:

- Langfristige Schulden

- Kurzfristige Schulden

Inventar-Beispiel
siehe Seite 13

19 *Was versteht man*
unter einer
Bilanz?

Jeder **Kaufmann** hat nicht nur ein Inventar, sondern auch eine **Bilanz aufzustellen** (§ 242 HGB). Während im Inventar alle Vermögensgegenstände und Schulden einzeln **untereinander** aufgeführt werden, erfasst die Bilanz das Vermögen und das Kapital in einer kurzen **Gegenüberstellung.** Das **Vermögen** wird auf der linken Seite dargestellt **(Aktiva),** das **Kapital** gliedert sich auf der rechten Seite in **Eigen-** und **Fremdkapital (Passiva).**

Die Bilanzpositionen **Vermögen** und **Fremdkapital (Schulden)** werden aus dem Inventar übernommen; das **Eigenkapital** entspricht dem Reinvermögen des Inventars.

Inventar

A. Vermögen   –

B. Schulden   =

C. Reinvermögen (Eigenkapital)

Bilanz

Aktiva	Passiva
Ver-mögen	Eigenkap. Fremdkap. (Schulden)

20 *Wie sieht die Grob-*
gliederung einer
Bilanz aus?

Aktiva	Bilanz	Passiva
I. **Anlagevermögen**		I. **Eigenkapital**
1. Grundstücke, Gebäude		
2. Maschinen, Fahrzeuge		
3. Ausstattung		
II. **Umlaufvermögen**		II. **Fremdkapital**
1. Vorräte		1. Hypotheken- und Darlehensschulden
2. Forderungen		2. kurzfristige Verbindlichkeiten
3. Flüssige Mittel		

21 *Wie sieht ein Inventar aus?*

Heinz Rode, Tischlereibetrieb, Wildunger Weg 1, 34125 Kassel, Inventar zum ...

Art – Menge – Wert	EUR	EUR	EUR
A. Vermögensteile			
I. Anlagevermögen			
1. 1 Grundstück		25 000	
2. 1 Werkstattgebäude	43 000		
3. 1 überdachtes Holzlager	2 000	45 000	
4. 1 Fräsmaschine	2 950		
5. 1 Zuschneidekreissäge	6 300		
6. 1 Kantenanleimpresse	5 287		
7. 1 Bandschleifmaschine	7 025		
8. 1 Gehrungssäge	1 150		
9. 1 Bohrhammer, Markex	1 980		
10. 1 Feinstichsäge	1 350		
11. 2 Bohrmaschinen	1 958		
12. 1 Heizplattenpresse	4 000	32 000	
13. 1 Pkw-Kombi, Marke XYZ, Bj. 19..		6 000	
14. 1 Schreibtisch	1 350		
15. 4 Polsterstühle	1 800		
16. 1 elektr. Schreibmaschine	2 500		
17. 1 Buchungsautomat	2 450		
18. 1 Telefonanrufbeantw.	1 350		
19. 1 neue Hängeregistratur	1 300		
20. 2 Planungstafeln	1 250	12 000	
II. Umlaufvermögen			
21. 30 Spanplatten verschiedener Dicke	3 100		
22. 3 m³ Eichenholz	6 000		
23. Beschläge verschiedener Typen			
lt. besonderer Liste	1 500		
24. Lacke lt. bes. Liste	800		
25. Leime lt. bes. Liste	650		
26. verschiedene andere Kleinmaterialien			
lt. besonderer Liste	2 950	15 000	
27. Kasse		2 000	
28. Bank Kassel eG		3 000	140 000
B. Schulden			
langfristige Schulden:			
1 Hypothek bei der Sparkasse		55 000	
kurzfristige Schulden:			
Bankschulden/Darlehen		40 000	95 000
C. Eigenkapital (= Betriebsvermögen)			
Vermögen – Schulden			45 000

22 *Wie wird die Bilanz im einzelnen gegliedert?*

Die **Vermögensseite (Aktiva)** wird unterteilt in

I. **Anlagevermögen,** *siehe Inventargliederung*

II. **Umlaufvermögen:**

   1. **Vorräte** (Roh-, Hilfs- und Betriebsstoffe, Handelswaren, Unfertige Erzeugnisse)

   2. **Forderungen** (Guthaben gegenüber Kunden aus Lieferungen und Leistungen)

   3. **Flüssige Mittel** (Kassenbestand, Postbankguthaben, Bankguthaben)

Die **Kapitalseite (Passive)** wird unterteilt in

I. **Eigenkapital**

II. **Fremdkapital**

   1. Hypotheken- und Darlehensschulden

   2. kurzfristige Verbindlichkeiten

Bilanzgliederung in

- Anlagevermögen
- Umlaufvermögen (gegliedert danach, wie schnell sich diese Wirtschaftsgüter veräußern lassen)
- Eigenkapital
- Fremdkapital (gegliedert nach der Fristigkeit der Schulden)

23 *Welche Informationen erhält der Unternehmer aus der Bilanz?*

Die **Passivseite** beantwortet, woher das Kapital stammt, das im Unternehmen angelegt ist. Damit ist die **Finanzierung** angesprochen.

Die **Aktivseite** gibt darüber Auskunft, wie das Kapital angelegt ist, in welchen Vermögenswerten es enthalten ist. Damit ist die **Investierung** angesprochen.

Passivseite = Finanzierung (Mittelherkunft)

Aktivseite = Investierung (Mittelverwendung)

24 *Wodurch unterscheiden sich Inventar und Bilanz?*

Das **Inventar** ist eine **ausführliche Darstellung** in **Tabellenform** (Menge und Wert) des Vermögens und der Schulden; die **Bilanz** ist eine **kurzgefasste Gegenüberstellung** (nur Wert) in **Kontenform** des Vermögens und des Kapitals.

Die **Bilanz** ist vom Unternehmer zu unterschreiben, das Inventar nicht.

Die Bilanz ist eine **Zeitpunktrechnung.** Die Zahlen stammen aus dem Inventar.

Inventar = mengen- und wertmäßige, tabellarische Darstellung

Bilanz = wertmäßige, kurzgefaßte Gegenüberstellung von Vermögen und Kapital zum Bilanzstichtag

25 *Welche Gemeinsamkeiten haben Inventar und Bilanz?*

Sie sind beide 10 Jahre aufzubewahren.

Inventar und Bilanz sind jeweils zu Beginn des Handelsgewerbes und am Ende des Geschäftsjahres aufzustellen (§§ 240, 242 HGB).

Aufbewahrungsfrist: 10 Jahre – Bilanz und Inventar aufzustellen zum Geschäftsjahresende

26 *Wie kommt man von der Bilanz zu den (Bestands-) Konten?*

Jeder Geschäftsfall verändert **mindestens zwei Bilanzposten** (deshalb spricht man von **doppelter Buchführung**).

Beispiele:

1. Ich kaufe Rohstoffe bar für 1000 €.

   Rohstoffe   = + 1000 €

   Kasse   = – 1000 €

2. Ich nehme ein Darlehen von 5000 € auf, um meine Liefererschulden zu mindern.

   Verbindlichkeiten = – 5000 €

   Darlehen   = + 5000 €

Alle Geschäftsfälle werden aus Gründen der Klarheit und Übersichtlichkeit in den jeweiligen Sachkonten dargestellt. Dabei verändert jeder Vorgang mindestens zwei Bilanzposten.

Dies könnte in der Bilanz durch Addition bzw. Subtraktion dargestellt werden.

In der Praxis ist es aber aus Gründen der Klarheit (GoB-Grundsatz) nicht möglich. Es wäre auch unübersichtlich, diese Veränderung ständig in der Bilanz vorzunehmen. Deshalb wird **jeder Geschäftsfall im jeweiligen (Sach-) Konto erfasst.**

27 *Wie werden Konten geführt?*

Zunächst wird die Bilanz in ihre Konten »zerlegt«, wobei die **Aktiv-Konten** die Anfangsbestände (AB) aus der Bilanz im **Soll** aufnehmen (da sie »links« in der Bilanz stehen).

Die Konteninhalte können folgendermaßen aussehen:

Soll	Rohst.	Haben	Soll	Kasse	Haben
AB	20 000		AB	5 000	

Die **Passiv-Konten** nehmen die Bestände im **Haben** auf (da sie »rechts« in der Bilanz stehen)

Soll	Verbindl.	Haben	Soll	Darlehen	Haben
	AB	15 000		AB	10 000

Die **Anfangsbestände** (die Bestände aus der Bilanz, mit denen das Geschäftsjahr begonnen wird) werden
- in den Aktiv-Konten im Soll
- in den Passiv-Konten im Haben vorgetragen.

28 *Wie werden Geschäftsfälle gebucht?*

Grundsätzlich verändern Geschäftsfälle die Aktiv- und Passiv-Konten folgendermaßen:

Soll	**Aktiv-Konto**	Haben	Soll	**Passiv-Konto**	Haben
AB + Zugänge		– Minderungen EB	– Minderungen EB		AB + Zugänge

Für die zwei Geschäftsfälle von Nr. 26 bedeutet das:

Soll	Rohstoffe	Haben	Soll	Kasse	Haben
AB	20 000		AB	5 000	1. – 1 000
1.	+ 1 000	EB 21 000			EB 4 000

Soll	Verbindl.	Haben	Soll	Darlehen	Haben
2.	– 5 000	AB 15 000			AB 10 000
EB	10 000		EB	15 000	2. + 5 000

Endbestand = EB

29 *Wie ermittelt man den Buchungssatz?*

Wie aus den Konten zu ersehen, erfolgt je eine Buchung im **Soll** *eines* Kontos und die zweite Buchung im **Haben** des *zweiten* Kontos.

Zur Vereinfachung dieser doppelten Buchführung bildet man einen formelähnlichen Buchungssatz, wobei erst die Sollbuchung, dann die Habenbuchung erfolgt. Der **Buchungssatz** besteht aus dem **Buchungstext** und dem **-betrag.**

Buchungssatz =
- Buchungstext
  +
- Buchungsbetrag

Buchungsgrundsatz:
- Soll an Haben

Soll	an	Haben	
1. Rohstoffe 1 000	an	Kasse	1 000
2. Verbindl. 5 000	an	Darlehen	5 000

hier:
1. Rohstoffe an Kasse
2. Verbindlichkeiten an Darlehen

┕▸ **Buchungsgrundsatz: Soll an Haben**

Das Wörtchen »an« trennt die Konten der Soll- und der Habenseite (Oder: Das Gegenkonto wird **an**gerufen).

30 *Wie werden die Konten abgeschlossen?*

Zum Schluss des Geschäftsjahres werden die Konten des **Hauptbuches** – so die Bezeichnung für alle Konten, auf denen gebucht wird – abgeschlossen. Die Endbestände der einzelnen Aktiv- und Passivkonten werden zunächst errechnet und dann mit den **Endbeständen laut Inventur** abgestimmt.

Die Buchung der Endbestände erfolgt in dem Sammelkonto **Schlussbilanzkonto (SBK),** das damit den Abschluss des Hauptbuches bildet *(siehe Übersicht, S. 25).*

Das **SBK muss stets** mit der aus dem **Inventar erstellten (Schluss-) Bilanz** für das betreffende Geschäftsjahr übereinstimmen.

Das Schlussbilanzkonto nimmt die Endbestände der Bestandskonten auf. Diese werden mit den Endbeständen aus der Inventur abgestimmt.

31 *Welche Bücher der Buchführung gibt es?*

Neben dem **Hauptbuch** (sachliche Ordnung) und dem **Bilanzbuch** (enthält Inventar und Bilanz) fordern die Grundsätze der Klarheit und der Übersichtlichkeit noch das **Grundbuch (Journal),** das die zeitliche und damit chronologische Abfolge der Geschäftsfälle aufnimmt.

Bücher der Buchführung:
- Hauptbuch
- Bilanzbuch
- Grundbuch

32 *Welche Nebenbücher der Buchhaltung müssen unterschieden werden?*

Die **Nebenbücher der Buchhaltung** (Nebenbuchhaltungen) dienen zur näheren Erläuterung einzelner Sachkonten.

Im Wesentlichen sind dies:

1. **Kontokorrentbuchhaltung,** diese erfasst die Konten der einzelnen Lieferanten und Kunden (= Personenkonten).

   Mit der EDV wird erst auf Personenkonten gebucht, dann erfolgt der Abschluss automatisch auf den Sachkonten »Verbindlichkeiten« und »Forderungen«.

2. **Lagerbuchhaltung,** diese erfasst die Bestände, Zugänge und Abgänge im Lager.

3. **Anlagenbuchhaltung,** in ihr werden die Veränderungen der Anlagengegenstände durch Zugänge, Abgänge und Abschreibungen dargestellt (enthalten in der Anlagenkartei).

4. **Lohn- und Gehaltsbuchhaltung,** diese erfasst die Löhne und Gehälter.

Nebenbücher der Buchhaltung:
- Kontokorrentbuchhaltung
- Lagerbuchhaltung
- Anlagenbuchhaltung
- Lohn- und Gehaltsbuchhaltung
- Wechselbuch

1.3 Aufwendungen, Erträge, GuV-Konto, Abschreibungen, Bestandsveränderungen

33 *Wie werden Aufwendungen und Erträge kontenmäßig erfasst?*

Aufwendungen (Verbrauch von Roh-, Hilfs- und Betriebsstoffen, Löhne und Gehälter, Energiekosten, Steuern) **mindern das Eigenkapital,** Erträge (Erlöse aus dem Verkauf der fertigen Erzeugnisse, Erlöse aus Handelswaren, Zinserträge, Mieterträge) **mehren das Eigenkapital.** Um die Übersichtlichkeit zu wahren, werden diese erfolgswirksamen Vorgänge nicht direkt auf dem Eigenkapital-Konto gebucht, sondern gesondert dargestellt; im

Aufwandskonto (dort immer im Soll) z.B. Löhne ☞

S	Löhne	H
Aufwand		

Ertragskonto (dort immer im Haben) z.B. Erlöse ☞

S	Erlöse	H
	Verkaufserlöse von Kunden	

- Aufwendungen mindern das Eigenkapital:

  Buchung im Soll des Aufwandskontos.

- Erträge mehren das Eigenkapital:

  Buchung im Haben des Ertragskontos.

34 *Welche Bedeutung hat das Gewinn- und Verlustkonto?*[1]

Um den **Erfolg** (Gewinn oder Verlust) des Unternehmens festzustellen, werden alle Aufwands- und Ertragskonten über ein »Sammelkonto«, dem **Gewinn- und Verlustkonto (GuV-Konto)** abgeschlossen.

Aus der Gegenüberstellung von Erträgen und Aufwendungen eines Jahres ergibt sich entweder der **Gewinn** (Erträge > Aufwendungen) oder der **Verlust** (Erträge < Aufwendungen).

GuV-Konto

Aufwendungen Gewinn	Erträge
	(oder: Verlust)

- Das GuV-Konto nimmt im Soll die Aufwendungen und im Haben die Erträge auf.
- Es weist entweder einen Gewinn oder einen Verlust aus.
- Die **GuV-Rechnung** ist **zeitraumbezogen** (vom 1.1. bis 31.12.).

35 *Wie erfolgt der Abschluss des GuV-Kontos?*

Der **Gewinn mehrt** das **Eigenkapital** (Buchungssatz: GuV-Konto an Eigenkapital); bei **Verlust** wird das **Eigenkapital gemindert** (Buchungssatz: Eigenkapital an GuV-Konto).

Eigenkapital

Kapital am Ende des Geschäftsjahres (EB)	Anfangskapital (AB) **Gewinn**

Das GuV-Konto nimmt alle Aufwendungen und Erträge auf und ist somit ein unmittelbares **Unterkonto** des **Eigenkapitalkontos.**

Das GuV-Konto wird über Eigenkapital abgeschlossen;

- der Gewinn im Haben = Mehrung des Eigenkapitals
- der Verlust im Soll = Minderung des Eigenkapitals

36 *Wie wird das Eigenkapitalkonto abgeschlossen?*

Das **Kapital** am Ende des Geschäftsjahres (EB) wird dem Schlussbilanzkonto (SBK) – wie auch schon bisher – zugeführt.

Buchung: Eigenkapital an SBK (denn: Eigenkapital = passives Bestandskonto)

Abschluss Eigenkapital:

Eigenkapital an SBK

---

[1] Die **Bilanz** und die **Gewinn- und Verlustrechnung** bilden den **Jahresabschluss** (§ 242 HGB).

37 *Wie wird die Abschreibung in der Erfolgsrechnung dargestellt?*

Die **Anlagegüter** des Unternehmens (Gebäude, Maschinen, Ausstattung, Fahrzeuge) **nutzen sich** durch Gebrauch und technischen Fortschritt **regelmäßig ab (Ausnahme:** Grundstücke = nicht abnutzbares Wirtschaftsgut). Die Buchführung erfasst diese Wertminderungen auf dem Aufwandskonto **Bilanzielle Abschreibungen.**

Beispiel:

Ein PKW des Betriebes (Anschaffungswert 36 000 €) wird 6 Jahre genutzt, sodass pro Jahr 6 000 € Abschreibungen anzusetzen sind (Grundlage: **AfA** [= **A**bsetzung für **A**bnutzung] – **Tabellen** des Finanzamtes, die die betriebsgewöhnliche Nutzungsdauer jedes Anlagegutes enthalten).

Buchungssatz:
Bilanzielle   Abschreibungen   6 000 €
                   an Fahrzeuge   6 000 €.

Im GuV-Konto erscheinen die 6 000 € als Aufwand, das Konto Fahrzeuge weist einen EB am Ende des 1. Jahres von 30 000 € auf.

Die Wertminderung der Anlagegüter wird als Bilanzielle Abschreibungen, d.h. als Aufwand im GuV-Konto erfasst.

Buchungssatz:
• Bilanzielle Abschreibung an Anlagegut

Grundlage:
• AfA-Tabellen des Finanzamtes

38 *Wie kann der Betrieb diese Abschreibungen wirtschaftlich nutzen?*

Bilanzielle Abschreibungen mindern als **Aufwand** den **Gewinn.** In der **Kalkulation** der **Verkaufspreise** werden die Abschreibungen als **Kosten** eingesetzt **(= Kalkulatorische Abschreibungen),** sodass diese Gelder über die **Umsatzerlöse** in den Betrieb zurückfließen. Diese flüssigen (liquiden) Mittel stehen damit dem Betrieb wieder für Anschaffungen (Investitionen) zur Verfügung;

1. denn die Abschreibungen sind in den Umsatzerlösen auf der **Ertragsseite** der Erfolgsrechnung enthalten und
2. der **Aufwand** »sorgt« dafür, dass diese Geldwerte im Betrieb verbleiben und nicht als Gewinn erscheinen und damit der Steuer unterworfen werden.

Die Abschreibungen
• fließen dem Betrieb als Teil der Umsatzerlöse wieder zurück und
• dürfen als Aufwand den Gewinn mindern, sodass dieses Geld im Betrieb für Investitionen zur Verfügung steht.

39 *Wie viel Geld kann der Betrieb durch Abschreibungen investieren?*

Am Ende des 1. Jahres   (Beispiel: siehe *Nr.* 37) verbleiben im Betrieb 6 000 € aus der Abschreibung, die als Finanzierungsquelle für Investitionen genutzt wird.

Abschreibungsbetrag = Finanzierungsbetrag

40 *Welche Abschreibungsmethode ist noch zulässig?*

1. Abschreibungsbetrag von den Anschaffungs- oder Herstellkosten = **lineare Abschreibungen.**

Beispiel:

Nutzungsdauer 10 Jahre = 10% AfA
Am Ende der Nutzungsdauer ist das Anlagegut abgeschrieben, wobei **1 € als Erinnerungswert** behalten wird.

2. Abschreibungsbetrag vom Rest- oder Buchwert = **degressive Abschreibungen – nur noch für Anschaffungen zulässig, die bis 31.12.2010 getätigt wurden.**

• lineare Abschreibung
• degressive AfA nur bis 31.12.2010

Zulässig ist nur das **Doppelte der linearen Abschreibung; 25 %** dürfen nicht überschritten werden (§ 7 EStG).

Beispiel:

Maschine: Anschaffungswert 60 000 – 25 % degressiver AfA = 45 000 Buchwert Ende 1. Jahres, – 20 % = 33 750 Buchwert Ende des 2. Jahres, usw.

Da die degressive Abschreibung den Nullwert nach Ablauf der Nutzungsdauer nicht erreicht, kann **einmal** zur linearen Abschreibung gewechselt werden. Es sollte am Ende des Jahres geschehen, indem der lineare Abschreibungsbetrag höher ist als der verbleibende degressive Betrag.

- Ein Wechsel zur linearen AfA (nur diese Wahl ist zulässig) erfolgt in dem Jahr, indem die linearen AfA-Beträge höher sind als die verbleibende degressive Abschreibung.
- degressiv: höchstens das Doppelte der linearen AfA, 25 % ist die Grenze.

---

41 Was bedeutet der Erinnerungswert?

Anlagegüter, die abgeschrieben sind aber noch genutzt werden, stehen mit 1 € in der Bilanz.

Erinnerungswert = 1 €

---

42 Wie werden geringwertige Wirtschaftsgüter erfasst?

Bewegliche und abnutzbare Wirtschaftsgüter des Anlagevermögens dürfen im Jahr der Anschaffung oder Herstellung voll abgeschrieben werden, wenn ihre Anschaffungs- oder Herstellungskosten **150 € netto** nicht übersteigen. Steuerrechtlich spricht man von **Geringwertigen Wirtschaftsgütern (GWG).**

Bei Nettoanschaffungskosten zwischen 150 und maximal 1000 € müssen sich Unternehmer entweder für den Sofortabzug bis netto 410 €, die Erfassung der Kosten bis 1000 € in einem Sammelposten mit 5jähriger Abschreibung oder für die reguläre Abschreibung entscheiden.

- Wirtschaftsgüter bis netto 150 € dürfen bei Anschaffung voll abgeschrieben werden.
- Buchung: Sofortabschreibung GWG an z.B. Maschine

---

43 Was versteht man unter Bestandsveränderungen?

In den meisten Betrieben stimmen Produktion und Absatzmenge in einem Geschäftsjahr **nicht** überein.
Ausnahme: Betriebe mit Auftragsproduktion.
Entweder wird **mehr hergestellt** als verkauft, dann spricht man von einem **Mehrbestand** an Fertigerzeugnissen (absatzfähige Produkte) und/oder unfertige (noch in Arbeit befindliche) Erzeugnisse.
Ist **mehr verkauft** als hergestellt worden, ist ein **Minderbestand** an Fertigerzeugnissen und/oder unfertigen Erzeugnissen zu verzeichnen.

Die fertigen und unfertigen Erzeugnisse können vorliegen als
- EB > AB = Mehrbestand
oder
- EB < AB = Minderbestand

---

44 Wie erfolgt die Buchung der Bestandsveränderungen?

Zum Jahresabschluss haben Betriebe in der Regel sowohl **Bestände** an **Fertigerzeugnissen** als auch an **unfertigen Erzeugnissen,** für die gesonderte Bestandskonten (wie das Konto Rohstoffe) einzurichten sind.

Abschluss der Bestandsveränderungen:

A Grundlagen des Rechnungswesens und Controllings

1. Die Mehr- oder Minderbestände werden aus Gründen der Übersichtlichkeit auf dem **Erfolgskonto Bestandsveränderungen** gesammelt:

   Minderbestände (d.h. es wurde in dem Jahr mehr verkauft als hergestellt) im **Soll,**

   Mehrbestände (d.h. es wurde in dem Jahr mehr hergestellt als verkauft = Lagerbestände) im **Haben**

2. Der Saldo des **Kontos Bestandsveränderungen** wird auf das GuV-Konto übertragen,

Buchung:

Bei **Minderbestand** (= Aufwand): **GuV-Konto an Bestandsveränderungen**,

Bei **Mehrbestand** (= Ertrag): **Bestandsveränderungen an GuV-Konto.**

- Mehr- oder Minderbestände über das Konto Bestandsveränderungen
- Das Konto Bestandsveränderungen über das GuV-Konto
- Mehrbestände = Ertrag im GuV-Konto
- Minderbestände = Aufwand im GuV-Konto

---

45 *Beispiel: Buchung der folgenden Bestände (Konto Bestandsveränderung = BV)*

Anfangsbestände:

Fertigerzeugnisse	10 500 €
unfertige Erzeugnisse	20 600 €

Endbestände:

Fertigerzeugnisse	8 000 €
unfertige Erzeugnisse	25 000 €

Buchungssätze:

1. BV 2500 an Fertigerzeugnisse 2500 €
2. unfertige Erzeugnisse 4400 an BV 4400 €
3. BV 1900 an GuV-Konto 1900 €

1.4 Mehrwertsteuer (Umsatzsteuer), Vorsteuer, Privatkonto

46 *Welche Vorgänge werden durch die Umsatzsteuer erfasst?*

Nach § 1 Umsatzsteuergesetz wird die **Umsatzsteuer** fällig:

1. Bei **Lieferungen** und **Leistungen** im Inland,
2. bei **Eigenverbrauch,** d.h. wenn ein Unternehmer für sich oder seine Familie Gegenstände dem Betrieb entnimmt und/oder nutzt;
3. bei der **Einfuhr** (= Einfuhrumsatzsteuer). Diese wird vom Zoll erhoben.

Ausfuhrlieferungen, Geld – und Kreditumsätze, ärztliche Leistungen sind umsatzsteuerfrei.

Grundsätzlich gelten für alle Betriebe die Steuersätze in Höhe von **19%** (allgemeiner Steuersatz) bzw. **7%** (Lebensmittel, Zeitungen, Bücher, Holz aus der Forstwirtschaft, Fahrkarten = ermäßigter Steuersatz)).

Der Umsatzsteuer unterliegen:

- alle Lieferungen und Leistungen im Inland
- der Eigenverbrauch des Unternehmers
- die Einfuhren (Einfuhrumsatzsteuer) aus Dritt-Ländern (Nicht-EU-Länder)

47 *Wer bezahlt die Umsatzsteuer?*

Die Umsatzsteuer trägt allein der Endverbraucher (Konsument) mit dem Kauf der Ware.

A Grundlagen des Rechnungswesens und Controllings

---

48 *Wer hat die Umsatzsteuer an das Finanzamt abzuführen?*

Für das Unternehmen soll die Umsatzsteuer keine Belastung (Kosten) darstellen. Sie ist für dieses ein sogenannter **durchlaufender Posten,** d.h. der Unternehmer kann seine **gezahlte Umsatzsteuer (Vorsteuer)** mit der vom Kunden **erhaltenen Umsatzsteuer (Mehrwertsteuer)** verrechnen. Die Differenz ist im Regelfall die **Zahllast,** die am 10. des folgenden Monats an das zuständige Finanzamt abzuführen ist.

Zahllast (Umsatz-steuerschuld gegenüber dem Finanzamt)
= Mehrwertsteuer
– Vorsteuer

---

49 *Wie wird die Umsatzsteuer gebucht?*

Beispiele:

1. Geschäftsfall
Kauf von Rohstoffen auf Ziel, netto 2000 € + 19% Umsatzsteuer
Buchung
Rohstoffe 2000   an Verbindlichkeiten 2 380
+ Vorsteuer   380

Die **Vorsteuer** (bei jedem Kauf) ist ein **Aktiv-Konto,** da sie eine Forderung gegenüber dem Finanzamt darstellt.

2. Geschäftsfall
Verkauf von Fertigerzeugnissen auf Ziel, netto 5000 € + 19% Umsatzsteuer
Buchung
Forderungen 5950   an (Umsatz-)Erlöse 5000
                          an Umsatzsteuer 950

Die **Umsatzsteuer** stellt im Verkauf eine Verbindlichkeit gegenüber dem Finanzamt dar **(= Passivkonto).**

Im Einkauf immer:
- Vorsteuer (auch für alle umsatzsteuerpflichtigen Aufwendungen)

Im Verkauf immer:
- Umsatzsteuer

---

50 *Wie werden die Konten Vorsteuer und Mehrwertsteuer abgeschlossen?*

Die **Vorsteuer** wird über **Umsatzsteuer** abgeschlossen (Vorsteuerabzug). Der Saldo des Kontos Mehrwertsteuer ergibt die **Zahllast,** die an das Finanzamt abzuführen ist.

Beispiel: (Nr. 49)

Buchung in den Konten

Soll	Vorsteuer	Haben	Soll	Umsatzsteuer	Haben
	380	USt 380	VSt. 380		950
			Zahllast 570		

Buchung: **Umsatzsteuer** 380 an **Vorsteuer** 380

Umbuchung zur Ermittlung der Zahllast:
- Umsatzsteuer an Vorsteuer

Am Jahresende ist die Zahllast als Verbindlichkeit zu passivieren.

---

51 *Wie lautet die Buchung, wenn die Vorsteuer die Mehrwertsteuer übersteigt?*

Übersteigt die Vorsteuer die MWSt, liegt ein **Vorsteuerüberhang** vor; dieser ist am Jahresende als Forderung zu **aktivieren.** Der Vorsteuerüberhang wird vom Finanzamt ausgezahlt.

Buchung:
Umsatzsteuer an **Vorsteuer** (Betrag = Saldo des Kontos Umsatzsteuer).

Vorsteuerüberhang = Forderung gegenüber dem Finanzamt
- wird vom Finanzamt ausgezahlt

---

52 *Welche Besonderheiten weist die Umsatzsteuer in der Praxis auf?* [1]

1. Nur der Letztverbraucher zahlt die Umsatzsteuer.
2. Bei jeder Rechnung über 150 € ist die Umsatzsteuer gesondert auszuweisen.

Umsatzsteuer in der Praxis:
- nur Letztverbraucher zahlt diese

---

[1] Die Kleinunternehmergrenze bei der Umsatzsteuer, bis zu der **keine** Umsatzsteuer erhoben wird, ist auf Umsätze bis zu 50 000 € begrenzt.

3. Die **Zahllast** ist jeweils zum Monatsende zu ermitteln und bis zum 10. des folgenden Monats an das zuständige Finanzamt abzuführen (= Umsatzsteuervoranmeldung).

4. Am Jahresende ist eine **Umsatzsteuererklärung** für das abgelaufene Jahr abzugeben. Die monatlichen Vorauszahlungen werden dann mit der Steuerschuld verrechnet.

5. Im Regelfall erfolgt eine **Sollversteuerung,** d.h. die Umsatzsteuerschuld gegenüber dem Finanzamt entsteht mit Ablieferung bzw. Entstehung der Leistung (= Tag des Absendens der Ausgangsrechnung bzw. Erhalt der Eingangsrechnung).

6. Betriebe, deren jährlicher Gesamtumsatz 500 000 € im Vorjahr nicht überschreitet, können die **Istbesteuerung** wählen, d.h. die Steuerschuld entsteht erst mit Eingang der Zahlung durch den Kunden. Der Unternehmer ist dennoch berechtigt, nach Rechnungseingang die Vorsteuer abzuziehen.

7. Nicht bilanzierende Freiberufler dürfen dies immer.

- Zahllast ist bis zum 10. des Monats abzuführen.
- monatliche Umsatzsteuervoranmeldungen, Umsatzsteuererklärung am Jahresende
- Regelfall: Sollbesteuerung
- Kleinbetriebe: Istbesteuerung möglich

53 *Wie geht der Handwerksmeister mit der Umsatzsteuer bei Käufen von Privatleuten um?*

Kauft ein **Handwerksmeister** bei **Privatleuten** ein, wird keine Umsatzsteuer gesondert ausgewiesen und demgemäß kann er auch keine Umsatzsteuer als Vorsteuer in Abzug bringen. Die gekaufte Maschine oder das Fahrzeug ist dann mit dem Rechnungsbetrag in der Bilanz zu aktivieren.

- Rechnungen von Privatleuten sind nicht vorsteuerabzugsfähig.
- Sie werden mit dem vollen Rechnungs-Betrag aktiviert.

54 *Wie wirkt sich der EU-Binnenmarkt auf die Umsatzsteuer aus?*

Die Vollständigkeit der Pflichtangaben auf der Rechnung ist Voraussetzung für den **Vorsteuer-Abzug** des Kunden.
Jedes vorsteuerabzugsberechtigte Unternehmen in der EU erhält eine europaweite Umsatzsteuer-Identifikationsnummer.

55 *Wie werden private Entnahmen und Einlagen des Unternehmers erfasst?*

Der Unternehmer (das gilt auch für Vollhafter einer Personengesellschaft) **entnimmt** seinem Betrieb Bargeld, überweist für seine Lebensversicherung Geld von seinem Betriebskonto, zahlt von diesem Konto Einkommensteuer. Auch leistet er ab und zu eine **Einlage** in seinen Betrieb.

Da diese Entnahmen und Einlagen mit der Betriebstätigkeit nichts zu tun haben und deshalb auch nicht den Gewinn oder Verlust berühren, **mindern** bzw. **mehren** sie direkt das **Eigenkapitalkonto.**

Aus Gründen der Übersichtlichkeit wird ein **Privatkonto** eingerichtet, das als **Unterkonto** über **Eigenkapital** abgeschlossen wird.

- Die Konten Privatentnahmen und Privateinlagen mindern oder mehren das Eigenkapital.
- Abschluss über Eigenkapital

56 *Wie wird auf und mit dem Privatkonto gebucht?*

Beispiele:

1. Minderung des Eigenkapitals
Der Unternehmer entnimmt seinem Betrieb bar 10 000 €.

Buchung

| Privatentnahmen | 10 000 € | an Kasse 10 000 € |

2. Mehrung des Eigenkapitals
Der Unternehmer zahlt aus seinem Privatvermögen 6000 € auf das Betriebskonto ein.

Buchung

| Bank | 6 000 € | an Privateinlagen 6 000 € |

3. daraus: **Abschluss des Privatkontos**
Eigenkapital 4000 €   an Privatentn. 4 000 €
(Privat: Im Soll 10 000 € – Haben 6000 € = 4000 € im Haben als Saldo)

Übersteigen die Einlagen die Entnahmen, so liegt eine Mehrung des Eigenkapitals vor. Buchung: **Privateinlagen an Eigenkapital**

- Privatentnahmen bewirken eine Minderung, Privateinlagen eine Mehrung des Eigenkapitals

Abschluss des Privatkontos:

- Entnahmen größer Einlagen = Eigenkapital an Privat
- Entnahmen kleiner Einlagen = Privat an Eigenkapital

57 *Wie bucht man den privaten Verbrauch und die private Nutzung von Betriebsgegenständen?*

Im Gegensatz zu den Geldentnahmen und Geldeinlagen unterliegt der **Eigenverbrauch** auch der **Umsatzsteuer** (§ 1 Umsatzsteuergesetz). Wäre dies nicht so, dann könnten Unternehmer entnommene bzw. genutzte Gegenstände aus dem Betriebsvermögen (Waren, Fahrzeuge) unversteuert konsumieren.

Der **Entnahmebeleg** (Eigenbeleg) muss den Eigenverbrauch – dabei sind die **Anschaffungs-** oder **Herstellungskosten** im Zeitpunkt der Entnahme von Waren anzusetzen – und die darauf entfallende Umsatzsteuer ausweisen.

Aus steuerlichen Gründen ist der Eigenverbrauch auf dem **Ertragskonto Eigenverbrauch**[1] nachzuweisen, das – wie die Erlöse – über GuV abgeschlossen wird.

Der Eigenverbrauch unterliegt der USt, dazu gehören

- Entnahme von Gegenständen für Privatzwecke,
- die private Verwendung (Nutzung) von Gegenständen des Betriebsvermögens,
- die Inanspruchnahme von Dienstleistungen des Betriebes für Privatzwecke (z.B. Telefon).

58 *Wie wird die private Nutzung von Betriebsgegenständen gebucht?*

Beispiele:

1. Der **Unternehmer entnimmt** seinem Betrieb fertige Erzeugnisse (oder Waren) für private Zwecke, Anschaffungskosten netto 1200 € + 19% USt.
Buchung:

| Privatentn. 1428 | an Unentgeltl. Wertabg. | 1200 |
| | an Umsatzsteuer | 228 |

2. Der OHG-Gesellschafter Werner Sachse hat einen **betrieblichen PKW** (Bruttolistenpreis = 60 000 €) privat genutzt. Im Steuerrecht sind **1% des Listenpreises monatlich** (= 12% pro Jahr) als Privatentnahme anzusetzen.
Das Finanzamt rechnet dann wie folgt:

Listenpreis 60 000 × 12%	= 7 200 €
– Abschlag 20% nicht vorsteuerbelastete Wertabgabe	= 1 440 €
Bemessungsgrundlage für die unentgeltliche Wertabgabe	= 5 760 €

Eigenverbrauch (EV) = Ertragskonto = Abschluss über GuV-Konto

- 1-%-Regelung nur, wenn das Kfz mehr als 50% betrieblich genutzt wird

---

[1] Für Kleinbetriebe gelten Pauschbeträge für die unentgeltliche Wertabgabe je Person pro Jahr (2008) ohne Umsatzsteuer:
- Bäcker und Konditor: insgesamt 1170 €
- Nahrungs- und Genussmittel: insgesamt 1588 €

Buchung:

Privatentn. 6854,40   an Eigenverbr.   5760
                        an Umsatzsteuer 1094,40

3. **Abschluss** des **Eigenverbrauchs** über das **GuV-Konto:**

Buchung:

Eigenverbrauch 6960   an GuV-Konto   6960 €

(Summe aus 1. + 2.)

■ Zur Vermeidung der hohen Beträge als Privatentnahme ist für ein Jahr ein Fahrtenbuch zu führen, sodass der tatsächliche Eigenverbrauch gemindert werden kann.

---

59 *Wie lässt sich der Erfolg des Unternehmens unter Einbeziehung des Privatkontos ermitteln?*

Das **Eigenkapital am Jahresende** (z.B. 600 000 €) wird um das **Eigenkapital am Jahresanfang** (z.B. 510 000 €) gemindert, sodass sich eine Mehrung oder Minderung ergibt (*hier:* + 90 000 €).

Da die **Privatentnahmen** im laufenden Jahr das Eigenkapital geschmälert haben, müssen diese entnommenen Beträge zur Erfolgsermittlung wieder hinzugerechnet werden (z.B. **Privatentnahme** 60 000 = + 60 000). **Einlagen** des Unternehmers im laufenden Jahr vergrößern das Eigenkapital zum Jahresende, ohne dass diese Vorgänge zum Erfolg des Betriebes beitragen. Somit müssen diese Beträge vom Eigenkapital abgezogen werden (z.B. **Privateinlagen** 20 000 = – 20 000 €).

Damit ergibt sich ein **Gewinn** von 130 000 € (90 000 + 60 000 – 20 000).

Erfolgsermittlung durch (Eigen-) Kapitalvergleich:

EK am 31.12.2008
– EK am 01.01.2008
= Mehrung oder Minderung
+ Privatentnahmen
– Privateinlagen
= Gewinn oder Verlust

---

60 *Welche Folgen haben Verstöße gegen steuerrechtliche Buchführungsvorschriften?*

1. Führt ein Kaufmann **keine** Bücher, so kann die Finanzbehörde ein Zwangsgeld auferlegen (§ 328 AO).

2. Ist die Buchführung durch wesentliche Mängel gekennzeichnet, so ist eine **Vollschätzung** vorzunehmen, sodass Geldbußen bis 50 000 € verhängt werden können.

3. **Steuerhinterziehung** kann zu Geld- oder Freiheitsstrafen führen.

Verstöße gegen steuerrechtliche Buchführungsvorschriften:

• Zwangsgeld
• Geldbuße
• Geld- oder Freiheitsstrafe

EIN TIPP: Erstellen Sie sich selbst eine Übersicht wie auf Seite 25 (oben), indem Sie ein DIN-A4-Blatt quer nehmen und dann alle Ihnen bisher bekannten Konten eintragen. Alle anderen Konten tragen Sie später einfach dazu.

Der Vorteil: In der Prüfung sind Ihnen die Konten in ihrer Zuordnung geläufig.

z.B.:

Aktivkonten	Passivkonten	Aufwandskonten	Ertragskonten
Gebäude	Verbindlichkeiten	Löhne	Erlöse
Werkzeuge	Eigenkapital	Rohstoffaufw.	Mieterträge
Rohstoffe	Darlehen	Energiekosten	Zinserträge
⋮	⋮	⋮	⋮

Eine zusammenfassende Übersicht:

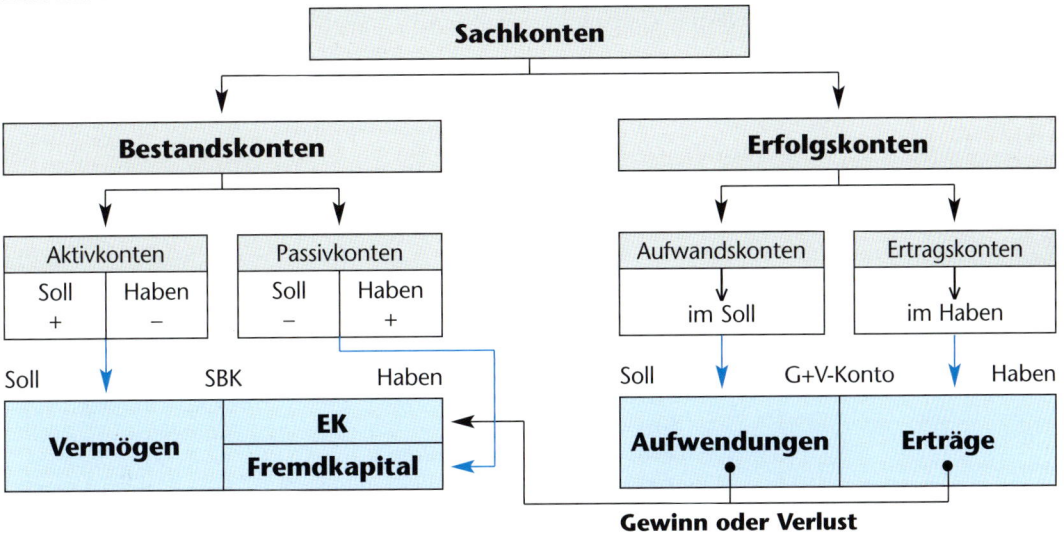

Vorgehen zum Abschluss der Konten:

1. **Buchungssätze bilden:**
   - Aufwendungen (z.B. Löhne) immer im Soll.
   - Erträge (z.B. Erlöse) immer im Haben.

2. **Die Konten abschließen,** indem
   - die Saldi der Erfolgskonten über G+V,
   - die Endbestände der Bestandskonten über SBK abgeschlossen werden.

3. **Den Gewinn des G+V-Kontos über das EK im Haben,** den Verlust des G+V-Kontos über das EK im Soll abschließen.

4. **Der Anfangsbestand des EK-Kontos plus des Gewinns** (oder: minus des Verlusts) **ergibt den Endbestand (EB) des EK-Kontos, der dem SBK im Haben zugeführt wird.**

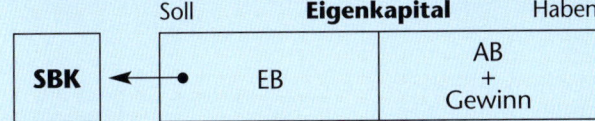

1.5 Kontenrahmen, Kontenplan, Belege, Buchungsverfahren

61 *Was versteht man unter einem Kontenrahmen?*

Der **Kontenrahmen** – z.B. der Einheitskontenrahmen für das Deutsche Handwerk, der Industriekontenrahmen, die Spezialkontenrahmen der Datenverarbeitungsorganisationen (z.B. DATEV) – ist ein übersichtliches **Kontenordnungssystem.** Es wird den Betrieben der jeweiligen Branche zur Anwendung **empfohlen.** Gegliedert in Konten**klassen,** Konten**gruppen** und **Konten,** aufgebaut nach dem dekadischen System (10-er System), wird es den Betrieben möglich, Vergleiche zu den vergangenen Jahren und zu den Ergebnissen der Konkurrenzbetrieben herzustellen.

Jeder Wirtschaftszweig hat einen Kontenrahmen.

Gliederung in
- Kontenklasse
- Kontengruppe
- Konten

4stellig für EDV

Regelfall heute: Jedes Konto wird mit einer **4-stelligen** Kontenziffer versehen.

● Üblich:
DATEV – SKR04

Beispiel:

Kontenklasse	0	= Anlagevermögenskonten
Konten	0400	= Techn. Anlag. u. Maschinen
Konten	0520	= Fahrzeuge
Konten	0620	= Werkzeuge

62 *Wie ist – als Beispiel – der SKR 04 gegliedert?*

Konten-klasse	Bezeichnung
0	Anlagevermögenskonten
1	Umlaufvermögenskonten
2	Eigenkapitalkonten
3	Fremdkapitalkonten
4	Betriebliche Erträge
5/6	Betriebliche Aufwengungen
7	Weitere Erträge und Aufwendungen
9	Vortragskonten

Die **Reihenfolge** der **Kontenklassen** nach der gesetzlich vorgeschriebenen Gliederung des Jahresabschlusses (Bilanz- und GuV-Rechnung) heißt **Abschlussgliederungsprinzip.**

Kontenrahmen = Gliederung nach Abschlussgliede-rungsprinzip:

Klassen 0,1,2,3
= Aktiv- und Passiv-konten
= Bestandskonten
Klassen 4,5/6,7,9
= Aufwands- und Ertragskonten
= Erfolgskonten

63 *Wie unterscheidet sich der Konten-rahmen vom Kontenplan?*

Während der Kontenrahmen **alle** möglichen Konten eines Wirtschaftszweiges enthält, ist der **Kontenplan** eine Übersicht über die **in einem bestimmten Unternehmen geführten** Konten.

Kontenrahmen:
● gesamte Konten
Kontenplan:
● benötigte Konten des Unternehmens

64 *Weshalb sind Belege nötig?*

Belege sind nötig, um die Richtigkeit der Buchungen im Grund- und Hauptbuch zu über-prüfen.

Belege = Grundlage der Buchungen

65 *Welche Belegarten werden unterschieden?*

1. **Fremdbelege,** die von außen in das Unter-nehmen gelangen, z.B. **Eingangsrechnungen (ER),** Quittungen, Geschäftsbriefe, Bank-belege, Postbelege, Gutschriften.

2. **Eigenbelege,** die im Unternehmen selbst erstellt werden, z.B. Durchschriften von **Aus-gangsrechnungen (AR),** Lohn- und Gehalts-listen, Belege über Materialentnahmen, Belege über Privatentnahmen, Stornobelege.

Belegarten:
● Fremdbelege
● Eigenbelege

66 *Wann werden Not- oder Ersatzbelege benötigt?*

Sollten **Originalbelege** abhanden gekommen sein (z.B. Verlust, Zerstörung) oder sind Fremd-belege nicht zu erhalten, so sind **Ersatzbelege** zu erstellen, die Zeitpunkt, Grund und Höhe der Ausgabe enthalten (z.B. fehlende Taxifahrtquit-tungen, auswärts geführte Telefonate).

Ersatzbelege bei
● Verlust von Originalbelegen
● nicht erhaltenen Fremdbelegen

67 **Wie werden Belege bearbeitet?**

1. Vorbereitung der Belege zur Buchung:
   – Sind sie sachlich und rechnerisch richtig?
   – Gehören zu einem Geschäftsfall mehrere Belege, welcher soll dann Buchungsgrundlage sein?
   – Wie sollen die Belege geordnet werden, z.B. nach Ausgangsrechnung, Eingangsrechnung, Lohn- und Gehaltsliste?
   – Sollen sie fortlaufend nummeriert werden?
   – Wie soll die **Vorkontierung,** d.h. die Angabe der Buchungssätze mit Hilfe eines Kontierungsstempels auf den Belegen aussehen ?
2. Buchung der Belege im Grund- und Hauptbuch
3. Ablage und Aufbewahrung der Buchungsbelege: 10 Jahre

Bearbeitung der Belege in den Stufen:
- Vorbereitung der Belege (Vorkontierung)
- Buchung im Grund- und Hauptbuch
- Ablage und Aufbewahrung

68 **Wie verbindet der Beleg Geschäftsfall und Buchung?**

Der **Vermerk auf dem Beleg** (z.B. ER 11) lässt für jede Buchung den zugehörigen Beleg sofort auffinden.

Der **Buchungsvermerk** auf dem Beleg (z.B. JX2B als Teil der Vorkontierung bedeutet: **J**ournal, Oktober [= 10. Monat, **X** = römisch 10], Seite **2, B** = Kurzzeichen des Buchhalters) wird nach jeder Buchung auf den Beleg eingetragen.

Belegvermerk und Buchungsvermerk ergänzen sich.

69 **Welche Verfahren der Buchführung gibt es?**

1. **Übertragungsbuchführung:**
   Erfassung des Geschäftsfalls zuerst im **Grundbuch** (Journal), danach Übertragung auf die **Sachkonten** im Hauptbuch. Nachteile: zeitraubend, fehleranfällig. Nur noch in Kleinstbetrieben.
2. **Durchschreibebuchführung:**
   Die Buchung auf dem Sach- oder Personenkonto erscheint **zugleich** als Durchschrift auf dem darunterliegenden Journalblatt. In Loseblattform, wenig fehleranfällig.
3. **EDV-Buchführung:**
   Bedingung: Installation eines Finanzbuchhaltungsprogramms (Fibu). Dann zuerst: Eingabe der **Stammdaten** (z.B. Kontenplan, Kundenkonten, Liefererkonten). Bei Ersteinrichtung der EDV-Buchführung: Erfassung der Anfangsbestände bzw. Salden der Sachkonten sowie der noch nicht beglichenen Rechnungen (»Offene Posten«). Ansonsten oder danach: Eingabe der Buchungen aufgrund der vorkontierten Belege.

Verfahren der Buchführung:
- Übertragungsbuchführung (veraltet)
- Durchschreibebuchführung (manuell)
- EDV-Buchführung

70 **Welche Merkmale kennzeichnen die doppelte Buchführung?**

Für Kaufleute verpflichtend sind:
1. Alle Geschäftsfälle werden **zeitlich** (im Grundbuch) und **sachlich** (im Hauptbuch) gebucht.

Kennzeichen der doppelten Buchführung:
- Buchung im Soll und Haben

A Grundlagen des Rechnungswesens und Controllings

2. Alle Geschäftsfälle werden auf Konten im **Hauptbuch** (Sachkonten) einmal im **Soll** und einmal im **Haben** gebucht.

3. Die Buchung erfolgt auf **Bestandskonten** und **Erfolgskonten.**

4. Der **Erfolg** (Gewinn- oder Verlust) wird doppelt ermittelt: Durch **Betriebsvermögensvergleich** (Eigenkapital am Jahresende – Eigenkapital am Anfang des Jahres) und in der **GuV-Rechnung** (siehe *Nr. 85).*

- Bestands- und Erfolgskonten
- Erfolgsermittlung durch Vermögensvergleich und GuV-Rechnung

71 *Welche Inhalte gehören zur einfachen Buchführung?*

Für **Nichtkaufleute** (Ärzte, Rechtsanwälte, Steuerberater) gilt:

1. Die Geschäftsfälle werden **zeitlich** geordnet im Kassenbuch (Barzahlungen) oder Tagebuch (Erfassung der Belege) dargestellt.

2. **Kein Hauptbuch,** deshalb auch kein GuV-Konto.

3. Der Erfolg (Gewinn- oder Verlust) wird nur durch **Betriebsvermögensvergleich** ermittelt (= Einnahmen-Überschussrechnung).

Kennzeichen der einfachen Buchführung

- nur zeitliche Ordnung
- Erfolgsermittlung durch Einnahmen-/Überschussrechnung

1.6 Zusammenfassung: Übersicht über die Konten und deren Abschluss

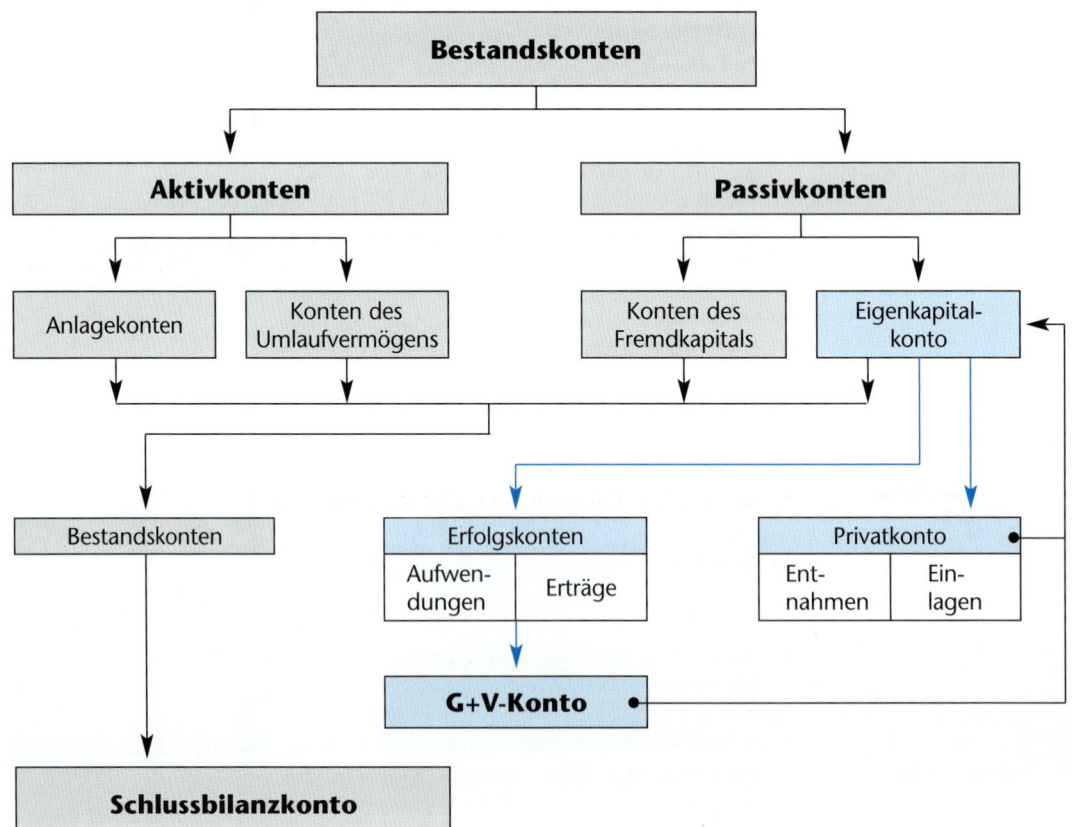

2 Weiterführende Buchungen

2.1 Buchungen im Ein- und Verkauf: Bezugskosten, Rabatte, Skonti

72 *Wie wirken sich Rabatte im Einkauf aus?*

Mengen-, Sonder-, Wiederverkäuferrabatte, die **vor** Rechnungserstellung ausgehandelt werden, mindern den Nettopreis und erscheinen dann **nicht** im Rechnungspreis.

> Im Einkauf enthaltene Rabatte sind nicht zu buchen.

Beispiel:

Listenpreis für Holz	10 000 €
− 10% Rabatt	1 000 €
= Nettobetrag	9 000 €
+ 19% Umsatzsteuer	1 710 €
= Rechnungsbetrag	10 710 €

Buchung:
Rohstoffe   9000
+ Vorsteuer 1710   an Verbindlichkeiten 10710

73 *Welche Bezugskosten fallen beim Einkauf von Material und Handelswaren an?*

Neben dem Kaufpreis fallen für Anlagegüter, Roh-, Hilfs- und Betriebsstoffe, Fremdbauteile und Handelswaren folgende **Bezugskosten** an:

1. Verpackungskosten
2. Transportkosten (Fracht, Rollgeld – dieses erhebt der Spediteur bei Anlieferung)
3. Versicherungskosten
4. Einfuhrzoll

Bezugskosten:
- Verpackungskosten
- Transportkosten
- Versicherungskosten
- Einfuhrzoll

74 *Wie wirken sich Bezugskosten auf den Anschaffungspreis aus?*

Bezugskosten erhöhen die Anschaffungskosten eines Wirtschaftsgutes, sodass sie als **Anschaffungsnebenkosten** dem Anschaffungspreis hinzuzurechnen sind.

Anschaffungspreis und Anschaffungsnebenkosten bilden die **Anschaffungskosten** eines Wirtschaftsgutes. Nach § 255 HGB sind alle Wirtschaftsgüter des Anlage- und Umlaufvermögens zum Zeitpunkt des Erwerbs mit ihren **Anschaffungskosten** zu buchen und mit dem Wert in die Bilanz einzustellen.

- Bezugskosten
  = Anschaffungsnebenkosten
- Alle Wirtschaftsgüter sind mit den Anschaffungskosten anzusetzen
  = Anschaffungpreis
  + Anschaffungsnebenkosten

75 *Wie werden Bezugskosten gebucht?*

Beispiele:

1. Wir kaufen Rohstoffe auf Ziel laut ER 47, 9 000 € netto + 19% Umsatzsteuer.

Buchung am 18.04.:
Rohstoffe 9000
+ Vorsteuer 1710 an Verbindlichkeiten 10710

2. Wir zahlen Fracht für diese Lieferung von 400 € netto + 19% Umsatzsteuer bar.

Buchung am 18.04.:
Rohstoffe 400
+ Vorsteuer 76   an Kasse 476

Ergebnis: Die Anschaffungskosten betragen nun 9400 €.

Anschaffungsnebenkosten werden über das jeweilige Sachkonto gebucht.

76 Wie wirken sich Preisnachlässe des Lieferanten auf die Anschaffungskosten aus?

Preisnachlässe von Lieferanten, wie **Boni** (= Preisnachlass bei Abnahme eines bestimmten Umsatzwertes) und **Skonti** (= Preisnachlass bei Zahlung innerhalb einer bestimmten Frist) mindern die **Anschaffungskosten** und sind deshalb als **Anschaffungspreisminderungen** von den Anschaffungskosten abzuziehen.

Anschaffungskosten =

- Anschaffungspreis
+ Anschaffungs-
  nebenkosten
- Anschaffungs-
  preisminderungen

77 Wie werden Nachlässe des Lieferanten gebucht?

Beispiel:

Der Rohstoffeinkauf auf Ziel laut ER 47, 9000 € netto + 19% Umsatzsteuer wird von uns 8 Tage später abzüglich 2% Skonto beglichen.

Buchungen:

1. Kauf auf Ziel: Rohstoffe   9000
                  + Vorsteuer   1710
                    an Verbindlichkeiten 10710
2. Bezahlung: Verbindlichkeiten   10710
                an Bank   10495,80
                an Rohstoffe   180
                an Vorsteuer   34,20

Ergebnis: Rohstoffe und Vorsteuer betragen 2% des ursprünglichen Betrages.

Anschaffungspreisminderungen wie Skonti verringern

- das Sachkonto (hier: Rohstoffe) und
- Vorsteuer

78 Wie sieht das Konto Rohstoffe zusammenfassend aus?

Soll		Rohstoffe	Haben
Einkauf	9000	„Skontiertrag"	180
„Fracht"	400	Endbestand	9220

Bei Vernachlässigung eines Anfangsbestandes weist das Konto einen Endbestand von 9220 € auf, der in die Bilanz eingestellt wird.

Konto Rohstoffe:

Anschaffungspreis	
	9000
+ Fracht	400
− Skonti	180
AK =	9220

79 Wie wird Skonti in der Praxis gebucht?

Neben der Nettobuchung (vgl. *Nr. 77*), dabei wird die Vorsteuer gleich getrennt ausgewiesen, gibt es die Bruttobuchung, die in der Praxis üblich ist.

Beispiel:

Kauf von Rohstoffen auf Ziel, netto 9000 + 19% Umsatzsteuer

Buchungen:

1. **Einkauf:**   Rohstoffe 9000
               + Vorsteuer 1710
                   an Verbindlichkeiten 10710
2. **Bezahlung:** Verbindlichkeiten 10710
                an Bank   10495,80
                an Rohstoffe   214,20
3. **Korrektur der Vorsteuer am Monatsende:**
   Rohstoffe 34,20   an Vorsteuer 34,20
   (34,20 € = 19% von 214,20 €)

Bruttobuchung in der Praxis: Reihenfolge

- Buchung Einkauf
- Buchung Rechnungsausgleich (Bezahlung) ohne Herausrechnung der Vorsteuer
- Berichtigung der gesamten Vorsteuer am Monatsende
- Buchung: Rohstoffe an Vorsteuer

80 Wie unterscheidet sich grundsätzlich die Netto- von der Bruttobuchung?

Bei der **Nettobuchung** wird die Umsatzsteuer in Form der Vorsteuer gesondert gleich gebucht, bei der **Bruttobuchung** enthält das jeweilige Sachkonto die Vorsteuer bis zum Monatsende. Dann folgt die Korrektur der gesamten Vorsteuer (vgl. Beispiele in den *Nummern 77* und *79*).

81 *Wie werden Rücksendungen an den Lieferanten gebucht?*

Jede **nachträgliche Minderung** des **Nettopreises** aufgrund von Rücksendungen oder Preisnachlässen führt auch zu einer **Minderung** der Beträge auf den Sachkonten (z.B. Rohstoffe) und dem Konto Vorsteuer.

Beispiel:

Wir kaufen Rohstoffe auf Ziel, netto 6000 € + 19% Umsatzsteuer. Wir stellen nach der Lieferung fest, dass Stoffe im Wert von 1200 € netto beschädigt sind. Sie werden zurückgeschickt.

Buchungen:
1. **Einkauf:** Rohstoffe   6000
    + Vorsteuer   1140
          an Verbindlichkeiten   7140

2. **Rücksendung:** Verbindlichkeiten 1428
          an Rohstoffe   1200
          an Vorsteuer   228

Rücksendungen führen zu einer **Storno-Buchung:**
- Minderung der Verbindlichkeiten
- Minderung der Rohstoffe
- Minderung der Vorsteuer

EIN TIPP:
Die ursprüngliche Buchung beim Einkauf wird »umgedreht«!

---

82 *Wie werden Rücksendungen des Kunden gebucht?*

Senden Kunden reklamierte Produkte an uns zurück, **vermindern** sich die **Erlöse** und die **Mehrwertsteuer.** Hier erfolgt (wie bei *Aufgabe 81*) eine **Stornobuchung,** d.h. die ursprüngliche Buchung (Ausgangsrechnung) wird anteilig um die von uns per Gutschrift anerkannten Beträge korrigiert.

Beispiel:

Ein Kunde erhält von uns eine Rechnung (AR13) über Waren im Wert von 10 000 € + 19% Umsatzsteuer. Davon sendet er Erzeugnisse im Wert von 3000 € netto an uns zurück.

Buchungen:
1. **AR13:**   Forderungen 11 900   an Erlöse   10 000
          an Umsatzsteuer   1 900

2. **Rücksendung** mit unserer Gutschriftsanzeige:
      Erlöse 3 000
    +   Umsatzsteuer 570   an Forderungen 3 570

Rücksendungen im Absatzbereich sind Stornobuchungen (Rückbuchungen):
- Minderung der Erlöse
- Minderung der Mehrwertsteuer anteilig
- Minderung der Forderungen

---

83 *Wie werden Nachlässe gegenüber dem Kunden gebucht?*

Dem **Kunden** gewährte **Preisnachlässe** aufgrund von Mängelrügen, Skonti sowie Boni **schmälern** die **Erlöse.** Deshalb empfiehlt es sich für den kleineren Betrieb, die Berichtigung **direkt** über das **Erlöskonto** vorzunehmen.

Ab einem bestimmten Umsatz (Mittel-, Großbetrieb) sollte das **Konto Erlösschmälerungen** eingesetzt werden, das entweder über Erlöse abgeschlossen wird (vgl. Industriekontenrahmen) oder als Aufwand über das GuV-Konto (so im Kontenrahmen für das Handwerk) gebucht wird.

Auch diese Erlös-Berichtigung kann **netto** oder **brutto** gebucht werden. Dabei erfolgt in der EDV die Steuerberichtigung automatisch durch Eingabe des Bruttobetrages.

Nachlässe im Einkauf und Verkauf inklusive Skonti und Boni:
- Nachlässe werden häufig brutto gebucht.
- Bei Nachlässen von Lieferanten ist die Vorsteuer, bei Nachlässen gegenüber Kunden ist die Mehrwertsteuer zu berichtigen.

A Grundlagen des Rechnungswesens und Controllings

Beispiel:

Dem Kunden, dem wir Erzeugnisse im Wert von 20 000 € netto + 19% Umsatzsteuer in Rechnung gestellt hatten (AR14), gewähren wir aufgrund einer Mängelrüge einen Preisnachlass von 30% (alternativ: »... gewähren wir bei Bezahlung innerhalb von 10 Tagen 2% Skonto...«).

Buchungen:

1. **AR14:**

   Forderungen 23 800
            an Erlöse   20 000
            an Umsatzsteuer   3 800

2. **Preisnachlass** mit unserer Gutschriftsanzeige:

   Nettobuchung
   Erlöse 6000 (= 30% von 20 000)
   + Umsatzsteuer 1140   an Forderungen 7140

   Bruttobuchung
   Erlöse 7140   an Forderungen 7140

   dazu: **Korrektur am Monatsende**
   Umsatzsteuer 1140   an Erlöse 1140
   (= 19% von 7140, das entspricht 119%).

> • Nachlässe im Einkauf mindern die Anschaffungspreise, Nachlässe im Verkauf mindern die Erlöse.

---

84   *Welches sind die wesentlichen Abzüge und Nebenkosten im Einkauf?*

Mengen- und Wertabzüge vermindern den **Einkaufspreis.** Die wesentlichen sind:

1. **Rabatt** vom Lieferer = Abzug vom Listenpreis, den der Lieferant bei Rechnungserteilung gewährt. Er wird bei uns nicht buchmäßig erfasst.

2. **Skonto** vom Lieferer = Abzug vom Rechnungspreis bei Zahlung innerhalb einer bestimmten Frist.

3. **Verpackungskosten** = vom Kunden zu tragende Versandverpackung.

4. **Fracht** = Beförderungsgebühr für Warensendungen per LKW, Bahn, Flugzeug, Schiff.

5. **Rollgeld** = Beförderungsgebühr für die Warenzustellung vom Empfangsbahnhof bis zum Betrieb.

6. **Versicherungskosten** = Prämie für die Versicherung des zu transportierenden Materials.

7. **Einfuhrzölle** = Abgabe bei der Einfuhr von Material aus einem Nicht-EU-Land. Grundlage für die Ermittlung der Abgabe ist der **Zollwert** (= Rechnungspreis + Fracht – Skonto).

> Abzüge beim Wareneinkauf:
> • Rabatt
> • Skonto
>
> Nebenkosten beim Wareneinkauf:
> • Verpackungskosten
> • Fracht
> • Rollgeld
> • Versicherungskosten
> • Einfuhrzölle

---

85   *Welche Verfahren zur Ermittlung des Erfolgs gibt es?*

Der **Erfolg** (Gewinn oder Verlust) eines Unternehmens lässt sich feststellen:

1. Im Rahmen des **GuV-Kontos**[1] (Gewinn = Ertrag minus Aufwand).

2. Durch **Kapitalvergleich** = Eigenkapital am 31.12. – Eigenkapital am 01.01. des gleichen Jahres + Privatentnahmen – Privateinlagen.

> Verfahren zur Erfolgsermittlung:
> • GuV-Konto
> • Einnahmen-Überschussrechnung
> • Kapitalvergleich

---

[1]   • Ertrag – Aufwand = **Reingewinn** = Jahresüberschuss
     • Erlöse – Materialeinsatz = **Rohgewinn**

3. Durch **Einnahmen-Überschussrechnung** = Selbstständige, wie Ärzte, Anwälte, die nicht Kaufleute im Sinne des HGB sind, stellen zur Ermittlung des Gewinns die Ausgaben den Einnahmen gegenüber: die Differenz ist der Gewinn oder der Verlust.

> *Zur Klarheit:*
> Kapital
> = Betriebsvermögen
> = Reinvermögen

2.2 Buchungen im Finanzbereich, mit Effektivverzinsung; Anzahlungen

86 *Lohnt es sich immer, Skonto in Anspruch zu nehmen?*

Beispiel:

Mit einem Lieferanten (Rechnungsbetrag 11 600 €) wurde folgende Zahlungsbedingung vereinbart:

»Zahlbar innerhalb von 10 Tagen unter Abzug von 2% Skonto, innerhalb von 30 Tagen netto.«

Um Skonto ausnutzen zu können, müsste ein Kredit zu 10% (pro Jahr = p.a.) in Höhe des Überweisungsbetrages aufgenommen werden.

1. *Wie viel EURO sind bei Skontoausnutzung zu überweisen?*

Rechnungsbetrag	11 600
– 2% Skonto	232
= Überweisungsbetrag	11 368

2. *Lohnt sich die Kreditaufnahme, um Skonto auszunutzen?*

Kreditkosten:

$$\frac{K \times p \times t}{100 \times 360} \qquad \frac{11\,368 \times 10 \times 20}{100 \times 360} = 63{,}16\ €$$

Skonto 232 € – Kreditkosten 63,16 € = **Finanzierungsgewinn** von 168,84 €.

Rechnungsbetrag
– Skonto
―――――――――
Überweisungsbetrag

Skontoertrag
– Kreditkosten
―――――――――
= Finanzierungsgewinn

Da der Skontoertrag in der Regel die Kreditkosten übersteigt (= Finanzierungsgewinn), lohnt es sich immer, Skonto in Anspruch zu nehmen.

87 *Welchem Jahreszinssatz entspricht ein Skonto von 2%?*

Das Zahlungsziel beträgt (in *Nr. 86*) 30 Tage; die Skontofrist 10 Tage = Kreditzeitraum 20 Tage.

Somit kann man folgenden Dreisatz aufstellen:

$$\frac{20 \text{ Tage Lieferantenkredit} - 2\%}{360 \text{ Tage Lieferantenkredit} - x\%}$$

360 × 2 : 20 = **36**%

2% entsprechen einer effektiven (Jahres-) Verzinsung von 36%.

Regel: Je länger das Zahlungsziel desto kleiner die Effektivverzinsung.

Zur Umrechnung des Skontosatzes in den entsprechenden Jahreszinssatz gilt immer die Formel:

Zinssatz = 360
× Skontosatz
: Kreditzeitraum

Effektiver Zinssatz > Zinssatz
Kreditkosten = Kreditaufnahme lohnend.

88 *Wie errechnet sich die effektive Verzinsung bei kurzfristigen Darlehen?*

Beispiel:

Für ein Darlehen in Höhe von 20 000 €, Zinssatz 9% p.a., Laufzeit 10 Monate, muss eine einmalige Bearbeitungsgebühr von 2% gezahlt werden. Wie hoch ist die Effektivverzinsung?

Lösung:

$$\text{Zinsen} = \frac{20\,000 \times 9 \times 10}{100 \times 12} = 1500\ €$$

Berechnung der effektiven Zinsen:

$$P = \frac{Z \times 100 \times 360}{K \times t}$$

p = Zinssatz
Z = Zinsen in €
K = Kapital
t = Zeit in Tagen

A Grundlagen des Rechnungswesens und Controllings

$$\text{Gebühr} = \frac{20\,000 \times 2}{100} \quad = \quad 400\ \text{€}$$

Gesamtaufwand $= \mathbf{1900\ \text{€}}$

$$\text{Effektiver Zinssatz} = \frac{1\,900 \times 100 \times 360}{20\,000 \times 300}$$

$$\llcorner\!\!\longrightarrow \ = \mathbf{11,4\ \%}$$

89 *Wie errechnet sich die Effektivverzinsung pro Jahr bei langfristigen Darlehen?*[1]

Beispiel:

Ein **Darlehen** in Höhe von 150 000 €, Zinssatz 8%, Laufzeit 6 Jahre wird mit **95%** ausgezahlt. Die Differenz zwischen dem ursprünglichen Darlehen und dem tatsächlichen Auszahlungsbetrag heißt **Disagio, Abgeld** oder **Damnum.** Das Darlehen wird am Ende des 6. Jahres in voller Höhe zurückgezahlt.

Lösung:

$$\text{Zinsen} \ = \frac{150\,000 \times 8}{100} \qquad = 12\,000\ \text{€}$$

$$\text{Disagio} = \frac{150\,000 \times 5\% \ (\text{Disagio})}{100 \times 6 \ (\text{Jahre})} = \ 1\,250\ \text{€}$$

Gesamtaufwand pro Jahr $= 13\,250\ \text{€}$

$$P = \frac{13\,250 \times 100}{142\,500}$$

(= Auszahlungsbetrag)

$= \mathbf{9,3}$ % effektiver Zinssatz

Berechnung der effektiven Zinsen pro Jahr:

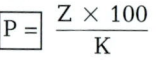
$$\boxed{P =} \ \frac{Z \times 100}{K}$$

P = Zinssatz
Z = Zinsen in €
K = Auszahlungsbetrag

90 *Wie werden geleistete Anzahlungen verbucht?*

Bezieht das Unternehmen eine große Lieferung z.B. Holz für 50 000 € netto, so erfolgt vertragsgemäß eine **Anzahlung** von 20% = 10 000 € netto per Bankscheck + 19% Umsatzsteuer.

Da diese Anzahlung **umsatzsteuerpflichtig** ist, wird folgendermaßen gebucht:

Buchungen

1. Anzahlung an den Lieferanten:
   Geleistete Anzahlungen   10 000
   + Vorsteuer   1900
        an Bank   11 900 €
2. Buchung nach Eingang der Rechnung und Lieferung:
   Rohstoffe   50 000
   + Vorsteuer (9 500 – 1 900)   7 600
        an geleistete Anzahlungen   10 000
        an Verbindlichkeiten   47 600

Geleistete Anzahlungen = Aktivkonto

• Anzahlungen sind immer umsatzsteuerpflichtig

91 *Wie werden erhaltene Anzahlungen gebucht?*

Vgl. Beispiel *Nr. 90*:
»Aus der Sicht des Verkäufers«.

Buchungen

1. Nach Eingang der Anzahlung:
   Bank 11 900
        an erhaltene Anzahlungen   10 000
        an Umsatzsteuer   1 900

Erhaltene Anzahlungen = Passivkonto

• Diese Vorgänge sind immer umsatzsteuerpflichtig (*hier:* Umsatzsteuer)

---

[1] Neben dieser Annäherungsrechnung gibt es eine Formel:

$$\text{Effektivverzinsung} = \frac{\left(\text{Nominalzins} + \dfrac{\text{Rückzahlungskurs} - \text{Auszahlungskurs}}{\text{Laufzeit}}\right) \cdot 100}{\text{Auszahlungskurs}}$$

    2. Nach Rechnungsausgang und Lieferung:

Forderungen	47 600
+ Erhaltene Anzahlungen	10 000
an Erlöse	50 000
an Umsatzsteuer	7 600
	(9 500 – 1 900)

2.3 Besonderheiten im Außenhandel

92 *Wie ist die Umsatzsteuer im Außenhandel geregelt?*

Seit 2007 besteht für die Mitgliedstaaten der **EU = Europäische Union** der erweiterte EU-Binnenmarkt.

Folgen:

1. **Importe** und **Exporte** zwischen den EU-Staaten sind innergemeinschaftliche Vorgänge und unterliegen daher **nicht mehr** der **(Einfuhr-)** Umsatzsteuer.
2. Um die Umsatzsteuer den einzelnen Staaten als Einnahme zu belassen, wird der **Importeur,** d.h. der Erwerber der Ware, in seinem Staat zur Umsatzsteuer herangezogen.

   Beispiel:

   Ein Käufer aus Deutschland hat das Produkt aus Italien bei seinem zuständigen Finanzamt in Deutschland anzumelden.

3. Beim Warenverkehr mit **Drittländern** (= Nicht-EU-Gebiet), wie z.B. Schweiz, Japan, USA, wird Einfuhrumsatzsteuer, evtl. auch **Zollabgaben,** vom Zoll erhoben.[1]
4. Exporte sind umsatzsteuerfrei.

   Beispiel:

   Kauf von Holz in Finnland für 50 000 €, auf Ziel.

   Buchung:
   Rohstoffe 50 000   an Verbindlichkeiten 50 000

   Der Erwerber in Deutschland meldet den Kauf zur Umsatzsteuer seinem Finanzamt an. Er unterliegt damit dem Steuersatz von 19%. Ist der Unternehmer **vorsteuerabzugsberechtigt,** kann er die anfallende Mehrwertsteuer als Vorsteuer abziehen.

   Buchung:
   Vorsteuer 9 500 (= 19% von 50 000)
   an Sonstige kurzfristige Verbindlichkeiten 9 500 (aus Steuern)

   In der **Umsatzsteuervoranmeldung** sind die Käufe aus den EU-Staaten und die darauf entfallende Vorsteuer gesondert auszuweisen.

93 *Wie muss bei Importen aus EU-Ländern gebucht werden?*[2]

Im- und Exporte:
- der Handel innerhalb der EU ist von der Einfuhrumsatzsteuer befreit
- der Importeur muss den Erwerb der Ware bei seinem Finanzamt zur Umsatzsteuer anmelden
- Beim Handel mit dem Nicht-EU-Gebiet bleibt die Einfuhrumsatzsteuer bestehen
- Exporte sind umsatzsteuerfrei

Die anzumeldende Umsatzsteuer können vorsteuerabzugsberechtigte Unternehmen sich von ihrem Finanzamt erstatten lassen.

A Grundlagen des Rechnungswesens und Controllings

---

[1] Die Bemessungsgrundlage für die Zollsätze ist der **Zollwert.** Er entspricht dem **Bezugspreis** der Ware (Warenwert – möglicher Skontoabzug + Verpackungskosten + Transportkosten = Zollwert).

[2] Grundsätzlich gilt ab 2010: Die USt hat der im Ausland ansässige Auftraggeber in seiner Heimat anzumelden.

Übrigens: Jedes vorsteuerabzugsberechtigte Unternehmen erhält eine (europaweite) **Umsatzsteuer-Identifikations-Nummer** (USt-ID-Nr.) zugeteilt.

94 Wie ist bei Exporten in Drittländer zu buchen?

Beispiel:

Eine Tischlerei in Konstanz verkauft Erzeugnisse in die Schweiz. Dem Kunden werden sfr in Rechnung gestellt: 18 000 sfr (Kurs: 60 € je 100 sfr).

Buchungen:

1. Versenden der Ausgangsrechnung am 30.6.:
   Forderungen 10 800   an Erlöse 10 800
   (10 800 € = 18 000 sfr)

2. Rechnungseingang am 25.07.:
   Bank 10 800   an Forderungen 10 800

3. Bank berechnet Devisenumrechnungskosten:
   Sonstige Gemeinkosten 50   an Bank 50

Gegenüber dem Finanzamt ist ein **Ausfuhrnachweis** vorzulegen (Frachtbrief, Grenzübertrittsbescheinigung).

- Ausfuhrlieferungen sind umsatzsteuerfrei.

- Gegenüber dem Finanzamt ist ein Ausfuhrnachweis vorzulegen

2.4 Lohn- und Gehaltsbuchungen

95 Welche Personalkosten lassen sich unterscheiden?

Zu den **Personalkosten** gehören:

1. **Löhne** für Arbeiter und **Gehälter** für Angestellte als Entgelt für geleistete Arbeit (**= Bruttoentgelt**); dazu gehören Urlaubs-, Weihnachtsgeld, Überstundenvergütung, Vermögenswirksame Leistungen des Arbeitgebers; Grundlage sind häufig Tarifverträge.

2. **Gesetzliche soziale Aufwendungen:** Beiträge des Arbeitgebers zur gesetzlichen Kranken- (**KV**), Renten- (**RV**), Arbeitslosen- (**AV**), Pflege- (**PV**) und Unfallversicherung (**UV**).

3. **Freiwillige soziale Aufwendungen**, z.B. Fahrtkostenzuschüsse, Zuschüsse für private Feste, Betriebsveranstaltungen.

Diese **Personalkosten** sind **Aufwendungen,** die sich in dem GuV-Konto wiederfinden.

Personalkosten:
- Löhne und Gehälter (brutto)
- Urlaubs-, Weihnachtsgeld, Vermögenswirksame Leistungen
- gesetzliche soziale Aufwendungen
- freiwillige soziale Aufwendungen

96 Was muss man über die gesetzlichen Sozialabgaben wissen?

Die **gesetzlichen Sozialabgaben – RV, KV[1], AV, PV –** sind vom Arbeitgeber und vom Arbeitnehmer **gemeinsam** zu tragen.

Die Beiträge zur gesetzlichen Unfallversicherung (**UV**) trägt der Arbeitgeber allein.

Die Höhe der Beiträge zur RV, AV, PV und KV bestimmt der Gesetzgeber (Bundestag).

Arbeitgeber und Arbeitnehmer tragen gemeinsam
- RV, AV, PV, KV

Arbeitgeber trägt Beiträge allein zur gesetzlichen UV

97 *Wie hoch sind die Beiträge zur Sozialversicherung?*

Die Beiträge zur gesetzlichen Sozialversicherung betragen zum 01.01.2016:

1. **RV** = 18,7% des Bruttolohns; höchstens von der **Beitragsbemessungsgrenze** (BBG), die 2015 monatlich 6050 € beträgt. Darüber hinausgehende Beträge werden **nicht** berücksichtigt; im Osten:5200 €.

2. **AV** = 3,0% des Bruttolohns; wieder höchstens von 6050 € bzw. 5200 €.

3. **KV** = 14,6% des Bruttolohns; BBG = 4125 €.

4. **PV** = 2,35% des Bruttolohns[1]; BBG = 4125 €.

5. **UV** ≈ 1 – 2% der Lohnsumme, die der Arbeitgeber allein trägt.

Die Beiträge zur Sozialversicherung betragen:

RV = 18,7%

AV = 3,0%

PV = 2,35%

KV = 14,6%

Höchstgrenze für die Beiträge ist die jeweilige BBG

UV = trägt Arbeitgeber allein

---

98 *Wie sieht die Gehaltsabrechnung für einen Arbeitnehmer aus?*

Der ledige Tischler Werner Jakob **(26 Jahre)** verdient im Monat im Jahr 2013 wie folgt:

Bruttogehalt		2500,00 €
– Lohnsteuer[2]	450	
– Kirchensteuer (9% von 400)	40	490,00 €
– Sozialversicherungsbeiträge		
– RV (9,35% von 2500)	233,75	
– AV (1,5% von 2500)	37,50	
– KV (8,2% von 2500)[3]	207,50	
– PV (1,425% von 2500)	35,63	
= Nettogehalt		1495,62 €

Bruttogehalt
– Lohnsteuer,
– Kirchensteuer
– Sozialversiche-
  rungsbeiträge
= Nettogehalt

---

99 *Wann und an wen muss der Arbeitgeber die Sozialversicherungsbeiträge abführen?*

Der Arbeitgeber zahlt dem Arbeitnehmer das Nettogehalt per Banküberweisung aus.

Die **Sozialversicherungsbeiträge** behält der Arbeitgeber ebenso ein wie die **Lohn-** und **Kirchensteuer,** bis er diese, zusammen mit seinem Arbeitgeberanteil zur Sozialversicherung, abzuführen hat.

Die **Verbindlichkeiten** aus Lohn- und Kirchensteuer sind an das zuständige **Finanzamt,** die **Verbindlichkeiten** im Rahmen der Sozialversicherung sind an die zuständige **Krankenkasse** zu überweisen.

Die Krankenkasse leitet die Rentenversicherungs- und Arbeitslosenversicherungsbeiträge an die entsprechenden Versicherungsträger weiter.

• Die einbehaltene Lohn- und Kirchensteuer ist bis zum 10. des folgenden Monats an das Finanzamt abzuführen.
• Die Beiträge an die Krankenkasse sind spätestens am drittletzten Bankarbeitstag eines Monats fällig.

---

[1] Arbeitgeber + Arbeitnehmer zahlen je 1,175%. Kinderlose Arbeitnehmer ab dem 23. Lebensjahr zusätzlich 0,25% (Summe = 1,415%).

[2] Der **Solidaritätszuschlag** von zur Zeit 5,5% von der Lohnsteuer wird hier nicht berücksichtigt.

[3] Der AN muss – leider – 50% der KV-Beiträge **plus 0,9%** zahlen, d.h. hier 8,2% (= Zusatzbeiträge).

100 Wie wird die Lohnzahlung gebucht?
(Beträge von Nr. 98)

Der (ledige) Tischler Werner Jakob erhält am 31. Mai den Lohn für Mai.

1. Buchung:

Gehälter   2 500

an Bank   1 495,62
an Verbindl. Finanzamt   490,00
an Verbindl. Sozialversicherung   511,88

Der **Arbeitgeberanteil** zur Sozialversicherung für den Monat Mai 2015 beträgt (19,325%):

2. Buchung:

Gesetzliche Sozialabgaben   483,13
(= Aufwandskonto)
an Verbindl. Sozialversicherung   483,13

Die Lohnbuchung lautet immer

• bei Lohnzahlung:
  Gehälter
  an Bank
  an Finanzamt
  an Sozialversiche-
  rung (AN-Anteil)
• Arbeitgeberanteil:
  gesetzliche
  Sozialabgaben
  an Sozialversiche-
  rung (AG-Anteil)

101 Wie wird die Überweisung der Verbindlichkeiten aus der Lohnzahlung gebucht?

Der Arbeitgeber überweist bestehende Verbindlichkeiten an jeweilige Träger (s. *Nr. 100*).

Buchungen:

Verbindl. Finanzamt   490   an Bank   490
Verbindl. Sozialvers.   995   an Bank   995
(Summe Arbeitgeber- u. Arbeitnehmeranteil)[2]

Überweisung der Verbindlichkeiten aus Lohnzahlungen am 10. des folgenden Monats.[1]

102 Wie werden die Beiträge zur Berufs-genossenschaft gebucht?

Die Beiträge des **Arbeitgebers** zur gesetzlichen Unfallversicherung (Berufsgenossenschaft) werden als Aufwand erfasst.

Buchung:

Beiträge zur BG   an Bank

Die Beiträge zur BG sind Aufwendungen und werden auf dem entsprechenden Konto gebucht.

103 Wie werden Vorschüsse an den Arbeitnehmer gebucht?

Werden dem Arbeitnehmer vor dem Fälligkeitstag der Lohnzahlung **Vorschüsse** gezahlt, dann handelt es sich **nicht** um **Aufwendungen,** sondern um **Forderungen** gegenüber dem Arbeitnehmer.

Beispiel:

Der Arbeitnehmer Jakob erhält am 15. Mai einen Vorschuss von 1000 € per Scheck ausgezahlt.

Buchung:

Forderungen gegen Personal   1000
an Bank 1000

Verrechnung des Vorschusses mit der Gehaltszahlung am 31. Mai (siehe *Nr. 100*).

Buchung: Gehälter 2 500 €

an Bank   495,62 €
an Verbindl. Finanzamt   490,00 €
an Verbindl. Sozialvers.   511,88 €
an Ford. gegen Personal   1000,00 €

Vorschüsse sind Forderungen (Konto im Handwerks-kontenrahmen: Sonstige kurzfristige Forderungen) gegenüber dem Arbeitnehmer, die mit der späteren Lohn-zahlung – auch buchungsmäßig – verrechnet werden.

104 Wie sind die vermögenswirk-samen Leistungen in die Personal-kosten einzuord-nen?

Der **Höchstbetrag** der (spar-) zulagebegünstigten vermögenswirksamen Leistungen **(VL)** beträgt 480 € jährl., das sind 40 € monatlich. Die VL, die der Arbeitgeber trägt, z.B. 26 € monatlich, sind **Einnahmen** des Arbeitnehmers (erhöhen den Bruttolohn), die der Einkommensteuer und den Sozialversicherungsabgaben unterliegen.

• VL betragen monatlich höchstens 40 €
• der AG-Anteil der VL erhöht den Bruttolohn und damit die Abgaben.

---

[1] Die Sozialversicherungsabgaben muss der Arbeitgeber spätestens zum drittletzten Bankarbeitstag des laufenden Beschäftigungsmonats melden (Krankenkasse) und bezahlen.

[2] Der ledige Arbeitnehmer über 23 Jahren zahlt **2016 20,475%** Sozialversicherungsabgaben vom Bruttolohn.

105 *Wie werden vermögenswirksame Leistungen gebucht?*

Der Tischler Werner Jakob erhält neben seinem Gehalt noch **26 € VL vom Arbeitgeber.**
Dadurch zahlt er mehr Einkommenssteuer und mehr Sozialversicherungsabgaben. Er spart 40 € bei seiner Bausparkasse.

1. Buchung: Lohnzahlung[1]
Gehälter 2526 €

an Bank	1454,17 €
an Verbindl. Finanzamt	502 €
an Verbindl. Sozialvers.	529,83 €
an Verbindl. aus VL	40 €

(Die VL können auch auf einem eigenen Aufwandskonto dargestellt werden; insgesamt bleibt aber das Bruttogehalt von 2526 € = 2500 € + 26 €)

2. Buchung: AG-Anteil zur SV
Gesetzliche Sozialabgaben   495,98
(= Aufwandskonto)
        an Verbindl. Sozialversicherung   495,98

3. Buchung: Überweisung der Verbindl.

Verbindl. Finanzamt	502	
+ Verbindl. Sozialvers.	1025,81	
+ Verbindl. aus VL	40	
an Bank		1567,81

Die **staatliche Sparzulage**[3] (9%) ist einkommensabhängig. Die Auszahlung erfolgt über das Finanzamt z.B. durch die Bausparkasse am Ende der Laufzeit (nach 7 Jahren).[2]

Vermögenswirksame Leistungen des Arbeitgebers

- erhöhen den Bruttolohn
- erhöhen Einkommensteuer und Sozialversicherungsabgaben
- verringern den auszuzahlenden Nettolohn.
- Die staatliche Sparzulage ist einkommensabhängig

2.5 Kauf, Abgang, Herstellung von Anlagegütern

106 *Welche Güter gehören zum Anlagevermögen?*

Zu einem Handwerksbetrieb gehören in erster Linie die folgenden **Sachanlagen** (§ 266 HGB):
1. Grundstücke und Gebäude
2. Technische Anlagen und Maschinen
3. Betriebs- u. Geschäftsausstattung, Fuhrpark
Da die **Anlagekonten** des **Hauptbuches** als Sammelkonten geführt werden und diese z.B. zum Zwecke der Abschreibung **einzeln** zum Bilanzstichtag zu prüfen sind, ist eine Anlagenbuchführung als **Nebenbuchhaltung** erforderlich.
Für **jeden einzelnen Anlagegegenstand** ist daher eine besondere Karte zu führen, die folgende Daten aufweist:
(1) Anschaffungsdatum, (2) Lieferant,
(3) Nutzungsdauer, (4) Anschaffungskosten,
(5) Abschreibungsart,
(6) Abschreibung pro Jahr in % und EUR,
(7) Buchwert

- Für jedes Anlagegut ist eine gesonderte Karte zu führen, die die wesentlichen Daten enthält.
- Die Summe dieser Karten ist als Anlagenbuchhaltung Teil der Nebenbuchhaltung.

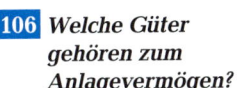

---

[1] Eine mögliche Kindergeldauszahlung ist hier nicht berücksichtigt.

[2] Zusätzlich wird die 8,8%-ige Wohnungsbauprämie gezahlt, wenn das Einkommen für Ledige 25 000 € nicht übersteigt.

[3] Die staatliche Sparzulage – auch für Produktivvermögen (Aktien, Investmentfonds) – beträgt maximal 20 %.

107 *Wie wird der Kauf einer Maschine gebucht, die mit Rabatt, Bezugskosten und unter Abzug von Skonti bezogen wird?*

Zu den **Anschaffungskosten** gehören alle **Aufwendungen,** die zu leisten sind, um das **Anlagegut** zu **erwerben** und in einen **betriebsbereiten Zustand** zu versetzen (§ 255 HGB).

Es sind

1. dem Anschaffungspreis alle Aufwendungen **hinzuzurechnen,**

2. alle Preisminderungen **abzuziehen.**

Beispiel:

Wir beziehen eine Maschine von 20 000 € netto mit 10% Rabatt und Transport- und Montagekosten von 3000 € netto. Es ist jeweils 19% Umsatzsteuer hinzuzurechnen.

Wir zahlen die Rechnung unter Abzug von 2% Skonto.

Ermittlung der Anschaffungskosten

Anschaffungspreis	18 000 €
+ Nebenkosten	3 000 €
	21 000 €
– 2% Skonto	420 €
= Anschaffungskosten	20 580 €

zu aktivieren in der Bilanz!

1. Buchung: Kauf lt. Rechnung

Maschinen	21 000 €
+ Vorsteuer	3 990 €
an Verbindlichkeiten 24 990 €	

2. Buchung: Rechnungsausgleich

Verbindlichkeiten	24 990 €	
an Bank	24 490,20 € (= 98%)	
an *Maschinen*	420,00 € (= 2%)	
an Vorsteuer	79,80 € (= 2%)	

- Anlagegüter sind bei Kauf mit den Anschaffungskosten zu bewerten.
- Nebenkosten erhöhen die Anschaffungskosten, Nachlässe mindern sie.
- Die Anschaffungskosten sind zu aktivieren.
- Sie bilden die Bemessungsgrundlage für die AfA.
- Finanzierungskosten (Zinsen u.ä.) gehören *nicht* zu den Anschaffungskosten.

108 *Wie wird beim Ausscheiden eines Anlagegutes der jeweilige Buchwert ermittelt?*

Anlagegüter werden in der Regel **während** des Geschäftsjahres verkauft oder entnommen, sodass die **Abschreibung** noch **zeitanteilig** – bis auf den vollen vorhergehenden Monat – vorzunehmen ist. Die Differenz ergibt den Buchwert.

Beispiel:

Eine Maschine, die zum 01.01. noch einen Buchwert von 12 000 € aufweist und jährlich mit 6000 € abgeschrieben wird, soll am 05.11. des gleichen Jahres verkauft werden.

Buchwert zum 01.01.	12 000 €
– AfA für 10 Monate	5 000 €
= Buchwert zum 05.11.	7 000 €

Buchung zum 05.11.

AfA	auf Sachanlagen	5 000 €
	an Maschinen	5 000 €

Wird ein Anlagegut während des Geschäftsjahres verkauft oder entnommen, so muss es zeitanteilig abgeschrieben werden.

109 *Wie wird der Verkauf von Anlagegütern gebucht (Verkaufspreis = Buchwert)?*

Zur **umsatzsteuergerechten** Buchung empfiehlt es sich, den Verkauf erst über das Konto

Erträge aus Anlageabgängen) **(AA)**

vorzunehmen. Mit Hilfe der EDV wird dann die Umsatzsteuer automatisch errechnet und der Nettoerlös dem Nettoumsatzspeicher zugeführt.

Vorteile:

1. schnelle Überprüfung der steuerpflichtigen Umsätze

2. automatische Erstellung der Umsatzsteuervoranmeldung

Beispiel: (siehe *Nr. 108*)

Die Maschine zum Buchwert von 5000 € wird gegen einen Scheck verkauft, zu 5000 € netto + 19% Umsatzsteuer.

1. Buchung der Erlöse

Bank 5950	an Erträge aus AA	5000
	an Umsatzsteuer	950

2. Buchung des Ausscheidens aus dem Betrieb

Erträge aus AA 5000   an Maschinen 5000

Ein Verkauf sollte aus Gründen der Klarheit die folgenden Buchungen enthalten:

- Verkauf des Anlagegutes zum tatsächlichen Verkaufspreis
- Ausscheiden aus dem Betriebsvermögen

---

110 *Wie wird der Verkauf von Anlagegütern erfasst, wenn der Verkaufspreis größer als der Buchwert ist?*

Beispiel:

Die Maschine, die zum Zeitpunkt des Ausscheidens den Buchwert von 5000 € aufweist, wird für 8000 € netto + 19% Umsatzsteuer per Scheck verkauft.

1. Buchung der Erlöse

Bank 9520	an Erträge aus AA	8000
	an Umsatzsteuer	1520

2. Buchung des Ausscheidens aus dem Betrieb

Erträge aus AA 5000	
an Maschinen	5000

Der Verkaufspreis > Buchwert:

- Buchung der Erlöse
- Buchung mit Erträgen aus Anlageverkäufen

---

111 *Wie wird der Verkauf von Anlagegütern gebucht, wenn der Buchwert größer als der Verkaufspreis ist?*

Beispiel:

Die Maschine zum Buchwert von 5000 € wird zum Preis von 4000 € netto + 19% Umsatzsteuer per Scheck verkauft.

1. Buchung der Erlöse

Bank 4760	an Erträge aus AA	4000
	an Umsatzsteuer	760

2. Buchung des Ausscheidens aus dem Betrieb

Erträge aus AA 4000	
+ Verluste aus Anlageverkäufen	
(Kto 6900 im SKR 04)	1000
an Maschinen	5000

Buchwert > Verkaufspreis

- Buchung der Erlöse
- Buchung mit Verlusten aus Anlageverkäufen

112 *Wie wird die Entnahme von Anlagegütern für Privatzwecke dargestellt?*

Die **Entnahme** eines Anlagegutes aus dem Betriebsvermögen für **private Zwecke** unterliegt der **Umsatzsteuer** und ist mit dem **Tageswert** anzusetzen (siehe *Nr. 57, 58*).

Beispiel:

Ein zum Betriebsvermögen gehörender PKW wird am 02. Januar dem Sohn des Unternehmers übereignet. Der Buchwert beträgt 8000 €, der Tageswert ist mit 10 000 € anzusetzen, 19% Umsatzsteuer sind ausweisen.

1. Buchung des »Verkaufs«
Privatentnahmen 11 900
   an Eigenverbrauch   10 000
   an Umsatzsteuer   1 900

2. Buchung der Entnahmen
Eigenverbrauch 10 000
   an Fuhrpark (Buchwert)   8 000
   an Erträge aus Anlageverkäufen 2 000

Auch bei Entnahmen von Anlagegütern ist

- der »Verkauf« umsatzsteuerpflichtig zu erfassen

- die Entnahme aus dem Betriebsvermögen zu buchen

113 *Wie werden innerbetriebliche Leistungen dargestellt?*

Handwerksbetriebe erstellen mit eigenen Arbeitskräften und Material auch Anlagegüter zur eigenen Nutzung, wie z.B. Einbauten, Lagereinrichtungen.

Beispiel:

Eine Tischlerei baut sich Haltevorrichtungen zur Lagerung des Werkzeugs. Der Herstellungsaufwand beträgt 10 000 €.
Diese selbsterstellten Anlagen sind als **Vermögenszugang** (*hier:* im Konto Betriebsausstattung) zu den **Herstellungskosten** zu bewerten und in der Bilanz zu aktivieren.
Zum Ausgleich für die Lohn- und Materialaufwendungen, die auf den entsprechenden Konten in Klasse 6 gebucht worden sind und damit das Unternehmen belasten, muss diese **Eigenleistung** als **Ertrag** gebucht werden im Konto

   Betriebliche Erträge

Buchung:

Betriebsausstattung 10 000
 an Betriebliche Erträge   10 000
   (Abschluss über GuV-Konto)

Diese **Eigenleistungen** werden ebenso **abgeschrieben** und damit als Aufwand jährlich erfasst wie bezogene Anlagegüter.

- Innerbetriebliche Leistungen werden im eigenen Betrieb erstellt und genutzt.

- Sie sind mit den Herstellungskosten zu aktivieren.

- Die AfA erfolgt nach der betriebsgewöhnlichen Nutzungsdauer.

2.6 Steuern in der Buchführung

114 *Welche Steuern belasten das Unternehmen?*

Steuern, die den **Gewinn** des Unternehmens **mindern** und als **Betriebsausgaben** absetzbar sind, werden als **Aufwandsteuern** bezeichnet.
Das sind: *Gewerbesteuer, Grundsteuer* für bebaute und unbebaute Grundstücke, *Kfz-Steuer* für Betriebsfahrzeuge.

- Aufwandsteuern belasten das Unternehmen und mindern somit den Gewinn.

- Diese Steuern sind auch Kosten.

Die **Buchung** erfolgt über Konten der **Klasse 6** im DATEV-Konterahmen SKR 04, der Abschluss über das GuV-Konto.

Beispiel:

Abbuchung der Grundsteuer durch die Gemeinde.

Buchung:
Betriebliche Abgaben 500 €   an Bank   500 €

Da diese **Steuern** durch die Betriebstätigkeit regelmäßig anfallen, sind sie Kosten und gehören damit auch in die **Kosten-** und Leistungsrechnung.

115 *Welche Steuern sind vom Unternehmer persönlich zu tragen?*

Einzelunternehmer und **Gesellschafter** in Personengesellschaften haben die Steuern zu tragen, die ihren privaten Bereich betreffen **(Personensteuern).** Sie stellen **keine Betriebsausgaben** dar und dürfen deshalb auch den steuerpflichtigen Gewinn **nicht** mindern.

Dazu gehören: Einkommensteuer, Kirchensteuer, Erbschaftssteuer.

Die **Buchung** erfolgt über das **Privatkonto.**

- Personensteuern werden auf dem Privatkonto gebucht.
- Sie können nicht als Betriebsausgaben »abgesetzt« werden.

Beispiel:

Der Unternehmer überweist von seinem laufenden (Betriebs-) Konto 5000 € als 1/4-jährliche Vorauszahlung zur Einkommensteuer.

Buchung
Privatentnahmen 5000   an Bank   5000

116 *Welche Steuern sind als durchlaufender Posten anzusehen?*

Die **Umsatzsteuer** ist ebenso wie die Lohn- und Kirchensteuer eine Verbindlichkeit gegenüber dem Finanzamt, die im folgenden Monat abgeführt werden muss.

Man spricht bei diesen Steuern von » **Durchlaufenden Posten«,** da die **Umsatzsteuer** vom **Kunden** bezahlt wird und das Unternehmen die **gezahlte Vorsteuer** davon abziehen kann (= Zahllast).

Das Unternehmen ist also in diesen Fällen »Steuereintreiber« für den Staat!

- Steuern als »durchlaufender Posten« belasten das Unternehmen nicht.
- Dazu gehören: Umsatzsteuer/ Vorsteuer und Lohn- und Kirchensteuer

117 *Was bedeuten aktivierungspflichtige Steuern?*

Werden Grundstücke gekauft, fällt **Grunderwerbsteuer** (= 3,5% vom Kaufpreis) an; werden Wirtschaftsgüter im Nicht-EU-Ausland gekauft, sind **Zölle** zu zahlen. Diese Kosten werden als **Anschaffungsnebenkosten** dem jeweiligen Anschaffungspreis hinzugerechnet: Sie werden **aktiviert,** die **Anschaffungskosten** erhöhen sich somit.

- Grunderwerbsteuer und Zölle erhöhen den Anschaffungspreis der Wirtschaftsgüter und sind deshalb zu aktivieren (= Anschaffungskosten).

Beispiel:

1. Kauf eines Grundstücks für 100 000 €
   + 3,5% Grunderwerbssteuer = 103 500 €

Buchung bei Kauf

Grundstücke 103 500   an Bank   103 500
(in Schlussbilanz)

2. Kauf von Kokosöl in Malaysia für 20 000 € netto +
19% Einfuhrumsatzsteuer + 6% Zoll
(= 1200 €, wird dem Warenwert zugerechnet.)

Buchung bei Rechnungseingang:

Rohstoffe   21 200
+ Vorsteuer   4 028
  an Verbindlichkeiten   25 228

- Die Abschreibungen (bei den Grundstücken nur außerplanmäßige!) erfolgen von den Anschaffungskosten.

---

118 *Wie werden Säumniszuschläge und Steuerstrafen gebucht?*

Säumniszuschläge werden wie die betreffende Steuer gebucht; Steuerstrafen sind als Privatentnahmen darzustellen und dürfen nicht als Betriebsausgabe »abgesetzt« werden.

---

3 Der Jahresabschluss – Buchungen und Bewertungen

3.1 Zeitliche Abgrenzung der Aufwendungen und Erträge

119 *Warum sind zeitliche Abgrenzungen vorzunehmen?*

Aufwendungen und Erträge sind bisher gebucht worden, wenn sie gezahlt bzw. vereinnahmt wurden. Wollte man z.B. die uns **für dieses Geschäftsjahr zustehenden Zinsen,** die erst im **Januar gutgeschrieben werden,** auch erst im neuen Jahr als Ertrag buchen, würde der Erfolg im neuen Jahr fälschlich vergrößert, der im alten Jahr damit kleiner ausfallen.

Um den **Jahreserfolg** für den **richtigen Zeitraum** zu ermitteln (...was in dieses Jahr gehört, ist in diesem Jahr zu erfassen...), schreibt das HGB (§ 252) vor, die Aufwendungen und Erträge – **unabhängig vom tatsächlichen Geldfluss!** – dem **Geschäftsjahr zuzuordnen,** zu dem sie **wirtschaftlich** gehören.

Aufwendungen und Erträge sind dem Geschäftsjahr zuzuordnen, in das sie wirtschaftlich gehören.

120 *Wie werden Aufwendungen gebucht, die erst im neuen Jahr zu Ausgaben führen?*

Beispiel:

Die Vertreter-Provision für das letzte Quartal überweisen wir erst im Januar (6000 €).

Die **Ausgabe** erfolgt erst im neuen Jahr. Da der Vertreter die Leistung im alten Jahr erbracht hat, muss diese auch im jetzigen Jahresabschluss als Aufwand erfasst und als »**Sonstige Verbindlichkeiten**« gegenüber dem Vertreter dargestellt werden.

Buchung

Provisionsaufwand 6000
  an Sonstige Verbindlichkeiten   6000

Übrigens: **Provisionen** sind als **Anschaffungsnebenkosten** umsatzsteuerpflichtig, hier als Vorsteuer anzusehen. Die Buchung lautet dann im neuen Jahr bei Banküberweisung:

Sonstige Verbindlichkeiten   6000
+ Vorsteuer   1140
  an Bank   7140

- Ausgaben im neuen Jahr, die aber wirtschaftlich als Aufwendungen in dieses Jahr gehören, sind Verbindlichkeiten gegenüber dem Leistungserbringer

- Buchung: Aufwandskonto an Sonstige Verbindlichkeiten

A Grundlagen des Rechnungswesens und Controllings

121 Wie werden Erträge gebucht, die erst im neuen Jahr zu Einnahmen führen?

Beispiel:

Die Zinsen für das alte Jahr (5000 €) werden uns erst im Januar gutgeschrieben.

Die **Einnahme** erfolgt erst im neuen Jahr. Da wir unser Geld der Bank im alten Jahr zur Verfügung gestellt haben, müssen die Haben-Zinsen im **Jahresabschluss** als **Ertrag** erfasst und die bestehende Forderung gegenüber der Bank auf dem Konto »**Sonstige Forderungen**« dargestellt werden.

Buchung

Sonstige Forderung   5000
        an Zinserträge   5000

Die **Gutschrift** im Januar lautet dann:
Bank   an Sonstige Forderungen   5000

- Einnahmen im neuen Jahr, die aber wirtschaftlich als Erträge in dieses Geschäftsjahr gehören, sind Forderungen gegenüber dem Schuldner

- Buchung: Sonstige Forderungen an Ertragskonto

122 Wie werden Zahlungen dieses Jahres abgegrenzt, die teilweise oder ganz in das neue Rechnungsjahr gehören?

Beispiel:

Für die Miete betrieblich genutzter Garagen zahlen wir aufgrund des Mietvertrages immer zum 01. Dezember die Miete für 1/4 Jahr im voraus (1800 €).

Werden im **alten Jahr Zahlungen** geleistet, die ganz oder teilweise in das **neue Rechnungsjahr** »gehören«, so sind diese Beträge aus der Erfolgsrechnung dieses Geschäftsjahres buchungstechnisch herauszunehmen. Wie bei den Abgrenzungen bisher, verlangt das HGB (§ 250) auch hier eine **richtige zeitraumbezogene** Darstellung.

Da wir in diesem Fall »mehr« gezahlt haben, als auf dieses Jahr tatsächlich wirtschaftlich entfällt, müssen wir ein Konto einrichten, das diese »überzähligen« Aufwendungen (für 2 Monate = 1200 €) zum Jahresabschluss aufnimmt. Es heißt »**Aktive Rechnungsabgrenzung**« (ARA), ist also ein Aktivkonto, das dann zum 01.01. des neuen Jahres wieder aufgelöst wird.

Buchungen

01.12. Zahlung der Miete
        Mietaufwendungen 1800   an Bank   1800

31.12. Rechnungsabgrenzung
ARA 1200   an Mietaufwendungen   1200
Im Konto Miete verbleiben somit 600 € (1800 im Soll, 1200 im Haben), die in die GuV-Rechnung dieses Jahres einbezogen werden.

01.01. **Stornierung der Abgrenzung**
        Mietaufwendungen 1200   an ARA   1200

- Ausgaben im alten Jahr, die als Aufwendungen wirtschaftlich ganz oder zum Teil in das neue Geschäftsjahr gehören, sind abzugrenzen

- Buchung zum Jahresabschluss: ARA an Aufwandskonto

123 Wie werden Einnahmen gebucht, die teilweise oder ganz in das neue Rechnungsjahr gehören?

Beispiel:

Der Pächter eines Grundstücks überweist uns die jährliche Pacht immer am 01.10. für das volle Jahr im voraus (2400 €).

Werden im **alten Jahr** Einnahmen erzielt, die ganz oder teilweise in das **neue Rechnungsjahr** gehören, so sind diese Beträge aus der Erfolgsrechnung dieses Jahres buchungsmäßig herauszunehmen.

Da in diesem Fall »mehr« eingenommen worden ist, als wir in diesem Jahr anteilig an Leistungen erbracht

- Einnahmen im alten Jahr, die als Erträge wirtschaftlich ganz oder zum Teil in das neue Geschäftsjahr gehören, sind abzugrenzen

haben (Pächter nutzt Grundstück nur 3 Monate in diesem Jahr), muss ein Konto eingerichtet werden, das diese »überzähligen« Einnahmen (= 1800 € für 9 Monate) zum Jahresabschluss aufnimmt.

Es ist das Konto »**Passive Rechnungsabgrenzung**« **(PRA),** das dann zum 01.01. des neuen Jahres wieder storniert wird.

Buchungen:

01.10. Einnahme der Pacht
        Bank 2400
            an Haus- und Grundstückserträge   2400

31.12. Rechnungsabgrenzung

H.u.Gr. Erträge 1800   an PRA   1800

Im Konto Haus- und Grundstückserträge verbleiben somit 600 € (2400 im Haben, 1800 im Soll), die in die GuV-Rechnung dieses Jahres einbezogen werden.

01.01. **Stornierung der Abgrenzung**
        PRA 1800   an H.u.Gr. Erträge   1800

• Buchung zum Jahresabschluss: Ertragskonto an PRA

---

124 *Wie lassen sich diese zeitlichen Abgrenzungen zusammenfassen?*

Erst im neuen Jahr	noch im alten Jahr	Bestand zum 31.12.
1. Ausgabe z.B. Provision	= Aufwand	Aufwand an Sonstige Verbindlichkeiten
2. Einnahmen z.B. Zinsen	= Ertrag	Sonstige Forderungen an Erträge
3. Aufwand z.B. Miete für 2 Monate	= Ausgabe mit voller Summe	ARA an Mietaufwendungen
4. Ertrag z.B. 3 Monate Pacht	= Einnahmen mit voller Summe	Haus- und Grundstücksaufwendungen an PRA

3.2 Abschreibungen auf Sachanlagen

Zu den planmäßigen Abschreibungen auf Anlagen (lt. AfA-Tabelle des Finanzamtes) siehe auch die *Nummern 37* bis *42*.

125 *Welche Merkmale kennzeichnen die planmäßige Abschreibung (AfA)?*[1]

1. Die **AfA-Tabelle** gilt nur für **abnutzbare Anlagegüter.**
2. Es darf ab 2011 nur noch linear abgeschrieben werden.
3. Nur der Wechsel von der degressiven zur linearen AfA ist steuerrechtlich erlaubt, wenn die Anschaffungen bis 31.12.2010 erfolgten.
4. Bilanz und Inventur sind höchstens mit Anschaffungs- bzw. Herstellungskosten abzüglich AfA = Buchwert zu bewerten.

• AfA-Tabelle nur für abnutzbare Anlagegüter.
• Buchwert geht in die Bilanz ein.

---

[1] Das Konjunkturprogramm der Bundesregierung vom November 2008 sah vor, dass zeitlich befristet für 2 Jahre eine **degressive Abschreibung** für bewegliche Wirtschaftsgüter des Anlagevermögens in Höhe von 25% mit Anschaffung ab 1. Januar 2009 genutzt werden kann.

126 *Was bedeutet eine Abschreibung nach Leistungseinheiten?*

Beispiel:

Die Anschaffungskosten eines LKW betragen 200 000 €, die voraussichtliche Gesamtleistung 400 000 km. Daraus ergibt sich ein Abschreibungsbetrag je Leistungseinheit (km) von 200 000/400 000 = 0,50 €/km.

Den **Jahresabschreibungsbetrag** erhält man, indem man die jährliche Fahrleistung mit dem AfA-Betrag von 0,50 € je km multipliziert: z.B.

1. Jahr: 80 000 km $\times$ 0,50 = 40 000 AfA

- Die Leistungs-AfA ist steuerrechtlich auch zulässig.
- Die jährliche Leistung ist z.B. durch Fahrtenbuch nachzuweisen.

---

127 *Wie werden nicht abnutzbare Anlagegüter in die Bilanz eingesetzt?*

Nicht abnutzbare Anlagegüter (z.B. Grundstücke, Lizenzen) dürfen **höchstens** mit ihren Anschaffungskosten in die Bilanz eingestellt werden, auch wenn der Verkehrswert im Laufe der Jahre steigt.

Nimmt der Wert des **Grundstücks** (auch für Gebäude gilt dies hier) **nachhaltig ab,** so kann der niedrigere **Teilwert** angesetzt werden, indem eine **Teilwertabschreibung** vorgenommen wird. Dieser Bewertungsgrundsatz folgt dem **Niederstwertprinzip** (HGB, § 253 Absatz 2).

Beispiel:

Aus dem geplanten Gewerbegebiet (Anschaffungskosten 500 000 € für Grundstücke) wird ein Naturschutzpark (Wert lt. Gutachten noch 50 000 €), der eine gewerbliche Nutzung künftig ausschließt. **Folge:** 450 000 € sind abzuschreiben.

Buchung
Außerordentliche Aufwendungen 450 000
(oder Konto: außerplanmäßige Abschreibungen)
    an Grundstücke   450 000

- Nicht abnutzbare Anlagegüter sind höchstens mit Anschaffungskosten zu bewerten.
- Ausnahme: Abschreibung auf Teilwert ist nötig, wenn der Wert des Anlagegutes nachhaltig gesunken ist.
- Die Gründe für die Teilwertabschreibung sollten genau aufgezeichnet werden (Die Betriebsprüfer sind skeptisch).

---

128 *Wie werden bewegliche Wirtschaftsgüter zeitanteilig abgeschrieben?*

Die **Abschreibungen** berechnen sich **zeitanteilig,** d.h. die Anschaffung einer Maschine im April des Wirtschaftsjahres bedeutet, dass der AfA-Betrag grundsätzlich 9/12 (= 9 Monate) der Jahres-AfA beträgt.

Beispiel 1:

Eine Maschine wird am 10. April gekauft. Die früher mögliche volle Jahres-AfA wurde zum 1. Januar 2004 abgeschafft. Das Unternehmen muss jetzt am 31.12. 9/12 der Jahres-AfA ansetzen.

Beispiel 2:

Wird die Maschine am 20. April gekauft (2. Monatshälfte), ist nur noch eine Abschreibung von 8/12 der Jahres-AfA zulässig.

Die AfA muss monatsgenau erfolgen.

---

129 *Wie kann ein Betrieb Sonderabschreibungen nutzen?*[1]

Beträgt das **Betriebsvermögen** des Betriebes nicht mehr als 235 000 €, so können z.B. im Jahr 2015 bei **neuen** beweglichen Anlagegütern entweder im Jahr der Anschaffung **oder** in den

- Für kleine und mittlere Betriebe (= Mittelstands-AfA)

folgenden 4 Jahren **zusätzlich 20%** der **Anschaffungskosten (AK)** zu den normalen Abschreibungen abgesetzt werden. Die private Nutzung darf allerdings nur weniger als 10% betragen.

Beispiel:

Die AK der Maschine in Höhe von 60 000 € können planmäßig linear mit 12 000 € (= 20% von 60 000) abgeschrieben werden. Daneben können im Jahr der Anschaffung weitere 20% (= 12 000 €) zusätzlich als Sonderabschreibung abgesetzt werden.

können zusätzlich 20% abgeschrieben werden.

- 40% AfA im Jahr der Anschaffung dadurch maximal möglich.

---

130 *Wann sind außerplanmäßige Abschreibungen möglich?*

Wird der Wert eines Anlagegutes durch **außergewöhnliche technische** oder **wirtschaftliche Abnutzung** schneller im Wert gemindert als ursprünglich angenommen, so steht das Wirtschaftsgut mit einem höheren Wert zu Buch als ihm tatsächlich beizumessen ist. So kann z.B. für eine Maschine eine außergewöhnliche Abschreibung vorgenommen werden **(= Vollabschreibung),** wenn diese nicht mehr eingesetzt wird.

- Vollabschreibung für Anlagegüter, die im Produktionsprozess nicht mehr benötigt werden.
- Begründung für das Finanzamt nötig

---

131 *Was bedeutet der Investitionsabzugsbetrag?*

Mit dem **Investitionsabzugsbetrag** können kleine und mittlere Unternehmen (das Betriebsvermögen ≙ Eigenkapital darf nicht mehr als 235 000 € betragen) **für bewegliche Wirtschaftsgüter des Anlagevermögens** bereits 3 Jahre vor der Anschaffung eine den Gewinn mindernde **Rücklage** bilden. Diese darf bis zu 40 % der voraussichtlichen Anschaffungskosten betragen, maximal aber nur 200 000 € pro Betrieb. Den 40%igen Bonus gibt es für neue als auch gebrauchte Anlagegegenstände seit 01.01.08.

Investitionsabzugsbetrag:

- Instrument zur Mittelstandsförderung
- für kleinere und mittlere Betriebe

---

132 *Wie kann der Unternehmer Leasing nutzen?*

Statt selbst zu investieren, kann der Unternehmer Wirtschaftsgüter **leasen.** Der Vorteil: monatlich wird eine feste **Leasingrate** gezahlt. Die Leasingrate ist im Zeitpunkt der Inbetriebnahme als Betriebsausgabe steuermindernd absetzbar und der Leasingnehmer kann je nach Vertragsart immer die neueste Anlage nutzen.

- Leasingraten sind wie die AfA steuerlich absetzbar
- Leasinggüter gehören nicht zum Betriebsvermögen

3.3 Abschreibungen auf Forderungen

133 *Weshalb müssen Forderungen abgeschrieben werden?*

Zum Schluss des Geschäftsjahres hat der Unternehmer zu prüfen, welche **Güte (Bonität)** seine Forderungen haben. Man unterscheidet 3 Gruppen:

1. **Einwandfreie Forderungen.** Mit deren Zahlungseingang in voller Höhe kann gerechnet werden (Konto Forderungen).

Man unterscheidet folgende Forderungen:

- Einwandfreie Forderungen
- Zweifelhafte Forderungen

2. **Zweifelhafte Forderungen.** Der Zahlungseingang ist unsicher.

3. **Uneinbringliche Forderungen.** Der Forderungsausfall steht fest, z.B. bei Einstellung des Insolvenzverfahrens eines Kunden mangels Masse oder bei fruchtloser Pfändung.

- Uneinbringliche Forderungen

134 *Wie werden diese unterschiedlichen Forderungen bewertet?*

Die Bewertung der Forderungen (§ 253 HGB), d.h. der Betrag, mit dem die Forderungen zum Stichtag in die Bilanz eingestellt werden, lautet dann entsprechend der obigen Einteilung:

1. **Einwandfreie Forderungen.** Anzusetzen mit dem Nennbetrag.

2. **Zweifelhafte Forderungen.** Zu bilanzieren mit dem wahrscheinlichen Wert (Konto: Zweifelhafte Forderungen).

3. **Uneinbringliche Forderungen** sind voll abzuschreiben.

- Einwandfreie Forderungen = Nennwert
- Zweifelhafte Forderungen = wahrscheinlicher Wert
- Uneinbringliche Forderungen = Vollabschreibung

135 *Was ist bei der Abschreibung auf Forderungen zu beachten?*

Die Abschreibung auf Forderungen bedeutet:

1. Abschreibung vom **Nettowert.** Das Konto »**Forderungsverluste**« ist ein **Aufwandskonto.**

2. Die in den Forderungen enthaltene **Umsatzsteuer** (Mehrwertsteuer) wird bei Ausfall der Forderung vom Finanzamt erstattet. Sie darf deshalb auch erst **bei endgültigem Ausfall** der Forderung **berichtigt werden.**

- Abschreibung immer vom Nettowert der Forderungen.
- Berichtigung der Umsatzsteuer erst bei endgültigem Ausfall.

136 *Wie werden Forderungsausfälle einzelner Kunden im laufenden Jahr gebucht?*

Situation:
Unser Kunde Werner Dödel hat am 30.06. eine Rechnung bekommen über 5950 € mit Zahlungsziel 30 Tage. Am 15.08. erfahren wir von Zahlungsschwierigkeiten des Kunden. Am 15.11. teilt der Insolvenzverwalter mit, dass das Insolvenzverfahren über das Vermögen des Kunden mangels Masse eingestellt wurde.

Entsprechend dem zeitlichen Ablauf wird gebucht.

1. **Buchung:** Versenden der Rechnung am 30.06.
   Forderungen 5950   an Erlöse   5000
                       an USt   950

2. **Buchung:** Gefährdete Forderung am 15.08.
   Zweifelhafte Forderungen 5950
   (= Aktivkonto)   an Forderungen   5950

3. **Buchung:** Forderung ist am 15.11. uneinbringlich geworden, deshalb USt-Korrektur
   Abschreibungen auf Forderungen   5000
            + Umsatzsteuer   950
   an zweifelhafte Forderungen   5950

- Uneinbringliche Forderungen sind direkt abzuschreiben
- Auch ist die Umsatzsteuer im Soll zu berichtigen
- Das Ergebnis im GuV-Konto wird neutralisiert:

  Abschreibungen im Soll 5000
  = Erlöse im Haben 5000

137 *Wie wird ein Geldeingang gebucht für eine schon abgeschriebene uneinbringliche Forderung?*

Hin und wieder kommt es vor, dass in Insolvenz gegangene Kunden später doch noch zahlen. In unserem Fall treffen unerwartet 1190 € per Banküberweisung ein. Damit lebt die Umsatzsteuer wieder auf.

Buchung:

Bank 1190   an außerordentliche Erträge 1000
              an Umsatzsteuer   190

- Bei Zahlungseingang einer abgeschriebenen Forderung lebt die Umsatzsteuer wieder auf.

138 *Wie werden wahrscheinliche Forderungsausfälle einzelner Kunden zum Bilanzstichtag erfasst?*

Beispiel:

Über das Vermögen des Kunden Reiner Würstle ist am 05.11. das Insolvenzverfahren eröffnet worden. Unsere Forderung beträgt 9520 € (8000 netto + 1520 Umsatzsteuer).

Zum 31.12. wird der **Verlust auf 100%** geschätzt.

1. Buchung:

Umbuchung der zweifelhaft gewordenen Forderung zum 05.11.
Zweifelhafte Forderungen 9520
    an Forderungen   9520

2. Buchung:

Abschreibung des vermuteten Ausfalls zum 31.12. (Bilanzstichtag)
Abschreibung auf Forderungen 8000
an Wertberichtigungen auf Forderungen   8000
(= Passivkonto)

Aus Gründen der Klarheit und Übersichtlichkeit erfolgt die Buchung über das Konto **Wertberichtigungen,** nicht über das Konto zweifelhafte Forderungen. Dies wird erst bei Abschluss des Vorgangs erfasst.

- Zum Bilanzstichtag werden zweifelhafte Forderungen in Höhe des vermuteten Ausfalls indirekt als Wertberichtigung abgeschrieben.
- Berechnungsgrundlage ist immer der Nettowert der Forderungen.

139 *Wie lassen sich diese Vorgänge im SBK darstellen?*

Schlussbilanzkonto (SBK)			
Forderungen (z.B.)	119 000	Wertberichtigungen	8000
Zweifelhafte Ford.	9520	Umsatzsteuer	1520

140 *Ist die indirekte Abschreibung noch zulässig?*

Nein, seit 2010 gibt es die indirekte Abschreibung nicht mehr.

Nein

141 *Wie werden unvorhersehbare Ausfallrisiken am Bilanzstichtag gebucht?*

Ist aufgrund fehlender Informationen und/oder der Vielzahl von Forderungen eine einzelne Wertberichtigung aller Forderungen nicht möglich, wird am Bilanzstichtag eine **Pauschalwertberichtigung** gebildet, die das allgemeine, nicht vorhersehbare Ausfallrisiko berücksichtigt.

Dieses Risiko wird in der Regel bis 3% ohne Prüfung anerkannt.

- Bei der gemischten Bewertung wird für die zweifelhafte Forderung eine einzelne Wertberichtigung und für den Rest der (einwandfreien)

Beispiel (ohne Würstle):

	Forderungsbestand am 31.12. brutto	119 000
–	zweifelhafte Forderungen Dödel	5 920
=	Verbleibende Forderungen brutto	113 050
–	19% Umsatzsteuer	18 050
=	Forderungen netto	95 000
	Darauf 3% Pauschalwertberichtigung	2 850

Buchung

Abschreibungen auf Forderungen   2 850
an Wertberichtigungen auf Forderungen   2 850

Übrigens:

In Bilanzen von Kapitalgesellschaften, die veröffentlicht werden sollen, muss die Wertberichtigung jedoch vorher von den Forderungen »abgezogen« werden.

Wertberichtigungen dürfen nicht veröffentlicht werden.

Forderungen eine Pauschalwertberichtigung gebildet.

- Der Kontenrahmen sieht nur **ein** Konto Wertberichtigungen auf Forderungen vor

3.4 Rückstellungen

142 *Weshalb werden überhaupt Rückstellungen benötigt?*

Das Ergebnis eines Geschäftsjahres (Gewinn- oder Verlust) muss auch die **Aufwendungen für Risiken** enthalten, deren **Höhe und Fälligkeitstermin** noch nicht bekannt sind, die jedoch **wirtschaftlich dem Abschlussjahr** zugerechnet werden müssen.

Für diese Aufwendungen sind die **Beträge zu schätzen** und als Verbindlichkeiten in Form von **Rückstellungen auf der Passivseite** der Bilanz auszuweisen. Da die genaue Höhe und der Fälligkeitstermin noch nicht feststehen, kann man somit die Rückstellungen von den genau bestimmbaren »Sonstigen Verbindlichkeiten« unterscheiden.

- Rückstellungen sind zu bilden für Verbindlichkeiten für Aufwendungen, die am Bilanzstichtag in Höhe und Fälligkeit nicht feststehen.

143 *Wie werden Rückstellungen gebucht?*

Beispiel:

Am Bilanzstichtag rechnet man für einen laufenden Prozess gegen einen Kunden mit Kosten von 10 000 €.

Buchung:
Rechts- und Beratungskosten 10 000
(= Aufwandskonto)
    an Sonstige Rückstellungen   10 000
    (= Passivkonto)

Da Rückstellungen Schulden sind, zählen sie in der Bilanz auch zum Fremdkapital.

- Rückstellungen sind Teil des Fremdkapitals
- Buchungsgrundsatz: Aufwandskonto an Rückstellungen

Rückstellungen sind in der Bilanz auszuweisen als

1. **Pensionsrückstellungen** (Betriebsrenten)

2. **Steuerrückstellungen** (z.B. Gewerbesteuernachzahlung für das jetzige Geschäftsjahr)

3. **Sonstige Rückstellungen** (z.B. Rechts- und Beratungskosten, Garantie-Rückstellungen)

144 *Für welche Sachverhalte müssen Kaufleute Rückstellungen bilden?*

Nach § 249 HGB **müssen** alle Kaufleute **Rückstellungen** bilden für

1. **ungewisse Verbindlichkeiten,** z.B. Prozesskosten, Steuernachzahlungen, Garantieverpflichtungen; diese betragen 1% der garantiebehafteten Umsätze.

2. **drohende Verluste aus schwebenden Geschäften,** z.B. wenn der vereinbarte Preis einer Ware, die im neuen Jahr geliefert wird, über dem am Bilanzstichtag geltenden Preis liegt;

3. **unterlassene Instandhaltungsaufwendungen,** die im neuen Jahr innerhalb von 3 Monaten nachgeholt werden;

4. **Gewährleistungen**

Daneben **können** Rückstellungen gebildet werden für Instandhaltungsaufwendungen für das gesamte neue Jahr und für Großreparaturen, die später durchgeführt werden.

Rückstellungen sind zu bilden für

- ungewisse Verbindlichkeiten
- drohende Verluste aus schwebenden Geschäften
- unterlassene Instandhaltungsaufwendungen
- Gewährleistungen

145 *Wie wirken sich Rückstellungen auf den Jahreserfolg aus?*

Da **Rückstellungen für Aufwendungen** gebildet werden, **vermindert sich der Gewinn** und damit auch die zu zahlenden Ertragssteuern, wie z.B. die Gewerbeertragsteuer. Die Bildung von Rückstellungen wirkt sich somit **positiv** auf die **flüssigen** (liquiden) **Mittel** aus und verbessert damit die Zahlungsfähigkeit (Liquidität) des Unternehmens.

Je mehr Rückstellungsaufwand…

- desto weniger Gewinn und Steuern und
- eine gute Liquidität

146 *Wie werden Rückstellungen aufgelöst?*

Rückstellungen sind **aufzulösen,** wenn der Grund nicht mehr gegeben ist.

Da bei Bildung der Rückstellungen Schätzungen vorgenommen wurden, sind 3 Fälle denkbar.

1. Die Rückstellung entspricht der Zahlung.

2. Die Rückstellung ist größer als die Zahlung. Es ergibt sich ein Ertrag, zu erfassen auf Konto »Außerordentliche Erträge«.

3. Die Rückstellung ist kleiner als die Zahlung. Es entsteht ein zusätzlicher Aufwand, zu erfassen auf Konto »Außerordentliche Aufwendungen«.

- Die Auflösung der Rückstellungen ist vorzunehmen, wenn der Grund der Bildung nicht mehr gegeben ist.
- 3 Fälle möglich (siehe *Nr. 147*)

147 *Wie werden die zurückgestellten Rechts- und Beratungskosten aufgelöst?*

1. **Rückstellung = Zahlung**
   (per Überweisung)

   Buchung
   Rückstellungen 10 000   an Bank   10 000

2. **Rückstellung > Zahlung** (= 8 000 €)

   Buchung
   Rückstellungen 10 000   an Bank   8 000
                              an a.o. Erträge 2 000

3. **Rückstellung < Zahlung** (= 13 000 €)

   Buchung
   Rückstellungen 10 000
   + a.o. Aufwendungen 3 000
   an Bank 13 000

3 Fälle sind bei der Auflösung der Rückstellungen möglich:

- Rückstellung = Zahlung
- Rückstellung > Zahlung (+ a.o. Erträge im Haben)
- Rückstellung < Zahlung (+ a.o. Aufwendungen im Soll)

148 *Was bedeutet der Begriff Rücklagen?*

Rücklagen sind einbehaltene Gewinne, die nur in Kapitalgesellschaften gebildet werden. Sie stellen **Eigenkapital** dar und werden in der Bilanz deshalb ausgewiesen auf der **Passivseite** als Kapital- und Gewinnrücklage. Rücklagen vergrößern das Eigenkapital und dienen in erster Linie der Selbstfinanzierung des Unternehmens.

- Rücklagen sind einbehaltene Gewinne.
- Sie sind ein Selbstfinanzierungsinstrument.

149 *Welche Jahresabschlussbuchungen soll man sich merken?*

1. *Abschreibung auf Anlagegüter*
   Buchung am 31.12.
   Abschreibungen auf Sachanlagen
   an Gebäude, Maschinen, BGA, Fuhrpark

2. *Rechnungsabgrenzungsposten*
   Buchungen am 31.12.
   a) Aktive Rechnungsabgrenzung an Aufwandskonto
   b) Ertragskonto an Passive Rechnungsabgrenzung

3. *Zeitliche Abgrenzungen*
   Buchungen am 31.12.
   a) Aufwandskonto an Sonstige Verbindlichkeiten
   b) Sonstige Forderungen an Ertragskonto

4. *Forderungsausfall*
   Buchung am 31.12.
   Abschreibung auf Forderungen
   an Wertberichtigungen

5. *Rückstellungen*
   Buchung zum 31.12.
   Aufwandskonto an Rückstellungen

Jahresabschlussbuchungen:

- Abschreibung auf Anlagegüter
- Rechnungsabgrenzungsposten
- Zeitliche Abgrenzungen
- Forderungsausfall
- Rückstellungen

3.5 Bewertungs- und Bilanzierungsgrundsätze zum Jahresabschluss

150 *Mit welchem Wert werden nicht abnutzbare Anlagegüter zum Jahresabschluss bilanziert?*

Beispiel:

Ein Unternehmen besitzt ein unbebautes Grundstück mit einem Anschaffungswert von 250 000 €. Wie ist das Grundstück am Bilanzstichtag zu bewerten, wenn…

1. das Grundstück Bauerwartungsland geworden ist und der zu erzielende Verkaufspreis 450 000 € beträgt?
2. aufgrund einer Erdgastrasse der Verkehrswert auf 90 000 € gefallen ist?

Lösung:

1. Das GuV-Konto Grundstück wird mit 250 000 € bewertet.
2. Das Grundstück wird mit 90 000 € bewertet.

Erklärung:

Nicht abnutzbare Anlagegüter wie Grundstücke sind nach dem **HGB höchstens** mit den **Anschaffungskosten** zu bewerten. Eine niedrigerer Wert muss angesetzt werden, wenn die Wertminderung von Dauer ist **(strenges Niederstwertprinzip).** Die **Wertminderungen** werden jeweils durch **außerplanmäßige Abschreibungen** berücksichtigt.

- Nicht abnutzbare Anlagegüter sind höchstens mit den Anschaffungskosten zu bewerten.
- Bei nachhaltiger Wertminderung muss das strenge Niederstwertprinzip angewendet werden, d.h. die Anschaffungskosten werden um die außerplanmäßigen Abschreibungen gemindert.

151 *Mit welchem Wert werden abnutzbare Anlagegüter zum Bilanzstichtag dargestellt?*

Beispiel:

Eine Maschine, Anschaffungskosten 64 000 €, planmäßige Abschreibungen pro Jahr 8 000 €, hat am Ende des 4. Nutzungsjahres aufgrund des technischen Fortschritts nur noch einen Marktwert von 17 000 €. Mit welchem Betrag ist dieses Wirtschaftsgut in der Jahresbilanz zu aktivieren?

Lösung:

	Anschaffungswert	64 000 €
−	planmäßige Abschreibungen	32 000 €
=	Buchwert (Ende 4. Jahr)	32 000 €
−	außerplanmäßige Abschr.	15 000 €
=	Bilanzansatz	17 000 €

Buchungen:

1. Planmäßige Abschreibungen (AfA, 4. Jahr) an Maschinen 8 000 €
2. Außerplanmäßige Abschreibungen an Maschinen 15 000 €

Erklärung:

Abnutzbare Anlagegüter (Maschinen, BGA, Fuhrpark, Gebäude) werden nach dem **HGB** zu **Anschaffungs- oder Herstellungskosten,** vermindert um **planmäßige Abschreibungen,** bewertet.

- Abnutzbare Anlagegüter sind mit den Anschaffungskosten, vermindert um die planmäßigen Abschreibungen zu bilanzieren.
- Bei nachhaltiger Wertminderung ist dem strengen Niederstwertprinzip zu folgen und auf den Teilwert außerplanmäßig abzuschreiben.
- Konto: Abschreibungen auf Sachanlagen

Außerplanmäßige Abschreibungen sind vorzunehmen, um diese Wirtschaftsgüter mit dem tatsächlichen Marktwert zu bemessen (strenges Niederstwertprinzip). Der dann bilanzierte Wert ist nach dem **Einkommensteuergesetz** der **Teilwert** (*hier:* 17 000 €).

152 *Wie wird gleichartiges Vorratsvermögen (Material) bewertet?*

Beispiel:

Die Lagerdatei enthält folgende Daten des Materials (z.B. Holz):

	m³	Anschaffungskosten je m³
AB* 01.01.	200	80 €
Zugang 10.04.	700	75 €
Zugang 13.07.	500	72 €
Zugang 05.11.	400	78 €

* AB = Anfangsbestand

Am Bilanzstichtag sind noch 250 m³ auf Lager. Mit welchem Wert ist der Bestand nach der üblichen **Durchschnittsbewertung** in die Bilanz einzusetzen, wenn der Tageswert

1. 79 €
2. 73 € beträgt?

Lösung:

$200 \times 80 + 700 \times 75 + 500 \times 72 + 400 \times 78 = 135\,700 : 1800$ Stück $= 75,39$ €/m³

1. $75,39 \times 250$ Stück = **18 847,50 €**
   Wertansatz

2. $73,00 \times 250$ Stück = **18 250,00 €**
   Wertansatz

Erklärung:

Gleichartige Güter des **Vorratsvermögens** (z.B. Holz) können handelsrechtlich nach verschiedenen Verfahren bewertet werden, sofern die Ergebnisse nicht gegen das **Niederstwertprinzip** verstoßen. Üblich, auch steuerrechtlich nur zulässig, ist das **Durchschnittsverfahren** (*siehe obiges Beispiel*).

- Beim Vorratsvermögen ist das strenge Niederstwertprinzip zu beachten.

- Praxisüblich zur Bewertung ist das Durchschnittsverfahren.

153 *Wie werden Schulden zum Bilanzstichtag bewertet?*

Beispiel:

Ein deutsches Unternehmen schließt ein Importgeschäft auf Dollar-Basis ab (Kurs damals: 1,00 €). Zum Bilanzstichtag, noch vor Rechnungsausgleich, beträgt der $-Kurs 0,70 €.

Mit welchem Wert sind diese Verbindlichkeiten zu bilanzieren? **Lösung:** Mit 0,70 €. (Es sind umso mehr € zu zahlen, je schlechter der Kurs).

Erklärung:

Verbindlichkeiten sind mit dem **Rückzahlungsbetrag** anzusetzen; nach dem **Höchstwertprinzip** ist der höhere Tageswert (z.B. bei Währungsverbindlichkeiten) anzusetzen.

- Schulden sind nach dem Höchstwertprinzip zu bilanzieren.

154 *Welche allgemeinen Bewertungsvorschriften sind noch zu beachten?*

– Die Vermögensgegenstände und Schulden sind einzeln zu bewerten.

☞ Grundsatz der Einzelbewertung

– Nach dem Prinzip der **kaufmännischen Vorsicht** dürfen Gewinne nur dann berücksichtigt werden, wenn sie am Bilanzstichtag realisiert sind (Höhere Grundstückswerte dürfen erst bei Verkauf dargestellt werden).

☞ Realisationsprinzip

– Nicht realisierte Verluste müssen dagegen ausgewiesen werden, um das Unternehmen vor Verlusten zu bewahren.

☞ Vorsichtsprinzip

– Die ungleiche Behandlung von Gewinnen und Verlusten wird als **Imparitätsprinzip** bezeichnet.

☞ Imparitätsprinzip

Die beim vorhergehenden Jahresabschluss angewandten Bewertungsmethoden sollen auch dieses Jahr beibehalten werden.

☞ Grundsatz der Bewertungsstetigkeit

155 *Welche Grundsätze ordnungsmäßiger Bilanzierung sind zum Jahresabschluss zu beachten?*

Zum Jahresabschluss gehören:

1. **Bilanz (zeitpunktbezogen)**

2. **GuV-Rechnung (zeitraumbezogen)**

– Der Jahresabschluss muss klar und übersichtlich sein; er muss sämtliche Vermögensgegenstände, Schulden, Rechnungsabgrenzungsposten, Aufwendungen und Erträge enthalten.

☞ Klarheit, Übersichtlichkeit, Vollständigkeit

– Posten der Aktivseite dürfen nicht mit Posten der Passivseite, Aufwendungen nicht mit Erträgen verrechnet werden.

☞ Verrechnungsverbot

– Die Eröffnungsbilanzwerte des Geschäftsjahres müssen mit denen der Schlussbilanz des Vorjahres übereinstimmen.

☞ Bilanzidentität oder -kontinuität

– Nach dem Prinzip der Vorsicht sind das Niederstwertprinzip, das Imparitätsprinzip und das Realisationsprinzip zu beachten.

☞ Vorsichtsprinzip

– Aufwendungen und Erträge des Geschäftsjahres sind unabhängig von den Zahlungszeitpunkten im Jahresabschluss zu berücksichtigen; z.B. durch zeitliche Abgrenzungen.

☞ Periodengerechte Gewinnermittlung

156 *Was bedeutet das Maßgeblichkeitsprinzip?*

Der Gesetzgeber hat Bewertungsvorschriften erlassen.

1. Das **HGB** (= handelsrechtliche Bewertung) gilt für **alle Unternehmen**, gleich welcher Rechtsform (also z.B. für OHG wie für AG).

Hierbei steht die **Kapitalerhaltung** und damit der **Schutz der Gläubiger** im Vordergrund. Das **Vorsichtsprinzip** ist damit **oberster Bewertungsgrundsatz**.

• Es kann eine Handelsbilanz und eine Steuerbilanz geben, in der Regel sind die bei Klein- und Mittelbetrieben identisch.

2. Das **Einkommensteuergesetz** will die **Ermittlung des Gewinns nach einheitlichen Grundsätzen** sicherstellen (gerechte Besteuerung). Deshalb beinhalten die amtlichen AfA-Tabellen einheitlich die Nutzungsdauer der Anlagegüter.

● Die Handelsbilanz ist maßgeblich für den Jahresabschluss.

Die nach handelsrechtlichen Vorschriften aufgestellte Bilanz (»**Handelsbilanz«**) ist **mit ihren Wertansätzen maßgebend** für die »**Steuerbilanz«.** Ausnahme: Steuerliche Regelungen schreiben eine andere Bewertung zwingend vor (z.B. geringere Abschreibungen für Betriebsfahrzeuge).

157 *Wie lässt sich der Abschluss in der Betriebsübersicht darstellen?*

Beispiel:

Heinz Rode hat die Geschäftsfälle im Hauptbuch gebucht und auch die »Vorbereitenden Abschlussbuchungen« (AfA, Rückstellungen, Forderungsrisiken/-ausfälle, Bewertungsänderungen) erfasst. Nun möchte er wissen, wie er dies alles in einer Übersicht darstellen kann.

Bevor man in der Praxis die Konten endgültig abschließt, macht man – außerhalb der Buchführung! – einen »Probeabschluss« in Form einer tabellarischen Betriebsübersicht. Diese wird auch als **Hauptabschlussübersicht** oder **Abschlusstabelle** bezeichnet.

Ziele der Betriebsübersicht

☞ **Überprüfung der im Geschäftsjahr vorgenommenen Buchungen auf ihre rechnerische Richtigkeit.** Damit soll verhindert werden, dass Fehler erst bei der Aufstellung der Gewinn- und Verlustrechnung oder in der Schlussbilanz bemerkt werden.

☞ **Gewinnung** einer **vollständigen Übersicht über Vermögens- und Kapitalaufbau sowie Aufwands- und Ertragsgestaltung,** sodass die Betriebsübersicht der Geschäftsleitung als **Informations- und Entscheidungsgrundlage** dient.

☞ **Erstellung** möglicher Zwischenabschlüsse oder regelmäßiger Monatsabschlüsse möglich, ohne die Konten dann abschließen zu müssen.

Die Betriebsübersicht umfasst 6 Spalten:

1. Summenbilanz

Sie übernimmt **alle** im Geschäftsjahr geführten **Bestands- und Erfolgskonten** mit den **Summen ihrer Soll- und Habenseite,** so wie sich diese aus der Buchung der Anfangsbestände und aller Geschäftsfälle ergeben haben.

2. Saldenbilanz I

Aus der Summenbilanz wird in den **einzelnen Konten die Differenz** (der Saldo!) **ermittelt** und in die Saldenbilanz I vorgetragen. Im Gegensatz zum Konto muss der **Saldo** jeweils auf **der größeren Seite des Kontos** erscheinen.

3. **Umbuchungen**

   Diese Spalte nimmt die »Vorbereitenden Abschlussbuchungen« auf:

   ☞ **Abschreibungen (= AfA) auf das Anlagevermögen**

   ☞ **Zeitliche Abgrenzungen/Rechnungsabgrenzungsposten**

   ☞ **Bildung von Rückstellungen**

   ☞ **Forderungsausfälle (= Abschreibungen auf Forderungen)**

   ☞ **Ausgleich von Bestandsdifferenzen zwischen Soll-(Buch-)Bestand und Ist-Bestand lt. Inventur (z.B. Rohstoffaufwendungen)**

   ☞ **Abschluss der Unterkonten über die entsprechenden Hauptkonten, z.B. Privat**

   ☞ **Verrechnung der Konten Vorsteuer und Umsatzsteuer**

4. **Saldenbilanz II**

   In ihr werden die Beträge aus der **Saldenbilanz I und** der **Umbuchungsspalte** als Summe oder als Differenzgröße dargestellt. Aus der Saldenbilanz II werden die Beträge nur noch »**verteilt**«.

5. **Schlussbilanz = Inventurbilanz**

   Sie übernimmt aus der Saldenbilanz II die **Salden aller Bestandskonten.**

6. **Gewinn- und Verlust-Rechnung = Erfolgsrechnung**

   Diese Spalte weist das **Gesamtergebnis (Reingewinn/Reinverlust) der Unternehmung** aus.

Übrigens

Nach Erstellen der Betriebsübersicht werden die Umbuchungen auf die Sachkonten im Hauptbuch übertragen. Danach erfolgt der eigentliche, endgültige Jahresabschluss der Konten.

Zweifache Erfolgsermittlung in der Betriebsübersicht (vgl. Beispiel, S. 61).

Erfolgsermittlung aus der Inventurbilanz		Erfolgsermittlung aus der Erfolgsbilanz	
Der Gewinn ergibt sich als Saldo in der Inventurbilanz, da die Aktiva die Passiva um den Gewinn übersteigen.		Der Gewinn ergibt sich als Saldo in der Erfolgsbilanz (Aufwandsseite), da die Erträge die Aufwendungen um den Gewinn übersteigen.	
Summe der Aktiva 174 122 €	Summe der Passiva 169 017 €	Summe der Aufwendungen 31 895 €	Summe der Erträge 37 000 €
	Saldo 5 105 € (Gewinn)	Saldo 5 105 € (Gewinn)	
174 122 €	184 122 €	37 000 €	37 000 €

Ermittlung des Eigenkapitals zum 31.12.

Eigenkapital am 01.01.	89 700 €
– Privatentnahmen	2 790 €
+ Privateinlagen	15 000 €
	101 910 €
+ Reingewinn	5 105 €
Eigenkapital am 31.12.	107 015 €

Beispiel einer Betriebsübersicht (31.12.)

In der untenstehenden Betriebsübersicht wurden aufgrund der angegebenen Abschlussangaben lt. Inventur die nachstehenden Umbuchungen vorgenommen.

Konten-bezeichnung	Summenbilanz Soll	Summenbilanz Haben	Saldenbilanz I Soll	Saldenbilanz I Haben	Umbuchungen Soll	Umbuchungen Haben	Saldenbilanz II / Inventurbilanz Soll	Saldenbilanz II / Inventurbilanz Haben	Schlussbilanz / Erfolgsbilanz Aktiva	Schlussbilanz / Erfolgsbilanz Passiva	(G+V-Rechnung) Aufwand	(G+V-Rechnung) Ertrag
Fuhrpark	28 000	–	28 000	–	–	560 1)	27 440	–	27 440	–	–	–
Geschäftsausstattung	48 500	–	48 500	–	–	485 2)	48 015	–	48 015	–	–	–
Darlehen	–	35 700	–	35 700	–	–	–	35 700	–	35 700	–	–
Eigenkapital	–	89 700	–	89 700	–	12 210 5)	–	101 910	–	101 910	–	–
Forderungen	30 660	4 700	25 960	–	–	–	25 960	–	25 960	–	–	–
Vorsteuer	1 073	–	1 073	–	–	1 073 4)	–	–	–	–	–	–
Bank	39 350	6 270	33 080	–	–	–	33 080	–	33 080	–	–	–
Kasse	14 050	4 523	9 527	–	–	–	9 527	–	9 527	–	–	–
Postbank	5 000	1 400	3 600	–	–	–	3 600	–	3 600	–	–	–
Privat	2 790	15 000	–	12 210	12 210 5)	–	–	–	–	–	–	–
Verbindlichkeiten	–	28 780	–	28 780	–	–	–	28 780	–	28 780	–	–
Umsatzsteuer	1 400	5 100	–	3 700	1 073 4)	–	–	2 627	–	2 627	–	–
Rohstoffe	53 100	–	53 100	–	–	26 600 3)	26 500	–	26 500	–	–	–
Personalkosten	1 650	–	1 650	–	–	–	1 650	–	–	–	1 650	–
Mietaufwand	650	–	650	–	–	–	650	–	–	–	650	–
Steuern	1 200	–	1 200	–	–	–	1 200	–	–	–	1 200	–
KFZ-Unterhalt	750	–	750	–	–	–	750	–	–	–	750	–
Rohstoffaufw.	–	–	–	–	26 600 3)	–	26 600	–	–	–	26 600	–
Abschr. aus Fuhrpark	–	–	–	–	560 1)	–	560	–	–	–	560	–
Abschr. aus G'ausstg.	–	–	–	–	485 2)	–	485	–	–	–	485	–
Erlöse	–	37 000	–	37 000	–	–	–	37 000	–	–	–	37 000
	228 173	228 173	207 090	207 090	40 928	40 928	206 017	206 017	174 122	169 017	31 895	37 000
										+5 105	+ 5 105	
									174 122	174 122	37 000	37 000

Umbuchungen:
1) Abschreibung (AfA) an Fuhrpark — 560 €
2) Abschreibung (AfA) an BGA — 485 €
3) Rohstoffaufwendungen an Rohstoffe — 26 600 €
4) USt an VSt — 1 073 €
5) Eigenkapital an Privat } hier: Privat an EK (Einlage > Entnahmen) — 12 210 €

Abschlussangaben:
1. Abschreibung auf Fuhrpark — 2 %
2. Abschreibung auf Geschäftsausstattung — 1 %
3. Rohstoff-EB lt. Inventur — 26 500 €
4. Verrechnung der VSt über USt
5. Privatkonto abschließen

A Grundlagen des Rechnungswesens und Controllings

II Kosten- und Erlösrechnung

1 Grundlagen

158 *Welchen Inhalt hat die Kosten- und Erlösrechnung?*

Die **Kosten- und Erlösrechnung**[1] erfasst systematisch die innerhalb einer Abrechnungsperiode erzielten **Erlöse** und entstandenen **Kosten** und **wertet** diese **aus** (z.B. in der Planungsrechnung als Kostenvoranschläge).

159 *Wie kann die Kosten- und Erlösrechnung in das gesamte Rechnungswesen eingeordnet werden?*

Betriebliches Rechnungswesen im Handwerksbetrieb[2]

Externes Rechnungswesen (= an Adressaten außerhalb des Unternehmens)	Merkmale	Internes Rechnungswesen (= an Adressaten innerhalb des Unternehmens: Unternehmer)
Buchführungspflicht HGB, EStG, UStG, AO	Merkmale	ohne gesetzliche Regelungen, abhängig vom Informationsbedarf
Vergangenheit	Zeitbezug	Gegenwart und Zukunft
Buchführung (Finanzbuchhaltung) und Jahresabschluss (Bilanz und GuV)	Teilgebiete	Kosten- und Erlösrechnung, Planungsrechnung, Betriebsstatistiken
Rechnungslegung zur Vermögens-, Finanz- und Ertragslage, Dokumentation aller Geschäftsfälle	Rechnungsziele	Planung, Steuerung und Kontrolle des Geschäftsverlaufs, Entscheidungsvorbereitung und -unterstützung
Kapitalgeber Lieferanten, Kunden, Staat	Adressaten	Unternehmer (Chef(in))

160 *Welches Ziel verfolgt die Kosten- und Erlösrechnung?*

Die **Kosten-** und **Erlösrechnung** soll den Chef/die Chefin im Betrieb bei der **Planung**, **Steuerung** und **Kontrolle** des Geschäftsverlaufs unterstützen.

---

[1] Erlöse = Erlöse aus Fertigung und Handel (entspricht dem Begriff Leistungen).

[2] Gabele/Fischer, Kosten- und Erlösrechnung, München 1992, S. 2

161 *Welche Aufgaben erfüllt die Kosten- und Erlösrechnung mit dem Controlling?*

Aufgaben der Kostenrechnung:

1. **Erstellung von Kalkulationsunterlagen für die Preisfindung**

   Hauptziel: Durch die Ermittlung sämtlicher bei Herstellung und Absatz eines Erzeugnisses anfallenden Kosten wird der Preis ermittelt, der am Markt erzielt werden muss, um die entstehenden Kosten zu decken **(Preisuntergrenze).**

   Nebenziel: Wenn für ein Produkt die Verkaufspreise sowie die Produktions- und Absatzkosten feststehen, lassen sich die Beschaffungspreise, die höchstens für das in das Produkt eingehende Material gezahlt werden kann, errechnen **(Preisobergrenze).**

2. **Planung und Kontrolle der Kosten und Erlöse**

   Durch Gegenüberstellung der Ist-Zahlen und der Planzahlen lässt sich die Kontrolle der Kosten und Erlöse durchführen, Abweichungen lassen sich auf ihre Ursachen hin untersuchen und gegebenenfalls Gegensteuerungsmaßnahmen einleiten.

   Folgende Stufen lassen sich dabei darstellen:

   1. Geplante Kosten/Erlöse
   2. Ist-Kosten/Erlöse
   3. Kontrolle der Kosten und Erlöse
   4. Analyse der Abweichungen
   5. Einleitung der Gegenmaßnahmen

3. **Erfolgsermittlung und -beurteilung**

   Mit Hilfe der Kosten- und Erlösrechnung wird der Betriebserfolg ermittelt, den man als **Betriebsergebnis** bezeichnet, durch Bildung der **Differenz zwischen** den **Erlösen** und **Kosten** einer Abrechnungsperiode.

   Erlöse – Kosten = Betriebsergebnis

Aufgaben der Kosten- und Erlösrechnung:

- Erstellung von Kalkulationsunterlagen für die Preisfindung
- Planung und Kontrolle der Kosten und Erlöse
- Erfolgsermittlung und -beurteilung

  Erlöse
  – Kosten
  = Betriebsergebnis

- Planung und Kontrolle der Kosten und Erlöse durch das Controlling/den Controller
- Controlling bedeutet:
  – Datensammlung aus allen Betriebsbereichen
  – Erstellung von Soll-Ist-Vergleichen
  – Entwicklung von Vorschlägen zur Korrektur und Steuerung der Zielvorgaben des Unternehmens

A Grundlagen des Rechnungswesens und Controllings

162 *Wie kann eine differenzierte Ermittlung des Betriebsergebnisses aussehen?*

Beispiel:

1/4-Jahresergebnis einer Tischlerei

	Gesamtbetrieb	Fenster	Türen	Tische
Erlöse	300 000 €	90 000 €	120 000 €	90 000 €
Kosten	260 000 €	80 000 €	70 000 €	110 000 €

Folgerung: **Der positive Differenzbetrag** von 50 000 €, der sich bei den Türen ergibt, spiegelt lediglich einen Teilerfolg des Gesamtbetriebes wider, da die Tische ein **negatives Betriebsergebnis** ausweisen.

Diese **differenzierte Erfolgsermittlung** gibt dem Unternehmer die Chance, frühzeitige Fehlentwicklungen zu erkennen und geeignete Gegenmaßnahmen einzuleiten.

- Die differenzierte Erfolgsermittlung informiert über Stärken und Schwächen der einzelnen Erzeugnisse.

---
[1] Diese Aufgaben übernimmt in größeren Unternehmen das **Controlling.**

2 Begriffe der Kosten- und Erlösrechnung, Abgrenzung zu Aufwendungen und Erträgen

163 *Was bedeutet der Begriff Kosten?*

Kosten entstehen, wenn **Güter und Dienstleistungen für die Produktion** und den **Absatz** der **betrieblichen Erzeugnisse** und die Erhaltung der hierfür erforderlichen Einrichtungen (Gebäude, Maschinen) **verbraucht werden.**

Sämtliche Verbräuche, die zur Erreichung des Betriebszweckes beitragen, sind Kosten.

Spenden an das Rote Kreuz und Aufwendungen die z.B. im Zusammenhang mit Aktienspekulationen stehen, sind keine Kosten.

● Kosten sind alle Verbräuche, die direkt zur Erreichung des Betriebszweckes beitragen.

164 *Wie lässt sich der Begriff Erlöse definieren?*

Erlöse werden grundsätzlich durch die **Erstellung von Gütern und Dienstleistungen** erwirtschaftet, das heißt die Summe des Absatzes einer bestimmten Abrechnungsperiode (netto!) in € entspricht der Summe der Erlöse **(= Umsatz).**

Entsprechend der Kostendefinition spricht man von Erlösen nur, wenn der Betriebszweck dabei gegeben ist. Somit sind **Erträge aus** der **Vermietung von Garagen** im betriebseigenen Gebäude einer Tischlerei **keine Erlöse,** da dieses Mietgeschäft nicht dem Betriebszweck des Unternehmens, nämlich der Herstellung und des Absatzes von Tischlereiprodukten, dient.

● Erlöse ist die Summe des Absatzes in € die durch den Betriebszweck entstanden sind.

165 *Wie unterscheiden sich Aufwendungen und Kosten?*

Die folgende Übersicht unterscheidet die Aufwendungen von den Kosten:

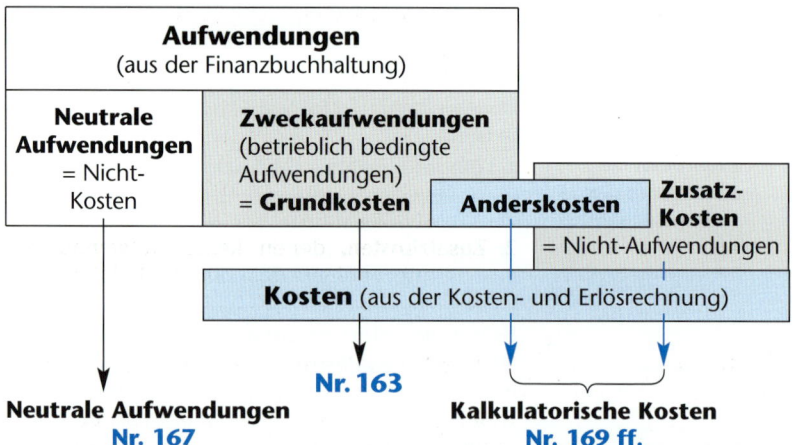

166 *Weshalb sind die Zweckaufwendungen so groß wie die Grundkosten?*

Den meisten in der **Finanzbuchhaltung** verbuchten **Aufwendungen,** wie Löhne, Gehälter, Materialeinsatz, gesetzliche Sozialabgaben, Energiekosten, stehen in der **Kostenrechnung Kosten** gleicher Höhe gegenüber.

● Zweckaufwendungen (= betrieblich bedingte Aufwendungen) = Grundkosten

Zweckaufwendungen = Grundkosten

Diese aufwandsgleichen Kosten werden in der Praxis aus der Finanzbuchhaltung direkt in die Kostenrechnung übernommen.

---

167 *Wie lassen sich die neutralen Aufwendungen unterscheiden?*

Die **neutralen Aufwendungen** eines produzierenden Betriebes lassen sich einteilen in…

1. **Betriebsfremde Aufwendungen,** z.B. Spenden an Greenpeace, Verluste aus Aktienspekulationen.
2. **Periodenfremde Aufwendungen,** d.h. Vorfälle dieses Geschäftsjahres haben ihre Ursache in vorherigen Geschäftsjahren, z.B. Gewerbesteuernachzahlungen für vergangenes Jahr, Auflösung von Rückstellungen.
3. **Außerordentliche Aufwendungen,** d.h. Vorfälle, die den Betriebszweck betreffen, aber nicht regelmäßig geschehen, z.B. das Betriebsgebäude brennt ab, (Buch-)Verluste beim Verkauf von nicht mehr benötigten Maschinen.

Neutrale Aufwendungen sind…
- betriebsfremde
- periodenfremde
- außerordentliche

Aufwendungen.

---

168 *Wie unterscheiden sich Rein- und Betriebsgewinn?*

Aus der GuV-Rechnung:
Erträge – Aufwendungen = Reingewinn
(= Jahresüberschuss)

Aus der Kosten- und Erlösrechnung:
Erlöse – Kosten = Betriebsgewinn
(Betriebsergebnis)

- Erträge
  – Aufwendungen
  = Reingewinn
- Erlöse – Kosten
  = Betriebsgewinn

---

169 *Welche kalkulatorischen Kosten sind für den Klein- und Mittelbetrieb wichtig?*

Neben den **Grundkosten,** die den Zweckaufwendungen entsprechen, muss ein Betrieb mit **Kosten** rechnen, denen **kein Aufwand** gegenübersteht **(Kalkulatorische Kosten).**

Dazu gehören die…

1. **Anderskosten,** denen in der Finanzbuchhaltung ein **Aufwand in anderer Höhe** gegenübersteht, das sind **kalkulatorische Abschreibungen** und **kalkulatorische Zinsen** (= Zinsen auf das betriebsnotwendige Gesamtkapital).
2. **Zusatzkosten,** denen keine Aufwendungen gegenüberstehen, das sind **kalkulatorischer Unternehmerlohn** und **kalkulatorische Miete.**

Kalkulatorische Kosten:
- Anderskosten
- Zusatzkosten

---

170 *Was sind kalkulatorische Abschreibungen?*

Während die **bilanziellen Abschreibungen** (AfA) in der Finanzbuchhaltung hauptsächlich aus **steuerlichen Gründen** angesetzt werden, um durch mehr Aufwand den Gewinn zu schmälern, drücken die **kalkulatorischen Abschreibungen** den **tatsächlichen Werteverbrauch** der betrieblich genutzten Anlagegüter aus. Dieser geht als Teil der Kosten in den Verkaufspreis ein und soll über die Erlöse die **Wiederbeschaffungskosten** dieses Anlagegutes sichern.

- Bilanzielle Abschreibungen
  = Instrument der Steuer- und Gewinnlenkung

Beispiel:

Eine Maschine, Anschaffungskosten 50 000 €, die über 5 Jahre bilanziell abgeschrieben wird (z.B. im ersten Jahr mit 10 000 €), wird im Betrieb aufgrund der Erfahrung 10 Jahre genutzt. Da nach 10 Jahren mit einem Wiederbeschaffungswert von 70 000 € gerechnet wird, sind jährlich 7 000 € (gleichmäßige Nutzung unterstellt) in die Kostenrechnung als kalkulatorische Abschreibungen einzusetzen und auf die jeweiligen Erzeugnisse/Aufträge zu verteilen.

● Kalkulatorische Abschreibungen
= tatsächlicher Verbrauch der Anlagegüter durch betriebliche Nutzung.

171 *Wie werden die kalkulatorischen Zinsen errechnet?*

Für das im **Betrieb eingesetzte Eigenkapital** steht dem Unternehmer der banktübliche Zinssatz zu. Deshalb müssen den tatsächlich gezahlten Zinsen für das Fremdkapital die kalkulatorischen Zinsen für das betriebsnotwendige Eigenkapital noch hinzugerechnet werden.

Da nach den Bestimmungen des Baupreisrechts (Verordnung PR Nr. 1/72) Fremdkapitalzinsen bei Preisberechnungen außer Ansatz bleiben müssen, sollte der Unternehmer **kalkulatorische Zinsen** für das **gesamte betriebsnotwendige Kapital** berechnen. Der Zinssatz beträgt z.B. 6,5 %.

Vereinfacht lässt sich das betriebsnotwendige Kapital wie folgt berechnen:

  Gesamtvermögen
− Wertberichtigungen
− zinsfreie Lieferantenkredite
  (Konto Verbindlichkeiten),
➔ darauf 6,5 % Zinsen
= **kalkulatorische Zinsen**

Praxisüblich (vereinfachend):

● Errechnung der Zinsen für das gesamte betriebsnotwendige Kapital

● Das betriebsnotwendige Kapital
= Bilanzsumme
− zinsfreie Kredite

● 6,5 % auf das errechnete Kapital
= kalkulatorische Zinsen

172 *Wie ist der kalkulatorische Unternehmerlohn in der Kostenrechnung anzusetzen?*

Zum einen arbeitet der Unternehmer produktiv mit, sodass sich der **direkt verrechenbare Lohn** (= Fertigungslohn) **vergrößert.** Der Kostenansatz für die produktive Eigenleistung sollte mindestens dem gezahlten höchsten Gesellenlohn entsprechen.

Der kalkulatorische Unternehmerlohn besteht aus

● produktiver Tätigkeit
= erhöhter Fertigungslohn

● leitender und überwachender Tätigkeit
= vergleichbares Angestelltengehalt

Beispiel:

Die Lohnkosten betragen 200 000 €, sodass durch 30 000 € produktiver Anteil des Unternehmers insgesamt 230 000 € Fertigungslöhne anzusetzen sind.

Weiterhin steht dem Unternehmer ein **Entgelt für die leitende und überwachende Tätigkeit** im Betrieb zu. Für diese Leitung sollte das Gehalt eines vergleichbaren Angestellten angesetzt werden, z.B. für einen Betrieb zwischen 5 – 10 Beschäftigten 40 000 €, für einen Betrieb zwischen 10 – 20 Beschäftigten 50 000 €.

173 | *Wie wird die kalkulatorische Miete ermittelt?*

Zusätzlich zu den **buchmäßigen Gemeinkosten,** den Mietaufwendungen aus der Finanzbuchhaltung, geht der Unternehmer bei der Bemessung seiner **eigenen, betrieblich genutzten Räume** von der **ortsüblichen Miete** aus, wie sie bei einer Verpachtung zu erzielen wäre.

Die in der Buchführung erfassten **Gebäude-kosten** (Versicherung, Reparatur, Abschreibung, Grundsteuer) sind von der ortsüblichen Miete ebenso abzuziehen wie der auf diesem **Gebäude-Buchwert** entfallende Teil der Eigenkapitalverzinsung.

Kalkulatorische Miete:
- Ansatz der ortsüblichen Miete für betrieblich genutzte, eigene Gebäude

174 | *Wie unterscheiden sich die Begriffe Erträge und Erlöse?*

Die Erträge bestehen aus dem **gesamten Geldzufluss** in das Unternehmen. Diese bestehen aus

1. **betrieblich bedingten Erträgen (= Erlöse),** d.h. der Summe aus den Nettobeträgen, die den Kunden in Rechnung gestellt worden sind für Erzeugnisse und Dienstleistungen,

2. **neutralen Erträgen,** wie z.B. Zinseinnahmen, Mieteinnahmen, die mit dem eigentlichen Betriebszweck des Handwerksbetriebes nichts zu tun haben.

Summe der Erträge =
- Erlöse
+
- neutrale Erträge

3 Die Kostenartenrechnung (»Welche Kosten sind angefallen?«)

175 | *Welche Aufgabe hat die Kostenartenrechnung?*

Die **Kostenartenrechnung** hat **sämtliche Kosten** zu erfassen, die in einem Betrieb in einer Abrechnungsperiode anfallen. Im wesentlichen werden sie aus der Finanzbuchhaltung übernommen. Die Frage lautet dabei: Welche Kosten sind angefallen?

- Die Kostenartenrechnung übernimmt alle Kosten aus der Finanzbuchhaltung.

176 | *Wie lassen sich die Kostenarten unterscheiden?*

Beispiel:

In einem Handwerksbetrieb fallen in einem Monat folgende Kosten an, die nach der Verursachung gegliedert werden:

1. **Materialkosten:** Fertigungsmaterial 60 000 €, Aufwendungen für Hilfs- und Betriebsstoffe 10 000 €.

2. **Arbeitskosten:** Fertigungslöhne 40 000 €, Gehälter 20 000 €, Soziale Abgaben 15 000 €.

3. **Kapitalkosten:** Abschreibungen 25 000 €, Zinskosten 12 500 €.

4. **Sonstige Kosten:** Steuern 5 000 €, Instandhaltung und Energiekosten 8 000 €, Miete 6 000 €, Verschiedene Gemeinkosten 3 000 €, **kalkulatorischer Unternehmerlohn** 8 000 € **(davon 50% produktiv).**

Kostenarten, gegliedert nach der Verursachung:
- Materialkosten
- Arbeitskosten
- Kapitalkosten
- Sonstige Kosten

177 *Wie unterscheiden sich Einzel- und Gemeinkosten?*

Bei der Unterscheidung nach **Einzel-** und **Gemeinkosten** geht es um die Frage, ob sich die Kosten **unmittelbar dem Kostenträger** (= Auftrag, Einzelerzeugnis) zurechnen lassen.

Bei den **Einzelkosten** ist eine **direkte Zurechnung** auf den Kostenträger möglich (*hier:* Fertigungsmaterial, Löhne + produktiver Unternehmerlohn = 104 000 €).

Die weiteren Kosten sind **Gemeinkosten,** die sich **nicht direkt** auf den **Kostenträger** zurechnen lassen (die restlichen Kosten = 108 500 €).

Einzelkosten:
● direkt zurechenbar auf den Kostenträger.

Gemeinkosten:
● nicht direkt zurechenbar auf den Kostenträger.

178 *Wie werden fixe und variable Kosten unterschieden?*

Bei der Einteilung der Kosten ist ein wesentliches Merkmal die **Abhängigkeit vom Beschäftigungsgrad.** Dabei gibt es Kosten, die anfallen auch **wenn nicht** produziert wird, z.B. Gehälter, Mieten, Zinskosten, Wartung. Das sind **fixe Kosten.**

Alle Kosten, die **abhängig vom Beschäftigungsgrad** sind, wie z.B. Fertigungslöhne und Materialverbrauch, die also je nach Arbeitsaufträgen sinken oder steigen, heißen **variable Kosten.** Sämtliche weitere Kosten lassen sich in diese beiden Kategorien einordnen.

Fixe Kosten:
● unabhängig vom Beschäftigungsgrad

Variable Kosten:
● abhängig vom Beschäftigungsgrad

4 Die Kostenstellenrechnung (»Wo sind die Kosten entstanden?«)

179 *Welche Aufgabe hat die Kostenstellenrechnung?*

Die **Kostenstellenrechnung** hat mit Hilfe des **Betriebsabrechnungsbogens (BAB)**...

1. die **Gemeinkosten** der Kostenartenrechnung **auf** die **Kostenstellen** im Betrieb zu **verteilen,**

2. die **Ist-Gemeinkostenzuschlagssätze** zu ermitteln,

3. die **Abweichungen** der **Soll-** von den **Ist-**Gemeinkosten (einschl. der Zuschlagssätze) **festzustellen,**

   Kostenüberdeckung = Soll > Ist
   Kostenunterdeckung = Soll < Ist

4. die **Kontrolle** der **Kostenentwicklung** in den einzelnen Kostenstellen zu gewährleisten, um auch die **Wirtschaftlichkeitskontrolle** zu sichern.

Kostenstellenrechnung:
● Gemeinkosten verteilen

● Zuschlagssätze ermitteln

● Abweichungen Soll/Ist feststellen

● Wirtschaftlichkeitskontrolle vornehmen

180 *Wie entsteht der BAB?*

Die in einem Monat anfallenden **Gemeinkosten** werden nach einem Verteilungsschlüssel, der verursachungsgerecht jeweils zu aktualisieren ist, auf die **Kostenstellen** verteilt. In einem kleinen Betrieb genügen Hauptkostenstellen, denen die Kosten zugeordnet werden (zur Vereinfachung für alle Kosten lautet der **Schlüssel: 3 : 5 : 2**).

● Die Gemeinkosten werden regelmäßig nach einem Schlüssel auf die Kostenstellen im BAB verteilt.

Beispiel:

Aufwendungen für Hilfsstoffe	10 000 €
Gehälter	20 000 €
Soziale Abgaben	15 000 €
Kalkulatorische Abschreibungen	25 000 €
Zinskosten	12 500 €
Steuern	5 000 €
Instandhaltung & Energie	8 000 €
Miete	6 000 €
Verschiedene Gemeinkosten	3 000 €
Kalk. U.-Lohn (unproduktiv)	4 000 €

- Die Gemeinkosten ergeben sich im wesentlichen aus der Finanzbuchhaltung.

181 *Wie verteilen sich die Kosten im einfachen BAB?*

Kostenarten	Kosten	Material	Fertigung	Verw./Vertrieb
Aufwendungen für Hilfsstoffe	10 000	3 000	5 000	2 000
Gehälter	20 000	6 000	10 000	4 000
Soziale Abgaben	15 000	4 500	7 500	3 000
Kalkulatorische Abschreibungen	25 000	7 500	12 500	5 000
Zinskosten	12 500	3 750	6 250	2 500
Steuern	5 000	1 500	2 500	1 000
Instandhaltung & Energie	8 000	2 400	4 000	1 600
Miete	6 000	1 800	3 000	1 200
Verschiedene Gemeinkosten	3 000	900	1 500	600
Kalk. U.Lohn (unproduktiv)	4 000	1 200	2 000	800
Summe	**108 500**	**32 550**	**54 250**	**21 700**

Der BAB dieses Betriebes weist demnach in den drei Hauptkostenstellen folgende Gemeinkosten aus:

Materialstelle (Lager)	32 550 €
Fertigungsstelle (Herstellung)	54 250 €
Verwaltung und Vertrieb	21 700 €

Kostenstellen sind eigenständige betriebliche Verantwortungsbereiche, denen jeweils Gemeinkosten zugeordnet werden.

182 *Wie werden die Ist-Zuschlagssätze ermittelt?*

Zu den (in dem Beispiel-Betrieb) verteilten und errechneten **Gemeinkosten** der **Hauptkostenstellen** sind weiterhin die Kosten einzubeziehen, die als **Einzelkosten** (siehe *Nr. 176*) direkt dem Kostenträger zugerechnet werden.

Fertigungsmaterial		60 000
Fertigungslöhne	40 000	
+ U-Lohn prod.	4 000	44 000

Zuschlagssätze:

1. Materialgemeinkostenzuschlagssatz (MGKZ)
   $MGKZ$ = 32 550 × 100/60 000
   = **54,25 %**

2. Fertigungsgemeinkostenzuschlagssatz (FGKZ)
   $FGKZ$ = 54 250 × 100/44 000
   = **123,3 %**

Zuschlagssätze:

- MGKZ = Materialgemeinkosten × 100/Materialeinzelkosten
- FGKZ = Fertigungsgemeinkosten × 100/Fertigungslöhne
- Vw/Vtr GK = Verwaltungs- und Vertriebsgemeinkosten × 100/Herstellkosten

3. Die Basis der Verwaltungs- und Vertriebsgemeinkosten sind die **Herstellkosten,** die aus der **Summe** der **Material- und** der **Fertigungskosten** bestehen.

Materialkosten

= Materialeinzelkosten + MGKZ

= 60 000 + 32 550   **= 92 550 €**

Fertigungskosten = Fertigungslöhne + FGKZ

= 44 000 + 54 250   **= 98 250 €**

Herstellkosten   **= 190 800 €**

Vw/Vtr GK

=   21 700 × 100/190 800   **= 11,37 %**

---

183 *Kennen Sie den Gemeinkostenzuschlagssatz Ihres Buchungsbetriebes?*

Ein Praxisbeispiel:[1]

Das Tischlerhandwerk ist **lohnintensiv;** ein großer Teil der Gemeinkosten, wie z.B. Sozialleistungen, stehen in einem direkten Verhältnis zum Lohn. Der direkt verrechenbare Lohn (Fertigungslohn) bietet sich demzufolge als Bezugsbasis für die prozentuale Hinzurechnung der Gemeinkosten geradezu an.

Der Gemeinkostenzuschlag errechnet sich aus dem Verhältnis der gesamten Gemeinkosten (einschließlich kalkulatorischer Gemeinkosten) zum direkt verrechenbaren Lohn.

Gemeinkostenzuschlag =

$$\frac{\text{Gesamtgemeinkosten} \times 100}{\text{direkt verrechenbarer Lohn}}$$

Beispiel aus dem Tischlerhandwerk:

- pauschaler Zuschlagssatz

184 *Wie lässt sich der Zuschlagssatz ermitteln?*

Die folgende Rechnung beruht auf den Zahlen aus *Nr. 181* und *182*.

GK-Zuschlag = 108 500 ×   100/44 000 = 246,6 %

Es wird dann mit **einem Zuschlagssatz** von 250 % gerechnet.

Auch noch praxisüblich: Ein Gemeinkostenzuschlagssatz

185 *Wie ist heute eher die Praxis?*

Die Vollkosten-Zuschlagsrechnung ist – obwohl mit Mängeln behaftet – immer noch die in vielen Handwerksbetrieben gebräuchlichste und zweckmäßigste Kalkulationsform (siehe dazu die *Zuschlagssätze 1.+ 2.* von *Nr. 182).*

186 *Welches sind die am häufigsten vorkommenden Fehler in der Kalkulation?*

Häufige Fehler bei der Kalkulation:

– Kalkulation durch Schätzung

– Übernahme von Konkurrenzpreisen

– Falscher bzw. nicht mehr aktueller Verteilerschlüssel im BAB

---

[1] Bundesbetriebsvergleich im holz- und kunststoffverarbeitenden Handwerk, (Hrsg.): Bundesverband des holz- und kunststoffverarbeitenden Handwerks, Wiesbaden.

187 *Wie kann ein Betrieb Kosten senken?*

Allgemein:

Die Kosten eines Betriebes im Griff zu haben ist eine unternehmerische Daueraufgabe.

Grundsätzlich:

Selbstinformation des **Unternehmers,** um nachzuvollziehen, was ein Auftrag, ein Produkt kostet (Kalkulation) bzw. gekostet hat (Nachkalkulation).

Besonders zu prüfende Bereiche des Unternehmens **(Funktionsbereiche)** sind:

– Überprüfung der Verwaltungsabläufe durch regelmäßige Betriebsvergleiche (u.a. unnötige, doppelte Arbeiten)

– Systematische Überprüfung der Lieferantenkonditionen und der Lagerbestände

– Kürze Durchlaufzeiten und Verringerung des Ausschusses in der Produktion

– Mehr Zukauf und weniger Eigenfertigung

– Kapazitätsauslastung durch Lohnaufträge oder Verkauf von nicht mehr benötigten Maschinen

– Wirksamkeit der Werbekontrollen

– Verkürzung der Zahlungsziele (Ideal: Lieferung/Leistung und Rechnungen verlassen gleichzeitig das Unternehmen) durch Anreize über Skonto und Prüfung des Mahnwesens

– Umschuldung kurzfristiger in langfristige Kredite

Jeder Unternehmer hat die Kosten seines Betriebes im Griff zu haben!

Dazu nötig:

● Sich mit der Kalkulation zu beschäftigen

● In den Funktionsbereichen Verwaltung, Material/ Lager, Produktion, Vertrieb/Werbung, Finanzbereich ein großes Sparpotential aufzuspüren.

188 *Wie kann man das Kostenmanagement übersichtlich darstellen?*

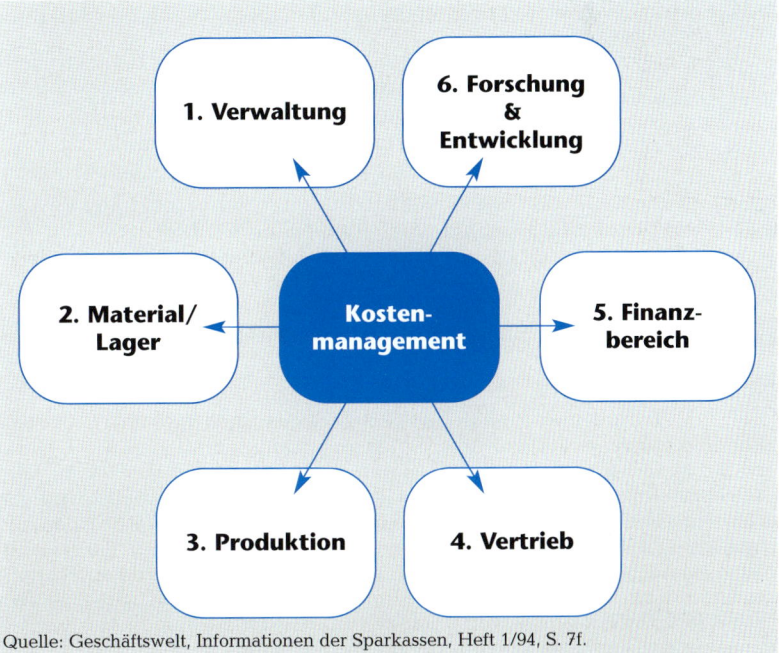

Quelle: Geschäftswelt, Informationen der Sparkassen, Heft 1/94, S. 7f.

189 *Wie werden die Selbstkosten ermittelt?*

Die gesamten **Selbstkosten** (SK) eines Monats/Jahres ergeben sich, wenn zu den Herstellkosten die Verwaltungs- und Vertriebsgemeinkosten laut BAB hinzugerechnet werden.

Herstellkosten: (Beispiel *Nr. 182*):	190 800 €
+ Verwaltungsgemeinkosten	
+ Vertriebsgemeinkosten	
zusammen:	21 700 €
Selbstkosten:	**212 500 €**

Selbstkosten = Summe aller Kosten

190 *Wie lautet das (einfache) Schema zur Errechnung der Selbstkosten?*

Materialeinzelkosten
+ Materialgemeinkosten   **Materialkosten**
+ Fertigungslöhne
+ Fertigungsgemeinkosten   **Fertigungskosten**
= HERSTELLKOSTEN
+ Verwaltungsgemeinkosten
+ Vertriebsgemeinkosten
= **Selbstkosten**

Selbstkosten
= Materialkosten
+ Fertigungskosten
+ Verwaltungs- und Vertriebsgemeinkosten

5 Maschinenstundensatzrechnung – für anlageintensive Betriebe

191 *Weshalb ist der Maschineneinsatz zu berechnen?*

Der Anteil der Fertigungslöhne an den Fertigungskosten geht durch die ständig fortschreitende Automatisierung zurück. Dabei werden die hohen Fertigungsgemeinkosten immer mehr abhängig vom Maschineneinsatz. Die Praxis bedient sich dabei der **Maschinenlaufzeit** als Bezugsbasis für die Fertigungskostenstelle und ermittelt dafür sogenannte Maschinenstunden.

Formel:

Maschinenstundensatz
= Maschinenabhängige
    Fertigungsgemeinkosten der Fertigung
: Zahl der Maschinenstunden in der Fertigung.
Dabei bleiben fertigungslohnabhängige Restgemeinkosten übrig (siehe *Nr. 194*).

- Maschinenstundensatz
= Maschinenabhängige Fertigungsgemeinkosten
: Maschinenlaufstunden
- übrig bleiben fertigungslohnabhängige Rest-Gemeinkosten

192 *Wie wird der Maschinenstundensatz errechnet?*

Beispiel:

Heinz Rode hat in seinem Betrieb eine größere Sägeanlage, die 80 000 € Anschaffungskosten verursachte und deren Wiederbeschaffungskosten 90 000 € betragen. Er rechnet mit einer kalkulatorischen Kapitalverzinsung von 7% im Jahr. Die Nutzungsdauer der Anlage wird auf 5 Jahre veranschlagt. Dabei wird von einer jährlichen Bruttolaufzeit von 46 Wochen zu je 5 Tagen mit 7 Stunden und einer Ausfallzeit von insgesamt 50 Stunden im Jahr ausgegangen. Für Instandhaltungskosten sind erfahrungsgemäß 2500 € pro Jahr und für Betriebsstoffkosten 750 € pro Jahr anzusetzen. Der Stromverbauch der Anlage beträgt 10 kWh zu je 0,15 €. Die Raummiete von 9 €/m² je Monat ist für die Standfläche der Fertigungsanlage von 30 m² zu berücksichtigen.

Für die Sägeanlage fallen folgende **maschinenabhängige Kostenarten** an:

- kalkulatorische Abschreibungen für die Anlage
- kalkulatorische Zinsen für das investierte Kapital

Für die Sägeanlage fallen folgende **maschinenabhängige Kostenarten** an:

1. die kalkulatorischen Abschreibungen für die Anlage,
2. die kalkulatorischen Zinsen für das investierte Kapital,
3. die Instandhaltungskosten,
4. der Betriebsstoffeverbrauch,
5. die Energiekosten und
6. die anteiligen Raumkosten.

- Instandhaltungs-
  kosten
- Betriebsstoffe-
  verbrauch
- Energiekosten
- anteilige
  Raumkosten

Die Zahl der jährlichen **Netto-Maschinenlaufstunden** lässt sich wie folgt errechnen:

46 Arbeitswochen je 5 Tage · 7 Stunden

=	Brutto-Maschinenlaufzeit pro Jahr	1610 Stunden
–	Ausfallzeit (geschätzt)	50 Stunden
=	Netto-Maschinenlaufzeit pro Jahr	1560 Stunden

- **Ermittlung der kalkulatorischen Abschreibungen pro Jahr:**

$$\frac{\text{Wiederbeschaffungskosten}}{\text{Nutzungsdauer in Jahren}} = \frac{90\,000\ €}{5} = 18\,000\ €$$

- **Ermittlung der kalkulatorischen Zinsen:**
  Berechnungsgrundlage für die jährlichen kalkulatorischen Zinsen sind die **Anschaffungskosten,** vermindert um die inzwischen vorgenommenen Abschreibungen. Um nicht mit jährlich fallenden kalkulatorischen Zinsen rechnen zu müssen, wird bei der gesamten Nutzungsdauer einheitlich von der **Hälfte der Anschaffungskosten** ausgegangen:

$$\frac{\text{Anschaffungskosten} \cdot \text{kalk. Zinsfuß}}{2 \cdot 100} = \frac{80\,000 \cdot 7}{2 \cdot 100} = 2\,800\ €$$

- **Ermittlung der Instandhaltungskosten und des Betriebsstoffverbrauchs:**
  Diese maschinenabhängigen Gemeinkostenarten liegen bereits als Jahresbeträge (Schätzwerte) vor:

- **Ermittlung der Energiekosten:**
  10 kWh à 0,15 € = 1,50 € je Maschinenstunde, für ein Jahr bei 1560 Stunden Netto-Maschinenlaufzeit: 2340 €

- **Ermittlung der Raumkosten:**

  anteilige Raumkosten/Jahr = Standfläche · Monatsmiete · 12
  = 30 · 9 · 12 = 3240 €

Summe der jährlichen maschinenabhängigen Fertigungsgemeinkosten:

1. kalkulatorische Abschreibung	18 000 €
2. kalkulatorische Zinsen	2 800 €
3. Instandhaltungskosten	2 500 €
4. Betriebsstoffkosten	750 €
5. Energiekosten	2 340 €
6. Raumkosten	3 240 €
	29 630 €

Merke:

Der Maschinenstundensatz ist abhängig von den tatsächlich gelaufenen Maschinenlaufstunden innerhalb einer Periode und errechnet sich wie folgt:

$$\frac{\text{maschinenabhängige Fertigungsgemeinkosten}}{\text{Netto-Maschinenlaufstunden}} = \text{Maschinenstundensatz}$$

Für Heinz Rode ergibt sich demnach ein Maschinenstundensatz von

$$\frac{29\,630}{1\,560} = 18,99\ €$$

A Grundlagen des Rechnungswesens und Controllings

193 *Wie werden die maschinenabhängigen Fertigungskosten in der Zuschlagskalkulation aufgeführt?*

Maschinenabhängige Fertigungskosten
(Maschinenlaufzeit · Maschinenstundensatz)
+ Fertigungslöhne
+ Rest-Fertigungsgemeinkosten (in % davon)

= Fertigungskosten

Fertigungslöhne und der Maschinenstundensatz ist die Zuschlagsbasis für die Fertigungsgemeinkosten.

194 *Wie lassen sich die Herstellkosten für einen Spezialschrank berechnen?*

Beispiel:

Heinz Rode rechnet mit folgenden Kalkulationsdaten für einen Spezialschrank: Fertigungsmaterial 360 €, Fertigungslöhne 280 €, 2 Maschinenstunden bei der Sägeanlage, Zuschlagssätze für Materialgemeinkosten 25%, für Rest-Fertigungsgemeinkosten 130%, Maschinenstundensatz 18,99 €.

Für diesen Sonderauftrag ergibt sich folgende Kostenträgerstückrechnung:

Fertigungsmaterial	360,00 €	
+ Materialgemeinkosten 25%	90,00 €	
Materialkosten		450,00 €
maschinenabhängige Fertigungskosten		
(2 · 18,99 €)	37,98 €	
+ Fertigungslöhne	280,00 €	
+ fertigungslohnabhängige Restgemeinkosten 130% von 280 €	364,00 €	
Fertigungskosten		681,98 €
Herstellkosten je Stück		1131,98 €

6 Kostenträgerrechnung – »Wie werden die Kosten verrechnet?«

195 *Welche Bedeutung hat die Kostenträgerrechnung?*

Zu den Kostenträgern gehören die zum Absatz bestimmten Produkte und Dienstleistungen – diese herrschen im Handwerksbetrieb vor – und die im Einsatz im Unternehmen bestimmten sogenannte innerbetrieblichen Leistungen (z.B. eine selbst erstellte Montagevorrichtung).

Kostenträger sind:
• Absatzleistungen
• innerbetriebliche Leistungen

196 *Welche Arten der Kostenträgerrechnung werden unterschieden?*

Die Kostenträgerrechnung greift auf das durch die Kostenarten- und die Kostenstellenrechnung vorbereitete Zahlenmaterial zurück.

Sie lässt sich einteilen in

1. **Kostenträgerstückrechnung** = Ermittlung der für die Herstellung und den Absatz **eines** Produktes oder **einer** Dienstleistung jeweils anfallenden Kosten = Kalkulation.

2. **Kostenträgerzeitrechnung** = Bestimmung der Kosten, die innerhalb einer Periode (Monat/Jahr) insgesamt auf die verschiedenen Produktarten entfallen.

Kostenträgerrechnung gliedert sich in
• Kalkulation
  =
  Kosten pro Produkt
• Periodenbezogene Kostenermittlung der Produktarten

197 *Welche Kalkulationsverfahren werden unterschieden?*

In der Praxis werden folgende Kalkulationsverfahren angewendet:

1. **Divisionskalkulation** = Gesamtkosten einer Rechnungsperiode/Gesamtmenge der produzierten Güter = Kosten pro Erzeugnis.

   Ein Handwerksbetrieb könnte diese Methode anwenden, wenn er gleichbleibende Serien produziert, nur ein Erzeugnis herstellt oder als Zulieferer für die Industrie ausschließlich gleiche Werkstücke be- oder verarbeitet.

2. **Äquivalenzziffernrechnung** = Ein Erzeugnis wird zur Bezugsbasis erhoben und mit der Ziffer 1 versehen. Die Äquivalenzziffern 0,5 bzw. 1, 5 bedeuten, dass das Erzeugnis, dem eine solche Äquivalenzziffer zugeordnet wird, im Vergleich zur Bezugssorte 50% weniger bzw. 50% mehr Kosten verursacht.

Kalkulationsverfahren:

- Divisionskalkulation
- Äquivalenzziffernrechnung
- Zuschlagskalkulation

Beispiel einer Äquivalenzrechnung:

Spalten →	1	2	3	4	5
Sorten ↓	Äquivalenzziffern	Erzeugnismengen (Stück)	Rechnungseinheiten (RE) (Sp. 1 · Sp. 2)	Stückkosten (€/Stück) (Sp. 1 · 200)	Gesamtkosten (Sp. 2 · Sp. 4)
A	0,5	400	200	$0,5 \cdot 200$ = 100	40 000
B	1,5	300	450	$1,5 \cdot 200$ = 300	90 000
C	**1,0**	250	250	$1,0 \cdot 200$ = 200	50 000
Σ			900		180 000

$$\frac{\text{Gesamtkosten der Periode}}{\text{Gesamtzahl der Rechnungseinheiten}} = \frac{180\,000\,€}{900\,\text{RE}} = 200\,€/\text{RE}$$

Dieses Verfahren können Handwerksbetriebe nutzen, die gleichzeitig nebeneinander ungleichartige, aber fertigungstechnisch verwandte Erzeugnisse herstellen.

3. **Zuschlagskalkulation** = Ein Verfahren, bei dem die Gemeinkosten als prozentuale Zuschläge den Einzelkosten hinzugerechnet werden (siehe *Nr. 182 f.*).

198 *Wie unterscheiden sich Vor- und Nachkalkulation?*

Die **Vorkalkulation (Angebotskalkulation)** ist eine Rechnung, die zeitlich vor dem Leistungsprozess liegt. Der Kunde möchte wissen, was die Leistung ihn kosten wird.

Vorkalkulation:

- vor dem Leistungsprozess
- Soll-Kosten

A Grundlagen des Rechnungswesens und Controllings

Die Vorkalkulation rechnet daher mit **Soll-Kosten,** d.h. die Gemeinkosten werden auf Basis von Durchschnittssätzen vergangener Abrechnungsperioden angesetzt.

Beispiel:

Sind die Ist-Zuschlagssätze der vergangenen Monate 9,2%, empfiehlt es sich, 10% im Angebotspreis anzusetzen.

Dagegen erfolgt die **Nachkalkulation (Kostenkontrolle)** nach Beendigung des betrieblichen Leistungsprozesses. Sie wird erst dann vorgenommen, wenn die Kosten in der tatsächlichen Höhe bekannt sind. Die Nachkalkulation rechnet sowohl bei den Einzelkosten als auch bei den Gemeinkosten mit den Ist-Kosten. Sie dient somit als Kontrollrechnung (Vergleich: Soll-Kosten mit Ist-Kosten).

Nachkalkulation:
- nach Beendigung der Produktion
- Ist-Kosten

199 *Wie lassen sich Nach- und Rückkalkulation abgrenzen?*

Die **Nachkalkulation** vergleicht die tatsächlich angefallenen Kosten nach der Fertigstellung des Erzeugnisses mit den im **Kostenvoranschlag (Angebotspreis)** angegebenen Kosten.

Die **Rückkalkulation** geht von einem vorgegebenen **Preis (Marktpreis)** aus. Der Handwerksmeister ermittelt durch **Vorkalkulation** seine Selbstkosten. Zieht er von dem vorgegebenen Preis seine Selbstkosten ab, erkennt er, ob er mit Gewinn den Auftrag übernehmen kann, oder ob ein Verlust für ihn entstehen würde.

Nachkalkulation:
- Soll-Ist-Vergleich der Kosten

Rückkalkulation:
- Vergleich Marktpreis und Selbstkosten: Lohnt sich der Auftrag?

200 *Wie lässt sich die Rückkalkulation rechnerisch darstellen?*

Beispiel:

Was kann Heinz Rode tun, wenn der Zielverkaufspreis nur 750 € betragen darf?

– Wenn der Zielverkaufspreis gegeben ist, muss zunächst eine vollständige Rückwärtskalkulation vorgenommen werden.

Steht der Verkaufspreis fest, so werden mittels der Rückkalkulation (= Rückwärtskalkulation)
- die Mindesthöhe der Materialeinzelkosten und der Fertigungseinzelkosten errechnet oder es werden
- die Selbstkosten ermittelt

Bei der Kalkulation wurden bisher folgende Prozentsätze angewendet:

Fertigungsgemeinkosten	40,0%
Materialgemeinkosten	15,0%
Verwaltungs- und Vertriebsgemeinkosten	20,0%
Risikozuschlag (Gewinn)	12,5%
Skonto	3,0%

Das Verhältnis von Materialkosten zu Fertigungskosten betrug duchschnittlich 2 : 3.

Schema für die Rückwärtskalkulation:

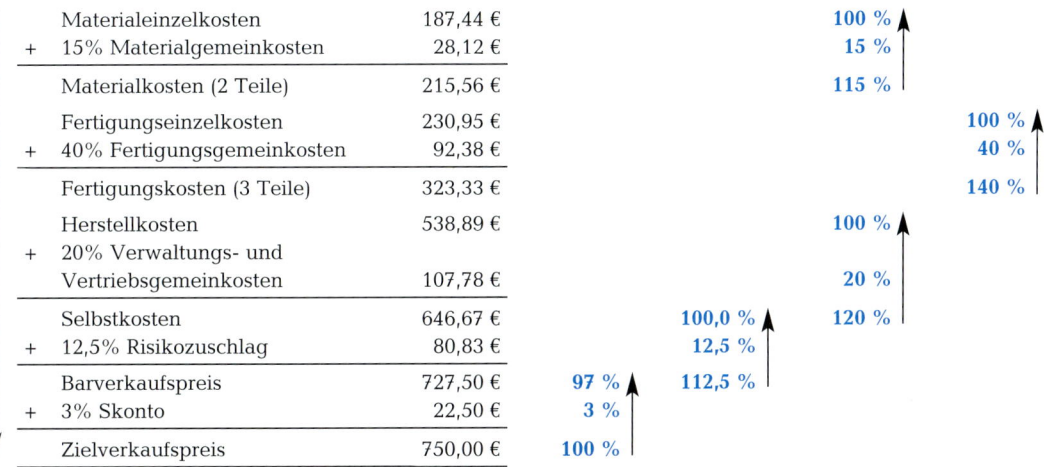

	Materialeinzelkosten	187,44 €			100 %
+	15% Materialgemeinkosten	28,12 €			15 %
	Materialkosten (2 Teile)	215,56 €			115 %
	Fertigungseinzelkosten	230,95 €				100 %
+	40% Fertigungsgemeinkosten	92,38 €				40 %
	Fertigungskosten (3 Teile)	323,33 €				140 %
	Herstellkosten	538,89 €			100 %
+	20% Verwaltungs- und Vertriebsgemeinkosten	107,78 €			20 %
	Selbstkosten	646,67 €		100,0 %	120 %
+	12,5% Risikozuschlag	80,83 €		12,5 %
	Barverkaufspreis	727,50 €	97 %	112,5 %
+	3% Skonto	22,50 €	3 %
	Zielverkaufspreis	750,00 €	100 %

Ausgangsbasis bei **der Rückwärtskalkulation ist** der **bereits feststehende Zielverkaufspreis.** Das Kundenskonto wird vom Hundert des Zielverkaufspreises berechnet und abgezogen. Die Selbstkosten sind im Augenblick der Kalkulation nicht bekannt. Deshalb wird beim **Risikozuschlag (Gewinn) vom Barverkaufspreis als dem vermehrten Grundwert ausgegangen.** Zuschlagsbasis für die Verwaltungs- und Vertriebskosten sind die Herstellkosten. Dann werden die Herstellkosten nach ihrem Verhältnis in Materialkosten und Fertigungskosten aufgeteilt. Zuletzt werden die Materialeinzelkosten und auch die Fertigungskosten ermittelt, wobei die Materialkosten und Fertigungskosten jeweils einen vermehrten Grundwert darstellen.

> Heinz Rode muss nun prüfen, ob er die Materialeinzelkosten auf 187,44 € und die Fertigungseinzelkosten auf 230,95 € begrenzen kann. Hierin liegt auch die Bedeutung der Rückwärtskalkulation.

---

201 *Was unterscheidet die Vollkosten- von der Teilkostenrechnung?*

Die meisten Betriebe verfügen über eine sogenannte **Vollkostenrechnung.** Die Zurechnung der gesamten Kosten auf die jeweiligen Kostenträger ist bei den **Einzelkosten** (Fertigungsmaterial, Fertigungslohn) unproblematisch.

Schwierig ist es bei den **Gemeinkosten.** Sie werden mit Hilfe bestimmter Zuschlagssätze verrechnet. Je differenzierter dies geschieht, desto genauer ist die Kalkulation. Ein **Hauptmangel der Vollkostenrechnung** liegt aber darin, dass **jede Produkteinheit unabhängig von der Auftragslage** mit einem **festen Fixkostenanteil** belastet wird. Das kann bedeuten, dass der Betrieb bestimmte Aufträge wegen seiner hohen Kosten nicht erhält.

Dagegen werden in der **Teilkostenrechnung** nur die **variablen Kosten** den Produkten zugeordnet. Dies ist sehr exakt machbar. Der **Fixkostenblock** ist innerhalb einer Abrechnungsperiode **von allen Produkten gemeinsam zu tragen.** Die bekannteste Methode der Teilkostenrechnung ist die **Deckungsbeitragsrechnung.**

Vollkostenrechnung:

- Zuordnung aller Kosten auf den jeweiligen Auftrag

Teilkostenrechnung:

- Bei der Angebotskalkulation wird erst nur mit variablen Kosten kalkuliert

- die fixen Kosten sind von allen Produkten (z.B. in einem Monat) mit abzudecken

202 *Was ist ein Beispiel für die Deckungsbeitragsrechnung (DB-Rechnung)?*

Die Kosten werden in **variable** (beschäftigungsabhängige) und **fixe** (beschäftigungsunabhängige) aufgeteilt.

Beispiel:

Bei einem verkauften Einzelstück wird ein Erlös von netto 720 € erzielt. Werden die variablen Stückkosten von 530 € (Fertigungsmaterial und Fertigungslohn) abgezogen, so ergibt sich ein Differenzbetrag von 190 € = Deckungsbeitrag.

Stückerlös	720 €
– variable Kosten	530 €
Deckungsbeitrag je Stück	190 €

So konnte Heinz Rode in 3 Monaten 100 Stück eines Produkts absetzen. Seine Fixkosten belaufen sich in dieser Zeit auf 15 000 €.

Gesamtabrechnung:

Nettoerlöse (720 × 100) =	72 000 €
– variable Kosten (530 × 100) =	53 000 €
Deckungsbeitrag gesamt	19 000 €
– Fixkosten gesamt	15 000 €
Gewinn	4 000 €

Der Deckungsbeitrag dieses Produkts deckt nicht nur die fixen Kosten ab, sondern trägt zum Gewinn mit 4 000 € bei.

- Der Deckungsbeitrag leistet einen Beitrag zur Deckung der fixen Kosten, die im Betrieb insgesamt anfallen.
- Bei einer ausreichenden Kapazitätsauslastung (gute Auftragslage) dient der Deckungsbeitrag auch zur Erzielung eines Gewinns.

203 *Wie lässt sich die Gewinnschwelle (Break-even-point) ermitteln?*

Die **Gewinnschwelle** kennzeichnet die Produktionsmenge, bei der die **Summe der Stückdeckungsbeiträge (db)** gerade zur Deckung der gesamten fixen Kosten (Kf) ausreicht. Der Betriebsgewinn ist dann 0 €. Übersteigt die Produktionsmenge die Gewinnschwelle, so ergibt sich ein Gewinn.

Allgemein gilt folgende Funktion:
Gewinn = db × Menge (x) – fixe Kosten (Kf)

Beispiel (Fortsetzung von *Nr. 202*):

Die Gewinnschwelle ist bei einem Stückdeckungsbeitrag von 190 € und fixen Kosten von 15 000 € zu bestimmen. Für Gewinn = 0 folgt:

$db × x = Kf$
$x = Kf/db$
$x = 78,95$ Stück

Ergebnis: Ab 79 abgesetzten Stück erwirtschaftet dieser Betrieb einen Gewinn. Je mehr abgesetzt wird, desto größer wird der Gewinn.

- Gewinnschwelle = Kf/db
- Ist die Summe aller Deckungsbeiträge gleich der Summe der fixen Kosten, so hat ein Betrieb die Gewinnschwelle erreicht.
- Jeder darüber hinaus erzielte Deckungsbeitrag stellt einen Gewinn dar.

204 *Welche Vorteile bietet die Deckungsbeitragsrechnung?*

Die Vorteile liegen darin, dass sich ein Betrieb den Markt- und Konkurrenzverhältnissen leichter und wendiger anpassen kann als bei der traditionellen Vorkalkulation. Kennt man einmal seine **Preisuntergrenzen** für bestimmte Produkte, so kann man diese ausgleichen durch Produkte mit einem höheren Deckungsbeitrag.

Die Deckungsbeitragsrechnung macht es kurzfristig möglich
- die Preisuntergrenze zu errechnen

Eventuell sind sogar Unterschreitungen des Deckungsbeitrages bei einem Produkt möglich, wenn die Marktsituation dies erfordert und der Verkauf anderer Produkte einen Ausgleich bildet.

Auch lässt sich somit für jeden Auftrag gleich der **Erfolg** feststellen.

- eine Erfolgsanalyse durchzuführen

205 *Wie lässt sich das System der Kostenrechnung in einer Übersicht darstellen?*

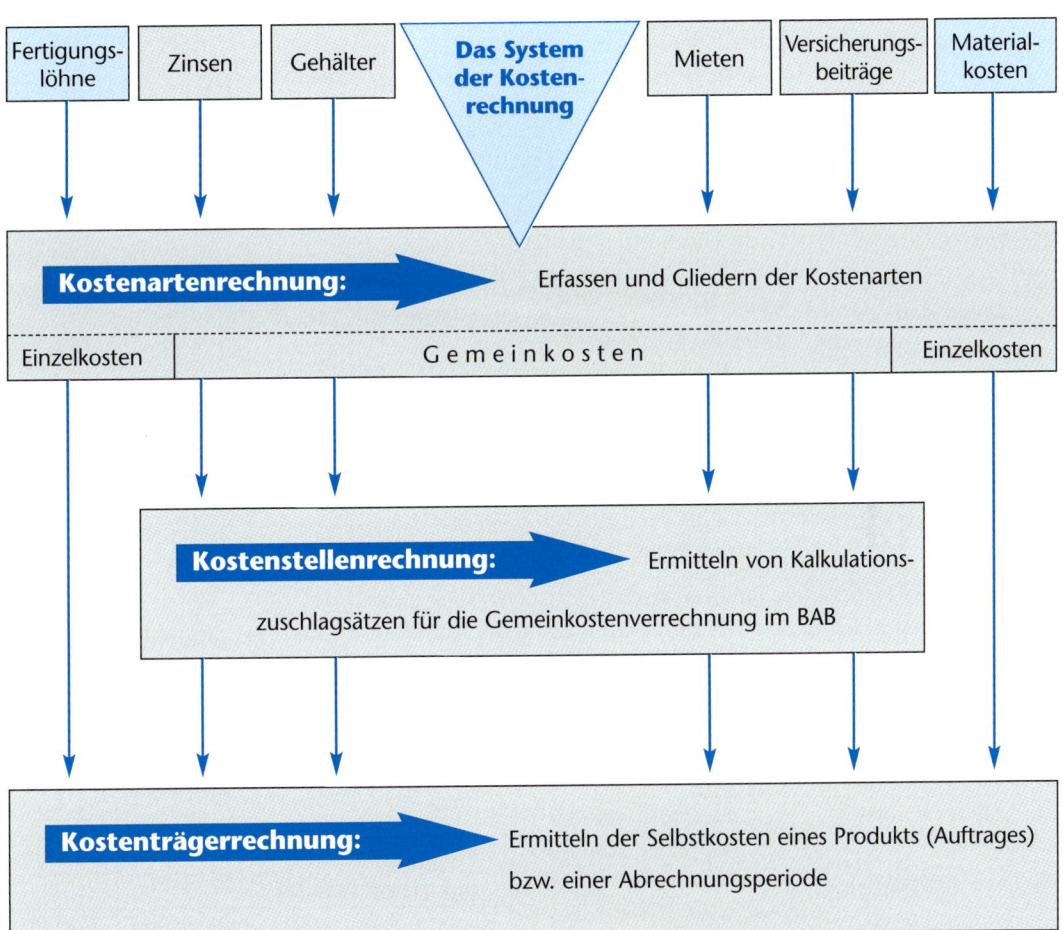

| Fertigungs-löhne | Zinsen | Gehälter | Das System der Kosten-rechnung | Mieten | Versicherungs-beiträge | Material-kosten |

Kostenartenrechnung: Erfassen und Gliedern der Kostenarten

Einzelkosten   G e m e i n k o s t e n   Einzelkosten

Kostenstellenrechnung: Ermitteln von Kalkulations-zuschlagsätzen für die Gemeinkostenverrechnung im BAB

Kostenträgerrechnung: Ermitteln der Selbstkosten eines Produkts (Auftrages) bzw. einer Abrechnungsperiode

Betriebwirtschaftliche Auswertung von Buchhaltung und Kostenrechnung (Bilanz- und Erfolgsanalyse)

1 Bilanzanalyse

206 *Zu welchem Zweck ist eine Auswertung der Unterlagen nötig?*[1]

Der Unternehmer hat die Bilanz- und die G+V-Rechnung für das abgelaufene Geschäftsjahr erstellt. Daraus möchte er erkennen,

1. wie sich sein Betrieb gegenüber dem Vorjahr verändert hat **(Zeitvergleich)**
2. wie sich sein Betrieb gegenüber vergleichbaren Unternehmen entwickelt hat **(Betriebsvergleich).**

Antworten sind zu finden auf betriebswirtschaftliche Kernfragen wie:

➡ Welche Bilanzwerte sind besser oder schlechter als die der Konkurrenz?
➡ Wie solide ist das Unternehmen finanziert?
➡ Wieviel Mittel stehen für Investitionen und für Schuldentilgung zur Verfügung ?
➡ Kann die Rentabilität mit dem Branchendurchschnitt mithalten?

Bilanz – und Erfolgsanalyse für den

• Zeitvergleich
• Betriebsvergleich

= Teil des Controlling
= Steuerung des Unternehmes

207 *Woher hat man Daten zum Betriebsvergleich?*

Jeder Bundesverband im Handwerk wie in der Industrie erstellt für seine Branche einen **Betriebsvergleich.** Dabei senden die Unternehmen dieser Branche anonym ihre Abschlusszahlen dem Verband zu, sodass jeder Betrieb Vergleichsmaßstäbe hat.

Ein Betriebsvergleich ist bei dem Verband, dem Sie als Betrieb angehören, zu erfragen.

Beispiel:

Bundesbetriebsvergleich im holz-und kunststoffverarbeitenden Handwerk, zu beziehen beim HKH-Bundesverband, 65189 Wiesbaden.

208 *Wie sehen aufbereitete Bilanzen aus?*

Zur Veranschaulichung die **aufbereiteten Bilanzen** der Tischlerei H. Rode für die Jahre **2015/2014:**

Bilanzen (Angaben in EURO)

Aktiva	2015	2014	Passiva	2015	2014
– Grundstücke, Gebäude	375 000	400 000	EK am 01.01.	252 000	210 000
– Maschinen, Kfz	127 000	80 000	+ Gewinn des Jahres	50 000	42 000
= Anlagevermögen	502 000	480 000	= EK am 31.12	302 000	252 000
– Vorräte	250 000	300 000	– Hypotheken	300 000	250 000
– Forderungen	90 000	100 000	= langfr. Fremdkapital	300 000	250 000
– Bankguthaben	60 000	50 000	– Kontokorrentkredit	80 000	128 000
= Umlaufvermögen	400 000	450 000	– Verbindlichkeiten	160 000	200 000
–	–	–	– MwSt-Schuld	60 000	100 000
–	–	–	= kurzfr. Fremdkapital	300 000	428 000
Gesamtvermögen	902 000	930 000	Gesamtkapital	902 000	930 000

---

[1] Mit dem **Controlling** wird der betriebswirtschaftliche Steuerungs- und Entscheidungsprozess (Ziele!) unterstützt; dabei wird auch das Rechnungswesen wie alle anderen Betriebsbereiche als Datengrundlage genutzt.

209 *Wie ist die Kapitalstruktur einzuschätzen?*

Allgemein lässt sich sagen: Je höher das Eigenkapital im Verhältnis zum Fremdkapital ist, desto größer ist die Stabilität des Unternehmens. **Je mehr Eigenkapital vorhanden ist, desto unabhängiger ist das Unternehmen gegenüber Gläubigern** (Banken) und um so kreditwürdiger ist die **Finanzierung.**

Kapitalstrukturregel:
- Je mehr Eigenkapital vorhanden ist, desto unabhängiger ist das Unternehmen gegenüber Gläubigern.

210 *Wie lauten die Kennzahlen zur Beurteilung der Kapitalstruktur?*

Zwei Kennzahlen aus den Bilanzen von *Nr. 208:*

1. **Eigenkapitalquote**
= Eigenkapital × 100 : Gesamtkapital
2015 = 33,5 %   2014 = 27 %

Analyse: Der Grad der finanziellen Unabhängigkeit hat sich verbessert. Das Ergebnis ist aber noch nicht gut

2. **Verschuldungsgrad**
= Fremdkapital × 100 : Gesamtkapital
2015 = 66,5 %   2014 = 73 %

Analyse: Der Verschuldungsgrad hat sich verbessert. Dies beruht auf der Rückführung der kurzfristigen Fremdmittel.

Eigenkapitalquote:
- Eigenkapital × 100 : Gesamtkapital

Verschuldungsgrad:
- Fremdkapital × 100 : Gesamtkapital

211 *Welche Bedeutung hat die Anlagendeckung für den Betrieb?*

Die **Deckung des Anlagevermögens durch Eigenkapital und auch durch langfristig zur Verfügung stehendes Fremdkapital** ist ein wichtiger Maßstab zur Beurteilung der finanziellen Stabilität des Unternehmens und damit zur Sicherung der Produktionsbereitschaft. Dazu gibt die »**Goldene Bilanzregel**« vor, dass die Dauer der Kapitalbindung (Maschine) die Dauer der Kapitalüberlassung (langfristiges FK) nicht überschreiten soll.

Eigenkapital und langfristig zur Verfügung stehendes Fremdkapital soll das Anlagevermögen voll abdecken.
- Goldene Bilanzregel

212 *Wie errechnet sich die Anlagendeckung?*

Zwei Kennzahlen aus den Bilanzen von *Nr. 208:*

1. **Anlagendeckung I**
= Eigenkapital × 100 : Anlagevermögen
2015 = 60 %   2014 = 53 %

Analyse: Das Eigenkapital deckt das Anlagevermögen nur gut zur Hälfte. Ideal wäre ein Deckungsgrad von 100 %.

2. **Anlagendeckung II**
= Eigenkapital + langfristiges Fremdkapital × 100 : Anlagevermögen
2015 = 120 %   2014 = 105 %

Analyse: Im Berichtsjahr deckt der Quotient der Anlagendeckung II voll ab, sodass auch ein Teil des notwendigen Umlaufvermögens (Vorräte) solide finanziert ist. Je größer der Quotient ist, desto stabiler ist das Unternehmen finanziert.

Anlagendeckung I:
- Eigenkapital × 100 : Anlagevermögen

Anlagendeckung II:
- Eigenkapital + langfristiges Fremdkapital × 100 : Anlagevermögen

A Grundlagen des Rechnungswesens und Controllings

213 Wie sollte die Vermögensstruktur aussehen?

Ein **hohes Anlagevermögen** lässt auf **hohe fixe Kosten** schließen. Durch das hohe Anlagevermögen sind umfangreiche Vermögensbeträge gebunden. Eine Anpassung an Marktschwankungen ist nur schwer möglich.

Andererseits lässt ein **hoher Anteil** des **Anlagevermögens** auf eine **moderne Betriebseinrichtung** und eine **gute kaufmännische Auftragsabwicklung** schließen (niedrige Kundenforderungen).

Ein hohes Umlaufvermögen ermöglicht zwar elastische Marktanpassungen, kann aber auch auf hohe Kassenbestände und große Lagerbestände hinweisen, die Geld kosten.

Für einen produzierenden Handwerksbetrieb bedeutet ein hoher Anteil des Anlagevermögens eine moderne Betriebseinrichtung und eine gute kaufmännische Auftragsabwicklung.

214 Wie lautet die Formel für die Anlagenintensität?

Eine Kennzahl aus den Bilanzen von *Nr. 208:*
Anlagenintensität
= Anlagevermögen $\times$ 100 : Gesamtvermögen
    2015 = 55,7%   2014 = 51,6%

Analyse: Je mehr Anlagevermögen, desto moderner ist die Betriebsausstattung.

Anlagenintensität:
• Anlagevermögen $\times$ 100
   : Gesamtvermögen

215 Warum muss der Unternehmer auf die Zahlungsfähigkeit achten?

Die **Zahlungsfähigkeit** und **-bereitschaft (Liquidität)** drückt die finanzielle Handlungsfähigkeit des Unternehmens aus. Sie lässt sich aus dem Verhältnis der flüssigen Mittel zu den fälligen kurzfristigen Verbindlichkeiten ermitteln.

Zahlungsunfähigkeit (Illiquidität) führt zur Insolvenz.

Zahlungsfähigkeit
= Liquidität
= finanzielle Handlungsfähigkeit des Unternehmens

216 Welche Formen der Liquidität werden unterschieden?

Es ist zu prüfen, inwieweit die liquiden Mittel das fällige kurzfristige Fremdkapital decken.

Drei Kennzahlen aus den Bilanzen von *Nr. 208:*

Liquidität 1. Grades: Barliquidität
= flüssige Mittel *(hier nur Bankguthaben)*
$\times$ 100 : kurzfristiges Fremdkapital
2015 = 20%   2014 = 12%

Liquidität 2. Grades: Einzugsliquidität
= (flüssige Mittel + Forderungen) $\times$ **100**
   : kurzfristiges Fremdkapital
2015 = 50%   2014 = 35%

Liquidität 3. Grades: Umsatzliquidität
= Umlaufvermögen $\times$ 100
   : kurzfristiges Fremdkapital
2015 = 133%   2014 = 105%

Analyse:
1. Die Liquiditätslage des Unternehmens hat sich gegenüber dem Vorjahr in allen Graden verbessert.
2. Die Liquidität 2. Grades sollte **immer über 100%** betragen.
3. Die Liquidität 3. Grades ist in der Praxis heute entbehrlich.

Liquidität 1. Grades:
flüssige Mittel
$\times$ 100
   : kurzfristiges
      Fremdkapital

Liquidität 2. Grades:
flüssige Mittel
+ Forderungen
$\times$ 100
   : kurzfristiges
      Fremdkapital

Liquidität 3. Grades:
Umlaufvermögen
$\times$ 100
   : kurzfristiges
      Fremdkapital

A Grundlagen des Rechnungswesens und Controllings

217 Wie kommt man von den hohen Außenständen herunter?

Die Grundregeln für alle Branchen:[1]

1. Schreiben Sie die Rechnung schnell. Das signalisiert keine Liquiditätsschwäche, sondern ein funktionierendes Rechnungswesen.
2. Belohnen Sie den, der schnell bezahlt (Skontostaffel).
3. Fügen Sie der Rechnung Überweisungsformulare bei.
4. Versuchen Sie bei jedem Kunden die optimalen Zahlungsbedingungen durchzusetzen (z.B. Anzahlung oder Vorkasse bei Spezialanfertigung).
5. Bei Stammkunden empfiehlt sich das Lastschriftverfahren.
6. Versuchen Sie gleich bei der Lieferung zu kassieren. Insbesondere bei neuen oder unzuverlässigen Kunden, bei niedrigen Beträgen.
7. Mahnen Sie pünktlich. Telefonieren Sie! Schreiben Sie persönlich, Schemabriefe machen keinen Eindruck.
8. Wickeln Sie die Aufträge pünktlich ab. Prüfen Sie Ihre Lieferfähigkeit, ehe Sie einen Termin zusagen.

Beachten Sie die acht Grundregeln, um immer zahlungsfähig zu sein.

218 Wie sieht die Bilanz eines überschuldeten Unternehmens aus?

Ein überschuldetes Unternehmen hat Insolvenz anzumelden.
Überschuldung nach § 268 HGB: »Ist das Eigenkapital durch Verluste aufgebraucht und ergibt sich ein Überschuss der Passivposten über die Aktivposten, so ist dieser Betrag am Schluss der Bilanz auf der Aktivseite gesondert unter der Bezeichnung **Nicht durch Eigenkapital gedeckter Fehlbetrag** auszuweisen«.

Der Bilanzposten »Nicht durch Eigenkapital gedeckter Fehlbetrag« ersetzt das fehlende Vermögen auf der Aktivseite.

218A Wie hoch ist der Kapitalumschlag?

Grundlage sind die Bilanzen (Nr. 208) und die GuV-Rechnungen (Nr. 220): Kapitalumschlag = Umsatz × 100 : Gesamtkapital

2015 = 99,78 %   2014 = 86,02 %

Diese Kennzahl gibt an, wie oft sich das Gesamtkapital im Jahr umschlägt – je mehr desto besser; hier hat sich die Kennzahl leicht verbessert.

Kapitalumschlag:
$$\bullet\ \frac{\text{Umsatz} \times 100}{\text{Gesamtkapital}}$$

2 Erfolgsanalyse

219 Weshalb ist für die Erfolgsanalyse die Gewinn- und Verlustrechnung heranzuziehen?

Eine Bilanzanalyse ist nur dann vollständig und aussagefähig, wenn sie die Zahlen der **G+V-Rechnung** in die **betriebswirtschaftliche Auswertung** einbezieht. Dadurch wird es möglich, die **Wirtschaftlichkeit** in Betrieb und Unternehmen und die **Rentabilität** des Kapitaleinsatzes festzustellen und zu beurteilen.

Wirtschaftlichkeit und Rentabilität werden aus der G+V-Rechnung beurteilt.

---

[1] Sonderheft Handwerk-Magazin: Außenstände, München 1996, S. 18 f.

220 *Wie lassen sich G+V-Rechnungen für die Auswertung darstellen?*

Die **Staffelform** der G+V-Rechnung lässt auch Zwischenergebnisse deutlich werden, sodass diese Form hier herangezogen wird. **Neben der Bilanz gehört die folgende G+V-Übersicht zu Heinz Rodes beiden letzten Jahresabschlüssen.**

Gewinn- und Verlustrechnung[1] Tischlerei Heinz Rode	2015 EUR	2014 EUR
1. Umsatzerlöse	900 000	800 000
2. ·/. Materialeinsatz (-verbrauch)	600 000	550 000
3. = **Rohgewinn**	300 000	250 000
4. + o.a. Erträge	45 000	60 000
	345 000	310 000
5. ·/. Löhne	57 000	33 000
6. ·/. Abschreibungen auf Sachanlagen	45 000	40 000
7. ·/. Steuern	30 000	25 000
8. ·/. Zinsaufwendungen	23 000	30 000
9. ·/. Verschiedene Gemeinkosten	75 000	70 000
10. ·/. a.o. Aufwendungen	15 000	20 000
11. = **Jahresüberschuss** (wird dem Eigenkapital zugeführt)	100 000	92 000

221 *Was bedeutet Rentabilität für ein Unternehmen?*

Die **Rentabilität,** d.h. das **Verhältnis** von Gewinn zu Kapital, ist der Maßstab für den Erfolg eines Unternehmens.

Als Gewinn ist der **Unternehmergewinn** anzusetzen, der als Differenz zwischen dem Reingewinn/Jahresüberschuss und dem Entgelt für die Unternehmertätigkeit des Inhabers **(Unternehmerlohn)** ermittelt wird.

Der Unternehmerlohn wird hier mit **70 000 €** **jährlich** angesetzt.

	2015 (€)	2014 (€)
Reingewinn	100 000	92 000
– Unternehmerlohn	70 000	70 000
= **Unternehmergewinn**	**30 000**	**22 000**

Rentabilität:
- Verhältnis von Gewinn zu Kapital

Unternehmergewinn
= Reingewinn
– Unternehmerlohn
- Der Unternehmerlohn wird nur bei Einzel- oder Personengesellschaften ermittelt, um einen Vergleich mit GmbH oder AG zu ermöglichen

222 *Welche Formen der Rentabilität werden unterschieden?*

Folgende Formen der Rentabilität werden unterschieden:

Drei Kennzahlen aus den G+V Rechnungen von *Nr. 220:*

1. **Eigenkapitalrentabilität**
   = Unternehmergewinn × 100 : Eigenkapital
   (hier: vom 01.01.)
   2015 = 11,9%   2014 = 10,48%

Analyse: Die Eigenkapitalrentabilität hat sich leicht verbessert. Wenn allerdings zu berücksichtigen ist, dass diese **Rentabilität immer**

Rentabilitätskennzahlen:

Eigenkapitalrentabilität:
- Unternehmergewinn
  × 100
  : Eigenkapital

---
[1] **Zur Erinnerung:**
- Erträge – Aufwendungen = **Reingewinn** oder Jahresüberschuss
- Erlöse – Materialeinsatz = **Rohgewinn**

deutlich über der Verzinsung für langfristig angelegte Gelder liegen sollte, so kann die Entwicklung der Tischlerei nur eingeschränkt positiv gesehen werden.

2. **Gesamtkapitalrentabilität**
= (Unternehmergewinn + Zinsaufwendungen) $\times$ 100 : Gesamtkapital
2015 = 6,24% 2014 = 5,59%

Analyse: Die Gesamtkapitalrentabilität gibt dem Unternehmer Auskunft darüber, ob die Verwendung von Fremdkapital rentabel ist. Das ist immer dann der Fall, wenn diese Rentabilität über dem Marktzins für Fremdkapital liegt. Das ist hier nicht der Fall.

3. **Umsatzrentabilität**
= (Unternehmergewinn $\times$ 100 : Umsatzerlöse
2015 = 3,33% 2014 = 2,75%

Analyse: Die Umsatzrentabilität gibt Auskunft über den prozentualen Anteil des Unternehmergewinns an den Umsatzerlösen. Das Ergebnis hier ist unbefriedigend.

Gesamtkapital-rentabilität:
- (Unternehmer-gewinn + Zinsauf-wendungen) $\times$ 100 : Gesamtkapital

Umsatzrentabilität:
- Unternehmer-gewinn $\times$ 100 : Umsatzerlöse

---

223 *Welche Bedeutung hat der Cash-flow?*

Unter dem **Cash-flow** ist der **finanzielle Überschuss aus den laufenden betrieblichen und außerbetrieblichen Tätigkeiten** eines Unternehmens innerhalb eines Geschäftsjahres zu verstehen.

Er gibt einen Überblick über

1. Selbstfinanzierungskraft
2. Investitionsstärke
3. Schuldentilgungskraft eines Unternehmens

Der Cash-flow informiert über:
- Selbstfinanzie-rungskraft
- Investitionsstärke
- Schuldentilgungs-kraft eines Unternehmens

---

224 *Wie wird der Cash-flow errechnet?*

Grundlage sind die G+V-Rechnungen von *Nr. 220:*

Die Berechnung des Cash-flow:

	2015 (€)	2014 (€)
Jahresüberschuss	100 000	92 000
+ Abschreibungen	45 000	40 000
+ Erhöhung der Rückstellungen	–	–
= **Cash-flow**	145 000	132 000

Daraus lässt sich die **Cash-flow-Umsatzverdienstrate** errechnen, die immer höher als die Umsatzrendite sein sollte.

Cash-flow-Umsatzverdienstrate
= Cash-flow $\times$ 100 : Umsatzerlöse
2015 = 16,11% 2014 = 16,5%

Analyse: Die Cash-flow-Rate liegt deutlich über der Umsatzrentabilität. Von je 100 € Umsatz stehen 16 € für Investitionen zur Verfügung.

Cash-flow:
- Jahresüberschuss + Abschreibungen + Erhöhung der Rückstellungen

Cash-flow-Umsatz-verdienstrate:
- Cash-flow $\times$ 100 : Umsatzerlöse

225 *Wie ist der betriebswirtschaftliche Gewinn (Betriebsgewinn) definiert?*

Der **betriebswirtschaftliche Gewinn** ist die Differenz zwischen Leistungen (Erlöse) und Kosten. Leistungen > Kosten = **Betriebsgewinn** Leistungen < Kosten = Betriebsverlust

Betriebsgewinn =
• Leistungen (Erlöse) – Kosten

226 *Welche Faktoren beeinflussen den Betriebsgewinn?*

Auf der **Leistungsseite** beeinflussen im wesentlichen die **Erlöse (Absatzleistungen)** den Betriebsgewinn.

Auf der **Kostenseite** sind es die **Grundkosten** (betriebliche Aufwendungen aus der Klasse 4) und die zusätzlichen **kalkulatorischen Kosten** (z.B. Unternehmerlohn), die das Ergebnis positiv oder negativ beeinflussen.

Kalkulatorische Kosten: siehe *Nr. 169 – 174*

Sind genügend Erlöse vorhanden, kann das Ergebnis gut werden; sind die Kosten nicht so hoch, ebenfalls.

227 *Was heißt Wirtschaftlichkeit des Unternehmens?*

Ein **Unternehmen** arbeitet wirtschaftlich, wenn es
1. höhere Erträge als Aufwendungen hat
2. der Quotient aus Erträgen und Aufwendungen größer als 1 ist.

Quelle dieser Informationen: **G+V Rechnung**

Sind die Erträge größer als die Aufwendungen, arbeitet ein Unternehmen wirtschaftlich.

228 *Was heißt Wirtschaftlichkeit des Betriebes?*

Ein **Betrieb** arbeitet wirtschaftlich, wenn er
1. höhere Leistungen als Kosten hat
2. der Quotient aus Leistungen und Kosten größer als 1 ist.

Quelle dieser Informationen: **Kosten- und Leistungsrechnung**

Sind die Leistungen größer als die Kosten, arbeitet ein Betrieb wirtschaftlich.

3 Der Jahresabschluss – Bilanz/G+V-Rechnung – nach dem Bilanzrichtliniengesetz

Im folgenden wird der Jahresabschluss – Bilanz/Gewinn- und Verlustrechnung – nach dem Bilanzrichtlinien-Gesetz beispielhaft wiedergegeben. Es ist die Bilanz einer **kleinen GmbH,** für die auch das für große Gesellschaften geltende Gliederungsschema des § 266 HGB in vollem Umfang angewendet wird.[1]

Vereinfachte Bilanz nach Bilanzrichtlinien-Gesetz

Aktiva

	EUR	EUR
A. *Ausstehende Einlagen auf das gezeichnete Kapital* – nicht eingefordert –		150 000,00
B. *Anlagevermögen*		
I. Immaterielle Vermögensgegenstände		
1. Gewerbliche Schutzrechte	2 400,00	
2. Firmenwert	110 000,00	

---

[1] Gekürzte Fassung des Bilanzbeispiels der umfassenden Fallstudie aus Kotsch-Faßhauer/Lenz: »Praxis der Umstellung von Buchführung und Abschluss auf das neue Bilanzrecht«, Stuttgart 1986, aus: »Jahrbuch für Praktiker des Rechnungswesens 1987«, Taylorix Fachverlag, Stuttgart 1987, aufgestellt in EURO.

	EUR	EUR
II. Sachanlagen		
1. Grundstücke und Bauten	578 257,00	
2. Andere Anlagen, Betriebs- und Geschäftsausstattung	29 577,00	
3. Anlagen im Bau	84 228,00	
III. Finanzanlagen		
1. Beteiligungen	250 000,00	
2. Ausleihungen an Unternehmen, mit denen ein Beteiligungsverhältnis besteht	150 000,00	
3. Sonstige Ausleihungen	40 000,00	1 244 462,00
C. *Umlaufvermögen*		
I. Vorräte		
1. Hilfs- und Betriebsstoffe	14 762,00	
2. Waren	167 500,40	
II. Forderungen und sonstige Vermögensgegenstände		
1. Forderungen aus Lieferungen und Leistungen	129 801,15	
2. Forderungen gegenüber Unternehmen, mit denen ein Beteiligungsverhältnis besteht	30 414,00	
3. Sonstige Vermögensgegenstände	1 100,00	
III. Schecks, Kassenbestand, Postgiroguthaben, Guthaben bei Kreditinstituten	82 223,93	425 801,48
		1 820 263,48

Passiva

		EUR
A. *Eigenkapital*		
I. Gezeichnetes Kapital		450 000,00
II. Gewinnrücklagen		10 000,00
III. Gewinnvortrag		5 266,00
IV. Jahresüberschuss		161 805,87
		627 071,87
B. *Sonderposten mit Rücklageanteil*		
C. *Rückstellungen*		
1. Rückstellungen für Pensionen	66 000,00	
2. Steuerrückstellungen	65 200,00	
3. Sonstige Rückstellungen	29 600,00	160 800,00
D. *Verbindlichkeiten*		
1. Verbindlichkeiten gegenüber Kreditinstituten	302 705,00	
2. Erhaltene Anzahlungen auf Bestellungen	12 000,00	
3. Verbindlichkeiten aus Lieferungen und Leistungen	157 247,20	
4. Verbindlichkeiten aus der Ausstellung eigener Wechsel	5 000,00	
5. Verbindlichkeiten gegenüber Unternehmen, mit denen ein Beteiligungsverhältnis besteht	12 381,00	
6. Sonstige Verbindlichkeiten	401 858,41	891 191,61
E. *Rechnungsabgrenzungsposten*		1 200,00
		1 820 263,48

A Grundlagen des Rechnungswesens und Controllings

	EUR	EUR

Gewinn- und Verlustrechnung nach Bilanzrichtlinien-Gesetz

1. Umsatzerlöse		2 273 956,70
2. Erhöhung oder Verminderung des Bestands an fertigen und unfertigen Erzeugnissen		–
3. Andere aktivierte Eigenleistungen		15 240,00
4. Sonstige betriebliche Erträge		59 410,95
5. Materialaufwand:		
a) Aufwendungen für Hilfs- und Betriebsstoffe und für bezogene Waren		– 980 355,63
b) Aufwendungen für bezogene Leistungen		–
Rohergebnis		1 368 252,02
6. Personalaufwand		
a) Löhne und Gehälter		– 407 677,00
b) Soziale Aufwendungen und Aufwendungen für Altersversorgung und für Unterstützung davon für Altersversorgung 28 000,00 €		– 120 035,12
7. Abschreibungen		
a) auf immaterielle Vermögensgegenstände des Anlagevermögens und Sachanlagen sowie auf aktivierte Aufwendungen für die Ingangsetzung und Erweiterung des Geschäftsbetriebs		– 140 922,50
b) auf Vermögensgegenstände des Umlaufvermögens, soweit diese die in der Kapitalgesellschaft üblichen Abschreibungen übersteigen		– 25 258,50
8. Sonstige betriebliche Aufwendungen		– 414 600,93
9. Erträge aus Beteiligungen		40 000,00
10. Erträge aus Ausleihungen des Finanzanlagevermögens		9 100,00
11. Sonstige Zinsen und ähnliche Erträge		1 550,80
12. Abschreibungen auf Finanzanlagen und auf Wertpapiere des Umlaufvermögens		–
13. Zinsen und ähnliche Aufwendungen		– 31 446,90
14. Ergebnis der gewöhnlichen Geschäftstätigkeit		278 961,87
15. Außerordentliche Erträge	–	
16. Außerordentliche Aufwendungen	– 19 358,00	
17. Außerordentliches Ergebnis		– 19 358,00
18. Steuern vom Einkommen und vom Ertrag		– 97 798,00
19. Sonstige Steuern		–
20. Jahresüberschuss		**161 805,87**

B Grundlagen der Berufsausbildung, Prüfungen, Jugendarbeitsschutz, Gewerbeaufsicht

1 *Welche Begriffe umfasst die Berufsbildung?*

Berufsbildung umfasst die Berufsausbildungsvorbereitung, die Berufsausbildung, die berufliche Fortbildung und die berufliche Umschulung.

Die nachfolgenden Inhalte der fortlaufenden Nummern (Nr. 1 bis 29) sind im Berufsbildungsgesetz geregelt.

Zur Berufsbildung gehören:
- Berufsausbildungsvorbereitung
- Berufsausbildung
- Fortbildung
- Umschulung

2 *Welches Gesetz regelt die Berufsbildung?*

Das Berufsbildungsgesetz (BBiG) vom 23. März 2005 gilt für die gesamte Berufsbildung in Industrie, Handel, Handwerk; Ausnahme: Die Ausbildung in den **beruflichen Schulen,** die den **Schulgesetzen** der Bundesländer unterstehen.

Das BBiG gilt für die Ausbildung in den Ausbildungsberufen in der Wirtschaft

3 *Was gehört zur Berufsausbildung?*

Die **Berufsausbildung** hat eine breit angelegte berufliche Grundbildung und die notwendigen fachlichen Fertigkeiten, Fähigkeiten und Kenntnisse in einem geordneten Ausbildungsgang zu vermitteln; Ziel ist die **Handlungskompetenz** des Auszubildenden, d.h., dass jemand fähig und bereit ist, in beruflichen Situationen sach- und fachgerecht, selbstständig und verantwortungsbewusst zu handeln.

Berufsausbildung:
- Grundbildung
+
- fachliche Fertigkeiten, Fähigkeiten und Kenntnisse
Ziel:
Handlungskompetenz

4 *Was bedeutet berufliche Fortbildung?*

Berufliche Fortbildung soll die berufliche Handlungsfähigkeit erhalten, erweitern, der Entwicklung anpassen und die Chance geben beruflich aufzusteigen.

Fortbildung:
- Anpassen an Entwicklung und/oder
- beruflicher Aufstieg

5 *Was bedeutet Umschulung?*

Die **berufliche Umschulung** soll zu einer anderen beruflichen Tätigkeit befähigen.

6 *Wie entsteht ein Berufsausbildungsvertrag?*

Der Einstellende **(Ausbildender/Ausbildende)** schließt mit dem Einzustellenden **(Auszubildender/Auszubildende)** einen schriftlichen Vertrag, den beide Parteien zu unterzeichnen haben. Ist der Auszubildende minderjährig, dann haben dessen gesetzliche Vertreter diesen auch zu unterzeichnen. Jede Partei bekommt eine Ausfertigung des Vertrags.

Ausbildende/r und Auszubildende/r schließen einen schriftlichen Ausbildungsvertrag

7 *Welche Mindestinhalte soll ein Ausbildungsvertrag aufweisen?*

Mindestinhalt eines **Ausbildungsvertrags:**
1. Art, sachliche, zeitliche Gliederung und Ziel der Ausbildung,
2. Beginn und Dauer der Ausbildung,

Mindestinhalte eines Ausbildungsvertrags sind nach dem BBiG vorgeschrieben

3. Ausbildungsmaßnahmen außerhalb der Ausbildungsstätte, z.B. überbetriebliche Ausbildung bei der IHK, HWK.
4. Dauer der regelmäßigen täglichen Ausbildungs(Arbeits-)zeit,
5. Dauer der Probezeit,
6. Zahlung und Höhe der Vergütung,
7. Dauer des Urlaubs,
8. Kündigungsmöglichkeiten in der Ausbildung,
9. Hinweis auf Tarifverträge, Betriebsvereinbarungen, die in der Ausbildung anzuwenden sind.

● § 11 BBiG

---

8 *Welche Pflichten hat der/die Ausbildende?*

Der/die **Ausbildende** hat

1. dem/der Auszubildenden die berufliche Handlungsfähigkeit zu vermitteln, die zum Erreichen des Ausbildungsziels notwendig sind,
2. selbst auszubilden oder einen **Ausbilder** ausdrücklich damit zu beauftragen,
3. dem/der Auszubildenden kostenlos die Ausbildungsmittel (Werkzeuge, Werkstoffe) zur Verfügung zu stellen,
4. den/die Auszubildende/n zum Besuch der Berufsschule sowie zum Führen von Berichtsheften anzuhalten,
5. dafür zu sorgen, dass der/die Auszubildende charakterlich gefördert sowie sittlich und körperlich nicht gefährdet wird,
6. dem/der Auszubildenden nur Verrichtungen zu übertragen, die dem Ausbildungszweck dienen und seinen/ihren körperlichen Kräften angemessen sind;
7. den/die Auszubildende(n) für die Teilnahme am Berufsschulunterricht und an Prüfungen freizustellen.

Pflichten des/der Ausbildenden:

● Ausbildungspflicht
● kostenlos Ausbildungsmittel stellen
● Anhalten zum Berufsschulbesuch und
● Berichtsheftführung
● charakterliche und sittliche Förderung
● nur ausbildungsgemäße Verrichtungen übertragen
● freistellen für Berufsschulunterricht und Prüfungen

---

9 *Welche Pflichten hat der/die Auszubildende?*

Der/die **Auszubildende** hat

1. die erforderlichen Fertigkeiten und Kenntnisse zu erlernen,
2. die ihm/ihr übertragenen Verrichtungen sorgfältig auszuführen,
3. an Ausbildungsmaßnahmen teilzunehmen,
4. den Weisungen des Ausbildenden oder Ausbilders Folge zu leisten,
5. die Betriebsordnung zu beachten,
6. Werkzeug, Maschinen u.a. pfleglich zu behandeln,
7. Über Betriebs- und Geschäftsgeheimnisse Stillschweigen zu wahren.
8. Schriftlichen Ausbildungsnachweis führen.

Pflichten des/der Auszubildenden:

● Lernpflicht
● Sorgfaltspflicht
● Teilnahme an Ausbildungsmaßnahmen
● Weisungen folgen
● Beachtung der Betriebsordnung
● pfleglicher Umgang mit Betriebsvermögen
● Schweigepflicht
● Ausbildungsnachweis führen

10 *Welche Vereinbarungen im Ausbildungsvertrag sind ungültig (nichtig)?*

Ungültig (nichtig) ist eine **Vereinbarung,** die den Auszubildenden nach Ende der Ausbildung in der Ausübung seiner beruflichen Tätigkeit beschränkt; es sei denn, der Auszubildende geht vertraglich **im letzten halben Jahr** der Ausbildung ein Arbeitsverhältnis mit dem Arbeitgeber ein, um nach Ausbildungsende bei ihm tätig zu werden.

Ebenso ungültig ist eine Vereinbarung, dass der Auszubildende für die Berufsausbildung eine Entschädigung zahlt.

Nichtige und damit ungültige Vereinbarungen nennt das Berufsbildungsgesetz.

11 *Wie ist das Zeugnis in der Ausbildung geregelt?*

Der Ausbildende hat dem Auszubildenden bei Beendigung der Ausbildung ein schriftliches **Zeugnis** auszustellen.

Das Zeugnis muss Angaben enthalten über Art, Dauer und Ziel der Ausbildung sowie über die erworbenen beruflichen Fertigkeiten und Kenntnisse des Auszubildenden; dies ist das sogenannte **einfache Zeugnis.**

Auf Verlangen des Auszubildenden sind auch Angaben über Verhalten und Leistung aufzunehmen; umfasst das Zeugnis auch diese Inhalte, dann wird von einem **qualifizierten Zeugnis** gesprochen.

*Ausführliche Informationen zum Thema Zeugnis entnehmen Sie bitte dem Abschnitt **Arbeitsrecht.***

Bei Beendigung der Ausbildung ist
- ein einfaches

  oder
- ein qualifiziertes Zeugnis auszustellen.

12 *Wie ist die Vergütung geregelt?*

Der Ausbildende hat dem Auszubildenden monatlich eine **angemessene,** mindestens jährlich ansteigende **Vergütung** zu zahlen; diese ist spätestens am letzten Arbeitstag des Monats zu zahlen.

Überstunden sind besonders zu vergüten oder durch entsprechende Freizeit auszugleichen; ebenso ist bei Krankheit und Freistellung von der Arbeit nach dem **Entgeltfortzahlungsgesetz** die Vergütung sechs Wochen lang weiter zu zahlen.

- Angemessen ist eine Vergütung dann nicht, wenn sie mehr als 20% unter dem Tarifniveau liegt.[1]

Die Vergütung ist
- monatlich,
- jährlich ansteigend,
- spätestens am letzten Arbeitstag des Monats zu zahlen.

13 *Wie lange ist die Probezeit?*

Die **Probezeit** zu Beginn der Ausbildung muss mindestens einen Monat und darf höchstens vier Monate betragen.

Probezeit:
1 – 4 Monate

---
[1] Urteil Bundesverfassungsgericht 2008 (AZ: 9 AZR 1091/06)

14 *Wann endet die Ausbildung?*

Das Berufsausbildungsverhältnis **endet** mit dem Ablauf der Ausbildungszeit, z.B. Beginn 01.08.2009, dann Ende 31.07.2012 bei dreijähriger Ausbildungszeit.

Wird die Abschlussprüfung *vor Ablauf der Ausbildungszeit* bestanden, so endet das Ausbildungsverhältnis mit Bestehen der Abschlussprüfung;

Beispiel:

Letzte (praktische oder mündliche) Prüfung findet am 02.07.2009 statt, so endet das Ausbildungsverhältnis am 02.07.2009. Arbeitet der (dann) Arbeitnehmer weiter ab dem 03.07., dann hat er Anspruch auf den entsprechenden Arbeitslohn oder das Gehalt.

Beendigung der Ausbildung
- Ablauf der Ausbildungszeit

  oder
- mit Bestehen der Abschlussprüfung, wenn diese vorher stattfindet

15 *Wie sind die Regelungen bei Nichtbestehen der Abschlussprüfung?*

Bei **Nichtbestehen der Abschlussprüfung** verlängert sich das Ausbildungsverhältnis auf Verlangen des Auszubildenden bis zur nächstmöglichen Wiederholungsprüfung, höchstens um ein Jahr.

Ansonsten kann die Abschlussprüfung zweimal wiederholt werden, d.h. beim zweiten Mal ist dies auch ohne Ausbildungsverhältnis möglich.

- Bei Nichtbestehen bleibt der Ausbildungsvertrag bis zur nächsten Prüfung bestehen
- Zweimalige Wiederholung möglich

16 *Welche Kündigungsmöglichkeiten bestehen in der Ausbildung?*

1. **Während der Probezeit** kann jederzeit von beiden Seiten ohne Einhalten einer Kündigungsfrist und ohne Begründung, allerdings schriftlich, gekündigt werden.

2. **Nach der Probezeit** kann das Ausbildungsverhältnis nur gekündigt werden:

   a) Aus einem wichtigen Grund **(fristlose Kündigung) von beiden Seiten** ohne Einhalten einer Kündigungsfrist, z.B.: bei Diebstahl, Tätlichkeit, regelmäßiges Zuspätkommen; diese Kündigung ist unwirksam, wenn die Tatsachen länger als zwei Wochen dem zur Kündigung Berechtigten bekannt sind.

   b) **Vom Auszubildenden** mit einer Kündigungsfrist von vier Wochen, wer er/sie die Berufsausbildung aufgeben oder sich für eine andere Berufstätigkeit ausbilden lassen will.

   In den Fällen von a) und b) muss die Kündigung **schriftlich und** unter Angabe der Kündigungsgründe erfolgen.

Kündigung:
- während der Probezeit jederzeit
- nach der Probezeit
  - aus einem wichtigen Grund von beiden Seiten
  - vom Auszubildenden mit einer 4-wöchigen Frist schriftlich mit Angabe der Kündigungsgründe

17 *Kann Schadensersatz bei vorzeitiger Beendigung verlangt werden?*

Wird das **Berufsausbildungsverhältnis** nach der Probezeit **vorzeitig gelöst,** so kann der Ausbildende oder der Auszubildende Ersatz des Schadens verlangen, wenn der Andere den Grund für die Auflösung zu vertreten hat. Diese Ansprüche müssen bis drei Monate nach Ausbildungsende geltend gemacht werden.

Schadensersatz bei vorzeitiger Auflösung des Ausbildungsverhältnisses ist unter bestimmten Umständen möglich

18 *Was bedeutet »Duales System« in der Berufsausbildung?*

Die Ausbildung in einem der etwa 300 Ausbildungsberufe erfogt einerseits in einem **Betrieb** (Praxis) und andererseits in der **Berufsschule** (Theorie); diese gleichzeitige Ausbildung in Praxis **und** Berufsschule wird als »Duales System« bezeichnet.

Duales System = gleichzeitige Ausbildung in Betrieb und Berufsschule

18A *Welche Aufgabe hat der Betrieb im »Dualen System«?*

Der ausbildende Betrieb muss die notwendigen beruflichen Fertigkeiten, Kenntnisse und Fähigkeiten auf der Grundlage des **Ausbildungsrahmenplans** vermitteln.

Pflicht zur Vermittlung der beruflichen Handlungsfähigkeit

18B *Was bedeuten Ausbildungsplan und Ausbildungsrahmenplan?*

Der **Ausbildungsrahmenplan** ist sachlich und zeitlich einheitlich gegliedert, den **Ausbildungsplan** erstellt daraus jeder Betrieb individuell.

19 *Wer ist zum Einstellen und Ausbilden berechtigt?*

Auszubildende darf nur einstellen, wer persönlich **geeignet** ist; ausbilden darf nur, wer persönlich und fachlich geeignet ist. Auch muss die Ausbildungsstätte nach Art und Einrichtung für die Berufsausbildung geeignet sein. Die zuständige Kammer hat die Einstellung und Ausbildung zu untersagen, wenn die obigen Merkmale nicht oder nicht mehr vorliegen.

Ausbilden darf nur, wenn der Betrieb persönlich, fachlich und von seiner Einrichtung her dafür geignet ist.

20 *Was bedeutet Ausbildungsordnung?*

Die **Ausbildungsordnung,** die jedem Ausbildungsberuf zugrunde liegt, dient als Grundlage für eine geordnete und einheitliche Berufsausbildung; sie wird erlassen durch Bundesministerien.

Die Ausbildungsordnung:
Grundlage für eine
• geordnete und
• einheitliche Berufsausbildung in Deutschland

21 *Darf die Ausbildung der Betrieb allein entscheiden?*

Nein, für einen anerkannten Ausbildungsberuf darf nur nach der Ausbildungsordnung ausgebildet werden.

Ausbildungsberuf = Ausbildungsordnung

22 *Welche Mindestinhalte hat die Ausbildungsordnung festzulegen?*

Die **Ausbildungsordnung** hat mindestens festzulegen:
1. Die Bezeichnung des Ausbildungsberufs
2. Die Ausbildungsdauer
3. Die durch das Berufsbild zu vermittelnden Fertigkeiten und Kenntnisse
4. Eine Anleitung zur sachlichen und zeitlichen Gliederung der Fertigkeiten und Kenntnisse **(Ausbildungsrahmenplan)**
5. Die Prüfungsanforderungen

Die Ausbildungsordnung enthält die jeweils für den Beruf typischen Inhalte, die durch den Betrieb zu vermitteln sind

B Grundlagen der Berufsausbildung, Prüfungen, Jugendarbeitsschutz, Gewerbeaufsicht

23 *Kann die Ausbildung verkürzt und verlängert werden?*

Der Besuch einer **berufsbildenden Schule,** z.B. Fachoberschule, kann ganz oder teilweise auf die Ausbildungszeit angerechnet werden.

Auch hat die **zuständige Stelle,** z.B. Handwerkskammer, auf Antrag die Ausbildungszeit zu verkürzen, wenn zu erwarten ist, dass der/die Auszubildende das Ausbildungsziel in der gekürzten Zeit erreicht.

In Ausnahmefällen kann auf Antrag des Auszubildenden auch eine **Verlängerung** genehmigt werden, wenn nur dadurch das Ausbildungsziel erreicht werden kann, z.B. Krankheit.

- Verkürzung und
- Verlängerung der Ausbildung möglich

24 *Wo sind die Ausbildungsverhältnisse verzeichnet?*

Die **zuständige Stelle, d.h. Kammer** – für den Industriemechaniker die IHK, für den Tischler die HWK – hat in ihrem jeweiligen Bezirk ein Verzeichnis der Berufsausbildungsverhältnisse für alle anerkannten Ausbildungsberufe zu führen.

Die HWK, IHK und andere Kammern führen die Ausbildungsverhältnisse ihres Bezirks

25 *Welche Aufgaben hat die Kammer für und in der Ausbildung?*

Die Aufgaben der **Kammer** in der **Ausbildung** sind:

1. Erteilen der Berechtigung zum Einstellen und Ausbilden;
2. Überwachung der Berufsausbildung;
3. Einrichten der Prüfungsausschüsse und Durchführen der Prüfungen (Zwischen- und Abschlussprüfung);
4. Organisation der beruflichen Fortbildung und Umschulung.

Die Kammer ist zuständig für:
- Ausbildungsstätte und Ausbilder
- Überwachung der Ausbildung
- Durchführung der Prüfungen
- Fortbildung und Umschulung

26 *Wie erfolgt die Überwachung der Ausbildung durch die Kammer?*

Die Kammer[1] **überwacht** die Durchführung der Berufsausbildung und fördert sie durch Beratung der Ausbildenden und Auszubildenden. Sie muss zu diesem Zweck **Ausbildungsberater** einstellen. Diese führen regelmäßig Gespräche mit den Betroffenen und besichtigen die Ausbildungsstätte.

Über die Ausbildungsberater überwacht die Kammer die Ausbildung

27 *Wie werden Streitigkeiten im Betrieb geklärt?*

Zur **Klärung von Konflikten** zwischen Auszubildendem und Ausbildenden und dessen Mitarbeitern sollten

1. regelmäßige, offene und faire Gespräche zwischen den Beteiligten geführt werden, um Problem zu erkennen und schnell abzubauen;
2. dann kann der Ausbildungsberater eingeschaltet werden, der mit beiden Seiten Gespräche führt und auch die Rechtslage klärt;
3. letztlich kann das Arbeitsgericht eingeschaltet werden.

Konflikt sollten durch Gespäche gelöst werden.

Ansonsten gibt es den Ausbildungsberater und das Arbeitsgericht.

---

[1] Die deutschen Industrie- und Handelskammern (IHK) haben eine zentrale Prüfstelle für ausländische Berufsabschlüsse eingerichtet. Die IHK-Fosa (Foreign Skills Approval) in Nürnberg soll künftig prüfen, inwieweit ausländische mit deutschen Berufsabschlüssen gleichgesetzt werden können. *(Quelle: Süddeutsche Zeitung vom 03.08.2012)*

28 Wie ist die Abschlussprüfung organisiert?

In den anerkannten Ausbildungsberufen sind **Abschlussprüfungen** durchzuführen. Für die Abnahme errichtet die Kammer Prüfungsausschüsse; sie bestehen aus mindestens drei Mitgliedern: Beauftragte der Arbeitgeber und Arbeitnehmer in gleicher Zahl sowie mindestens ein Lehrer einer berufsbildenden Schule.

Abschlussprüfung: ein von der Kammer eingerichteter Prüfungsausschuss ist zuständig.
Er besteht aus mind. je einem Arbeitgeber- und Arbeitnehmervertreter + einem Lehrer

29 Wer ist zur Abschlussprüfung zuzulassen?

Zur **Abschlussprüfung** ist **zuzulassen:**
1. Wer die Ausbildungszeit zurückgelegt hat.
2. Wer an vorgeschriebenen Zwischenprüfungen teilgenommen und das Berichtsheft geführt hat.
3. Wessen Berufsausbildungsverhältnis in das Verzeichnis bei der Kammer eingetragen ist.

Über die Zulassung entscheidet die Kammer als zuständige Stelle; hält diese die Zulassungsvoraussetzungen nicht für gegeben, so entscheidet der Prüfungsausschuss.

Zulassung zur Prüfung besteht:
- nach Zurücklegen der Ausbildungszeit
+
- Zwischenprüfungsteilnahme
+
- Berichtsheft geführt

30 Sind Zwischenprüfungen notwendig?

Während der Berufsausbildung ist zur Ermittlung des Ausbildungsstands mindestens eine **Zwischenprüfung** entprechend der Ausbildungsordnung durchzuführen.

Mindestens eine Zwischenprüfung ist Pflicht

31 Welche Bedeutung hat das Jugendarbeitsschutzgesetz (JASchG)?

Das »**Gesetz zum Schutze der arbeitenden Jugend**« von 1976 gilt für die Beschäftigung von Personen, die noch nicht 18 Jahre alt sind. Damit sind auch alle jugendlichen **Auszubildenden** betroffen.

»Gesetz zum Schutze der arbeitenden Jugend« = JASchG

32 Welche Bereiche umfasst das Jugendarbeitsschutzgesetz?

Das **Jugendarbeitsschutzgesetz (JASchG)** regelt die Beschäftigung von Kindern und insbesondere Jugendlicher:

Kind im Sinne des Gesetzes ist, wer noch nicht 15 Jahre alt ist:
Die Beschäftigung von Kindern ist verboten; erlaubt sind Schulpraktika und Beschäftigungen von Kindern über 13 Jahre, soweit diese Tätigkeit leicht und für Kinder geeignet ist (§ 5 JASchG).

Jugendliche sind alle Arbeitnehmer (Auszubildende und anders Tätige), die zwischen 15 und 18 Jahre alt sind.

Jugendarbeitsschutzgesetz:
- Verbot von Kinderarbeit bis 13, erlaubt ist bis 15 nur leichte Tätigkeit
- gilt für alle jugendlichen Arbeitnehmer (von 15 bis 18), dazu gehören auch die Auszubildenden

33 *Wie regelt das Jugendarbeitsschutzgesetz die Arbeitszeit in Betrieb und Berufsschule?*

Folgende Regelungen gelten zur **Arbeitszeit:**

1. Jugendliche dürfen nicht mehr als 8 Stunden täglich und nicht mehr als 40 Stunden wöchentlich beschäftigt werden.
2. Wird an einigen Tagen weniger als 8 Stunden gearbeitet, dann können Jugendliche in derselben Woche 8,5 Stunden beschäftigt werden.
3. Jugendliche sind für den **Berufsschulbesuch** freizustellen.
4. Jugendliche dürfen nicht beschäftigt werden
   – an einem vor 9 Uhr beginnenden Unterricht,
   – an einem Berufsschultag mit mehr als 5 Unterrichtsstunden, einmal in der Woche.
5. **Ruhepausen** müssen gewährt werden.
   Mindestens sollen sie betragen:
   – 30 Minuten bei einer Arbeitszeit von mehr als 4,5 bis 6 Stunden
   – 60 Minuten bei einer Arbeitszeit von mehr als 6 Stunden.
   Als Ruhepause gilt nur eine Arbeitsunterbrechung von mind. 15 Minuten.
6. Jugendliche dürfen nur an 5 Tagen in der Woche beschäftigt werden.

Arbeitgeber, die mindestens 3 Jugendliche beschäftigen, haben Beginn und Ende der regelmäßigen Arbeitszeit und der Pausen an geeigneter Stelle im Betrieb **auszuhängen.**

Arbeitszeit:
- 8 Stunden täglich, 40 Stunden in der Woche
- Freistellung für Berufsschule
- Berufsschulzeit wird zur Arbeitszeit im Betrieb gerechnet
- Ruhepausen mind. 15 Minuten, die Länge abhängig von der Arbeitszeit
- Jugendliche dürfen nur 5 Tage in der Woche arbeiten
- Aushang über Arbeitszeit und Pausen im Betrieb

34 *Welche Freizeit-Regelung enthält das Jugendarbeitsschutzgesetz?*

Regelung der **arbeitsfreien Zeit** für Jugendliche:

1. Nach Arbeitsende muss Jugendlichen eine ununterbrochene Freizeit von mindestens 12 Stunden gewährt werden.
2. Jugendliche dürfen nur in der Zeit von 6 bis 20 Uhr beschäftigt werden; Ausnahmen gibt es in bestimmten Branchen, z.B. in Bäckereien und Konditoreien (ab 5.00 Uhr beschäftigt), Gaststätten (bis 22.00 Uhr), § 14 JASchG.
3. An Samstagen und Sonntagen dürfen Jugendliche nicht beschäftigt werden; zulässig ist die Beschäftigung in Krankenhäusern, im ärztlichen Notdienst, im Verkehrswesen, in Gaststätten u.a.m; § 16,17 JASchG).
4. Wird an Samstagen gearbeitet, z.B. in Reparaturwerkstätten für Kraftfahrzeuge, im Verkehrswesen, dann sollen mindestens zwei Samstage im Monat beschäftigungsfrei bleiben und die Fünf-Tage-Woche durch Freizeit sichergestellt werden.

Diese **Freizeitausgleichs-Regelungen** gelten auch für die am Sonntag Beschäftigten.

Arbeitsfrei
- nach Arbeitsende 12 Stunden lang
- von 20 bis 6 Uhr
- Samstags- und Sonntagsarbeit nur in bestimmten Berufszweigen
- Dann muss Freizeitausgleich gegeben werden:

Regel: 5-Tage-Woche.

35 *Welche Urlaubsregelungen gelten für den Jugendlichen?*

Der Arbeitgeber hat **Jugendlichen** für jedes Kalenderjahr einen bezahlten **Erholungsurlaub** zu gewähren.

Der Urlaub beträgt jährlich:

- mind. 30 Werktage für noch nicht 16-Jährige
- mind. 27 Werktage für noch nicht 17-Jährige
- mind. 25 Werktage für noch nicht 18-Jährige.

Immer bezogen auf den Beginn des Kalenderjahres!

Urlaub für Jugendliche (Werktage = alle Arbeitstage außer Sonntag):
- 15 Jahre: 30 Tage
- 16 Jahre: 27 Tage
- 17 Jahre: 25 Tage

36 *Wie viel Urlaub bekommt ein volljähriger Auszubildender?*

18-Jährige Auszubildende erhalten **Urlaub** nach Inhalt des Ausbildungs- oder Tarifvertrags; mindestens sind 24 Werktage nach dem **Bundesurlaubsgesetz** zu gewähren.

Urlaub nach
- Ausbildungsvertrag oder
- Tarifvertrag oder
- mindestens nach Bundesurlaubsgesetz = 24 Tage

37 *Welche Beschäftigungsverbote und -beschränkungen enthält das JASchG?*

Jugendliche dürfen **nicht** beschäftigt werden, z.B.:

1. Mit Arbeiten, die sie körperlich oder seelisch überfordern.

2. Mit Arbeiten, bei denen sie sittlich gefährdet sind.

3. Mit Arbeiten, die mit Unfallfallgefahren oder Gesundheitsgefährdung (Hitze, Kälte, starke Nässe, Lärm, Strahlen, Chemikalien) verbunden sind.

Ausnahmen sind Ausbildungsinhalte unter Aufsicht eines Fachkundigen (§ 22 JASchG).

4. Jugendliche dürfen im Regelfall **keine Akkordarbeit** leisten (§ 23 JASchG).

- Keine gesundheitsgefährdenden, Arbeiten
- keine Arbeiten, die mit Unfallgefahren verbunden sind für Jugendliche

38 *Welche sonstigen Pflichten hat der Arbeitgeber nach dem JASchG?*

Der Arbeitgeber hat die Arbeitsstätte, die Maschinen, Werkzeuge und Geräte so einzurichten, dass der Jugendliche gegen Gefahren für Leben und Gesundheit geschützt ist.

Außerdem ist die körperliche Züchtigung des Jugendlichen nicht erlaubt

Ebensowenig die Abgabe von Alkohol und Tabakwaren an unter 16-Jährige; Jugendlichen über 16 Jahren darf kein »Schnaps« gegeben werden.

- Menschengerechte Gestaltung der Arbeit
- Züchtigungsverbot
- Verbot der Abgabe von Alkohol und Tabak

39 *Wie ist die gesundheitliche Betreuung gesichert?*

Ein Jugendlicher darf nur beschäftigt werden, wenn er innerhalb der letzten 14 Monate von einem Arzt untersucht worden ist und eine Bescheinigung darüber dem Arbeitgeber vorliegt **(Erstuntersuchung).**

Der Jugendliche darf nur weiter tätig sein, wenn er ein Jahr nach Aufnahme der Beschäftigung dem Arbeitgeber die Bescheinigung für eine Nachuntersuchung eines Arztes vorlegt **(erste Nachuntersuchung).**

Diese Regelung gilt natürlich nur so lange, wie der Beschäftigte noch Jugendlicher/Jugendliche ist.

Jugendliche müssen dem Arbeitgeber eine Bescheinigung vorlegen über:

- Erstuntersuchung vor Arbeitseintritt
- Erste Nachuntersuchung

40 *Welche Aufgaben hat das Gewerbeaufsichtsamt?*

Das **Gewerbeaufsichtsamt**[1], eine Einrichtung des jeweiligen Bundeslandes, hat folgende Aufgaben:

1. Überwachung der Einhaltung von **Arbeitsschutzbestimmungen,** z.B. Jugendarbeitsschutz, Gewerbeordnung, Mutterschutzgesetz, Preisangabenverordnung, **Arbeitstättenverordnung, Arbeitszeitgesetz.**

2. Überwachung der **Umweltschutzbestimmungen,** z.B. des Bundes-Immissionsgesetzes.

Das Gewerbeaufsichtsamt überprüft Arbeitsschutz- und Umweltschutzbestimmungen.

41 *Was bedeutet die Arbeitsstättenverordnung?*

Die **Arbeitsstättenverordnung** ist für Arbeitgeber, Betriebsrat und Sicherheitsfachkräfte eine wichtige Grundlage für die Einrichtung und den Betrieb von Arbeitsstätten (Fabrik, Werkstatt).

Sie regelt die Gestaltung des einzelnen Arbeitsplatzes nach sicherheitstechnischen, hygienischen und arbeitsmedizinischen Erkenntnissen.

Daneben gibt es die **Betriebssicherheitsverordnung,** die für überwachungsbedürftige Anlagen (Druckbehälter, Kompressoren) besondere Prüfanforderungen bestehen).

Die Arbeitsstättenverordnung ist Grundlage für die Einrichtung von Arbeitsstätten

42 *Welche Bedeutung hat die Arbeitssicherheit für den Kleinbetrieb?*

Alle Unternehmen, selbst mit einem Mitarbeiter, müssen der Gewerbeaufsicht die Bestellung einer staatlich geprüften Fachkraft für Arbeitssicherheit nachweisen.

---

[1] In Hessen hat das **Gewerbeaufsichtsamt** die Bezeichnung »Staatliches Amt für Arbeitsschutz und Sicherheitstechnik«.

C Grundlagen wirtschaftlichen Handelns im Betrieb

I Gesamtwirtschaftliche Grundlagen

1 Bedürfnisse, Bedarf, Wirtschaften, Produktionsfaktoren

1 Was sind wirtschaftliche Bedürfnisse?

Bedürfnisse sind **subjektive Mangelerscheinungen,** die im einzelnen Menschen den Wunsch auslösen, diesen Mangel zu befriedigen. Bedürfnisse schaffen somit Wünsche.

Die Bedürfnisse des Menschen sind ihrer Art und ihrer Menge nach **unbegrenzt** und **verändern sich** im Laufe des Lebens. Ein junger Mensch hat somit sicherlich andere Bedürfnisse als ein alter Mensch.

> Bedürfnisse sind Mangelerscheinungen des einzelnen Menschen, die
> - unbegrenzt
>
> und
> - veränderbar
>
> sind.

2 Welche Arten von Bedürfnissen können unterschieden werden?

Nach der Dringlichkeit unterscheidet man die folgenden Bedürfnisse:

1. **Existenzbedürfnisse** sind Bedürfnisse, die befriedigt werden müssen, damit der Mensch sein Überleben sichern kann, z.B. Nahrung oder Bekleidung.
2. **Kulturbedürfnisse** sind Bedürfnisse des Menschen, die er als geistiges Wesen empfindet, z.B. Bildung oder Unterhaltung jeder Art.
3. **Luxusbedürfnisse** des Menschen wie z.B. exklusive Autos müssen nicht zwingend befriedigt werden. Luxusbedürfnisse haben jedoch alle Menschen in unterschiedlich starkem Maße, da sie die Lebensqualität verbessern und das soziale Ansehen erhöhen.

Nach der Art der Bedürfnisbefriedigung unterscheidet man:

1. **Individualbedürfnisse,** dies sind Bedürfnisse des einzelnen Menschen, die er für sich selber befriedigen kann, z.B. essen, lesen, Auto fahren.
2. **Kollektivbedürfnisse,** diese sind Notwendigkeiten oder Wunschvorstellungen, die viele empfinden, z.B. Umweltschutz, Gesundheitspolitik, Bahn fahren.

> Einteilung der Bedürfnisse:
>
> Nach der Dringlichkeit
> - Existenzbedürfnisse
> - Kulturbedürfnisse
> - Luxusbedürfnisse
>
> Nach der Art der Befriedigung
> - Individualbedürfnisse
> - Kollektivbedürfnisse

3 Was versteht man unter Bedarf und Nachfrage?

Bedarf ist der Teil der Bedürfnisse, den der Mensch mit seinen finanziellen Mitteln **(Kaufkraft)** befriedigen kann. **Nachfrage** liegt vor, wenn der Bedarf am Markt wirksam wird, d.h. wenn gekauft wird.

> Bedürfnisse
> + Kaufkraft
> = Bedarf

4 Welches sind die Mittel zur Befriedigung wirtschaftlicher Bedürfnisse?

Die **Mittel zur Befriedigung** der Bedürfnisse sind **wirtschaftliche Güter.** Wirtschaftliche Güter sind knapp, d.h. nicht unbegrenzt vorhanden und ihre Produktion verursacht Kosten, so dass wirtschaftliche Güter einen **Preis** haben.

Zu unterscheiden ist zwischen:

1. **Sachgütern,** d.h. materiellen Gütern wie Produktionsgütern (Maschinen), Konsumgütern (Wohnungseinrichtung), Verbrauchsgütern (Schmieröl im Betrieb, Waschpulver im Haushalt).

2. **Dienstleistungen,** d.h. immaterielle Gütern wie Bankleistungen oder Versicherungen.

3. **Rechten,** d.h. immateriellen Gütern, die dem Inhaber gewisse Ansprüche oder Berechtigungen sichern, wie Patente oder Lizenzen.

> Sachgüter, Dienstleistungen und Rechte stellen die Mittel zur Befriedigung wirtschaftlicher Bedürfnisse dar.
>
> Wirtschaftliche Güter sind
> - knapp,
> - kosten Geld
>
> und haben deshalb einen Preis.

5 Was sind freie Güter?

Im Gegensatz zu den knappen (wirtschaftlichen) Gütern stehen **freie Güter.** Diese sind im Überfluss vorhanden (Meeressand, Luft) und kosten deshalb grundsätzlich kein Geld.

> Freie Güter haben keinen Preis.

6 Was heißt Wirtschaften?

Unter **Wirtschaften** versteht man die planvolle Tätigkeit, knappe Mittel (= wirtschaftliche Güter) der bestmöglichen Nutzung zuzuführen, damit das Niveau der Bedürfnisbefriedigung bzw. der Versorgung möglichst hoch ist.

> Umgang mit knappen Mitteln zur bestmöglichen Bedürfnisbefriedigung.

7 Was ist unter dem ökonomischen Prinzip zu verstehen?

Wirtschaftliches Handeln muss aufgrund der **Knappheit einerseits** und den **prinzipiell grenzenlosen Bedürfnissen** andererseits nach bestimmten Grundsätzen erfolgen. Zu unterscheiden ist zwischen dem Minimal-Prinzip (auch als Sparprinzip bezeichnet) und dem Maximal-Prinzip:

Nach dem **Minimal-Prinzip** wird versucht, ein vorgegebenes Ziel unter Einsatz minimaler Mittel zu erreichen, z.B. möglichst kostengünstiger Einkauf einer bestimmten Rohstoffmenge.

Beim Wirtschaften nach dem **Maximal-Prinzip** soll mit vorgegebenen Mitteln ein maximaler Erfolg erzielt werden, z.B. versucht ein Betrieb mit einer gegebenen betrieblichen Ausstattung an Maschinen, Mitarbeitern, Rohstoffen und Kapital eine möglichst große Ausbringungsmenge zu erreichen.

> Wirtschaften erfolgt
> - Minimal-Prinzip: Ein bestimmtes vorgegebenes Ziel soll unter Einsatz geringstmöglicher Mittel erreicht werden.
> - Maximal-Prinzip: Mit vorgegebenen Mitteln soll ein größtmöglicher Erfolg (Nutzen) erreicht werden.

8 An welche Voraussetzungen ist die Güterproduktion gebunden?

Die Produktion von Sachgütern und Dienstleistungen ist an die **Kombination von Einsatzmengen** gebunden, die als **Produktionsfaktoren** bezeichnet werden.

> Volkswirtschaftliche Produktionsfaktoren sind:

Es wird zwischen **drei volkswirtschaftliche Produktionsfaktoren** unterschieden:

1. Boden (Natur)
2. Arbeit
3. Kapital (nur Sachkapital)

In der modernen Volkswirtschaft wird als **4. Produktionsfaktor Bildung** bzw. **Technischer Fortschritt** hinzugezählt.

- Boden
- Arbeit
- Kapital
- Bildung

---

9 *Welche Bedeutung haben die einzelnen Produktionsfaktoren?*

Die einzelnen Produktionsfaktoren können im unterschiedlichen Maße an der Güterherstellung beteiligt sein:

Boden (Natur) als Produktionsfaktor liefert die Rohstoffe zur Produktion, dient als betrieblicher Standort sowie als Anbaufläche in der Land- und Forstwirtschaft.

Arbeit in Form von leitender und ausführender Arbeit, sowie als körperliche und geistige Arbeit, ist Voraussetzung für jegliche Gütererzeugung.

Kapital erscheint in den Betrieben in Form von **Sachkapital** (z.B. Maschinen, Anlagen, Werkzeuge) = **Produktionsmittel.**

Die **Bildung** eines Volkes verdeutlicht, welche Möglichkeiten dieses zur Leistungserstellung hat.

Die Bedeutung der Produktionsfaktoren

- Boden = Rohstofflieferant, Standort des Betriebes, Anbaufläche
- Arbeit = Ausführende und leitende Arbeit
- Kapital = Sachkapital
- Bildung

---

10 *Wie lauten die betriebswirtschaftlichen Produktionsfaktoren?*

Aus **betriebswirtschaftlicher Sicht,** z.B. aus der eines Handwerksbetriebes, unterscheidet man zur Erstellung der Produkte bzw. der Dienstleistungen folgende **Produktionsfaktoren:**

1. **Ausführende Arbeit** (Arbeiter, Angestellte)
2. **Werkstoffe** (Roh-, Hilfs- und Betriebsstoffe)
3. **Betriebsmittel.** Dazu zählen Grundstücke, Gebäude, Maschinen, Fahrzeuge, Werkzeuge.

Diese **Elementarfaktoren** werden kombiniert durch den **dispositiven Faktor,** d.h. Unternehmer, Geschäftsführer. Dieser Faktor plant, leitet, organisiert und überwacht den Produktionsprozess.

Betriebswirtschaftliche Produktionsfaktoren sind:

- die Elementarfaktoren (Arbeit, Werkstoffe, Betriebsmittel)

und

- der dispositive Faktor, der die Elementarfaktoren kombiniert.

---

11 *Was versteht man unter Strukturwandel?*

Strukturwandel bezeichnet die dauernde Veränderung der wertmäßigen Beiträge der einzelnen Wirtschaftszweige zum Sozialprodukt. Dabei nimmt der Anteil bestimmter Wirtschaftszweige wie z.B: der Land- und Forstwirtschaft ab, während er von anderen Branchen wie dem Dienstleistungssektor zunimmt.

Änderung der Wirtschaftsbeiträge einzelner Branchen zum Sozialprodukt

12 *Warum kann die Produktion im Handwerk als arbeitsintensiv bezeichnet werden?*

Im Handwerk dienen Maschinen und technische Hilfsmittel der Verbesserung des auf **handwerkliche Weise gefertigten Produktes.** Entscheidend sind somit die handwerklichen Fertigkeiten und die Geschicklichkeit der Mitarbeiter, die die Produktqualität wesentlich bestimmen.

Arbeitsintensive Produktion bedeutet damit auch zeitintensive und lohnintensive Produktion, d.h. Lohnkosten stellen den Hauptkostenfaktor dar.

Menschliche Arbeit spielt bei handwerklicher Produktion die Hauptrolle. Die eingesetzten Maschinen dienen hauptsächlich nur zur Verbesserung des handwerklich gefertigten Produktes.

Arbeitszeiten und Verdienste (ohne Sonderzahlungen) vollzeitbeschäftigter Arbeitnehmerinnen und Arbeitnehmer 2012

	Bezahlte Wochenarbeitszeit (in Stunden)	Bruttostundenverdienst (in EURO)	Bruttomonatsverdienst (in EURO)
Produzierendes Gewerbe und Dienstleistungsbereich	**39,0**	**19,98**	**3 391**
Produzierendes Gewerbe	38,5	20,71	3 467
Bergbau und Gewinnung von Steinen und Erden	40,6	21,14	3 726
Verarbeitendes Gewerbe	38,3	21,40	3 565
Energieversorgung	38,5	26,76	4 480
Wasserversorgung[1]	40,6	17,15	3 022
Baugewerbe	39,0	16,91	2 866
Dienstleistungsbereich	39,4	19,56	3 345
Handel[2]	39,1	18,84	3 198
Verkehr und Lagerei	40,3	16,39	2 868
Gastgewerbe	39,4	11,68	2 002
Information und Kommunikation	39,1	25,99	4 413
Erbringung von Finanz- u. Versicherungsdienstleistungen	38,7	26,63	4 478
Grundstücks- und Wohnungswesen	38,5	21,19	3 550
Erbringung von freiberufl. wissenschaftl. u. techn. Dienstl.	39,2	23,82	4 058
Erbringung von sonstigen wirtschaftlichen Dienstleitungen	38,6	12,92	2 167
Öffentliche Verwaltung, Verteidigung, Sozialversicherung	39,9	18,83	3 268
Erziehung und Unterricht	39,8	22,76	3 938
Gesundheits- und Sozialwesen	39,5	19,48	3 339
Kunst, Unterhaltung und Erholung	39,4	19,58	3 353
Erbringung von sonstigen Dienstleistungen	39,0	18,70	3 170

[1] Einschließlich Abwasser- und Abfallentsorgung, Beseitigung von Umweltverschmutzungen
[2] Einschließlich Instandhaltung und Reparatur von Kraftfahrzeugen

13 *Was bedeutet Arbeitsteilung?*

Arbeitsteilung ist die Zergliederung von Arbeitsleistungen in bestimmte Teilverrichtungen, die von verschied. Wirtschaftseinheiten (Betrieben) verrichtet werden. Man unterscheidet

1. **Gesamtwirtschaftliche Arbeitsteilung,** d.h. die Spezialisierung eines Betriebes auf einen bestimmten Teilbereich innerhalb des gesamten Produktionsprozesses von der Urproduktion bis zum fertigen Endprodukt (z.B. Forstwirtschaft – Sägeindustrie – Holzwerkstoffindustrie)

2. **Innerbetriebliche Arbeitsteilung,** d.h. die Zergliederung des betrieblichen Produktionsprozesses in einzelne Teilprozesse (z.B. Sortieren von Rundholz – Ablängen – Einschnitt – Sortieren des Schnittholzes – Trocknen)

Arbeitsteilung ist die Aufspaltung des Arbeitsprozesses in bestimmte Teilverrichtungen, die dann von verschiedenen Betrieben (Gesamtwirtschaftliche Arbeitsteilung) oder Mitarbeitern/ Abteilungen (Innerbetriebliche Arbeitsteilung) erledigt werden.

13 A *Welche Vorteile und Nachteile sind mit der Arbeitsteilung verbunden?*

Mit den verschiedenen Formen der Arbeitsteilung, der volkswirtschaftlichen Arbeitsteilung, der Berufsbildung, der Berufsspaltung und der Arbeitszergliederung im Betrieb sind unterschiedliche **Vorteile** und **Nachteile** verbunden.

Vorteile der Arbeitsteilung:

- Überwindung der Güterknappheit
- Vermehrtes Güterangebot
- höhere Produktivität
- steigende Einkommen
- Einsatz ungelernter Arbeitskräfte
- technischer Fortschritt

Nachteile der Arbeitsteilung:

- gegenseitige Abhängigkeit
- Abstumpfung und Entfremdung der Arbeitskräfte
- Monotonie
- Spezialisten sind empfindlicher für Krisen
- Tendenz zur Konzentration

Vorteile:
- besseres Güterangebot
- höhere Produktivität

Nachteile
- Abhängigkeit
- monotone Arbeiten

14 *Welche Aufgaben haben Handwerksbetriebe im Rahmen der volkswirtschaftlichen Arbeitsteilung?*

Die **Aufgaben des Handwerks in der Volkswirtschaft** sind vielfältig.

Schwerpunkte liegen beispielsweise in den folgenden Bereichen:

1. **Gütererstellung** zur Befriedigung der individuellen Konsumwünsche der Kunden (z.B. Nahrungsmittelhandwerke) und Zulieferung für die verarbeitende Industrie (z.B. Modellbauer, Werkzeugmacher).

2. **Bereitstellung** von Dienstleistungen, das sind personenbezogene (z.B. Friseur) und sachliche Dienstleistungen (z.B. Autoreparatur).

3. **Handel und Reparatur** handwerklicher oder industriell erzeugter Waren (z.B. Radio- und Fernsehtechniker, Verkauf von Brötchen).

Aufgaben des Handwerks liegen
- im Bereich der Güterherstellung
- in der Bereitstellung von sach- und personenbezogenen Dienstleistungen
- im Handel und der Reparatur

2 Volkswirtschaftliche Grundbegriffe

15 *Was bedeutet der Begriff Investition?*

Im volkswirtschaftlichen Sinne wird von **Investition** gesprochen, wenn Geldmittel eingesetzt werden, um den Bestand an Betriebsgebäuden, Anlagen, Maschinen oder Werkzeugen zum Zwecke der Güterproduktion zu erhöhen.

Investition ist die langfristige Anlage von Geldkapital (Zahlungsmittel) in Produktionsgütern (betriebliche Ausstattung).

C Grundlagen wirtschaftlichen Handelns im Betrieb

Die Aufwendung von Zahlungsmitteln für die Ausstattung einer Schlosserei mit Maschinen und Werkzeugen stellt somit genauso eine Investition dar wie der Bau eines Optikerladens.

Unter den Begriff **Investition** fallen dagegen **nicht** die Aufwendungen, die von privaten Haushalten für langlebige Gebrauchsgüter (z.B. Wohnungseinrichtung) getätigt werden.

16 *Was heißt Konsum?*

Konsum ist der Verbrauch oder Gebrauch von wirtschaftlichen Gütern durch Endverbraucher (= Konsumenten, das sind Einzelpersonen oder Haushalte) zur Befriedigung von Bedürfnissen. Unterschieden wird zwischen

Konsum ist der Verbrauch oder der Gebrauch von Gütern durch private oder öffentliche Haushalte.

1. **Privatem Konsum,** d.h. dem Verbrauch von Gütern durch private Haushalte, z.B. Kauf von Einrichtungsgegenständen.

2. **Staatskonsum,** d.h. dem Verbrauch oder Gebrauch von Gütern durch öffentliche Haushalte, z.B. Nachfrage nach Büromaterial durch eine Gemeinde.

Unternehmen konsumieren im volkswirtschaftlichen Sinne nicht.

17 *Was bedeutet Sparen?*

Sparen heißt, dass nicht alle Teile des verfügbaren Einkommens eines Haushaltes für Konsumzwecke aufgewendet werden, d.h. es wird weniger Geld ausgegeben als im gleichen Zeitraum eingenommen oder verdient wurde.

Sparen bedeutet Konsumverzicht in der Gegenwart.

Ersparnisse werden z.B. für größere Anschaffungen in der Zukunft oder zur wirtschaftlichen Sicherheit gebildet.

18 *Welche Bedeutung hat Sparen für die Volkswirtschaft?*

Durch **Sparen** wird in der Volkswirtschaft einerseits die Nachfrage nach Konsumgütern verringert. Andererseits setzt Sparen finanzielle Mittel frei, die über Banken und Sparkassen den Unternehmen zufließen und von diesen für Investitionszwecke genutzt werden können.

Sparen ist Voraussetzung für Investitionen und Wirtschaftswachstum, da die gesparten Gelder in der Wirtschaft für Investitionen benötigt werden.

Durch Sparen werden damit die Produktionsbedingungen, d.h. die Ausstattung der Unternehmen mit Produktionsgütern (= Maschinen oder technische Anlagen) verbessert.

19 *Wie wird das Sparen durch den Staat gefördert?*

Der Staat fördert das Sparen durch:

1. Sparzulagen (Arbeitnehmer-Sparzulage).

2. Prämien (Wohnungsbauprämie).

3. Steuervergünstigungen (Steuerfreibeträge).

20 *Was bezeichnet man als Bruttosozialprodukt?*

Das **Bruttosozialprodukt** ist die Summe aller in Euro bewerteten Güter und Dienstleistungen, die in Deutschland innerhalb eines Jahres hergestellt bzw. bereitgestellt werden.

2015 etwa 3 300 Milliarden €.

Die bewertete volkswirtschaftliche Gesamtleistung innerhalb eines Jahres.

21 *Was ist der Warenkorb*

Der Warenkorb ist die Bezeichnung für eine Menge an Gütern, die die typischen Konsumgewohnheiten eines privaten Haushalts innerhalb eines bestimmten Zeitraumes darstellt. Er liegt der Berechnung des Preisindex für die Lebenshaltung zugrunde und enthält z. B. Güter wie Nahrungsmittel, Bekleidung, Möbel, Energie oder die Wohnungsmiete, insges. ca. 800 Güter.

22 *Welcher Unterschied besteht zwischen dem nominalen und dem realen Bruttosozialprodukt?*

Bei der Berechnung des **nominalen Bruttosozialproduktes** werden alle produzierten Güter und Dienstleistungen in den Preisen des Erstellungsjahres (d.h. zu laufenden Preisen) bewertet. Beim nominalen Bruttosozialprodukt des Jahres 2015 werden also die Marktpreise der Güter aus dem Jahr 2015 der Berechnung zugrunde gelegt.

Beim **realen Bruttosozialprodukt** werden die Güter und Dienstleistungen in Preisen eines bestimmten Basisjahres (d.h. zu konstanten Preisen) bewertet. Der Berechnung des realen Bruttosozialproduktes des Jahres 2015 werden z.B. die Marktpreise der Güter aus dem Jahr 2013 zugrunde gelegt.

Eine solche Berechnung hat den Effekt, dass (künstliche) Erhöhungen des Bruttosozialproduktes durch Preissteigerungen vermieden werden **(preisbereinigtes Bruttosozialprodukt = reales Bruttosozialprodukt).**

- Nominales Bruttosozialprodukt = die gesamte volkswirtschaftliche Leistung bewertet in Preisen des jeweiligen Jahres.
- Reales Bruttosozialprodukt ist die volkswirtschaftliche Gesamtleistung bewertet in Preisen eines Basisjahres.

23 *Was ist das Bruttoinlandsprodukt (BIP)?*

Das **BIP** ist der Wert aller Güter und Dienstleistungen, die in einem Jahr innerhalb der Grenzen einer Volkswirtschaft erwirtschaftet werden. Die Leistungen der Ausländer im Inland werden also hinzugerechnet, während die Leistungen der Inländer im Ausland nicht berücksichtigt werden. Das BIP betrug im Jahr 2015 etwa 3 Milliarden €.

BIP = Bruttoinlandsprodukt

24 *Wann spricht man von Wirtschaftswachstum?*

Wirtschaftswachstum liegt vor, wenn die gesamtwirtschaftliche Produktionsmenge an Gütern und Dienstleistungen größer als im Vorjahr ist.

Von **realem Wachstum** wird gesprochen, wenn das **reale Bruttosozialprodukt** von einem auf das andere Jahr gestiegen ist.

Wirtschaftswachstum ist die Steigerung des realen Bruttosozialproduktes.

C Grundlagen wirtschaftlichen Handelns im Betrieb

3 Geld, Inflation, Europäische Zentralbank

25 *Welche Funktionen hat Geld in der Wirtschaft?*

Geld erfüllt die folgenden vier Aufgaben:
1. **Tauschmittel** und gesetzliches Zahlungsmittel, d.h. mit Hilfe von Geld werden Güter ausgetauscht; für Geld besteht Annahmezwang.
2. **Wertmesser,** d.h. mit Hilfe von Geld sind Güterwerte messbar und vergleichbar.
3. **Wertaufbewahrungsmittel,** d.h. mit Geld können Werte aufbewahrt bzw. gespart und bei Bedarf wieder in Güter umgetauscht werden.
4. **Wertübertragungsmittel,** d.h. mit Hilfe von Geld können Werte an andere Personen z.B. durch Schenkung oder Verkauf übertragen werden.

Aufgaben des Geldes:
- Tauschmittel
- Wertmesser
- Wertaufbewahrungsmittel
- Wertübertragungsmittel

26 *Welche Arten des Geldes werden unterschieden?*

Folgende **Geldarten** werden unterschieden:
1. Metallgeld: Geldmünzen kleinerer Beträge.
2. Papiergeld: Banknoten verschiedener Stückelung.
3. Buchgeld (Giralgeld): Geld auf Bankkonten.

Geldarten:
- Metallgeld
- Papiergeld
- Buchgeld

27 *Welche Form des Geldes spielt in modernen Volkswirtschaften die wichtigste Rolle?*

Das **Buch-** oder **Giralgeld** spielt in modernen Volkswirtschaften die größte Rolle. Buchgeld kann einfach, schnell, bequem und sicher auch über größerer Entfernungen übertragen werden. Verfügungen über Buchgeld durch die Inhaber der Bankkonten können z.B. durch Banküberweisung, Ausstellung eines Schecks oder die Bezahlung mit einer Kreditkarte erfolgen.

In hochentwickelten Volkswirtschaften spielt Buchgeld die wichtigste Rolle, da es schnell und sicher auch über weite Strecken übertragbar ist.

28 *Was ist der Unterschied zwischen Münzhoheit und Notenhoheit?*

Die **Münzhoheit** liegt in der Bundesrepublik beim **Staat** und ist das Recht, Geldmünzen zu prägen.
Notenhoheit ist das alleinige Recht Banknoten zu drucken und in Umlauf zu bringen. Seit dem Jahr 2002 hat die Europäische Zentralbank (EZB) in Frankfurt/Main die Notenhoheit über den Euro.

29 *Was versteht man unter Währung?*

Beim Begriff **Währung** können zwei Bedeutungen unterschieden werden:
1. Währung ist die einheitliche, gesetzliche Ordnung des Geldwesens eines Landes.
2. Währung ist die jeweilige Geldeinheit eines Landes, z.B. Euro in der Bundesrepublik oder Dollar in den USA.
3. Seit dem 01. Jan. 2002 ist der **Euro**[1] das gesetzliche Zahlungsmittel in 12 Mitgliedstaaten der Europäischen Währungsunion. Nach dem am 31.12.1998 festgelegten Wechselkurs entsprach damals **1 € genau 1,95583 DM.**

Unter Währung versteht man:
- Die gesetzlich geregelte Geldverfassung
und
- die Geldeinheit eines Landes, z.B. Euro oder Dollar.

---

[1] **2015 = 19 Länder haben den Euro.**

30 *Wie unterscheiden sich Inflation und Deflation?*

Bei einer **Inflation** steht der gesamtwirtschaftlichen Gütermenge eine zu große Geldmenge gegenüber (Aufblähung der Geldmenge). Die Folge sind steigende Güterpreise, d.h. Waren und Dienstleistungen werden teurer.

Bei **Deflation** steht der gesamtwirtschaftlichen Gütermenge eine zu geringe Geldmenge gegenüber (Schrumpfung der Geldmenge), die Folge sind sinkende Preise, d.h. Waren und Dienstleistungen werden billiger, die Versorgung mit Waren kann unregelmäßig werden.

- Inflation ist ein Prozess anhaltender Preissteigerungen.
- Deflation ist der Verfall der Güterpreise.

31 *Was sind Ursachen einer Inflation?*

Mögliche **Ursachen** für eine **Inflation** sind:

1. Übermäßige Kreditgewährung der Notenbank zur Finanzierung öffentlicher Haushalte (Haushaltsdefizite = Staatsschulden).

2. Übermäßige Kreditgewährung von Banken an private Haushalte.

3. Größere Nachfrage nach Gütern, was Preiserhöhungen auslöst, die wiederum höhere Lohnforderungen nach sich ziehen (Preis-Lohn-Spirale).

4. Preissteigerungen bei Importgütern z.B. bei Rohstoffen wie Rohöl oder Metalle.

5. Zu hohe Zahlungsbilanzüberschüsse, d.h. die Exporte übersteigen die Importe, sodass im Inland mehr Geld zur Verfügung steht.

Inflationäre Entwicklungen haben in der Regel mehrere Ursachen.

Eine Inflation hat im Regelfall vielfältige Ursachen.

32 *Welche Aufgabe hat die Europäische Zentralbank (EZB)?*

Seit 1999 ist die EZB für die Geldwertstabilität verantwortlich. Die nationalen Notenbanken wie die Deutsche Bundesbank bestehen weiter, sie sind jedoch an die Weisungen der EZB gebunden.

Die EZB hat die Verantwortung für die Geldwertstabilität in der Europäischen Währungsunion.

33 *Wer bestimmt die Geldpolitik im Euro-Raum?*

Seit dem 01.01.1999 bestimmt die Europäische Zentralbank (EZB) mit Sitz in Frankfurt am Main die Geldpolitik. Die einzelnen Euro-Länder haben den Kurs der EZB durch stabilitätsorientierte Haushaltspolitik zu unterstützen.

Die Geldpolitik in der Europäischen Währungsunion bestimmt seit 1999 die EZB.

34 *Welche geldpolitischen Mittel hat die Europäische Zentralbank (EZB) zur Steuerung der Zinsen und der Geldmenge?*

Die EZB hat verschiedene Mittel zur Beeinflussung der Zinsen und der Geldmenge. Bei den **Hauptrefinanzierungsgeschäften** bietet die EZB den Kreditinstituten Zentralbankgeld im Ausschreibungsverfahren mit einer Laufzeit von 14 Tagen an. Bei den **längerfristigen Refinanzierungsgeschäften** können die Geschäftsbanken Zentralbankgeld von der EZB für 3 Monate erhalten (sog. Basistender).

- Hauptrefinanzierungsgeschäft
- längerfristiges Refinanzierungsgeschäft

C Grundlagen wirtschaftlichen Handelns im Betrieb

Zur Beeinflussung der Liquidität der Geschäftsbanken setzt die EZB **Mindestreservesätze** fest,
in deren Höhe die Kreditinstitute zinslose Guthaben bei der EZB unterhalten müssen. Verschiedene **Fernsteuerungsoperationen** dienen
im Rahmen der Offenmarktgeschäfte der EZB
dazu, Liquiditätsschwankungen am Markt auszugleichen. Bei der **Einlagefazilität** können die
Geschäftsbanken überschüssige Gelder bis zum
nächsten Tag bei der EZB zu einem festen Zins
anlegen.

- Mindestreserve
- Fernsteuerungs-
  operationen
- Einlagefazilität

34 A *Wie wirkt eine Erhöhung der Zinssätze durch die Europäische Zentralbank EZB?*

Eine Erhöhung der Zinssätze durch die EZB hat
zur Folge, dass die Geschäftsbanken mehr für
die Refinanzierung bei der EZB zahlen müssen;
aufgenommene Kredite werden teurer.

Die höheren Zinskosten gegenüber der EZB
geben die Geschäftsbanken an ihre Kunden,
Unternehmen und Haushalte weiter. Für die
Bankkunden verteuert sich deshalb die Aufnahme von Fremdkapital, d.h. Krediten.

Die Folge von höheren Zinssätzen für Fremdkapital sind eine geringere Kreditaufnahme
durch Unternehmen und private Haushalte,
Investitionen der Unternehmen und Konsum-
ausgaben der Haushalte werden verschoben.
Eine wirtschaftliche Aufwärtsentwicklung verläuft dann langsamer oder wird gebremst.

Eine Zinserhöhung
durch die EZB führt
zu einer Erhöhung
des gesamten Zins-
niveaus im Euro-
Raum, dass verteuert
für Unternehmen und
Haushalte die Auf-
nahme von Krediten.

4 Wirtschaftsformen, Wirtschaftspolitik

35 *Welche Merkmale kennzeichnen die freie Marktwirtschaft?*

Die **freie Marktwirtschaft** ist ein Wirtschaftssystem, das jedem einzelnen volle Selbstverant-
wortung und wirtschaftliche Handlungs- und
Entscheidungsfreiheit gewährt.

In der freien Marktwirtschaft enthält sich der
Staat jeglicher wirtschaftliche Einflussnahme
und überlässt die Steuerung der Wirtschaft
alleine dem Markt, d.h. Angebot und Nachfrage
entscheiden.

Dem Staat fällt lediglich die Aufgabe zu, Schutz
und Sicherheit der Bürger zu gewährleisten,
ein Zahlungsmittel bereitzustellen sowie das
Rechtssystem aufrecht zu erhalten.

Marktwirtschaft:
- Privateigentum an
  den Produktions-
  mitteln (d.h. freie
  Unternehmen)
- Freier Wettbewerb
- Freie Preisbildung
- Gewerbefreiheit
- Freie Berufswahl
- Vertragsfreiheit
- Konsumfreiheit

36 *Was sind Merkmale der Zentralverwaltungswirtschaft?*

Die **Zentralverwaltungswirtschaft,** die auch zentrale Planwirtschaft genannt wird, ist/war ein
Wirtschaftssystem, in der das gesamte wirtschaftliche Geschehen von einer zentralen,
staatlichen Stelle geplant, gelenkt und verwaltet
wird.

Kennzeichen der
zentralen
Planwirtschaft sind:
- Gemeineigentum
  an den
  Produktionsmitteln

Der **Staat** bzw. eine staatliche Behörde bestimmt die gesamte Produktion (d.h. wer welche Güter womit herstellt), die Verteilung (d.h. wer welche Güter wo erhält) und die Preise aller Güter und Dienstleistungen.

- Staatliche Preisfestlegung
- Zentrale Planung

Beispiele:

Kuba, ehemalige DDR, UdSSR oder die frühere VR China

---

37 *Welches sind die wichtigsten Kennzeichen der Sozialen Marktwirtschaft in Deutschland?*

Die **Soziale Marktwirtschaft** ist eine Wirtschaftsordnung, deren Ziel es ist, die Vorteile der freien Marktwirtschaft (d.h. wirtschaftliche Effizienz und hohes Güterversorgungsniveau) zu verwirklichen, gleichzeitig aber deren Nachteile (d.h. ruinöser Wettbewerb und unsoziale Auswirkungen) zu vermeiden.

Die **Zielsetzung** der Sozialen Marktwirtschaft ist also ein größtmöglicher Wettbewerb bei bestmöglicher sozialer Absicherung.

Der Staat verhält sich aus diesem Grund in der Sozialen Marktwirtschaft nicht passiv, sondern greift aktiv in das Wirtschaftsgeschehen durch konjunkturpolitische, wettbewerbspolitische und sozialpolitische Maßnahmen ein.

Eingriffe des Staates in die Wirtschaft erfolgen immer im allgemeinen Interesse und in solchen Bereichen, wo Anbieter oder Nachfrager durch angepasste, marktwirtschaftlich vertretbare Maßnahmen geschützt werden müssen, z.B. Verbraucherschutz.

Kennzeichen der Sozialen Marktwirtschaft sind:

- privates Eigentum an den Produktionsmitteln (mit Sozialbindung)
- Freier Wettbewerb, freie Preisbildung (im Rahmen der Wettbewerbs- und Sozialordnung)
- Gewerbefreiheit (in Grenzen, z.B. Meisterprüfung im Handwerk)
- Freie Berufswahl
- Tarifautonomie

---

38 *Welche Ziele hat die Wirtschaftspolitik des Staates in der Bundesrepublik?*

Mit der **Wirtschaftspolitik** strebt der **Staat** hauptsächlich folgende Ziele an:

1. **Stabilität des Preisniveaus,**

   d.h. die Güterpreise sollen über einen längeren Zeitraum möglichst gleich bleiben bzw. sich nur wenig verändern; Ziel 1% Inflationsrate.

2. **Hoher Beschäftigungsstand,**

   d.h. die Arbeitslosigkeit soll so gering wie möglich sein; Ziel 2% Arbeitslosenquote.

3. **Außenwirtschaftliches Gleichgewicht,**

   d.h. möglichst ausgeglichene Außenwirtschaftsbeziehungen. Exporte sollten leicht über Importen liegen.

4. **Angemessenes Wirtschaftswachstum,**

   d.h. das reale Bruttosozialprodukt soll möglichst stetig zunehmen; Ziel 4% Wachstumsrate.

Ziele staatlicher Wirtschaftspolitik:

- Preisstabilität
- Vollbeschäftigung
- Außenwirtschaftliches Gleichgewicht
- Wirtschaftswachstum

Grundlage ist das Stabilitäts und Wachstumsgesetz von 1967

C Grundlagen wirtschaftlichen Handelns im Betrieb

39 *Welche wirtschafts- bzw. finanzpolitischen Mittel hat der Staat?*

Wirtschafts- und finanzpolitische Mittel des Staates sind:

1. Steuerpolitik
2. Subventionen
3. Öffentliche Aufträge
4. Zölle, Exporterleichterungen
5. Veränderung der Abschreibungssätze

40 *Wie kann der Staat Steuern und Subventionen als Mittel der Wirtschaftspolitik einsetzen?*

Der Staat betreibt folgende **Wirtschaftspolitik:**

1. **Steuerpolitik:** Durch Senkung oder Erhöhung von Steuern wie Einkommen-, Mehrwert- Gewerbe- oder Körperschaftsteuer kann der Staat den Konsum der Haushalte und die Investitionen der Unternehmen indirekt über die Einkommen und Gewinne beeinflussen. Steuersenkungen erhöhen dabei das Einkommen der Haushalte und den Gewinn der Unternehmen. Steuererhöhungen wirken umgekehrt.

2. **Subventionen:** Subventionen, d.h. Zuschüsse des Staates an bestimmte Wirtschaftsbereiche ohne unmittelbare Gegenleistungen, sollen Wettbewerbsnachteile ausgleichen und den betreffenden Unternehmen die Anpassung an veränderte Marktgegebenheiten erleichtern.

   Wirtschaftsbranchen, die staatlich subventioniert werden, sind die Landwirtschaft, der Kohlebergbau, Werften.

Mittel des Staates:

- Steuern:
  Die staatliche Steuerpolitik wirkt direkt auf das Einkommen und die Gewinne der Unternehmen.

- Subventionen:
  Zuschüsse des Staates ohne direkte Gegenleistungen für Wirtschaftsbereiche

41 *Was versteht man unter den Maastricht-Kriterien?*

Die niederländische Stadt Maastricht war 1992 der Ort, an dem der EU-Vertrag unterzeichnet wurde, in dem die Kriterien für den Eintritt der EU-Länder in die Währungsunion festgelegt wurden.

Die sogenannten **Konvergenzkriterien** sind:

- **Preistabilität:** Die Inflationsrate soll nicht mehr als 1,5% über den drei preistabilsten Ländern liegen.

- **Niedrige Zinsen:** Die langfristigen Zinsen sollen nicht mehr als 2% über den Zinssätzen der drei preisstabilsten Ländern liegen.

- **Gesamtverschuldung:** Die Gesamtverschuldung eines Staates soll nicht größer als 60% des Bruttoinlandsprodukts sein.

- **Neuverschuldung:** Die jährliche Neuverschuldung (Haushaltsdefizit) soll 3% des Bruttoinlandsprodukts nicht übersteigen.

- **Stabile Wechselkurse:** Die Währung eines Landes muss die vorgegebenen Bandbreiten im Europäischen Währungssystem zwei Jahre einhalten.

Die Maastricht-Kriterien sind:

- Stabile Preise

- Niedrige langfristige Zinsen

- geordnete öffentliche Finanzen

- Stabile Wechselkurse

42 *Was versteht man unter Konjunktur?*

Mit **Konjunktur** bezeichnet man Veränderungen der Wirtschaft in einem Zeitablauf. Die nach Konjunkturphasen (Aufschwung, Hochkonjunktur, Abschwung und Tief) eingeteilten Schwankungen in der gesamtwirtschaftlichen Entwicklung ergeben zusammen einen Konjunkturzyklus.

Unter Konjunktur versteht man das mittelfristige Auf und Ab in der gesamtwirtschaftlichen Entwicklung.

43 *Was ist eine Rezession?*

Die **Rezession** (= Abschwung) ist eine konjunkturelle Phase, in der die wirtschaftlichen Aktivitäten rückläufig sind: Güternachfrage, Produktion, Investitionen und Gewinne sinken, während die Zahl der Kurzarbeiter sowie der Entlassungen und die Zahl der Konkurse in der Volkswirtschaft langsam ansteigen.

Die Rezession
= wirtschaftlicher Abschwung mit
• Entlassungen
• sinkenden Gewinnen, Zinsen, Preisen

44 *Was ist ein wirtschaftlicher Aufschwung?*

Der **Aufschwung** ist eine konjunkturelle Phase mit wachsender Produktion und Kapazitätsauslastung in der Wirtschaft, bei einem noch relativ geringen Preisanstieg. Die Beschäftigung nimmt stetig zu, was grundsätzlich die Schaffung neuer Arbeitsplätze bewirkt.

Im Verlauf des Aufschwungs kommt es zu Lohn- und Einkommenssteigerungen der Haushalte und zu Gewinnerhöhungen der Unternehmen, die in der Regel weitere Investitionen bewirken.

Kennzeichnend für einen wirtschaftlichen Aufschwung:
• Produktionssteigerungen
• Steigende Kapazitätsauslastung
• Lohn- und Einkommenssteigerungen

45 *Welche Merkmale kennzeichnen einen Boom?*

Ein **wirtschaftlicher Boom (Hochkonjunktur)** ist gekennzeichnet durch: 1. Hohe Güternachfrage, 2. Lieferengpässe, 3. Steigende Preise, 4. Steigende Zinsen, 5. Lohnsteigerungen, 6. Volle Kapazitätsauslastung in den Unternehmen, 7. Hohe Investitionstätigkeit

46 *Was ist antizyklische Haushalts- und Finanzpolitik des Staates?*

Das **Ziel der staatlichen Wirtschaftspolitik** ist es, die konjunkturellen Ausschläge durch rechtzeitiges Gegensteuern möglichst zu glätten. Idealerweise soll die wirtschaftliche Entwicklung langsam und stetig aufwärts gehen.

Um dieses Ziel zu erreichen, greift der Staat bei der Gefahr der konjunkturellen Überhitzung (z.B. im schnellen Aufschwung oder Boom) nachfragedämpfend, in Rezessionsphasen dagegen nachfragebelebend in die Konjunktur ein.

Nachfragedämpfend wirken z.B. Steuererhöhungen oder Senkungen der Staatsausgaben für öffentliche Projekte. Steuersenkungen und eine Erhöhung der öffentlichen Ausgaben wirken nachfragebelebend auf die Wirtschaft.

Antizyklische Haushaltspolitik:
• Staatliche Ausgaben werden in einem Aufschwung verringert und die Steuern gleichzeitig erhöht.
• In einer Rezession wird umgekehrt verfahren. Ziel ist die Verstetigung der wirtschaftlichen Entwicklung.

46A *Wie ordnet sich das Handwerk in die Gesamtwirtschaft ein?*

Aus volkswirtschaftlicher Sicht ist das Handwerk nach Industrie und dem Dienstleistungsbereich einer der stärksten Wirtschaftsbereiche in Deutschland und ein wichtiger Faktor am Arbeitsmarkt.

Das Handwerk ist nach der Industrie und dem Dienstleistungsbereich einer der stärksten Wirtschaftsbereiche.

C Grundlagen wirtschaftlichen Handelns im Betrieb

Beschäftigte/Umsätze

Aktuelle Beschäftigten- und Umsatzzahlen für das **Handwerk** und das handwerksähnliche Gewerbe. Erhältlich sind auch Strukturangaben aus der Handwerkszählung und der Zählung im handwerksähnlichen Gewerbe des Statistischen Bundesamtes (Umsatz- und Beschäftigtengrößenklassen).

Handwerk gesamt (alle Anlagen in Deutschland)	2011	2012	2013	2014
Erwerbsstätige	5.407.000	5.411.000	5.383.000	5.379.000
Veränderung zum Vorjahr in %	+ 0,6	+ 0,1	– 0,5	–0,1
Umsatz in Mrd. Euro	539	523	520	533
Veränderung zum Vorjahr in %	+ 7,2	– 3,0	– 0,4	+ 2,4

Handwerks und Lehrlingsrolle (Eintragungen aller Anlagen in Deutschland)	2011	2012	2013	2014
Betriebe	1.000.385	1.004.23	1.008.593	1.007.016
Veränderung zum Vorjahr in %	+ 1,3	+ 0,4	+ 0,4	– 0,2
Auszubildende	417.318	401.819	383.629	370.995
Veränderung zum Vorjahr in %	– 5,5	– 3,7	– 4,5	– 3,3

II Grundfragen der Betriebs- und Geschäftsgründung

47 *Welche Unternehmensziele lassen sich unterscheiden?*

Nach dem **erwerbswirtschaftlichen Prinzip** ist in einer Marktwirtschaft das oberste Ziel einer Unternehmung, einen möglichst großen Gewinn zu erzielen (Gewinn = Erträge – Aufwendungen). Der Unternehmensgewinn ist dabei Risikoprämie für das Wagnis des Kapitaleinsatzes und Unternehmerlohn, also Einkommen für den Inhaber.

Unterziele, die der Gewinnmaximierung direkt oder eher indirekt dienen, sind:

1. Umsatzsteigerung
2. Sicherung und Vergrößerung der Marktanteile
3. Kostensenkung
4. Streben nach Ansehen und Prestige

- Wichtigstes bzw. zentrales Ziel einer privaten Unternehmung in einer marktwirtschaftlichen Wirtschaftsordnung ist es, einen möglichst großen Gewinn zu erzielen (Gewinnmaximierung).

1 Standortfaktoren für Betriebe

48 *Warum ist die Wahl des betrieblichen Standortes für den Unternehmer von großer Bedeutung?*

Bei der **Wahl des Betriebsstandortes** handelt es sich um eine unternehmerische Entscheidung mit langfristiger Wirkung, die nicht oder nur zu hohen Kosten rückgängig gemacht werden kann. Darüber hinaus wird gerade durch den richtigen Standort die Überlebensfähigkeit und die zukünftige Entwicklung (Marktanteile, Umsatz und Gewinn) des Betriebes wesentlich beeinflusst.

- Die Standortentscheidung ist wichtig, weil sie den Betrieb und seine Entwicklung langfristig festlegt.

49 *Welche Kriterien spielen bei der Wahl des Standortes eines Betriebes eine Rolle?*

Folgende **Standortfaktoren** sind zu berücksichtigen:

1. **Absatzmöglichkeiten,** d.h. Konkurrenzsituation, Kaufkraft der Kunden, Konsumgewohnheiten und Kundennähe.
2. **Beschaffungsmöglichkeiten,** d.h. Anzahl und Nähe der potentiellen Lieferanten.
3. **Verkehrslage,** d.h. Situation des Straßen- und Schienennetzes für Absatz und Beschaffung.
4. **Öffentliche Abgaben,** Auflagen und Vergünstigungen, z.B. Höhe der Gewerbesteuerhebesätze, Grundsteuer, Bauauflagen, Umweltschutzauflagen, kommunale Gewerbeförderungsmaßnahmen.
5. **Energiepreise,** d.h. Versorgung des Betriebes mit Gas, Elektrizität oder Wasser zu günstigen Preisen.
6. **Arbeitskräfteangebot,** in qualitativer (= Facharbeiterpotential) und quantitativer Hinsicht.
7. **Grundstückspreise** und Erweiterungsmöglichkeiten für den Betrieb

Wichtige Standortfaktoren:

- Absatz
- Beschaffung
- Infrastruktur
- Grundstückspreise
- Öffentliche Auflagen und Anreize

50 *Was versteht man unter dem optimalen Standort?*

Der **optimale** bzw. der günstigste **Standort** eines Betriebes ist der Platz, an dem die Produktion eines bestimmten Produktes den geringsten Aufwand verursacht und den größtmöglichen Ertrag einbringt.

Der optimale Standort für eine Schlosserei ist somit da, wo die Produktion der Schlosserarbeiten geringstmögliche Kosten (für z.B. Energie, Rohstoffe und Personal) verursacht und der Absatz maximale Gewinnerzielung ermöglicht.

Der optimale Standort ist der Ort, an dem sämtliche Produktionsfaktoren kostenminimal beschafft werden können und der Absatz ertragssteigernd möglich ist.

2 Unternehmensformen/Rechtsformen, Unternehmensgründung

51 *Welche Fragen sind für die Wahl der Unternehmensrechtsform wichtig?*

Diese **Fragen** sollte sich der Unternehmer bei der **Wahl der Rechtsform** stellen:

1. Wie ist die Haftung des selbstständigen Unternehmers mit Privat- oder Geschäftsvermögen geregelt?
2. Wie wird der Gewinn bzw. Verlust verteilt?
3. Wie erfolgt die Finanzierung (= Kapitalbeschaffung)?
4. Wie erfolgt die Geschäftsführung, durch eine oder mehrere Personen?
5. Wie erfolgt die Besteuerung von Gewinnen und Vermögen?
6. Welche Gründungsformalitäten und Gründungskosten (z.B. notarielle Verträge oder Registereintragungen) müssen bedacht werden?

Kriterien der Rechtsformwahl:

- Haftung
- Gewinn- und Verlustverteilung
- Finanzierung
- Geschäftsführung
- Steuerliche Aspekte
- Gründungskosten

C Grundlagen wirtschaftlichen Handelns im Betrieb

52 *Was ist eine Einzel-unternehmung?*

In **Einzelunternehmungen** wird das betriebsnot-wendige Kapital von einer Person (Eigentümer = Unternehmer) aufgebracht, die das alleinige Risi-ko trägt und den gesamten Gewinn erhält. Inves-titions- und Produktionsentscheidungen werden nur vom Eigentümer gefällt.

Ein **Unternehmer,** der seinen Betrieb in der Rechtsform der Einzelunternehmung betreibt, haftet also mit seinem kompletten Vermögen für Verbindlichkeiten des Betriebes, trägt Verluste allein, erhält aber andererseits im Erfolgsfall den gesamten Gewinn.

Entscheidungen über den Kauf von Maschinen und die Annahme von Kundenaufträgen werden nur von ihm getroffen.

Einzelunternehmung bedeutet:
- Geschäftsführung erfolgt nur durch den Eigentümer.
- Der Eigentümer erhält den gesamten Gewinn.
- Der Unternehmer haftet mit seinem Privat- und Geschäftsvermögen.
- Der Inhaber trägt alle Verluste allein.

53 *Was bedeutet Stille Gesellschaft?*

Eine **Stille Gesellschaft** ist eine Vereinbarung eines Kaufmanns mit einem Kapitalgeber zur Überlassung einer Geldeinlage.

Die Haftung des Stillen Gesellschafters kann ausgeschlossen werden, er hat kein Recht zur Geschäftsführung und ist am Gewinn laut Ver-trag beteiligt (§ 335 ff. HGB). Im Handelsregister wird er nicht eingetragen.

Die Stille Gesellschaft ist eine unvollkommene Gesellschaftsform, da sie nicht nach außen sichtbar wird.

54 *Welche Vorteile bietet die Einzel-unternehmung dem selbstständigen Unternehmer?*

Vorteile für den **Einzelunternehmer** sind:

1. Alleinige Gewinneinbehaltung

2. Unternehmensentscheidungen allein, schnell und situationsgerecht zu treffen, ohne auf andere Meinungen (z.B. von Gesellschaftern) Rücksicht nehmen zu müssen.

Vorteile:
- Alleinige Gewinn-verwendung durch den Eigentümer.
- Alleiniges Entscheidungsrecht des Inhabers.

55 *Was ist eine Gesellschaft des bürgerlichen Rechts?*

Die **Gesellschaft des bürgerlichen Rechts (GbR oder BGB-Gesellschaft,** § 705 ff. BGB) ist eine auf einem Gesellschaftsvertrag beruhende Ver-einigung von mindestens zwei oder mehr Perso-nen, die sich zu einem gemeinsamen Zweck zusammenschließen.

1. Die Gesellschafter der GbR haften mit ihrem gesamten Privat- und Geschäftsvermögen für Verbindlichkeiten der Gesellschaft.
2. Die Geschäftsführung erfolgt durch alle Gesellschafter gemeinsam.
3. Gewinne werden auf alle Teilhaber gleich-mäßig verteilt.
4. Die GbR wird nicht im Handelsregister erfasst.

- Die GbR ist eine auf Vertrag beruhende Personenvereini-gung zur Erreichung eines gemeinsamen Zwecks.
- Sie ist wie die Stille Gesellschaft eine unvollkommene Gesellschaftsform.
- im BGB geregelt

56 *Welche Bedeutung hat die Gesellschaft des bürgerlichen Rechts?*

Die **GbR** hat ihre Bedeutung vor allem bei Kooperationen und Arbeitsgemeinschaften selbstständiger Handwerksmeister oder Klein-unternehmer.

Kooperationen in der Rechtsform der GbR kön-nen gebildet werden für:

Bedeutung hat die GbR für:

- Kooperationen kleinerer Betriebe

1. Die gemeinsame Erledigung eines größeren Auftrags (zwei Bauunternehmungen errichten zusammen ein größeres Gebäude).
2. Die gemeinsamen Nutzung technischer Anlagen durch mehrere selbstständige Unternehmer (mehrere Tischlermeister nutzen zusammen eine Anlage zur Fertigung von Fenstern).

* Arbeitsgemeinschaften selbstständiger Handwerker, oder Kleinunternehmer

---

57 *Welche Merkmale kennzeichnen eine Offene Handelsgesellschaft (OHG)?*

Die **OHG** ist als **Personengesellschaft** ein Zusammenschluss von mindestens zwei Personen zum Betrieb eines Handelsgewerbes unter gemeinsamen Namen (Firma). Alle OHG-Gesellschafter haben gleiche Rechte und Pflichten.

Die **Haftung** für Verbindlichkeiten der Gesellschaft ist unmittelbar, unbeschränkt (mit Privat- und Geschäftsvermögen) und solidarisch (ein Gesellschafter für alle Gesellschaftsschulden).

Die **Gewinnverteilung** beträgt laut HGB: Vorab 4% des Gewinns berechnet auf die Einlage jedes Gesellschafters und der Restgewinn auf alle Gesellschafter zu gleichen Teilen. Vertraglich ist jede andere Regelung möglich.

Eine **Handelsregistereintragung** ist erforderlich für die OHG (Abteilung A).

Wesentliche Merkmale der OHG:

* Mindestens zwei Gesellschafter
* Haftung mit gesamten Geschäfts- und Privatvermögen
* Gewinnverteilung laut Gesetz: 4% auf die Einlage, der Rest nach Köpfen
* Geschäftsführung durch jeden Gesellschafter allein

---

58 *Was ist eine Kommanditgesellschaft (KG)?*

Die **KG** ist eine **Personengesellschaft,** die von mindestens zwei Gesellschaftern gegründet werden muss. Ein Gesellschafter haftet dabei mit seinem gesamten Privat- und Geschäftsvermögen **(= Komplementär),** der andere nur mit seiner Kapitaleinlage **(= Kommanditist).**

1. Die Geschäftsführung der KG wird vom Komplementär übernommen, der Kommanditist hat jedoch ein Einsichtsrecht in die Geschäftsbücher.
2. Die gesetzliche Gewinnverteilung beträgt 4% auf die jeweilige Kapitaleinlage der Gesellschafter, der Rest wird im angemessenen Verhältnis verteilt. Vertraglich ist jede andere Regelung möglich.
3. Eine Handelsregistereintragung der KG hat beim Amtsgericht in Abteilung A, Personengesellschaften, zu erfolgen.
4. Vertretung nach außen nur durch den Komplementär.

Wesentliche Merkmale der KG:

* Mindestens zwei Gesellschafter, je ein Komplementär und Kommanditist.
* Die Geschäftsführung durch den Komplementär
* Der Kommanditist hat ein Kontroll- und Einsichtsrecht

---

59 *Welche Argumente sprechen für die Gründung einer KG?*

Die Gründe, welche die **KG** interessant machen, liegen einerseits in der Eignung dieser Rechtsform als **Familiengesellschaft** (z.B. Handwerksmeister wird Komplementär und Ehefrau sowie Kinder werden Kommanditisten mit Gewinnberechtigung).
Andererseits in der Möglichkeit der Aufnahme neuer Kommanditisten (z.B. langjährige, qualifizierte Mitarbeiter) zur Erhöhung des Gesellschaftskapitals, ohne das die Geschäftsführungsbefugnis des Komplementärs berührt wird.

Für die KG spricht:

* Die Eignung der KG als Familiengesellschaft
* Die Möglichkeit der Aufnahme neuer Kommanditisten zur Kapitalerhöhung

60 Was ist eine Gesellschaft mit beschränkter Haftung (GmbH)?

Die **GmbH** ist eine **Kapitalgesellschaft,** deren Gesellschafter nur mit ihrer Einlage für Schulden der Gesellschaft haften.

Die Gründung erfolgt durch notariell beurkundeten Vertrag mit mindestens einem Gesellschafter (Ein-Mann-GmbH), dass Stammkapital beträgt mindestens 25 000 € und die Stammeinlage jedes Gesellschafters mindestens 100 €.

Die Gesellschaft ist ins Handelsregister Abteilung B einzutragen und wird durch die Organe Geschäftsführer, Aufsichtsrat (erst ab 500 Beschäftigten erforderlich) und Gesellschafterversammlung vertreten. Jeder Gesellschafter hat ein Recht auf Anteil am Gewinn, der laut Satzung der GmbH verteilt wird.

Merkmale der GmbH:
- Gründung durch eine Person möglich.
- Stammkapital mindestens 25 000 €, Stammeinlage mindestens 100 €
- Haftung nur mit der jeweiligen Einlage.
- Gewinnverteilung laut Gesellschaftsvertrag.

60 A Was ist eine Unternehmergesellschaft (UG) oder »Mini-GmbH«?

Im Zuge der Reform des GmbH-Rechts (»Gesetz zur Modernisierung des GmbH-Rechts und zur Bekämpfung von Missbräuchen«) hat der deutsche Bundestag am 26.06.2008 beschlossen eine, vor allem für Existenzgründer interessante Variante der traditionellen GmbH, die Unternehmergesellschaft (haftungsbeschränkt) auch als »Mini-GmbH« oder »1 € GmbH« bezeichnet, zuzulassen.

Die Gründung einer Unternehmergesellschaft (UG) haftungsbeschränkt ist seit 01.11.2008 möglich.

Die Unternehmergesellschaft (haftungsbeschränkt) oder »Mini-GmbH« kann einfach mit einem Startkapital von 1 € gegründet werden.

Die UG muss solange ein Viertel ihres Jahresüberschusses ansparen, bis sie dass reguläre Stammkapital der GmbH von 25 000 € erreicht hat.

Eine Eintragung ins Handelsregister kann erst erfolgen, wenn das Stammkapital von 25 000 € erreicht ist. Die Einbringung von Sacheinlagen ist nicht möglich.

Die »Mini-GmbH darf im Geschäftsverkehr nur als Unternehmergesellschaft oder »UG« mit dem Zusatz »haftungsbeschränkt« auftreten. Weglassen oder abkürzen des Zusatzes »haftungsbeschränkt« ist unzulässig.

Zur Gründung der »Mini-GmbH« genügt die Anfertigung eines Musterprotokolls mit einer Mustersatzung, von einem Notar beurkundet. Die Beurkundungskosten sind dabei jedoch mit 20 € erheblich geringer als bei der GmbH (300 €). Die Zahl der Gesellschafter ist auf maximal drei beschränkt. Die Haftung der Gesellschafter ist auf die Geschäftseinlagen begrenzt.

Im Fall der Insolvenz der »Mini-GmbH« ist jeder Gesellschafter verpflichtet, einen Insolvenzantrag zu stellen.

Die Unternehmergesellschaft (haftungsbeschränkt) oder »Mini-GmbH« kann mit 1 € gegründet werden.
- Einfache, unbürokratische Gründung.
- Kostengünstige Beurkundung.
- Haftungsbegrenzung auf die Geschäftseinlage.
- Ansparen von einem Viertel des Jahresüberschusses bis ein Stammkapital von 25 000 € erreicht ist.

C Grundlagen wirtschaftlichen Handelns im Betrieb

60 B Was ist eine kleine Aktiengesellschaft (AG)?

Die »kleine AG« ist eine AG ohne Börsennotierung, sie kann von einer Person bzw. einem Unternehmer als alleiniger Aktionär und Vorstand mit 50 000 € Grundkapital gegründet werden.

Die Entscheidungen des Vorstands und Alleinaktionärs sind jedoch durch drei Aufsichtsräte die Kontrollfunktion ausüben, beschränkt. Mit der Rechtsform einer »kleinen AG« verschafft sich der Unternehmer aber die Möglichkeit, weiteres Kapital durch die Ausgabe von Aktien z.B. an Mitarbeiter (Belegschaftsaktien) oder Kunden zu beschaffen.

Die kleine AG kann von einer Person gegründet werden, das Grundkapital beträgt 50 000 €.

61 Was macht die GmbH interessant?

Einer der größten **Vorteile** der **GmbH** liegt in der Beschränkung der Haftung auf das Gesellschaftsvermögen, sodass der Unternehmer nicht mit seinem Privatvermögen für Gesellschafts- bzw. Geschäftsschulden haftet.

Während in Einzelunternehmungen und Personengesellschaften der selbstständige Handwerker vom Gewinn seines Betriebes lebt, bezieht er in einer (seiner) GmbH **als Geschäftsführer** ein festes, vom Gewinn unabhängiges Gehalt.

Ein Modellbauermeister mit eigenem Betrieb steht somit in seiner GmbH genauso auf der Lohn-/Gehaltsliste wie alle übrigen Mitarbeiter.

Attraktiv ist die GmbH für den Betriebsinhaber durch:
- Die Beschränkung der Haftung auf das Gesellschaftsvermögen.
- Die Möglichkeit eines gewinnunabhängigen Geschäftsführergehaltes

61 A Was ist eine Limited (Ltd.)?

Die Limited (Ltd.) ist eine britische bzw. englische Rechtsform, sie ist in Deutschland die bekannteste ausländische Rechtsform. Seit einer Entscheidung des Bundesgerichtshofes im Jahr 2003 kann die Rechtsform Limited auch in Deutschland geführt werden. Die in Deutschland agierende Limited muss allerdings im englischen Handelsregister angemeldet und eingetragen werden.

Die Limited ist der Rechtsform GmbH rechtlich und steuerlich sehr ähnlich. Die englische Limited hat jedoch gegenüber der deutschen GmbH verschiedene Vorteile. Wie bei der GmbH haften die Gesellschafter der Limited nur mit ihrem Geschäftsvermögen und nicht mit ihrem Privatvermögen.

Das Stammkapital der Limited beträgt mindestens £ 1, dass entspricht € 1,50. Die Gründungskosten wie vertragliche Gestaltung und Eintragung ins britische Handelsregister sind in England sehr günstig; auch eine Auflösung der Gesellschaft ist einfacher möglich als in Deutschland. Der selbstständige Handwerksmeister kann sich als Geschäftsführer und Gesellschafter seiner Limited von der Pflichtversicherung zur Rentenversicherung befreien lassen.

Die Limited ist eine englische Rechtsform, bei der die Gesellschafter nicht mit ihren Privatvermögen haften, die auch in Deutschland geführt werden kann.

Gründung:
- Eintragung ins englische Handelsregister
- Mindestkapital £ 1, dass ist € 1,50

Vorteile:
- Geringe Gründungskosten
- Geringes Haftungskapital
- Keine Haftung mit Privatvermögen
- Limited & Co KG möglich
- Einfache Auflösung der Limited

Die britische Rechtsform Limited ist immer dann eine geeignete Rechtsform, wenn die persönliche Haftung des Geschäftsführers oder der Gesellschafter nicht gewünscht ist und das Privatvermögen gesichert werden soll. Die Limited als Rechtsform eignet sich damit für selbstständige Handwerksmeister die ihren Betrieb in der Rechtsform der Einzelunternehmung betreiben.

Die Limited kann auch als Limited & Co KG gegründet werden. Die Limited & Co KG ist eine Personengesellschaft, bei der wie bei der Limited das englische Unternehmensrecht gilt.

---

62 *Wie unterscheiden sich KG und GmbH & Co KG?*

Bei beiden Rechtsformen handelt es sich um eine **Kommanditgesellschaft.** Im Fall der **GmbH & Co KG** ist der **Komplementär** jedoch keine natürliche Person, sondern eine **GmbH.**

Für den Unternehmer hat diese Rechtskonstruktion den Vorteil, dass er nur mit seinen Einlagen in den beiden Gesellschaften zur Haftung herangezogen werden kann.

Beide Rechtsformen unterscheiden sich

- durch den Komplementär

- unterschiedliche Haftung

---

62 A *Was ist eine Europäische Gesellschaft (Societas Europeaea SE)?*

Die Rechtsform der **Europäischen Gesellschaft (SE),** die seit Ende 2004 gegründet werden kann, erleichtert es Unternehmen im Europäischen Wirtschaftsraum über Landesgrenzen zu arbeiten.

Die SE kann z.B. durch Umwandlung einer innerhalb des Europäischen Wirtschaftsraums bereits tätigen AG gegründet werden oder durch Verschmelzung von AGs aus verschiedenen europäischen Staaten.

Das Stammkapital der SE muss mindestens 120 000 Euro betragen und die Gesellschaft muss an dem Ort des Unternehmenssitzes ins Handelsregister eingetragen werden.

Die Leitung der SE obliegt je nach Aufbau bzw. Organisationb einem Verwaltungsrat (monistisches Modell) oder einem Aufsichtsrat als Überwachungsorgan und einem Vorstand (dualistisches Modell). Die Aktionäre der SE können ihre Interessen, wie bei der AG, in der Hauptversammlung wahrnehmen.

Die Rechtsform Europäische Gesellschaft (SE) erleichtert Unternehmen die Arbeit über Landesgrenzen.

Gründung:
- Umwandlung bestehender AG
- Stammkapital 120 000 Euro

Leitung:
- Verwaltungsrat oder
- Vorstand und Aufsichtsrat

---

62 B *Was ist die geplante Europäische Privatgesellschaft (SPE)?*

Die SPE bzw. Europäische Privatgesellschaft wird eine europäische Kapitalgesellschaft vor allem für kleine und mittlere Unternehmen sein. Durch die SPE soll es möglich werden, kleine Unternehmen nach weitgehend einheitlichen Rechtsprinzipien in jedem Land innerhalb der Europäischen Union zu gründen.

Die Gründung kann durch natürliche oder juristische Personen mit einem Mindestkapital von 1 € erfolgen.

Die SPE stellt dann eine Ergänzung der auf größere Unternehmen ausgerichteten Europäischen Gesellschaft SE dar.

63 *Welche Einrichtungen unterstützen den Handwerksmeister bei der Betriebsgründung?*

Die **Betriebsberatungsstellen** der **Handwerkskammern** informieren den angehenden selbstständigen Handwerker in betriebswirtschaftlichen und rechtlichen Fragen.

Beratungsbereiche sind beispielsweise Finanzierungshilfen wie Handwerkskreditprogramme oder Existenzgründungshilfen oder wie der Weg in die Selbstständigkeit planmäßig und rechtlich abgesichert durchgeführt werden kann.

Daneben besteht die Möglichkeit, sich bei den **Betriebsbörsen** der **Handwerkskammern** Informationen über Handwerksbetriebe zu beschaffen, die zum Verkauf stehen und die übernommen werden können.

Die Handwerkskammern informieren
- über Existenzförderprogramme
- über zur Veräußerung anstehende Unternehmen

64 *Welche Faktoren spielen bei der Übernahme eines bestehenden Betriebes eine Rolle?*

Bei der **Übernahme eines bestehenden Betriebes** sollten insbesondere folgende Aspekte beachtet und kritisch geprüft werden:

1. Entwicklung von Umsatz und Gewinnen in der Vergangenheit
2. Veräußerungsgründe des Inhabers
3. Kaufpreis und Zahlungsmodalitäten
4. Art und Zustand der Betriebsmittel
5. Folgekosten für Baumaßnahmen, für Maschinenkäufe, Miet- und Pachtverpflichtungen
6. Kundenstamm und zukünftige Entwicklungchancen
7. Personal: Altersstruktur, Qualifikation und Übernahmeverpflichtungen
8. Rechtliche Gestaltung der Verträge

64 A *Was versteht man unter Fusion?*

Zusammenschluss von bislang eigenständigen Unternehmen zu einem wirtschaftlich und rechtlich einheitlichen Unternehmen.

Unterschieden wird zwischen **Verschmelzung** und **Neubildung.**

- Verschmelzung:
  Zusammenschluss durch Aufnahme, bei der die übernehmende Gesellschaft das gesamte Vermögen der übertragenden Gesellschaft aufnimmt.
- Neubildung:
  Hierbei wird eine neue Gesellschaft gegründet, die das komplette Vermögen der sich vereinigenden Gesellschaften übernimmt.

Fusion ist der Zusammenschluss von vorher wirtschaftlich und rechtlich selbstständigen Unternehmen

65 *Wo muss der selbstständige Handwerker[1] seinen Betrieb anmelden?*

Anmeldepflicht besteht bei folgenden Behörden und Einrichtungen:

1. **Handwerkskammer:** Nachweis der Befähigung nach Handwerksordnung und Eintragung in die Handwerksrolle.
2. **Gewerbeamt** der Gemeinde: Anmeldung des Gewerbes und Entgegennahme des Gewerbescheins.
3. **Finanzamt:** Die Anmeldung des Betriebes erfolgt im Regelfall bereits durch das Gewerbeamt, vom Finanzamt wird dann eine Betriebs- und Steuernummer zugeteilt.
4. **Berufsgenossenschaft:** Betriebseröffnungsanzeige innerhalb einer Woche, alle Beschäftigten sind zu versichern; der Eigentümer nur, wenn die Satzung der Berufsgenossenschaft dies vorsieht.

Meldepflicht besteht bei:
- Handwerkskammer
- Gewerbeamt
- Finanzamt
- Berufsgenossenschaft

66 *Welcher Zeitpunkt sollte für die Betriebseröffnung gewählt werden?*

Der **Termin** für die **Betriebseröffnung** sollte, in Abhängigkeit vom jeweiligen Gewerbe, zu einem Zeitpunkt gewählt werden, an dem erfahrungsgemäß die Nachfrage nach entsprechenden Gütern/Leistungen besonders hoch ist. Günstiger Zeitpunkt für den Beginn der unternehmerischen Tätigkeit z. B. in Bauhandwerken wie Bauschlosser, Bauschreiner oder Putz- und Maurergewerbe ist das Frühjahr, da in dieser Jahreszeit die Bautätigkeit zunimmt und damit die Branchenkonjunktur besser ist als im Winter.

Das Datum der Betriebseröffnung sollte in Abhängigkeit von der Nachfragesituation so günstig wie möglich gewählt werden.

66 A *Wie ist die Rechtsform der eingetragenen Genossenschaft (eG) einsetzbar?*

Der im Genossenschaftsgesetz verankerte Förderungsauftrag der Mitglieder macht die Rechtsform Genossenschaft für die zwischenbetriebliche Zusammenarbeit (Kooperation) interessant. Die Rechtsform der Genossenschaft ist zum Beispiel für Einkaufs- oder Absatzoperationen einsetzbar.

Die Rechtsform der Genossenschaft kann für zeitlich unbefristete Kooperationen eingesetzt werden.

III Betriebswirtschaftliche Aufgaben in Unternehmen

1 Beschaffung und Lagerhaltung

67 *In welche Aufgabenbereiche lässt sich die betriebliche Gesamtaufgabe gliedern?*

Die Betriebswirtschaftslehre unterscheidet die folgenden vier betrieblichen **Aufgaben-** oder **Funktionsbereiche:**

1. Beschaffung
2. Produktion
3. Absatz
4. Verwaltung

Betriebliche Aufgabenbereiche sind:
- Beschaffung
- Produktion
- Absatz
- Verwaltung

---

[1] Zu dem **Mittelstand** gehören alle Betriebe, die bis 500 Beschäftigte und bis 50 Millionen Euro Umsatz aufweisen, das sind 99,5% der 3,3 Millionen Firmen in Deutschaland die etwa 23 Mio. Arbeitnehmer beschäftigen. Zum Vergleich: Bei 5000 Unternehmen (500 und mehr Beschäftigte) sind etwa 6 Mio. Arbeitnehmer tätig.(Quelle: IfM Bonn).

In jedem der betrieblichen Funktionsbereiche sind vom Unternehmen unterschiedliche Probleme zu bewältigen und spezielle Aufgaben zu erledigen.

68 *Welche Aufgabe hat die Beschaffung?*

Die Aufgabe der **Beschaffung** innerhalb der betrieblichen Funktionen ist die **Deckung** des gesamten Bedarfs an allen **Produktionsfaktoren** (Rohstoffe, Betriebsmittel, Arbeitskräfte) und **Dienstleistungen** (Steuer- oder Betriebsberatung, Schulung), die zur betrieblichen Leistungserstellung benötigt werden.

Aufgabe der Beschaffung ist die Deckung des betrieblichen Bedarfs an sämtlichen Produktionsfaktoren.

69 *Welche Arbeiten fallen bei der Beschaffung von Material an?*

Die **Materialbeschaffung** im Betrieb umfasst die folgenden Tätigkeiten:

1. **Bedarfsermittlung:** Der Materialbedarf wird durch Kundenaufträge und Lagerbestand bestimmt.

2. **Bezugsquellenermittlung:** Die Auswahl des bzw. der günstigsten Lieferanten anhand von Angeboten oder Lieferantenkartei oder -datei.

3. **Bestellung des Materials:** Bestellungsdurchschläge werden zu den Akten genommen.

4. **Materialannahme:** Eingangsprüfung hinsichtlich Menge und Qualität der Sendung anhand des Lieferscheins, Quittieren des Empfangs.

5. **Lagerung des Materials:** Fachgerechtes sortieren und lagern der Stoffe und Waren, verbunden mit nochmaliger Prüfung auf Mängel.

Materialbeschaffung umfasst:
- Bedarfsermittlung
- Lieferantenauswahl
- Materialbestellung
- Materialannahme und Kontrolle
- Fachgerechte Lagerung

70 *Welche Aufgaben hat die Lagerhaltung?*

Die **Lager-** bzw. **Vorratshaltung** sichert dem Unternehmer die regelmäßige Produktionsbereitschaft und überbrückt die Zeitspanne zwischen Lieferung, Produktion und Absatz.
Darüber hinaus ermöglicht Lagerhaltung die Ausnutzung von Preisvorteilen z.B. durch Mengenrabatte oder Sonderangebote beim Kauf größerer Bezugsmengen.

Lagerhaltung zur:
- Produktionsbereitschaft
- Überbrückung
- Nutzung von Preisvorteilen

71 *Welche Kosten entstehen durch die Lagerhaltung?*

Die **Lagerhaltung** verursacht folgende **Kosten:**

1. **Raumkosten:**
   Gebäudeabschreibung, Miete, Energiekosten.

2. **Stoff- und Materialkosten:**
   Das sind die Verzinsung des investierten Kapitals, der Aufwand für falsche Lagerung sowie der Schwund und Verderb von Material.

3. **Verwaltungskosten:**
   Gehälter für Lagerpersonal und organisatorische Hilfsmittel.

Kosten der Lagerhaltung entstehen für die
- Lagerräume
- Lagervorräte
- Lagerverwaltung

C Grundlagen wirtschaftlichen Handelns im Betrieb

Lagerhaltung schafft für den Unternehmer einerseits die Möglichkeit, die Einstandspreise pro Stück oder pro Quadratmeter der benötigten Materialien durch die Ausnutzung von Mengenrabatten bei größeren Bestellmengen zu senken. Andererseits erhöhen steigende Bestellmengen die Kosten für die Lagerhaltung und das investierte Kapital.

72 Was ist der optimale Lagerbestand?

Der **optimale Lagerbestand** ist der Bestand, bei dem sämtliche für einen reibungslosen Produktionsablauf im Handwerksbetrieb benötigten Roh-, Hilfs- und Betriebsstoffe zu minimalen Kosten gelagert werden können.

In der Praxis ist die Festlegung des optimalen Lagerbestandes problematisch und von verschiedenen Bedingungen, wie z.B. der Auftragslage oder der Fertigungsart abhängig.

Optimaler Lagerbestand = Bestand an Vorräten, bei dem das wirtschaftlichste Verhältnis zwischen
- Beschaffungskosten und
- Lagerhaltungskosten

besteht.

73 Was versteht man unter dem »eisernen Bestand«?

Ein **eiserner Bestand (= Mindestbestand)** sollte für jede benötigte Rohstoff- und Warenart im Betrieb gehalten werden, seine Höhe ist abhängig von dem Bedarf, der Bestellmenge und den Lieferzeiten.

Auch für unvorhergesehene Störungen (Lieferverzögerungen) ist ein Mindestbestand nötig.

Der eiserne Bestand ist ein Mindestbestand zur Sicherung der Produktionsbereitschaft

2 Fertigung, Fertigungskontrolle

74 Welche Fertigungsarten sind in kleineren Betrieben vorherrschend?

Überwiegend werden die folgenden **Fertigungsarten** praktiziert:

1. **Einzelfertigung:** Bei dieser Fertigungsart stellt der Betrieb Erzeugnisse her, die in ihrer Art nur einmal, nach Maßgabe und Wünschen des jeweiligen Kunden, produziert werden, z.B. der Bau einer Haustür im Tischlerhandwerk, die Herstellung eines Gießereimodells durch den Modellbauer oder die Anfertigung einer Brille im Optikerhandwerk.

2. **(Klein-)Serienfertigung:** Serienfertigung im Handwerk liegt vor, wenn Erzeugnisse in begrenzter Stückzahl produziert werden, deren Herstellung relativ ähnlich ist, z.B. die Produktion von Fenstern gleicher Größe durch den Schreiner oder der Bau von gleichen Modellen durch den Modellbauer.

3. **Sortenfertigung:** Bei der Sortenfertigung werden aus dem gleichen Grundstoff verschiedene Sorten auf denselben Maschinen hergestellt, z.B. im Bäcker- oder Fleischerhandwerk.

Fertigungsarten, die in kleineren Betrieben vorherrschen, sind:

- Einzelfertigung = am Auftrag des Kunden orientiert
- Kleinserienfertigung = Herstellung kleinerer Mengen gleichartiger Produkte
- Sortenfertigung = Produktion unterschiedlicher Waren aus dem gleichen Grundstoff

75 *Was wird unter Arbeitsvorbereitung verstanden?*

Die **Arbeitsvorbereitung** beinhaltet sämtliche Maßnahmen, mit Hilfe derer der Handwerksmeister den Fertigungsprozess plant, organisiert und steuert. Die Arbeitsvorbereitung umfasst:

1. **Fertigungsplanung:**

   Die Aufstellung von Stücklisten, die Bedarfsplanung und die Ablaufplanung.

2. **Fertigungssteuerung:**

   Sie beinhaltet die Durchführung, Lenkung und Steuerung der Fertigung.

3. **Vorkalkulation:**

   D.h. die Ermittlung des Angebotspreises und der Stückkosten vor der Produktion.

Die Arbeitsvorbereitung ist die Gesamtheit aller Schritte zur möglichst rationellen Gestaltung des Produktionsprozesses.

Sie beinhaltet:
- Fertigungsplanung
- Fertigungssteuerung
- Vorkalkulation

76 *Welche Maßnahmen umfasst die Fertigungskontrolle?*

Die **Fertigungskontrolle,** d.h. die Überprüfung der handwerklichen Produktion, umfasst:

1. **Termin-** bzw. **Zeitkontrolle**

   (= der Vergleich zwischen Soll-Zeit und Ist-Zeit des Auftrages),

2. **Kostenkontrolle**

   (= der Vergleich zwischen Vor- und Nachkalkulationswerten) und

3. **Qualitätskontrolle**

   (= die Kontrolle der Produktgüte an verschiedenen Qualitätsmerkmalen wie z.B. Normen, Maße oder gesetzliche Anforderungen).

Fertigungskontrolle beinhaltet:
- Terminkontrolle
- Kostenkontrolle
- Qualitätskontrolle

77 *Warum sind Qualitätskontrollen notwendig?*

An **Produkte** und Leistungen stellen die Kunden **hohe Qualitätsanforderungen.**

Aus diesem Grund sind ständige, systematische Gütekontrollen gerade z.B. im Handwerk zur Aufrechterhaltung des positiven Betriebsimages unverzichtbar.

Qualitätskontrollen

1. vermindern die Produktion von Ausschuss (= unbrauchbare Ware)

2. reduzieren die Kosten des Unternehmers für Nachbesserungen (= Reparatur oder Nacharbeit) fehlerhafter Produkte beim Kunden

3. Sie vermindern bzw. verhindern Schadenersatzansprüche von Kunden, die aufgrund fehlerhafter Waren geschädigt wurden **(Produkthaftung).**

Gütekontrollen
- sichern hohe Produktqualität,
- vermindern Ausschuss,
- reduzieren Nachbesserungskosten,
- vermindern Schadenersatzforderungen.

C Grundlagen wirtschaftlichen Handelns im Betrieb

3 Marketing

78 Was heißt Absatz?

Absatz ist die systematische Vermarktung der Produkte, d.h. der Verkauf der Waren und Leistungen am Markt bzw. an den Kunden.

Unter Absatz versteht man die Vermarktung der Produkte des Betriebes.

79 Wann liegt ein Käufermarkt vor?

Auf **Käufermärkten** wird das Marktgeschehen weitgehend durch das Verhalten der Käufer bestimmt. Bei einer solchen Marktsituation übersteigt das Angebot die Nachfrage, die Konsumenten sind kritisch und preisbewusst, und die Anbieterseite ist durch starken Wettbewerbsdruck gekennzeichnet.

Nahezu **alle Märkte** in modernen Industriegesellschaften sind durch diese Käufermarktsituation gekennzeichnet. Für den selbstständigen Unternehmer bedeutet dies, dass der Bereich Absatz für ihn den betrieblichen Engpass darstellen kann.

Bei einer Käufermarktsituation ist
- die größere Marktmacht auf der Seite der Käufer,
- der Absatz der Engpass im Betrieb.

80 Was versteht man unter Marketing?

Marketing ist marktorientierte Unternehmensführung, d.h. die Ausrichtung aller betrieblichen Aufgabenbereiche (Beschaffung, Produktion, Absatz, Verwaltung) auf die Anforderungen und Bedürfnisse der aktuellen und der möglichen Märkte des Betriebes (Kunden).

Marketing = Ausrichtung auf
- Bedürfnisse und
- Wünsche der Kunden.

81 Welcher Unterschied besteht zwischen Marktanalyse und Marktbeobachtung?

Die **Marktanalyse** und die **Marktbeobachtung** sind Verfahren der Marktforschung.

Die **Marktanalyse** ist die systematische, in der Regel einmalige Untersuchung eines räumlich und sachlich genau abgegrenzten Marktbereichs hinsichtlich Kundenkreis, Kaufkraft und Kundenwünschen.

Die **Marktbeobachtung** ist die dauernde Erforschung bzw. Erkundung des Absatzmarktes, um z.B. Geschmacksänderungen der Käufer, Moden und Trends rechtzeitig wahrnehmen und entsprechend reagieren zu können.

- Marktanalyse ist eine einmalige oder in größeren Zeitabständen durchgeführte genaue Marktuntersuchung.
- Marktbeobachtung ist die ständige Erforschung des Absatzmarktes.

82 Welche Marketinginstrumente werden unterschieden?

Vier Marketinginstrumente werden unterschieden:

- **Preispolitik,** die Gestaltung der Produktpreise und der Konditionen

- **Produktpolitik,** die Gestaltung und Qualität der Leistungen und Erzeugnisse

- **Vertriebspolitik,** die Festlegung der Art und Weise, wie die Leistungen und Erzeugnisse zum Kunden gelangen

- Preispolitik
- Produktpolitik
- Vertriebspolitik
- Kommunikationspolitik

– **Kommunikationspolitik,** die Festlegung aller Maßnahmen wie Werbung, Public Realtions, durch die gezielt Informationen zu den Produkten und dem Vertrieb an die Zielgruppen weitergegeben werden.

83 Was sind die Ziele der Wirtschaftswerbung?

Grundsätzlich soll mit Hilfe der **Wirtschaftswerbung** der Absatz von Waren und Dienstleistungen angeregt, gesichert und gefördert werden.

Ziele:

1. vorhandene Käufer und Abnehmer zu erhalten,
2. neue Kunden zu gewinnen und
3. neue Waren und Dienstleistungen am Markt einzuführen.

Ziele der Wirtschaftswerbung:
- Die Erhaltung von Kunden.
- Die Gewinnung neuer Kunden.
- Die Einführung neuer Produkte.

84 Was ist Einzelwerbung?

Einzelwerbung liegt vor, wenn ein Betrieb für seine Leistungen **allein** wirbt. Vorteilhaft ist diese Art der Werbung vor allem durch die Möglichkeit der genauen Abstimmung auf die betriebsspezifischen Besonderheiten. Nachteile ergeben sich durch eine höhere Kostenbelastung des jeweiligen Betriebes.

Bei Einzelwerbung wirbt ein Betrieb für seine Produkte und Leistungen allein.

85 Was ist Gemeinschaftswerbung?

Gemeinschaftswerbung liegt vor, wenn mehrere Betriebe **gemeinsam** für ihre Produkte werben. Vorteilhaft ist hierbei, dass ein größerer Kundenkreis angesprochen wird und eine vergleichsweise geringere Kostenbelastung für den einzelnen Betrieb entsteht.

Gemeinschaftswerbung erfolgt im Handwerk, z.B. durch die Bundes- oder Landesinnungsverbände der jeweiligen Handwerke, in der Industrie durch die jeweiligen Fachverbände.

Bei Gemeinschaftswerbung werben mehrere Betriebe gleicher Wirtschaftsstufe gemeinsam.

86 Was sind Werbemittel?

Werbemittel sind die verschiedenen Instrumente der Werbung. Sie dienen der Durchführung der Werbung.

Werbemittel sind: Angebots- bzw. Referenzmappen, Ausstellungsräume, Kleidung der Mitarbeiter, Zeitungsanzeigen, Fahrzeugbeschriftungen, Baustellenplakate, Prospekte, Kataloge, Proben und Muster, Werbegeschenke oder Werbebriefe.

Werbemittel dienen zur Durchführung der Werbung.

87 Was sind Werbeträger?

Werbeträger sind die zur Verbreitung der Werbemittel eingesetzten **Medien,** wie Zeitungen, Zeitschriften, Litfaßsäulen, Anschlagtafeln, Plakatwände, öffentliche Verkehrsmittel, Rundfunk- und Fernsehsender.

In manchen Fällen sind Werbemittel und Werbeträger identisch, z.B. bedruckte Einkaufstaschen.

Werbeträger oder Werbemedien sind die Elemente, die der Übermittlung der Werbemittel an den Kunden dienen.

C Grundlagen wirtschaftlichen Handelns im Betrieb

88 *Was versteht man unter Corporate Identity?*

Corporate Identity ist die Summe aller Tätigkeiten wie Betriebsführung, Organisation, Werbung, Öffentlichkeitsarbeit oder Kundenbetreuung und Service, mit deren Hilfe sich der Betrieb vor der Öffentlichkeit, den Kunden, den Lieferanten, den Geschäftspartnern und Mitarbeitern präsentiert. Ziel von Corporate Identity ist die Verbesserung der Unternehmensidentität und des Images des Vertriebes.

Corporate Identity ist die typische Besonderheit bzw. Identität des Betriebes

89 *Was versteht man unter dem Marketing-Mix?*

Das Marketing-Mix ist die ausgewählte Kombination der absatzpolitischen Instrumente (Preispolitik, Produktpolitik, Vertriebspolitik und Kommunikationspolitik), die auf die einzelnen Märkte und Teilmärkte ausgerichtet sind mit dem Ziel der Gewinnung neuer Kunden.

Das Marketing-Mix = Wahl der absatzpolitischen Instrumente
- Preispolitik
- Produktpolitik
- Vertriebspolitik
- Kommunikationspolitik

zur Erreichung seiner Marketing-Ziele

90 *Was versteht man unter Public Relations?*

Public Relations ist Öffentlichkeitsarbeit, um das Bild des Unternehmens in der Bevölkerung positiv zu beeinflussen. Aus diesem positiven Image des Betriebes ergeben sich dann Rückwirkungen auf den Absatz der Produkte.

Ziel von Public Relations ist also nicht die unmittelbare Steigerung des Absatzes von Produkten, sondern die Schaffung eines positiven Unternehmenseindrucks beim Verbraucher, der dann wiederum Produkte dieses Unternehmens erwirbt.

Dazu gehört, durch geeignete PR-Maßnahmen Außenstehende und auch Insider über Unternehmensaktivitäten, neue Trends und Produkte zu informieren.

Public Relations zielt darauf ab, ein positives Unternehmensimage in der Öffentlichkeit und damit bei den aktuellen und möglichen Kunden aufzubauen.

91 *Wie kann Public Relations eingesetzt werden?*

Public Relations-Maßnahmen, die der Unternehmer einsetzen kann sind z.B. Durchführung von Betriebsbesichtigungen (Tag der offenen Tür mit »lebender Werkstatt«), Informationsveranstaltungen, Einladung von prominenten Gästen, Einladung der Presse, Förderung lokaler Sportvereine, Spenden für soziale Einrichtungen am Ort oder die Durchführung von Preisrätseln.

Mögliche P.R.-Maßnahmen sind:
- Förderung örtlicher Vereine
- Spenden an Sozialeinreichtungen
- Betriebsbesichtigungen

92 *Welche Überlegungen sind Gegenstand der Produkt- und Sortimentspolitik im Betrieb?*

Produkt- und Sortimentspolitik beinhaltet alle Maßnahmen zur Gestaltung der Produkte (z.B. Qualität, Form, Aufmachung) und Dienstleistungen (z.B. Reparaturen) eines Betriebes, die als Produktionsprogramm (Erzeugnisse in Fertigungsbetrieben) und Sortiment (Artikel in Handelsbetrieben) den Kunden angeboten werden.

Die Produktpolitik beinhaltet alle Entscheidungen zur Menge der unterschiedlichen Produkte sowie zu deren Art, Form und Qualität.

92 A *Was versteht man im Rahmen des Produktnutzens unter Grundnutzen und Zusatznutzen*

Die Produkte und Erzeugnisse des Handwerkers sollen dem Kunden möglichst großen Nutzen spenden. Der Grundnutzen eines Produktes ist die Bedürfnisbefriedigung, die der Kunde empfindet, die das Ergebnis aus den physikalischen und funktionellen Eigenschaften des produktes oder Erzeugnisse ist.

Der Zusatznutzen schafft beim Kunden eine über den Grundnutzen hinausgehende Bedürfnisbefriedigung. Der Zusatznutzen kann aus den ästhetischen Eigenschaften (d.h. Erbauungsnutzen) oder aus den sozialen Eigenschaften (d.h. Geltungsnutzen, Image) des Produktes als vermehrte Bedürfnisbefriedigung entstehen.

Beispiel: Haustür

- Grundnutzen:
  Abschluss des Hauses, Sicherung

- Zusatznutzen:
  – Formgebung, Holzart passt zum Fensterrahmen
  – Geringer Kältedurchlass, Wärme
  – Haustür ist »Entré« und spiegelt die Lebensart und den Geschmack des Bewohners

Nutzen ist die Bedürfnisbefriedigung, die sich aus der Summe der physikalischen und ästhetischen Eigenschaften eines Produktes ergibt

- Grundnutzen
- Zusatznutzen als
  – Erbauungsnutzen
  – Geltungsnutzen

4 Kooperation von Betrieben

93 *Was sind Gründe, die für Kooperationen sprechen?*

Eine **Kooperation** ist die freiwillige Zusammenarbeit von Unternehmungen, die ihre rechtliche Selbstständigkeit behalten.

Möglichkeiten für Kooperationen bestehen in sämtlichen betrieblichen Aufgabenbereichen z.B. durch gemeinsame Materialbeschaffung, die gemeinsame Nutzung technischer Anlagen und Maschinen sowie die gemeinschaftliche Durchführung eines größeren Auftrages.

Gründe, die für Kooperationen sprechen sind im wesentlichen:

1. Verbesserung der Wettbewerbsfähigkeit

2. Verbesserung der Produktionsbedingungen

3. Risikoverteilung

4. Steigerung der wirtschaftlichen Leistung

5. Kostensenkung

Zwischenbetriebliche Zusammenarbeit ermöglicht:

- Die Stärkung der Marktposition

- Die bessere Nutzung des technischen Fortschritts

- Die Abwicklung größerer Kundenaufträge

- Die Senkung von Kosten

- Die Rationalisierung der Fertigung

93 A Was ist Franchising?

Franchising ist eine Vertriebsform, bei der eine Unternehmung (Franchise-Geber) anderen Unternehmungen (Franchise-Nehmer) das Recht einräumt, Erzeugnisse, Waren und Dienstleistungen unter Verwendung seiner Marke gewerblich anzubieten.

Diese vertraglich geregelte Lizenzpartnerschaft, etwa bei MacDonalds, Eismann oder Benetton, ist vom arbeitsteiligen Programm der Vertragspartner geprägt.

Eine vertraglich geregelte Lizenzpartnerschaft zwischen Lizenzgeber und Lizenznehmer

93 B Was bedeutet das Kontroll- und Transparenz-gesetz (KonTroG)?

Das Gesetz (KonTroG) macht Unternehmer und Geschäftsführer persönlich verantwortlich, wenn in der EDV Daten gelöscht oder verändert werden, z. B. durch einen erfolgreichen Hackerangriff.

Datenverantwortung für Unternehmer

IV Betriebs- und Arbeitsorganisation

1 Organisationsgrundsätze, -begriffe

94 Was versteht man unter Betriebs-organisation?

Betriebsorganisation schafft ein System von Regelungen im Betrieb, mit deren Hilfe die Produktionsfaktoren (= Arbeit, Betriebsmittel und Werkstoffe) aufeinander abgestimmt werden, damit die Betriebsziele (z.B. Gewinnerzielung, Umsatzsteigerung) bestmöglich erreicht werden.

Die **Unternehmensziele** werden **optimal erreicht,** wenn alle Bereiche im Betrieb, Hand in Hand zusammenarbeiten, und die einzelnen Abteilungen und Mitarbeiter die Aufgaben erledigen, für die sie zuständig sind.

Die Regeln nach denen diese Zusammenarbeit erfolgt, werden durch die Betriebsorganisation geschaffen.

Die Betriebsorganisation legt fest, nach welchen Regeln die einzelnen Bereiche im Betrieb das Unternehmensziel anstreben.

95 Wie unterscheiden sich Organisation und Improvisation?

Mit Hilfe der **Organisation** wird ein **System von allgemeingültigen Regelungen** im Betrieb für wiederkehrende, vorhersehbare Abläufe, Vorgänge oder Probleme geschaffen.

Improvisation ist eine **behelfsmäßige Regelung** bzw. Lösung für unerwartete Probleme oder Abläufe durch eine Einzelfallentscheidung. Da nicht sämtliche Betriebsvorgänge organisiert werden können, ergibt sich die Notwendigkeit, unerwartete, ungewöhnliche Betriebsprobleme durch Improvisation zu lösen.

- Organisation: System von Regeln für wiederkehrende Betriebsabläufe.
- Improvisation: Behelfsmäßige oder vorläufige Regelung für unvorhersehbare Probleme.

96 *Was bedeutet der Organisationsgrundsatz der Zweckmäßigkeit?*

Der Grundsatz der **Zweckmäßigkeit** bedeutet, dass die organisatorische Regelung im Betrieb zu wählen ist, die die bestmögliche Aufgabenerfüllung gewährleistet.

97 *Was bedeutet der Organisationsgrundsatz der Koordination?*

Der Grundsatz der **Koordination** besagt, dass die im Betrieb getroffenen organisatorischen Regelungen untereinander sowie auf den Betriebszweck abgestimmt sein sollen.

98 *Was regelt die Aufbauorganisation?*

Die **Aufbauorganisation** gliedert die betriebliche Gesamtaufgabe in Hauptaufgaben, Teilaufgaben und Elementaraufgaben und bestimmt die Abteilungen und Stellen, in denen diese erledigt werden.

Mit Hilfe der Aufbauorganisation wird somit einerseits festgelegt, welche Betriebsabteilungen welche Aufgaben haben, und andererseits bestimmt, wie die Zusammenarbeit der unterschiedlichen Abteilungen und Stellen erfolgt und welche **Kompetenzen** (Zuständigkeiten) damit verbunden sind.

Der betriebliche Aufbau wird anhand eines Organisationsplanes **(Organigramm)** dargestellt.

Die Aufbauorganisation regelt:

- Welche Einzelaufgaben im Betrieb durch
- welche Abteilungen und Stellen ausgeführt werden,
- wie die Zusammenarbeit erfolgt und
- welche Stellen welche Kompetenzen haben.

99 *Was bedeutet Aufgabenanalyse?*

Die **Aufgabenanalyse** ist die Voraussetzung für den organisatorischen Betriebsaufbau und damit für die Bildung von Abteilungen und Stellen. Mit Hilfe der Aufgabenanalyse erfolgt eine Zergliederung der Gesamtaufgabe beispielsweise eines Tischlereibetriebes in:

1. **Hauptaufgaben** (z.B. Beschaffung, Produktion, Absatz)
2. **Teilaufgaben** (z.B. Bauschreinerarbeiten, Innenausbau, Möbelbau, Reparaturen)
3. **Elementaraufgaben** (z.B. Arbeitsvorbereitung, Fertigung, Kontrolle, Montage)

Die Aufgabenanalyse ist die Zerlegung der betrieblichen Gesamtaufgabe in:
- Hauptaufgaben,
- Teilaufgaben und
- Elementaraufgaben.

100 *Was versteht man unter einer Stelle?*

Die **Stelle** ist die kleinste organisatorische Einheit im Betrieb, der Einzelaufgaben zugewiesen sind, wobei gleichzeitig der Kompetenz- und Verantwortungsbereich des Stelleninhabers geregelt wird.

Ist in einem **Kfz-Handwerksbetrieb** die Stelle des **Lageristen** eingerichtet, so sind dieser Stelle bestimmte Aufgaben wie die Annahme, Einlagerung, Pflege und Ausgabe des Materials sowie die Kompetenzen des Stelleninhabers zugeordnet.

Eine Stelle ist die Zusammenfassung von Einzelaufgaben zum Aufgaben- und Zuständigkeitsbereich einer Person.

101 *Welche Bedeutung hat die Stellenbeschreibung?*

Die **Stellenbeschreibung** dient der Information des Mitarbeiters, sodass die von ihm erwarteten Aufgaben und Anforderungen beschrieben werden und ihm somit bekannt sind.

Durch eine Stellenbeschreibung werden die Kompetenzen und Zuständigkeiten des einzelnen Mitarbeiters im Betrieb transparent gemacht und weisungsberechtigte sowie weisungsgebundene Personen bestimmt.

Außerdem dienen **Stellenbeschreibungen** auch der Unternehmung, da sie als Grundlage für die Bewertung der Arbeitsleistung und damit für die Entlohnung herangezogen werden können.

Stellenbeschreibungen haben Vorteile für die Unternehmen und Mitarbeiter:

- Bessere Beurteilung der Arbeitsleistung
- Größere Lohngerechtigkeit
- Einfachere Stellenbesetzung
- Aufgaben und Kompetenzen sind bekannt

102 *Welchen Inhalt hat eine Stellenbeschreibung?*

Stellenbeschreibungen im Betrieb können folgenden Inhalt haben:

1. Bezeichnung der Stelle
2. Name des Stelleninhabers
3. Dienstrang
4. Vorgesetzte Stelle
5. Unterstellte Stellen
6. Vertreter
7. Aufgaben des Stelleninhabers
8. Kompetenzen des Stelleninhabers.

103 *Was ist eine Abteilung im Betrieb?*

Als **Abteilung** bezeichnet man die Zusammenfassung mehrerer Stellen unter einer einheitlichen Leitung (Abteilungsleiter).

Abteilungen, die in einem Betrieb des Kfz-Handwerks gebildet werden können, sind: Auftragsannahme, Motorinspektion und -reparatur, Karosseriebau, Lackiererei, Lager.

Abteilungen bestehen aus mehreren Stellen unter Leitung eines Abteilungsleiters.

104 *Welche Aufgaben hat die Ablauforganisation?*

Die **Ablauforganisation** befasst sich mit der Gestaltung von Arbeitsgängen in zeitlicher und räumlicher Hinsicht, um die Arbeitsabläufe bestmöglich aufeinander abzustimmen.

Die **Aufgabe der Ablauforganisation** ist damit die exakte Steuerung der Arbeitsabläufe und die Festlegung der Reihenfolge, der Dauer und der Art der Arbeiten, sodass eine möglichst optimale Auslastung der betrieblichen Kapazitäten gegeben ist.

Ablauforganisation in einer Tischlerei bedeutet für die Fertigung von Fenstern die Festlegung: Welche Mitarbeiter mit welchen Maschinen und zu welchem Zeitpunkt das Material zuschneiden, die Profile verleimen, die Verglasung vornehmen und schließlich die Montage an der Baustelle durchführen.

Die Aufgabe der Ablauforganisation:

- Der reibungslose Arbeitsablauf
- Die bestmögliche Auslastung aller an der Produktion beteiligten Stellen
- Qualitätssicherung
- Terminsicherung

C Grundlagen wirtschaftlichen Handelns im Betrieb

105 *Was sind Arbeitsbegleitpapiere im Handwerk?*

Arbeitsbegleitpapiere werden eingesetzt, um Arbeitsabläufe zeitlich und qualitativ zu überwachen. Gebräuchliche Arbeitsbegleitpapiere im Handwerk sind:

1. **Zeichnungen:** Sie enthalten Maße, Konstruktion, Form und Aufbau der Erzeugnisse.

2. **Stücklisten:** Sie enthalten Einzelteile des Werkstückes mit Mengen, Güte und Abmessungen.

3. **Laufkarten:** Sie begleiten die Erzeugnisse zu den Arbeitsplätzen und in unterschiedliche Abteilungen, sie werden nach jedem Arbeitsvorgang vom entsprechenden Mitarbeiter abgezeichnet.

4. **Lohnzettel:** Sie enthalten die Tätigkeiten, die vom Mitarbeiter zu verrichten sind, daneben dienen sie der Lohnabrechnung und der Kostenrechnung.

Mit Arbeitsbegleitpapieren wird der Fertigungsprozess kontrolliert.

Dazu gehören

- Konstruktionszeichnungen
- Stücklisten
- Laufkarten
- Lohnzettel

2 Organisation in Kleinbetrieben, Datenverarbeitung

106 *Was ist bei Organisation und Planung der Betriebsstätte zu beachten?*

Wichtigster Grundsatz bei der **Planung** und der **Organisation** der **Betriebsstätte** ist die bestmögliche (d.h. rationelle und kostengünstige) Gestaltung und Einrichtung der Arbeits- und Werkräume entsprechend dem jeweiligen Betriebszweck.

Kriterien, die Organisation und Planung der Betriebsstätte beeinflussen:

- Grundstücksgröße und Grundstücksanbindung

- Bauplanungsrecht und Baunutzungsverordnung sowie sonstige öffentliche Auflagen

- Anordnung und Größe der Betriebsräume

- Innerbetrieblicher Transport von Material und Werkstücken

- Art und Größe der Maschinen sowie deren Aufstellung

Optimale Organisation und Planung der Betriebsstätte:

- Größe und Zuschnitt der Werkräume
- Anordnung von Arbeits-, Abstell- und Lagerflächen
- Maschinenaufstellung und -anordnung
- Materialfluss und Arbeitsablauf

107 *Welche Bereiche umfasst die Organisation der Verwaltung im Betrieb?*

Die **Organisation** der **Verwaltung** umfasst hauptsächlich die Bereiche:

1. Rechnungswesen
2. Betriebsorganisation
3. Finanzwirtschaft
4. Personalwirtschaft
5. Materialwirtschaft

108 *Auf welche Mittel kann der Unternehmer bei der Organisation seiner Verwaltung zurückgreifen?*

Zur **rationellen Abwicklung** von **Verwaltungsarbeiten** im Büro stehen dem selbstständigen Unternehmer eine Vielzahl planerischer und organisatorischer Mittel bereit.

1. **Formulare,** (Rechnungsformulare, Auftragsbestätigungen, Stundenlisten)

2. **Büromaschinen** (Diktiergeräte, Rechen- und Schreibmaschinen, Personal Computer)

3. **Planungstafeln** und -geräte (Finanzplan, Auftrags- und Fertigungspläne)

4. **Ablagesysteme** (Aktenordner, Registraturschränke)

Organisatorische Mittel in der Verwaltung:

- Formulare
- Büromaschinen, PC
- Planungsgeräte
- Ablagesysteme

109 *In welchen Betriebsbereichen lässt sich die Datenverarbeitung (EDV) einsetzen?*

Der **Einsatz von EDV** ist in allen betrieblichen Aufgabenbereichen möglich und wird auch in den verschiedenen Unternehmen, mit unterschiedlicher Intensität, praktiziert:

1. **Beschaffung:** Lagerverwaltung, Bestellung, Materialdisposition

2. **Produktion:** Arbeitsvorbereitung, Kapazitätsauslastung, rechnerunterstützte Entwicklung und Konstruktion **(CAD)**, Fertigung durch Maschinen, deren Bewegungsabläufe von integrierten Rechnern gesteuert werden **(CNC)**, oder computerunterstützte Qualitätssicherung und Kontrolle **(CAQ)**

3. **Absatz:** EDV-Verwaltung von Verkaufslager, Kundendateien

4. **Verwaltung:** Textverarbeitung (Angebote, Auftragsbestätigungen, Geschäftsbriefe, Rechnungen), Buchführung (Buchung von Zahlungseingängen, Mahnwesen, Anlagenbuchhaltung, Kennzahlen), Kostenrechnung(Kostenstellenverwaltung und Betriebsabrechnung, Kalkulation), Statistik (Periodenvergleiche, Betriebsvergleiche)

EDV-Systeme lassen sich in sämtlichen betrieblichen Funktionsbereichen sinnvoll einsetzen:

- Beschaffung zur Materialdisposition
- Produktion, CNC, CAQ, CAD
- Absatz zur Fertiglagerverwaltung
- Verwaltung: Textverarbeitung, Buchführung, Kostenrechnung, Statistik

110 *Was ist Hardware?*

Hardware ist der Sammelbegriff für den gerätetechnischen Teil eines Computers.

Zu der Hardware gehören

- **Zentraleinheit** (CPU = Central Prozess Unit mit Steuerwerk, Arbeitsspeicher und Rechenwerk),

- **Eingabegeräte** (Tastatur, Maus, Scanner),

- **Ausgabegeräte** (Drucker, Plotter, Bildschirm)

- **Datenträger** (Disketten, Festplatten, CD-ROM).

Hardware sind alle technischen Geräte für den EDV-Einsatz:

- Eingabegeräte
- Zentraleinheit
- Ausgabegeräte
- Datenträger

111 *Was ist Software?*

Unter **Software** werden sämtliche **Programme** zur Verarbeitung von Daten im Computer zusammengefasst.

Unterschieden wird zwischen:

1. **Systemsoftware:** Die Systemsoftware sind Programme, die die Zusammenarbeit der einzelnen Teile der Hardware steuern bzw. dafür verantwortlich sind (z.B. **Windows,** OS/2). Betriebssysteme unterstützen darüber hinaus den Benutzer bei seiner Arbeit am Computer z.B. durch Verwaltung von Dateien.

   Programme, die den Komfort beim Umgang mit dem Computer erhöhen, werden als systemnahe Software bezeichnet. Internet-Nutzer benötigen, um sich im Dickicht des World Wide Web (WWW) zurechtzufinden, Zugangsprogramme, sogenannte Browser. Mit ihnen werden die Inhalte des Internet lesbar und sichtbar.

2. **Anwendersoftware:** Anwendersoftware sind alle Programme, die für die Lösung von Aufgaben und Problemen eingesetzt werden. Bei der Anwendersoftware ist zwischen Standardprogrammen (z.B. Word oder Excel), Branchenlösungen für den Handwerksbereich (z.B. Primus) und Individuallösungen für den einzelnen Betrieb zu unterscheiden.

> Software sind die Programme, die den Computer veranlassen, Daten zu verarbeiten.
>
> Zu unterscheiden ist grundsätzlich zwischen:
> - Systemsoftware
> - Anwendersoftware
>
> Browser sind Zugangsprogramme zum Internet.

112 *Was sind Daten?*

Daten sind kleinste, in Form von Zahlen, (numerische Daten), Ziffern (alphabetische Daten) oder in Kombination von Zahlen und Ziffern (alphanumerische Daten) vorliegende Informationen über Fakten, Vorgänge, Abläufe oder Probleme in kodierter Form.

Informationen in Form von Daten betreffen alle betrieblichen Aufgabenbereiche. Für den Bereich Produktion kann z.B. zwischen Betriebsmitteldaten (z.B. Kapazität und Leistung von Maschinen, Energieverbrauch), Arbeitsplatzdaten (Aufgabe und Kompetenz von Stellen), Personaldaten (Name, Alter, Ausbildung der Mitarbeiter) oder Auftragsdaten (Kundenname, Maße oder Termin) unterschieden werden.

> Daten sind kodierte Informationen über Personen, Sachen oder Probleme.

113 *Was sind Stammdaten?*

Stammdaten sind Daten über Eigenschaften von Systemelementen (Personen, Sachverhalten oder Unternehmen), die langfristig gültig bleiben, d.h. sie verändern sich selten oder nie.

Stammdaten im Betrieb sind z.B. Name und Adresse von Kunden oder Lieferanten, Bankverbindung, Steuernummer beim Finanzamt, Kundennummer.

> Stammdaten bleiben über einen längeren Zeitraum fest, wie
> - Kundenadressen
> - Lieferantenadressen

C Grundlagen wirtschaftlichen Handelns im Betrieb

114 *Was sind Bewegungsdaten?*

Bewegungsdaten verändern sich häufig und werden in der Regel periodischen Auswertungen unterzogen.

Bewegungsdaten im Handwerksbetrieb sind z.B. Materialpreise, Abgaben und Gebühren, Umsatzerlöse, Rechnungsnummer.

Bewegungsdaten ändern sich regelmäßig.

115 *Welche Arten von Druckern unterscheidet man?*

Grundsätzlich unterscheidet man:

1. **Typenraddrucker:** Sie haben nur einen eingeschränkten Zeichensatz und sind recht langsam, ermöglichen jedoch ein relativ gutes Schriftbild.

2. **Matrix- oder Nadeldrucker:** Solche Drucker verfügen über einen Druckkopf mit 9, 18, 24 oder 48 Nadeln. Matrixdrucker können beliebige Schriften, Zeichen oder Grafiken drucken, indem die Nadeln gegen ein Farbband schlagen und so der Druck auf dem Papier entsteht. Sie sind preisgünstig und es kann Endlos- und Einzelpapier verwendet werden.

3. **Tintenstrahldrucker:** Bei Tintenstrahldruckern baut sich das Druckbild wie bei Nadeldruckern aus einzelnen kleinen Punkten, die aus winzigen Düsen auf das Papier gestrahlt werden, auf.
Vorteile: hohe Druck- und Schriftqualität, geringe Geräuschentwicklung. Nachteilig ist, dass keine Durchschläge möglich sind.

4. **Laserdrucker:** Laserdrucker arbeiten ähnlich wie ein Fotokopiergerät und liefern das höchste Maß an Druckqualität. Dabei arbeiten sie sehr leise, sind in der Anschaffung und Wartung allerdings relativ teuer.

5. **Plotter:** Plotter eignen sich für Zeichenarbeiten, da sie mit Hilfe eines oder auch mehrerer Zeichenstifte Linien aller Art zeichnen können.

Die wichtigsten Druckerarten:

- Typenraddrucker
- Matrix- oder Nadeldrucker
- Tintenstrahldrucker
- Laserdrucker
- Plotter

116 *Welche Telekommunikationsmittel kann der Klein- und Mittelbetrieb verwenden?*

Informations- und **Kommunikationsmittel,** die eingesetzt werden können, sind:

1. **Telefon** (mündliche Informationsübermittlung)

2. **Telefax** (Fernkopien per Telefonleitung)

3. **Onlinedienste** AOL, T-Online, CompuServe (Informationsübermittlung und -empfang per Datenfernleitung)

4. **Mobilfunk** (mobiler Telefondienst im C-, D- und E-Netz = Handy, Autotelefon)

5. **City-Ruf** (Übermittlung von Tonsignalen oder kurzen Informationen)

3 Rationalisierung, REFA

117 *Was wird unter Rationalisierung verstanden?*

Unter **Rationalisierung** versteht man sämtliche Maßnahmen, um bestehende betriebliche Verhältnisse und Abläufe zu verbessern.

Rationalisierung dient

1. der **Kostensenkung** im Betrieb, durch Verbesserung der Auftragsabwicklung, besserer Organisation der Lagerhaltung und der kostengünstigeren Produktion der handwerklichen Güter und Leistungen.

2. Sie soll die **Produktivität** (= Verhältnis von Ausbringungsmenge und Einsatzmenge), die **Wirtschaftlichkeit** (= Verhältnis von Ertrag und Aufwand) und die **Rentabilität** (= Verhältnis von Gewinn zu Kapitaleinsatz) verbessern.

Rationalisierung bedeutet die Anwendung organisatorischer und wirtschaftlicher Maßnahmen zur Kostensenkung und damit der Verbesserung der

- Produktivität
- Wirtschaftlichkeit
- Rentabilität

118 *Was versteht man unter RKW?*

RKW bedeutet. »Rationalisierungskuratorium der deutschen Wirtschaft e.V.«. Hauptaufgabe des RKW als Einrichtung der deutschen Wirtschaft ist die Anleitung zur Einführung von Rationalisierungsmaßnahmen in die Praxis der Betriebe, z.B. Einführung einheitlicher Normen.

119 *Was versteht man unter Normung?*

Normung ist die einheitliche Festlegung von Begriffen, Verfahren, Messtechniken oder Produkt- und Materialeigenschaften wie Qualität, Form, Farbe oder Abmessungen.

Je nach Anwenderkreis lassen sich betriebsspezifische Normen, Verbandsnormen und allgemeine Normen unterscheiden.

Überbetriebliche Normen sind:

- DIN-Normen
- VDE-Normen
- VDI-Richtlinien
- ISO-Normen

Normen sind: Planmäßige und gemeinschaftlich durchgeführte Vereinheitlichung von Begriffen, Messverfahren, Verfahren und Materialeigenschaften zur Rationalisierung und Qualitätssicherung.

120 *Was bedeutet REFA?*

Abkürzung für den 1924 gegründeten »**R**eichsausschuss **f**ür **A**rbeitszeitermittlung«. 1977 wurde er dann umbenannt in »**REFA – Verband für Arbeitsstudien und Betriebsorganisation e.V.**«

Wesentliche Aufgabe des REFA-Verbandes ist die Entwicklung praktikabler Methoden zur Verbesserung der Wirtschaftlichkeit und zur Humanisierung der Arbeit.

121 *Was bedeutet ISO 9001?*

Mit dem **Qualitätsstandard ISO 9001** beschreibt die internationale Organisation für Normung (ISO, **I**nternational **S**tandardization **O**rganization) das gesamte Qualitätsmanagement mit acht Kriterien. Dazu zählen die Verantwortlichkeit der Führung, der prozessorientierte Ansatz im Unternehmen und das Streben nach stetiger Verbesserung.

Techniker und Ingenieure haben dann darauf zu achten, dass bei Maschinen/Geräten die Anforderungen an Technik, Information und die Betreiber- und Anwendungsvorschriften verständlich sind.

Wird ein hoher Standard erreicht, darf das Unternehmen seine Geräte selbst mit der **Kennzeichnung „CE"** (Conformité-Europée) versehen. Dies belegt innerhalb der EU, dass ein Produkt alle Anforderungen an Sicherheit und Gesundheit erfüllt.

122 *Welche Rationalisierungsmöglichkeiten gibt es im Betrieb?*

Grundsätzlich bieten sich **Rationalisierungsmöglichkeiten** für den Unternehmer in allen betrieblichen Funktionsbereichen an.

Rationalisierungsmaßnahmen können in sämtlichen Aufgabenbereichen

- Beschaffung,
- Produktion,
- Absatz,
- Verwaltung,

des Betriebes sinnvoll umgesetzt werden.

1. **Beschaffung:**
   Bessere Organisation der Materialannahme und -prüfung, kostengünstigere Lagerhaltung (Einsatz von modernen Regalsystemen oder Lagerverwaltung per EDV) oder kontrollierte Materialausgabe.

2. **Produktion:**
   Einsatz neuer Technologien, wirtschaftliche Programmbreite (d.h. Spezialisierung auf bestimmte Produkte, Entscheidung über Eigenfertigung oder Fremdbezug von Teilen).

3. **Absatz:**
   Präzise Marktuntersuchung, verbesserte, kundenorientierte Werbung, eingehende Konkurrenzanalyse (d.h. Untersuchung von Stärken und Schwächen der Konkurrenz und des eigenen Unternehmens).

4. **Verwaltung:**
   Wirtschaftliche Organisation der Verwaltung durch Einsatz von EDV oder Formularen, sowie schnellere Bearbeitung von Kundenanfragen und -aufträgen.

Wichtig:
Ein gutes Mahnwesen.

V Personalwesen und Mitarbeiterführung

1 Personalbeschaffung, Personalentwicklung

123 *Was unterscheidet die Art der Produktion im Handwerk von der Produktion in anderen Wirtschaftsbereichen?*

Während in einigen Wirtschaftsbereichen, wie beispielsweise der Industrie überwiegend kapitalintensiv produziert wird (Maschinen und technische Anlagen spielen die Hauptrolle bei der Fertigung), erfolgt die **Herstellung der handwerklichen Güter** und **Leistungen** in der Regel **arbeitsintensiv**, d.h. der Anteil menschlicher Arbeit ist bei handwerklicher Fertigung relativ hoch.

Hohe Arbeitsintensität im Produktionsprozess bewirkt hohe Lohnkosten. Handwerkliche Fertigung ist damit überwiegend lohnintensiv, d.h. Personalkosten sind der Hauptkostenfaktor.

Der **Personalpolitik**, d.h. der Gestaltung der Personalbeschaffung, der Personalführung, des Personaleinsatzes und der Personalplanung kommt somit im Handwerk zentrale Bedeutung zu.

Die Produktion in den meisten Handwerkszweigen erfolgt
- arbeitsintensiv
und
- lohnintensiv.

124 *Welche Anforderungen werden an Mitarbeiter im Handwerk gestellt?*

Handwerkliche Produktion ist überwiegend **arbeitsintensive Auftragsfertigung.** An die Fähigkeiten der Mitarbeiter sind deshalb besondere Anforderungen zu stellen. Mitarbeiter im Handwerk sollten:

1. **fachlich qualifiziert** sein (Gesellenprüfung, Facharbeiterabschluss).
2. in der Lage sein, **selbstständig zu arbeiten** (d.h. Aufträge komplett z.B. vom Ausmessen an der Baustelle über den Zuschnitt in der Werkstatt bis zur Montage am Bau ausführen können).
3. **Organisations-** als auch **Improvisationstalent** besitzen.

Anforderungen an Mitarbeiter im Handwerk:
- Gute fachliche Kenntnisse und praktische Fertigkeiten
- Selbstständiges Arbeiten
- Fähigkeit zur Organisation und zur Improvisation

125 *Was ist unter Personalplanung zu verstehen?*

Die Aufgabe der **Personalplanung** ist es, den zukünftigen (d.h. kurz-, mittel- und langfristigen) Bedarf an Mitarbeitern (Meister, Fach- und Hilfskräfte sowie kaufmännische Angestellte) des Handwerksbetriebs zu ermitteln.

Bei der Personalplanung müssen einerseits sämtliche **betriebsspezifischen** Gegebenheiten, wie z.B. Betriebsgröße, Gegenstand der Unternehmung (Handwerkszweig), Personalstruktur (z.B. Alter und Qualifikation der beschäftigten Mitarbeiter) oder Organisation berücksichtigt werden.

Die Personalplanung hat die Funktion, den künftigen Mitarbeiterbedarf zu ermitteln. Dieser ist abhängig von:
- Größe des Betriebes
- Handwerkszweig
- Organisation
- Zahl der Beschäftigten

C Grundlagen wirtschaftlichen Handelns im Betrieb

126 *Welche Möglichkeiten der Personalbeschaffung werden unterschieden?*

Unter **Personalbeschaffung** versteht man die Auswahl und die Besetzung einer Stelle im Betrieb mit einem neuen Mitarbeiter. Die Personalbeschaffung kann intern (aus dem Betrieb) oder extern (von außerhalb des Betriebes) erfolgen.

Bei der **internen Personalbeschaffung** wird eine freie Stelle mit einem Mitarbeiter besetzt, der bereits im Betrieb beschäftigt ist (innerbetriebliche Stellenausschreibung).

Bei **externer Personalbeschaffung** wird die Besetzung einer freien Stelle durch Neueinstellung eines Bewerbers vom Arbeitsmarkt vorgenommen (außerbetriebliche Stellenausschreibung).

Personalbeschaffung, d.h. die Besetzung freier Stellen, kann:
- intern (durch Bewerber aus dem eigenen Betrieb)
- extern (durch Bewerber vom Arbeitsmarkt)

erfolgen.

127 *Welche Schritte sind bei der Einstellung neuer Mitarbeiter vorzunehmen?*

Die **Einstellung von Mitarbeitern,** d.h. der Abschluss eines Arbeits- oder Anstellungsvertrages mit einem Stellenbewerber, sollte unter Beachtung der folgenden Schritte vorgenommen werden:

1. **Stellenausschreibung:** Ausschreibung der Stelle entweder intern oder extern, z.B. in lokaler, regionaler Presse oder Fachpresse.
2. **Begutachtung der Bewerbungsunterlagen:** Kritische Beurteilung der eingereichten Unterlagen (z.B. Zeugnisse, Lebenslauf oder Empfehlungen) sowie Vorauswahl der Bewerber.
3. **Vorstellungsgespräch:** Persönliche Beurteilung des oder der Stellenbewerber anhand eines Gesprächs, beispielsweise über Fachkenntnisse, bisherige Tätigkeit oder zusätzliche Qualifikationen.
4. **Tests und Eignungsprüfungen:** Falls notwendig können z.B. Intelligenz-, Leistungs- oder Eignungstests durchgeführt werden.
5. **Auswahl und Einstellung:** Auswahl des Bewerbers unter Beachtung der Bewerbungsunterlagen und des Vorstellungsgesprächs. Abschluss des Arbeitsvertrages mit dem neuen Mitarbeiter.

Die Stellenbesetzung im Betrieb sollte in folgender Reihenfolge ablaufen:
- Stellenausschreibung
- Sichtung und Beurteilung der eingereichten Bewerbungsunterlagen
- Vorstellungsgespräch
- Eignungstests
- Auswahl des Bewerbers
- Einstellung und Abschluss des Arbeitsvertrages

128 *Welche Arbeitspapiere benötigt der Unternehmer von einem neuen Mitarbeiter?*

Unterlagen und **Papiere,** die der neue Mitarbeiter bei Einstellung abzugeben hat und die für den Arbeitgeber notwendige Informationen beinhalten, sind:

1. **Lohnsteuerinformationen** (Angaben über Steuerklasse, Familienstand und Zahl der Kinder).
2. **SV-Ausweis** (Formular zur Anmeldung bei der zuständigen Krankenkasse).
3. **Urlaubsbescheinigung** (Information über die Zahl der vom letzten Arbeitgeber bereits gewährten Urlaubstage).

Arbeitspapiere, die vom neu eingestellten Mitarbeiter gebraucht werden:
- Lohnsteuerkarte
- Sozialversicherungsausweis
- Urlaubsbescheinigung des letzten Arbeitgebers

129 *Wovon hängt das menschliche Leistungsvermögen ab?*

Das **Leistungsvermögen der Mitarbeiter** hängt von persönlichen (d.h. subjektiven) und sachlichen, vom Betrieb beeinflussbaren Leistungsfaktoren ab.

Menschliche Arbeitsleistung wird durch innere und äußere Faktoren bestimmt.

130 *Was sind innere Faktoren der menschlichen Leistung?*

Persönliche oder **innere Voraussetzungen** der Arbeitsleistung sind z.B.:

Geschlecht, Alter, Fachwissen und Fertigkeiten, körperliche Verfassung, Leistungswille, Kreativität des Mitarbeiters, Intelligenz, Belastbarkeit.

Innere Faktoren:
- Alter und Geschlecht
- Leistungswille
- Fachliches Können
- Verantwortung

131 *Was sind äußere Faktoren der menschlichen Leistung?*

Sachliche bzw. **äußere Faktoren der Leistungsfähigkeit** des Menschen sind z.B.:

Gestaltung der Arbeitsplätze, betriebsspezifische Organisation, Zustand und Art der technischen Mittel (Maschinen und Werkzeuge), Betriebsklima sowie die soziale Leistungen (z.B. betriebliche Altersversorgung, Fahrtkostenzuschüsse, Essenszuschüsse).

Äußere Faktoren:
- Betriebsorganisation,
- Zustand und Modernitätsgrad von Maschinen, Werkzeugen sowie
- Betriebsklima

132 *Was heißt Leistungsfähigkeit?*

Die **Leistungsfähigkeit** ist die durch Geschlecht, Alter, körperliche Verfassung (Gesundheitszustand) und fachliches Können (Fachwissen und Fertigkeiten) vorgegebene mögliche maximale Arbeitsleistung eines Menschen.

Die Leistungsfähigkeit der Mitarbeiter sollte der Handwerksmeister einschätzen können, um einen gezielten Personaleinsatz vornehmen zu können.

Die Leistungsfähigkeit ist die mögliche maximale Leistung eines Mitarbeiters.

2 Führungsstile, Motivation

133 *Was versteht man unter Führungsstil?*

Unter dem **Führungsstil** versteht man die Art und Weise, wie sich der Handwerksmeister oder der Vorgesetzte im Betrieb gegenüber den unterstellten Mitarbeitern verhält. Sie drückt aus, wie er sie führt, sie somit zu einer bestimmten qualitativen oder quantitativen Leistung veranlasst.

Führungsstil ist die Art des Umgangs des Vorgesetzten mit den nachgeordneten Mitarbeitern.

134 *Welche Führungsstile werden grundsätzlich unterschieden?*

Grundsätzlich unterscheidet man zwei Führungsstile:

1. **Autoritärer Führungsstil:** Beim autoritären Führungsstil werden die Entscheidungen vom Vorgesetzten allein, ohne aktive Beteiligung der unterstellten Mitarbeiter, von denen Unterordnung verlangt wird, getroffen.

Grundsätzlich unterscheidet man zwischen:
- Autoritärem Führungsstil und

2. **Kooperativer Führungsstil:** Beim kooperativen oder partnerschaftlichen Führungsstil werden die Mitarbeiter an Entscheidungen durch Befragen oder Anhören beteiligt. Typisch ist dabei die **Delegation,** d.h. Übertragung von Verantwortung für bestimmte Tätigkeiten oder an Betriebsabteilungen.

● Kooperativem Führungsstil

Der **Laissez-faire-Stil** (der Unternehmer lässt seine Mitarbeiter gewähren) gehört sicher der Vergangenheit im modernen Management, auch in Handwerksbetrieben, an.

135 *Welche Vorteile hat der kooperative Führungsstil?*

Die **Vorteile** des **kooperativen** bzw. partnerschaftlichen **Führungsstils** ergeben sich durch Einbeziehung der Mitarbeiter in betriebliche Entscheidungen, was eine Vergrößerung des Informationshintergrundes und damit eine möglicherweise bessere Entscheidung bewirkt.

Die **Übertragung von Verantwortungsbereichen** auf die Mitarbeiter entlastet die Führungskräfte und ermöglicht eine bessere Entfaltung der Fähigkeiten der Beschäftigten, was wiederum eine höhere Arbeitszufriedenheit und Motivation zur Folge hat.

Die Vorteile kooperativer Führung:
● Entlastung der Führungskräfte
● Höhere Motivation
● Besseres Betriebsklima
● Bessere Entfaltung persönlicher Fähigkeiten
● Höhere Leistung

136 *Welche Verhaltensweisen des Führenden erhöhen die Motivation der Mitarbeiter?*

Verhaltensweisen des Führenden, die geeignet sind, die Einstellung zur Arbeit und zum Unternehmen fördernd, d.h. positiv zu beeinflussen, sind:

1. Anerkennung der Leistung (Lob)
2. Übertragung von Verantwortung
3. Leistungsgerechte Entlohnung
4. Einbeziehung, Mitwirkung bei Entscheidungen
5. Abstellen organisatorischer Fehler durch den Chef
6. Richtiger Einsatz der Mitarbeiter
7. Ausreichende Information und Kommunikation der Mitarbeiter

137 *Was sind Merkmale einer guten Führungskraft?*

Gute Führungskräfte zeichnen sich z.B. aus durch:

1. Fachliche Kompetenz
2. Kritikfähigkeit
3. Gerechtigkeit und Respekt gegenüber seinen Mitarbeitern/Untergebenen
4. Selbstdisziplin, auch in Krisenphasen
5. Überzeugungskraft
6. Entscheidungsfreude
7. Belastbarkeit
8. Kontaktfreude
9. Vorausschau

● Merkmale guter Führungskräfte

137 A — *Was versteht man unter aufgabenorientierter und unter mitarbeiterorientierter Führung?*

Bei **aufgabenorientierter Führung** steht die betriebliche Aufgabe im Vordergrund, die Mitarbeiter erhalten klar definierte Aufgaben, Vorschriften und Kommunikationswege vorgegeben. Die Arbeitsaufgaben sind nach festen Vorgaben und Richtlinien zu erledigen, die von der Führungskraft vorgegeben werden. Entscheidungsspielräume der Mitarbeiter bestehen nicht, die Führungskraft muss über alle Entscheidungen informiert werden.

Bei **mitarbeiterorientierter Führung** behandelt die Führungskraft die Mitarbeiter als gleichberechtigte Partner, es herrscht eine vertrauensvolle Atmosphäre. Die Mitarbeiter haben gewisse Entscheidungsspielräume zur Erledigung ihrer Arbeitsaufgaben, innerhalb derer sie selbstständig entscheiden und keine Rücksprache mit der Führungskraft halten müssen.

Aufgabenorientierte Führung:
- Klare Arbeitsvorgaben
- Entscheidungen nur bei der Führungskraft
- Information der Führungskraft

Mitarbeiterorientierte Führung
- Mitarbeiter wird als Partner behandelt
- Entscheidungsspielräume

C Grundlagen wirtschaftlichen Handelns im Betrieb

3 Entlohnungsmerkmale, Lohnformen

138 — *Wonach richtet sich die Lohn- und Gehaltshöhe für Mitarbeiter?*

Die **Lohnhöhe der Mitarbeiter** richtet sich grundsätzlich nach den entsprechenden Lohn- und Gehaltstarifverträgen für die einzelnen Gewerbe.

Neben diesen tariflichen Eckwerten kann in den einzelnen Betrieben eine weitere Abstufung der Mitarbeiterlöhne erfolgen nach den Kriterien:

1. Fachliches Können
2. Berufserfahrung
3. Qualifikation
4. Anforderungen an den Mitarbeiter
5. Schwierigkeit der Arbeit
6. Verantwortung
7. Betriebszugehörigkeit

Maßgeblich für die Lohnhöhe ist zunächst der für das jeweilige Gewerbe gültige Lohn- und Gehaltstarifvertrag. Weitere Differenzierungskriterien sind:
- Fachliches Können
- Berufserfahrung
- Verantwortung
- Anforderungen

139 — *Was versteht man unter marktgerechter Entlohnung?*

Von **marktgerechter Entlohnung** wird dann gesprochen, wenn bei der Festlegung der Lohnhöhe Vergleiche zur Entlohnung ähnlicher Stellen in anderen Betrieben der gleichen Branche angestellt werden.

Für die marktgerechte Entlohnung sind also nicht ausschließlich betriebsinterne Kriterien, wie z.B. Arbeitsanforderung oder Verantwortung entscheidend.

Eine marktgerechte Entlohnung liegt vor, wenn Vergleiche zur Lohnhöhe für gleichartige Stellen oder Tätigkeiten in anderen Betrieben herangezogen werden.

140 *Was ist der Zeit-lohn?*

Beim **Zeitlohnverfahren** richtet sich die Höhe der Entlohnung ausschließlich nach der aufge-wendeten Arbeitszeit (Stundenlohn). Ein direk-ter Zusammenhang zwischen Entlohnung und Arbeitsleistung besteht beim Zeitlohn nicht, eine bestimmte Leistung wird jedoch vom Mit-arbeiter vorausgesetzt.

Der **Zeitlohn ist im Betrieb** vor allem für solche Tätigkeiten geeignet, bei denen eine Messung der Arbeitsleistung nicht möglich ist, oder bei Tätigkeiten, bei denen die Qualität größere Bedeutung hat als die Quantität.

> Beim Zeitlohn erfolgt die Entlohnung des Mitarbeiters ausschließlich nach der geleisteten Arbeitszeit (Stunden, Wochen, Monat).

141 *Welche Vor- und Nachteile hat das Zeitlohnverfahren für den Unternehmer?*

Die **Vorteile beim Zeitlohn** für den Unterneh-mer liegen in seiner einfachen Berechnung (Arbeitsstunden multipliziert mit Stundenlohn), im schonenderen Umgang mit den Maschinen und sonstigen Betriebsmitteln durch die Mitar-beiter sowie in der Erzielung einer hohen Pro-duktqualität.

Nachteile des Zeitlohnverfahrens für den Be-triebsinhaber im Handwerk sind z.B. ein relativ geringer Leistungsanreiz für den Mitarbeiter, häufigere Kontrollen durch den Meister sind nötig und das alleinige Risiko für Minderleis-tungen des Mitarbeiters trägt allein der Unter-nehmer.

> Vorteile:
> - Einfache Berechnung
> - Hohe Qualität
> - Pfleglicher Umgang mit den Betriebsmitteln
>
> Nachteile:
> - Geringer Leistungsanreiz.
> - Häufige Kontrollen
> - Risiko trägt der Unternehmer

142 *Was ist ein Leistungslohn?*

Beim **Leistungslohn (Akkordlohn)** richtet sich die Entlohnung des Mitarbeiters unmittelbar nach dessen Arbeitsleistung **(Mengenergebnis).** Der Arbeitsverdienst des Mitarbeiters pro Zeit-einheit entwickelt sich dabei im gleichen Ver-hältnis wie die erreichte Leistung (z.B. Stück-zahl oder Quadratmeter): Je höher die vom Mit-arbeiter gefertigte Stückzahl ist, desto höher ist sein Arbeitsverdienst.

> Beim Leistungslohn steht der Verdienst des Mitarbeiters im unmittelbaren Zusammenhang mit seiner Mengenleistung.

143 *Welche Akkordlohnformen werden grundsätzlich unterschieden?*

In der praktischen Anwendung unterscheidet man **zwei Akkordlohnformen:**

1. **Stückgeldakkord:** Bei dieser Form wird dem Arbeitnehmer pro gefertigtem Stück ein bestimmter Geldbetrag gezahlt. Der Ver-dienst berechnet sich somit aus der gefertig-ten Stückzahl multipliziert mit dem **Geldak-kordsatz.**

2. **Stückzeitakkord:** Bei dieser Akkordform wird für eine bestimmte Leistung eine bestimmte, feste Zeit vorgegeben. Wird diese **Vorgabezeit** vom Mitarbeiter unterschritten, erhöht sich der festgelegte Lohn.

> Unterschieden wird in der Praxis zwischen
> - Stückgeldakkord und
> - Stückzeitakkord.

144 *Unter welchen Bedingungen ist der Akkordlohn im Betrieb einsetzbar?*

Das **Leistungs-** bzw. **Akkordlohnverfahren** ist in Betrieben dann einsetzbar, wenn es sich um Arbeiten handelt, die sich häufig wiederholen, die der Mitarbeiter durch sein Arbeitstempo beeinflussen kann und bei denen das Arbeitsergebnis sowie der Zeitbedarf messbar ist.

Handwerkszweige, in denen Akkordlohn praktizierbar und auch üblich ist, sind z.B. Fliesenlegerhandwerk, Parkettlegerhandwerk oder Estrichlegerhandwerk. In solchen Betrieben erhalten die Mitarbeiter in der Regel einen bestimmten Geldbetrag pro gefertigten bzw. verlegtem Quadratmeter.

Das Akkordlohnverfahren eignet sich, wenn:
- die Tätigkeiten häufig wiederholt werden,
- die Arbeitsleistung und Zeitbedarf messbar sind,
- der Mitarbeiter das Arbeitstempo beeinflussen kann.

145 *Was wird unter Prämienlohn verstanden?*

Beim **Prämienlohn** handelt es sich um eine **Kombination von Zeit- und Leistungslohn.** Neben einer festen Grundentlohnung, die in der Regel im Zeitlohnverfahren erfolgt, zahlt der Betrieb den Mitarbeitern eine festgelegte Prämie für bestimmte Mehr- oder Besserleistungen.

Prämien können z.B. für die Einhaltung von Terminen, eine schnellere Fertigung, sparsamen Energieverbrauch, eine geringe Ausschussquote oder weniger Verschnitt bzw. einen geringeren Materialverbrauch gezahlt werden.

Auch weniger Kundenreklamationen sollten für den Betrieb Anlass sein, Prämien zu zahlen.

Für die **betriebliche Praxis** ist das Prämienlohnverfahren eine gute Möglichkeit, den Mitarbeiter zu einer höheren Leistung zu motivieren, gleichzeitig ihn aber qualitativ hochwertige Arbeit leisten zu lassen.

Der Prämienlohn ist eine Lohnform, bei der zum Grundlohn (Zeitlohn) eine Prämie gezahlt wird.

146 A *Welche Sozialleistungen spielen im Betrieb eine Rolle?*

Zu den **Sozialleistungen** des Betriebes zählen alle Aufwendungen, die für die Mitarbeiter zusätzlich zum Lohn gezahlt werden (= Lohnnebenkosten).

Unterschieden wird zwischen gesetzlichen, tariflichen und freiwilligen Sozialaufwendungen.

Zum gesetzlichen Sozialaufwand gehören z.B. die Arbeitgeberbeiträge zur Sozialversicherung (Kranken-, Renten-, Arbeitslosen- und Unfallversicherung).

Zum tariflichen Sozialaufwand gehört z.B. Urlaubsgeld oder Fahrtkostenzuschüsse.

(Einzelheiten siehe bei Sozialversicherungen.)

Die Sozialleistungen werden zusätzlich zum Lohn gezahlt. Unterschieden werden gesetzliche, tarifliche und freiwillige Sozialleistungen des Arbeitgebers.

146 B *Wie haben sich die Beitragssätze in der Sozialversicherung entwickelt?*

Sehen Sie hierzu die Grafik auf der folgenden Seite 142.

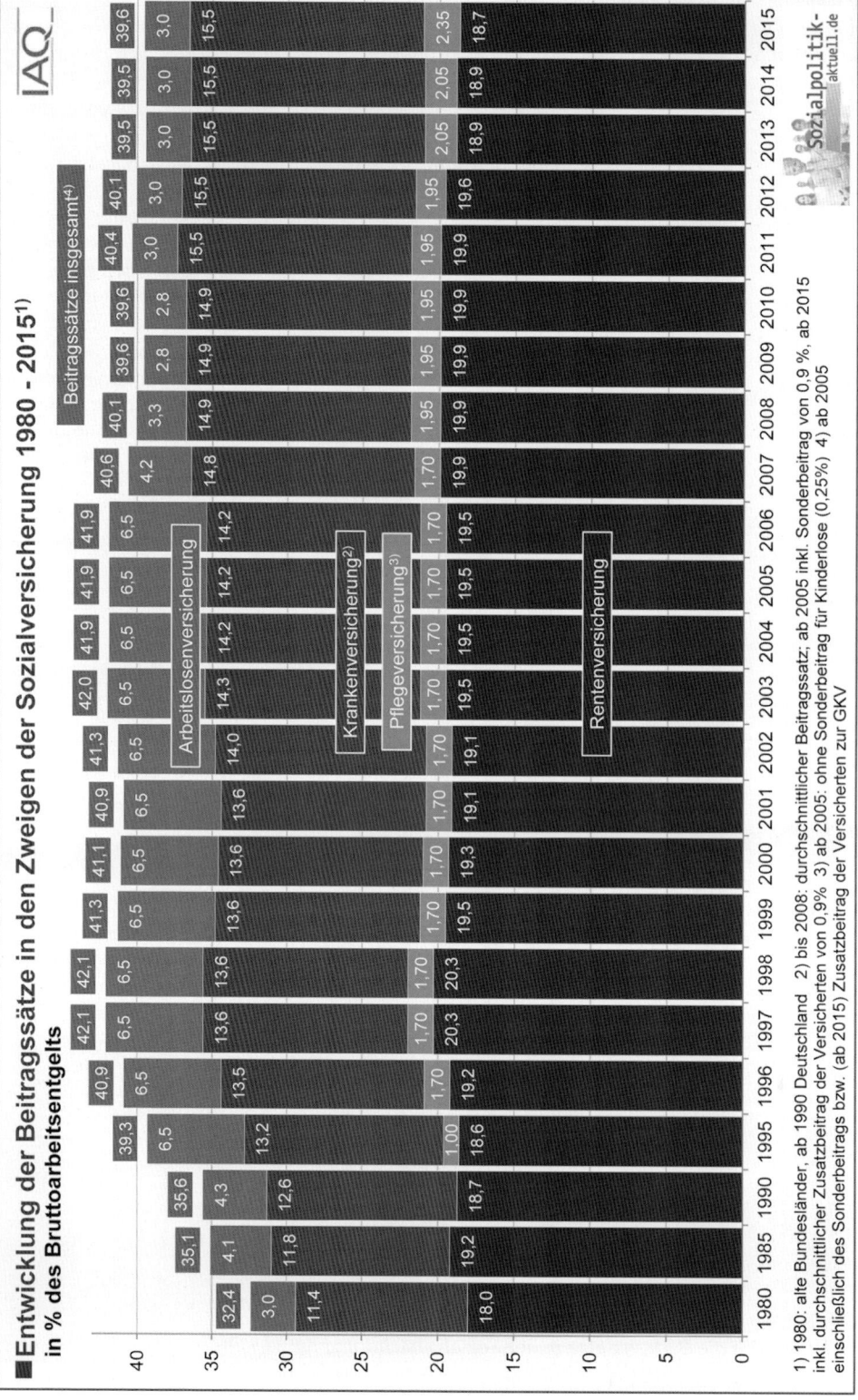

■ Entwicklung der Beitragssätze in den Zweigen der Sozialversicherung 1980 – 2015[1] in % des Bruttoarbeitsentgelts

1) 1980: alte Bundesländer, ab 1990 Deutschland 2) bis 2008: durchschnittlicher Beitragssatz; ab 2005 inkl. Sonderbeitrag von 0,9 %, ab 2015 inkl. durchschnittlicher Zusatzbeitrag der Versicherten von 0,9 % 3) ab 2005: ohne Sonderbeitrag für Kinderlose (0,25%) 4) ab 2005 einschließlich des Sonderbeitrags bzw. (ab 2015) Zusatzbeitrag der Versicherten zur GKV

VI Finanzierung

1 Grundbegriffe der Finanzierung

146 *Was bedeutet der Begriff Finanzierung?*

Die **Finanzierung** beinhaltet sämtliche Maßnahmen im Unternehmen, die mit der Beschaffung des notwendigen Kapitals zur Begründung des Vermögens verbunden sind.

Unter Finanzierung versteht man Beschaffung von Eigen- und Fremdkapital.

147 *Wann ist eine Finanzierung notwendig?*

Die **Beschaffung** von Kapital im Unternehmen ist bei folgenden Anlässen erforderlich:
1. Bei der **Gründung** der Unternehmung zur Beschaffung des Betriebsvermögens.
2. Bei **Erweiterung** und **Rationalisierung** des Unternehmens zum Bau neuer Gebäude, der Anschaffung neuer Maschinen und Anlagen.
3. Zur **Überbrückung** finanzieller Engpässe, um den Zahlungsverpflichtungen nachkommen zu können.

Kapitalbeschaffung bzw. Finanzierung im Unternehmen ist erforderlich bei:
- Gründung
- Erweiterung
- Rationalisierung
- Überbrückung finanzieller Engpässe

148 *Wovon ist der Finanz- oder Kapitalbedarf einer Unternehmung abhängig?*

Der **Finanzbedarf** hängt ab von:
1. der Größe des Betriebes
2. der Zusammensetzung des Anlage- und Umlaufvermögens
3. der Art der angebotenen Produkte und Leistungen
4. den geplanten Investitionen
5. der Konjunkturentwicklung

149 *Welche Finanzierungsarten lassen sich unterscheiden?*

Nach der **Kapitalherkunft** lässt sich grundsätzlich zwischen Außen- und Innenfinanzierung der Unternehmung unterscheiden.

150 *Was ist Außenfinanzierung?*

Bei der **Außenfinanzierung** wird der Unternehmung das Kapital von außen zugeführt. Die Außenfinanzierung erfolgt z.B. durch die Aufnahme von Bankkrediten oder durch Einlagen und Beteiligungen von Gesellschaftern.

Das Kapital bei der Außenfinanzierung stammt also nicht aus dem betrieblichen Umsatz- und Leistungsprozess.

Von Außenfinanzierung wird gesprochen, wenn das Kapital
- durch Kredite oder
- neue Gesellschafter
aufgebracht wird.

151 *Was ist Innenfinanzierung?*

Bei der **Innenfinanzierung** stammt das Kapital aus dem Umsatzprozess der Unternehmung selbst. Die Innenfinanzierung erfolgt z.B. durch die Nichtausschüttung von Gewinnen oder durch die Freisetzung von Kapital wie den Verkauf nicht betriebsnotwendiger Vermögensteile oder Abschreibungsrückflüssen. Hierbei dienen die Abschreibungen der Finanzierung von Investitionen.

Innenfinanzierung = das Kapital der Unternehmung wird durch den betrieblichen Umsatzprozess verdient.

152 *Was versteht man unter Selbstfinanzierung?*

Bei der **Selbstfinanzierung** erfolgt die Kapitalbildung, indem Teile des erwirtschafteten Gewinns nicht an die Eigentümer ausgeschüttet werden, sondern im Betrieb verbleiben **(Gewinnthesaurierung).** Die nicht entnommenen Gewinne stehen damit für Investitionszwecke zur Verfügung.

Ein Vorteil der Selbstfinanzierung besteht darin, dass keine Abhängigkeiten gegenüber Gläubigern entstehen und keine regelmäßigen Zins- und Tilgungszahlungen anfallen.

> Selbstfinanzierung erfolgt durch Nichtausschüttung von Gewinnen (»Sparen im Betrieb«).

153 *Was ist Fremdfinanzierung?*

Eine **Fremdfinanzierung** liegt dann vor, wenn der Unternehmung Kapital von außen durch Kredite zugeführt wird. Die Fremdfinanzierung verursacht damit Zahlungen für Zinsen und Tilgungsleistungen.

Die Fremdkapitalzinsen können jedoch als Betriebsausgaben abgesetzt werden, was den steuerlichen Gewinn schmälert.

> Fremdfinanzierung liegt vor, wenn die Kapitalbeschaffung durch die Aufnahme von Krediten erfolgt.

2 Leasing, Factoring, Finanzplanung

154 *Was versteht man unter Leasing?*

Beim **Leasing** werden Anlagen oder Investitionsgüter wie Maschinen, Werkzeuge, Fahrzeuge, EDV-Ausrüstung durch den Hersteller selbst oder durch spezielle Leasing-Gesellschaften vermietet.

Der **Leasingnehmer** hat das Recht, die geleasten Güter zu nutzen und zahlt dafür an den Leasinggeber die vereinbarte Vergütung **(Leasingrate).**

Leasing als besondere **Finanzierungsform** findet z.B. Anwendung bei der Vermietung von Büroausstattung (Equipment-Leasing) oder Industrieanlagen und kann sowohl Wartung als auch Service beinhalten. Nach Ablauf der vereinbarten Leasingzeit wird das geleaste Investitionsgut, je nach Vertrag, vom Leasingnehmer entweder zum Restwert übernommen oder an den Leasinggeber zurückgegeben.

> - Leasing ist die mietweise Überlassung von beweglichen und unbeweglichen Investitions- und Konsumgütern durch den Leasinggeber zur Nutzung durch den Leasingnehmer.
> - Die Vermietung erfolgt durch den Hersteller selbst oder durch Leasinggesellschaften.

155 *Welche Vorteile hat Leasing für den Unternehmer?*

Die **Vorteile** des **Leasings** für den Unternehmer sind:

1. Keine hohen Anschaffungskosten für Investitionen, sodass kein Kapital gebunden wird.

2. Keine Überalterung von Anlagen und Maschinen.

3. Die Leasingraten sind steuerlich voll absetzbar.

156 *Welche Nachteile hat Leasing?*

Die **Nachteile** des **Leasings** für den Unternehmer können sein:

1. Längerfristige Leasingverträge verursachen möglicherweise höhere Aufwendungen als der Kauf des entsprechenden Anlagegutes.

2. Die monatlichen Leasingraten beeinträchtigen die Liquidität der Unternehmung negativ, wenn nicht entsprechende Erlöse erzielt werden.

157 *Was bedeutet Factoring?* [1]

Factoring ist ein **Finanzierungsgeschäft,** bei dem eine Unternehmung Forderungen aus Waren- und Dienstleistungsverkäufen an eine Factoringbank (Spezialbank) verkauft. Die Factoringbank schreibt dem Unternehmen nach Abzug von Provision und Zinsen den Forderungsbetrag gut und übernimmt das Mahnwesen, die Eintreibung der Forderungen sowie das Risiko eines evtl. Forderungsausfalles.

Beim Factoring verkauft ein Unternehmen Forderungen gegen Abzug von Provision und Zinsen an eine Bank.

158 *Welche Aufgaben hat die Finanzplanung im Unternehmen?*

Die **Aufgabe** der **Finanzplanung** ist

1. die Ermittlung des zukünftigen Kapitalbedarfs des Betriebes und

2. die Festlegung der bestmöglichen Finanzierungsform für die geplanten Investitionen unter der Berücksichtigung jederzeitiger Liquidität.

Die Finanzplanung sollte mit Hilfe eines Finanzplanes erfolgen.

Mit der Finanzplanung soll der Kapitalbedarf der Unternehmung festgestellt werden.

159 *Welche Angaben sollte ein Finanzplan enthalten?*

In einem **Finanzplan** werden die zukünftigen **Zahlungseingänge** einer Wirtschaftsperiode (z.B. für drei Monate oder ein halbes Jahr) den zukünftigen **Zahlungsausgängen** gegenübergestellt.

Ziel ist es,

1. eine **Unterdeckung** finanzieller Mittel zu verhindern, um immer zahlungsbereit zu sein

oder

2. eine **Überdeckung** mit liquiden Mitteln zu vermeiden, um die Geldanlage rentabler zu gestalten.

Ein **Finanzplan** enthält somit die erwarteten Ausgaben z.B. für Rohstoffe, Löhne oder Fremdleistungen und die für den gleichen Zeitraum erwarteten Einnahmen aus dem Verkauf der produzierten Erzeugnisse des Unternehmens.

Ein Finanzplan stellt Zahlungseingänge und Zahlungsausgänge einer Periode dar.

---

[1] *Franchising* – Vertriebsform, bei der der Einzelhändler oder Gastronom (McDonalds) die Produkte eines Unternehmens (Franchisegeber) in *Lizenz*, d.h. nach Zahlung einer Gebühr, selbstständig verkauft. (Siehe auch **Frage 93 A** auf Seite 126.)

3 Begriffe aus dem Kreditwesen, Kreditarten

160 *Was versteht man unter Kapitaldienst?*

Als **Kapitaldienst** werden die Tilgungs- und Zinszahlungen für aufgenommene Kredite bezeichnet.

161 *Welche Kreditarten lassen sich nach der Laufzeit unterscheiden?*

Nach der **Laufzeit** des Kredits unterscheidet man:

1. **Kurzfristige Kredite** mit einer Laufzeit bis zu 6 Monaten. Sie werden zur Überbrückung kurzfristiger finanzieller Engpässe wie schleppende Zahlungseingänge oder zur Skontierung benötigt.
2. **Mittelfristige Kredite** mit einer Laufzeit von 6 Monaten bis zu 4 Jahren. Sie werden für die Beschaffung von Anlagevermögensteilen wie z.B. Fahrzeugen oder Geschäftsausstattung verwendet.
3. **Langfristige Kredite** mit einer Laufzeit von mehr als 4 Jahren. Solche Kredite werden zur Finanzierung von Grundstücken, Gebäuden oder zum Bau von Anlagen benötigt.

Kreditarten:
- Kurzfristige Kredite, Laufzeit bis 6 Monate.
- Mittelfristige Kredite, Laufzeit zwischen 6 Monaten und 4 Jahren.
- Langfristige Kredite, Laufzeit über 4 Jahre.

162 *Wovon ist die Kreditwürdigkeit abhängig?*

Bei **Vergabe** eines **Kredites** durch die Bank wird zunächst die **Kreditwürdigkeit (Bonität)** des Kunden geprüft. Faktoren, die die Kreditwürdigkeit bestimmen:

1. **Persönliche Kreditwürdigkeit.**[1] Sie soll Hinweise über Charakter, Ruf sowie Zuverlässigkeit des Kreditnehmers geben.
2. **Wirtschaftliche Kreditwürdigkeit** eines Unternehmens. Sie hängt ab von ihrer Rechtsform, Größe und Kapitalhöhe.

   Ihre Überprüfung erfolgt insbesondere durch Offenlegung der Bilanzen und der G+V-Rechnungen der letzten Jahre.

Die Kreditwürdigkeit eines Unternehmers wird bestimmt durch:
- Die persönlichen Verhältnisse.
- Die wirtschaftlichen Verhältnisse seines Unternehmens.

163 *Was ist ein Personalkredit?*

Bei einem **Personalkredit** ist ausschließlich die Kreditwürdigkeit des Kreditnehmers für die Kreditgewährung maßgebend. Eine Sicherheit für den gewährten Kredit ist nur in der Person des Kreditnehmers zu sehen, nur er haftet der Bank für die fristgerechte Erfüllung der Zins- und Tilgungszahlungen.

Der Personalkredit beruht nur auf der Kreditwürdigkeit des Kreditnehmers, andere Sicherheiten werden nicht gestellt.

164 *Was ist ein Realkredit?*

Beim **Realkredit** dienen der Bank neben der Haftung des Kreditnehmers für Zinsen und Tilgungsleistungen bestimmte Vermögensgegenstände wie Grundstücke und Gebäude als Kreditsicherheit.

Der Realkredit wird durch Vermögensteile des Kreditnehmers gesichert.

---

[1] Banken, Sparkassen, Telekommunikationsanbieter, Versicherer, Energieversorger ,die überwiegend Mitglieder der **Schutzgemeinschaft für allgemeine Kreditsicherung (Schufa)** sind, haben sich verpflichtet, der Schufa Informationen von Kunden über Kontoeröffnung, Ausgabe von Kreditkarten und vergebene Kredite zu übermitteln. Bei der Schufa kann dann alles abgefragt werden von den Banken und auch jährlich – kostenlos – von den Bürgern.

165 *Was ist ein Investitionskredit?*

Ein **Investitionskredit** dient dem Kreditnehmer zur Finanzierung der Erstellung, der Erneuerung oder der Erweiterung seines betrieblichen Anlagevermögens wie z.B. Gebäude, technische Anlagen und Maschinen. Investitionskredite sind regelmäßig langfristige Kredite.

Investitionskredite sind langfristige Kredite zur Finanzierung des Anlagevermögens im Betrieb.

166 *Was versteht man unter einem Darlehen?*

Unter einem **Darlehen** versteht man einen Kredit, der dem Kreditnehmer in einer Summe oder in Teilbeträgen zur Verfügung gestellt wird und in festgelegten Raten oder am Ende der Laufzeit in einer Summe zurückzuzahlen ist. Ein Darlehen ist in der Regel ein langfristiger Kredit.

Beim Darlehen wird der Kreditbetrag:

- In festgelegten Raten oder
- am Ende der Laufzeit in einer Summe zurückgezahlt.

167 *Was ist ein Kontokorrentkredit?*

Beim **Kontokorrentkredit** räumt ein Kreditinstitut dem Kreditnehmer auf dessen Girokonto (Kontokorrentkonto = »laufendes Konto«) einen Kredit bis zu einer bestimmten Überziehungshöhe ein. **Zinsen** werden dabei nur für den jeweils in Anspruch genommenen Teil des Kredits berechnet.

Kontokorrentkredite werden vom Betrieb vor allem zur Skontierung, zur kurzfristigen finanziellen Überbrückung schleppender Zahlungseingänge und zur Aufrechterhaltung der Zahlungsbereitschaft benötigt.

Der Kontokorrentkredit ist ein kurzfristiger Kredit, den der Bankkunde bis zu einer festgesetzten Obergrenze durch Überziehung seines Girokontos in Anspruch nehmen kann.

168 *Was ist unter einem Lieferantenkredit zu verstehen?*

Ein **Lieferantenkredit** entsteht, wenn der Lieferer dem Käufer von Waren und Dienstleistungen ein Zahlungsziel, d.h. eine bestimmte Frist nach der Lieferung der Ware einräumt, innerhalb der gezahlt werden soll.

Ein Lieferantenkredit liegt vor, wenn einem Tischlermeister für gelieferte Holzwerkstoffe ein Zahlungsziel von z.B. 30 Tagen gewährt wird.

Beim Lieferantenkredit gewährt der Verkäufer dem Käufer ein bestimmtes Zahlungsziel (Termin) bis zu dem die Ware bezahlt werden muss.

169 *Was bedeutet Skonto?*

Das **Skonto** ist ein prozentualer Abzug vom Rechnungspreis, den der Lieferer als Anreiz für den Kunden gewährt, vor Ablauf der vereinbarten Zahlungsfrist zu zahlen.

Bei **Handelsgeschäften** erfolgt häufig eine Vereinbarung, dass der Käufer innerhalb 30 Tagen rein netto oder innerhalb 14 Tagen unter Abzug von 2% Skonto zahlen kann.

Der Handwerksmeister sollte immer Skonto ausnutzen, auch wenn er dafür das Girokonto überziehen muss. Denn: **Skontoerträge** sind in der Regel **immer größer** als die **Überziehungszinsen.**

Skonto ist ein Preisnachlass auf den Rechnungsbetrag für die Zahlung vor Fälligkeit der Rechnung.

Beispiele:

siehe *Nr. 86 + 87* »Rechnungswesen«.

C Grundlagen wirtschaftlichen Handelns im Betrieb

170 *Was versteht man unter der Effektivverzinsung?*

Als **Effektivverzinsung** bezeichnet man die tatsächlich gezahlten Zinsen für einen Kredit unter Berücksichtigung aller Kostenbestandteile. Das sind Zinsen, Bearbeitungsgebühr und Kontoführungsgebühren.

Beispiele:

Nr. 88 + 89 »Rechnungswesen«.

Zur Effektivverzinsung gehören Zinsen inklusive der Kreditnebenkosten, dargestellt in einem Zinssatz.

4 Kreditsicherheiten, Grundbuch

171 *Welche banküblichen Kreditsicherheiten lassen sich unterscheiden?*

Kredite werden aufgrund der **Kreditwürdigkeit** des Kreditnehmers und dem Nachweis von **Sicherheiten** gewährt.

Als Kreditsicherheiten dienen:

1. Die **Bürgschaft** von Personen, die die Gewähr übernehmen, dass die Kreditverpflichtungen des Kreditnehmers erfüllt werden.
2. Die **Sicherungsübereignung** z.B. von Maschinen oder Kraftfahrzeugen an den Kreditgeber (siehe *Nr. 179*).
3. **Abtretung von Ansprüchen** z.B. Lebensversicherungen oder Forderungen an Kunden.
4. Das **Pfandrecht** an beweglichen Sachen (z.B. Wertpapiere des Kreditnehmers) oder an unbeweglichen Sachen (Grundpfandrechte wie Hypothek oder Grundschuld).

Kreditsicherheiten sind:
- Sicherungsübereignung
- Bürgschaft[1]
- Pfandrecht
- Abtretung

172 *Was ist eine Ausfallbürgschaft?*

Bei einer **Ausfallbürgschaft** handelt es sich um einen schriftlichen Vertrag, durch den sich der Bürge gegenüber dem Gläubiger (z.B. einer Bank) verpflichtet, für die Verbindlichkeiten des Schuldners einzustehen.

Bei der **Ausfallbürgschaft haftet** der Bürge gegenüber der Bank nur dann, wenn eine erfolglose Zwangsvollstreckung in das Vermögen des Schuldners zum Ausfall der Forderungen führt (= Einrede der Vorausklage).

Bei der Ausfallbürgschaft kann der Gläubiger den Bürgen nur in Anspruch nehmen, wenn er nachweist, dass er bei der verbürgten Forderung einen Verlust erlitten hat.

173 *Was ist eine selbstschuldnerische Bürgschaft?*

Bei der **selbstschuldnerischen Bürgschaft** ist der Bürge sofort zur Zahlung verpflichtet, wenn der Schuldner bei Fälligkeit die Verbindlichkeit nicht zahlt. Der Bürge hat bei einer solchen Bürgschaft nicht das Recht, vom Schuldner den Nachweis des Forderungsausfalls zu verlangen. Ein **Kaufmann** kann sich auch **mündlich** verbürgen.

Bei der selbstschuldnerischen Bürgschaft ist der Bürge bei Nichtzahlung des Schuldners sofort zur Zahlung verpflichtet.

174 *Was ist das Grundbuch?*

Das **Grundbuch** ist ein Verzeichnis aller Grundstücke in einem bestimmten Bezirk und wird beim **Amtsgericht (Grundbuchamt)** geführt.

Das Grundbuch
- ist das amtliche Verzeichnis aller

---

[1] Eine Bankbürgschaft (Bankgarantie) kann als Sicherheit zum Beispiel für Miet- oder Gewährleistungsverpflichtungen dienen.

Die Aufgabe des Grundbuches ist es, über die Rechtsverhältnisse die an Grundstücken bestehen Auskunft zu geben.

Einsichtnahme ins Grundbuch ist nur dem Eigentümer gestattet. Gläubiger müssen das Vorliegen eines berechtigten Interesses (z.B. Zwangsvollstreckungstitel) nachweisen.

Grundstücke eines Amtsgerichtsbezirks,
- gibt Auskunft über die Rechtsverhältnisse, die an Grundstücken bestehen.

---

175 *Welche Angaben enthält das Grundbuch?*

Das **Grundbuch** enthält **Angaben** über Lage, Größe, Art und Eigentumsverhältnisse eines Grundstücks. Weiterhin gibt es Auskunft

1. über Rechte die mit dem Grundstück verbunden sind (z.B. Wohnrecht, Überfahrrecht) und
2. mit welchen Grundpfandrechten (z.B. Grundschulden) das Grundstück belastet ist.

Das Grundbuch gibt Auskunft über:
- Art und Lage des Grundstückes
- Eigentumsverhältnisse
- Belastungen des Grundstückes

---

176 *Was ist eine Grundschuld?*

Eine **Grundschuld** ist die **Belastung** eines **Grundstückes** in der Weise, dass an den Gläubiger eine bestimmte Geldsumme aus dem Grundstück zu zahlen ist. Der Grundstücksgläubiger kann eventuell Zwangsvollstreckung verlangen.

Da die Grundschuld an keine Forderung gebunden ist, kann sie auch im Grundbuch stehen, wenn keine Kredite aufgenommen wurden. In einem solchen Fall wird von einer Eigentümergrundschuld gesprochen.

Kreditinstitute bevorzugen Grundschulden zur Absicherung von langfristigen Darlehen und auch Überziehungskrediten, weil die Grundschuld im Gegensatz zur Hypothek nicht immer neu ins Grundbuch eingetragen werden muss und sie zur Absicherung mehrerer Forderungen dienen kann.

Die Grundschuld ist ein Grundpfandrecht, bei dem keine Person haftet, sondern das beliehene Grundstück. Damit eine Grundschuld wirksam ist, muss sie ins Grundbuch eingetragen sein.

---

177 *Was bedeutet Hypothek?*

Die **Hypothek** ist die Belastung eines Grundstücks in der Weise, das an den Hypothekengläubiger eine bestimmte Geldsumme wegen einer ihm zustehenden Forderung aus dem Grundstück zu zahlen ist.

Die Hypothek ist immer eng mit einer Forderung verbunden. Die Grundschuld nicht.

---

178 *Was ist eine Annuität?*

Unter **Annuität** wird der vom Darlehensnehmer an den Gläubiger zu zahlende monatlich oder jährliche Gesamtbetrag, bestehend aus Tilgung und Zins, verstanden.

In der **Praxis** ist die Vereinbarung gleichbleibender Annuitäten mit fallendem Zinsanteil und steigenden Tilgungsanteil üblich. Die Höhe der Annuitäten wird dabei so festgelegt, dass die Darlehensschuld bis zum festgesetzten Termin einschließlich Zinsen zurückgezahlt ist.

Als Annuität wird die monatliche Gesamtbelastung des Kreditnehmers bezeichnet, die aus
- Tilgung und Zins besteht und
- in gleichbleibenden Raten bezahlt wird.

179 *Was versteht man unter Sicherungsübereignung?*

Die **Sicherungsübereignung** ist eine Übereignung von beweglichen Sachen wie z.B. Maschinen, Kraftfahrzeugen oder Waren durch den Kreditnehmer an den Gläubiger, d.h. in der Regel eine **Bank (= Eigentümer)** zur Sicherung einer Forderung. Der **Kreditnehmer** bleibt **Besitzer** des übereigneten Gutes.

Die Sicherungsübereignung = Kreditsicherheit, bei der die bewegliche Sache als Sicherheit dient.
- Kreditgeber = Eigentümer
- Kreditnehmer = Besitzer

180 *Welche Vorteile hat die Sicherungsübereignung?*

Der wesentliche **Vorteil** der **Sicherungsübereignung** liegt darin, dass der Kreditnehmer die als Sicherheit an den Kreditgeber übereigneten Sachen weiter nutzen kann.

Sicherungsübereignete Maschinen und Kraftfahrzeuge können somit betrieblich eingesetzt werden und dazu beitragen, die eigenen Anschaffungskosten durch den mit ihnen erwirtschafteten Ertrag allmählich zu decken.

Ein **weiterer Vorteil** für den Kreditgeber ist, dass er sicherungsübereignete Sachen selbst nicht aufbewahren muss und dadurch keine zusätzlichen Kosten entstehen.

Vorteile der Sicherungsübereignung:
- Der Kreditnehmer kann die übereigneten Sachen in seinem Betrieb nutzen.
- Der Kreditgeber braucht sicherungsübereignete Sachen nicht aufzubewahren.

181 *Was bedeutet Abtretung einer Forderung?*

Als Sicherheit für die Aufnahme und die Rückzahlung eines Bankkredites können **Forderungen** des Kreditnehmers an seine eigenen Kunden an den Gläubiger **abgetreten werden (= Zession).** Durch den Abschluss eines Abtretungsvertrages zwischen dem Gläubiger, z.B. einer Bank und dem Schuldner z.B. einem Handwerksmeister, geht dessen Kundenforderung an die Bank über.

Die Abtretung von Forderungen eines Kreditnehmers an seinen Kreditgeber dient der Sicherung eines Kredites.

182 *Was versteht man unter Verpfändung?*

Eine **Verpfändung** liegt vor, wenn einem Kreditgeber bewegliche Sachen wie z.B. Wertpapiere oder Schmuck vom Schuldner als Kreditsicherheit übergeben **werden.**

Das Pfandrecht des Gläubigers entsteht durch Einigung zwischen dem Kreditnehmer und dem Kreditgeber und durch die körperliche Übergabe der verpfändeten Sache. Der **Kreditgeber** wird zum **Besitzer** des Pfandes, während der **Kreditnehmer** weiterhin **Eigentümer** der verpfändeten Sache bleibt.

Verpfändung ist die körperliche Übergabe einer beweglichen Sache an einen Kreditgeber als Sicherheit.
- Kreditgeber = Besitzer
- Kreditnehmer = Eigentümer

5 Zahlungsverkehr und Zahlungsarten

183 *Welche Geldarten unterscheidet man?*

Man unterscheidet die folgenden Geldarten:
1. **Metallgeld (= Münzen):** Das ausschließliche Recht zur Prägung und Ausgabe von Münzen hat die Bundesregierung (Münzhoheit). Bei den Münzen sind zwei Arten zu unterscheiden, Kurantmünzen und Scheidemünzen.

Geldarten:
- Metallgeld
- Papiergeld
- Buchgeld

Kurantmünzen sind Münzen, bei denen der Metallwert dem Nennwert entspricht. Bei Scheidemünzen ist der Metallwert geringer als der Nennwert. In der Bundesrepublik werden zur Zeit nur Scheidemünzen ausgegeben.

2. **Papiergeld (= Banknoten):** Banknoten werden ausschließlich von der Deutschen Bundesbank gedruckt und ausgegeben (Notenhoheit). Für Banknoten besteht uneingeschränkter Annahmezwang.

3. **Buchgeld (= Giralgeld):** Buchgeld ist Geld in Form von Guthaben oder Kreditlinien auf Bankkonten.

184 *Was ist Barzahlung?*

Bei der **Barzahlung** benutzen Zahlungsempfänger und Zahlungspflichtiger Bargeld, auch als Wertbrief und Postanweisung.

185 *Welche Geldart spielt in der modernen Wirtschaft die größte Rolle?*

Buchgeld ist in hochentwickelten Wirtschaften die wichtigste Form des Geldes; es kann schnell und einfach auch über große Entfernungen übertragen werden.

186 *Was ist eine halbbare Zahlung?*

Von **halbbarer Zahlung** wird gesprochen, wenn entweder nur der Einzahler oder nur der Zahlungsempfänger ein Girokonto bei einer Bank/Sparkasse oder Postbank unterhalten.

Bei der halbbaren Zahlung kommt somit nur einer der Geschäftspartner mit Bargeld (Banknoten oder Münzen) in Kontakt.

Halbbare Zahlung ist ein einseitiges Bargeldgeschäft.

187 *Was ist ein Zahlschein?*

Mit einem **Zahlschein** zahlt der Zahlungspflichtige den geschuldeten Betrag bei einer Bank/Sparkasse oder Postbank auf das Konto des Zahlungsempfängers bar ein.

Zahlschein = halbbares Zahlungsmittel

188 *Was versteht man unter einer Postnachnahme?*

Bei einer **Postnachnahme** wird die Dt. Post AG beauftragt, bei der Zustellung einer Warenlieferung an den Empfänger den Rechnungsbetrag zuzüglich Gebühren beim Zahler gleich einzuziehen.

Nach erfolgter Zahlung durch den Empfänger zahlt der Postzusteller den eingezogenen Betrag mit der beigefügten Zahlkarte auf das Konto des Absenders der Ware ein.

Die Postnachnahme ist eine Versendungsform, die als halbbare Zahlungsform den Zahlungseingang sichert.

C Grundlagen wirtschaftlichen Handelns im Betrieb

189 *Was ist ein Barscheck?*

Der **Barscheck** ist ein Scheck ohne den Vermerk: »Nur zur Verrechnung«. Gegen die Vorlage eines Barschecks wird dem Überbringer der auf dem Scheck ausgeschriebene Geldbetrag bei der **kontoführenden Bank des Ausstellers,** am Schalter **bar** ausgezahlt.

Alle anderen Banken sind nicht verpflichtet, einen vorgelegten Barscheck bar auszuzahlen; sie schreiben den Betrag gut.

Der Barscheck kann vom Handwerksmeister z.B. für die Bezahlung einer Aushilfskraft, die noch kein eigenes Konto besitzt, verwendet werden.

Ein Barscheck wird von der bezogenen Bank oder Sparkasse am Schalter bar eingelöst.

190 *Was ist unter bargeldloser Zahlung zu verstehen?*

Die **bargeldlose Zahlung** erfolgt ausschließlich durch die Übertragung von Buchgeld. Voraussetzung das bargeldlos gezahlt werden kann ist, dass beide am Zahlungsvorgang Beteiligten – Zahlungspflichtiger und Zahlungsempfänger – ein Girokonto bei einer Bank oder Sparkasse besitzen.

• Bargeldlose Zahlung ist Zahlung ohne Verwendung von Bargeld.
• Gezahlt wird durch alle Formen der Überweisung.

191 *Welche Vorteile sind mit dem bargeldlosen Zahlungsverkehr verbunden?*

Bargeldlose Zahlungen haben folgende **Vorteile:**

1. Sichere Geldaufbewahrung bei einer Bank oder Sparkasse.
2. Schnelle und bequeme Zahlung.
3. Beweisbarkeit der erfolgten Zahlung.
4. Kein Verlust durch Diebstahl oder gefälschte Banknoten

Bei der bargeldlosen Zahlung überwiegen deutlich die Vorteile.

192 *Was ist eine Banküberweisung?*

Eine **Banküberweisung/Postüberweisung** ist der schriftliche Auftrag an eine Bank/Sparkasse oder Postbank, aus dem Guthaben oder dem Kredit des Kontoinhabers eine bestimmte Geldsumme auf das im Überweisungsauftrag bezeichnete Konto des Zahlungsempfängers zu überweisen.

Mit der Gutschrift des Überweisungsbetrages auf dem Konto des Zahlungsempfängers ist der Überweisungsvorgang abgeschlossen.

Bei der Überweisung wird ein Kreditinstitut beauftragt, einen bestimmten Betrag vom Konto des Absenders auf das Konto des Empfängers zu übertragen.

193 *Was unterscheidet Einzel- und Sammelüberweisung?*

Die **Einzelüberweisung** wird zur einmaligen Zahlung an einen Begünstigten verwendet. Eine Einzelüberweisung kann z.B. benutzt werden, wenn ein Handwerksmeister eine einmalige Reparaturrechnung zu begleichen hat.

Eine **Sammelüberweisung** wird zur einmaligen Guthabenübertragung an verschiedene Begünstigte verwendet. Sammelüberweisungsaufträge können z.B. verwendet werden, wenn mehrere Rechnungen mit gleicher oder ähnlicher Fälligkeit an verschiedene Zahlungsempfänger

• Ein Einzelüberweisungsauftrag wird zur einmaligen Begleichung einer Rechnung genutzt.
• Sammelüberweisungen sollten eingesetzt werden, wenn mehrere Rechnungen an unterschiedliche

überwiesen werden sollen. Sammelüberweisungsaufträge sparen für den Auftraggeber Buchungspostengebühren, da nur der Gesamtbetrag aller Rechnungen vom Konto einmalig abgebucht wird.

Empfänger überwiesen werden.

---

194 *Was ist ein Dauerauftrag?*

Der **Dauerauftrag** ist eine besondere Form der **Überweisung.** Beim Dauerauftrag erteilt der Zahlungspflichtige seinem Kreditinstitut den Auftrag, bis auf Widerruf regelmäßig zu bestimmten Terminen gleichbleibende Beträge an denselben Begünstigten zu überweisen.

Dauerauftrag = Auftrag an die Bank zum regelmäßigen Überweisen eines bestimmten Betrages.

---

195 *Wann ist die Einrichtung eines Dauerauftrages sinnvoll?*

Der **Dauerauftrag** dient zur Abwicklung von Zahlungen die **regelmäßig wiederkehren,** in ihrer Höhe gleich bleiben und immer den gleichen Empfänger haben. Zahlungen die sinnvoll durch Dauerauftrag erledigt werden können sind z.B.:

– Rundfunk- und Fernsehgebühren,

– Mietzahlungen,

– Kfz-Steuer,

– Beiträge zur Innung oder Kammer.

Der Dauerauftrag eignet sich für Zahlungen, die

● in der Höhe immer gleich bleiben,

● regelmäßig wiederkehren,

● den gleichen Empfänger haben.

---

196 *Was wird unter dem Lastschrifteinzugsverfahren verstanden?*

Beim **Lastschrifteinzugsverfahren** erlaubt der Zahlungspflichtige (Kontoinhaber) entweder dem Zahlungsempfänger, geschuldete Beträge direkt von seinem Konto einzuziehen **(Einzugsermächtigung),** oder er beauftragt sein Kreditinstitut, eingehende Lastschriften (z.B. von Lieferanten) abzubuchen **(Abbuchungsauftrag).**

Lastschriftverfahren:

● Einzugsermächtigung

● Abbuchungsauftrag

---

197 *Für welche Zahlungen eignet sich die Verwendung von Lastschriften?*

Einzugsermächtigung und **Abbuchungsauftrag** eigenen sich für Zahlungen die regelmäßig wiederkehren, ihrer Höhe nach nicht gleich sind und die den gleichen Zahlungsempfänger haben; z.B.:

– Strom- und Gasrechnungen

– Kommunale Gebühren

– Telefonrechnung

Lastschriften eignen sich für Zahlungen, die sich in ihrer Höhe verändern.

---

198 *Was versteht man unter beleglosem Zahlungsverkehr?*

Zum **beleglosen Zahlungsverkehr** rechnet man die Verfahren, bei denen bargeldlose Zahlungen auf elektronischen Datenträgern wie z.B. Disketten oder Magnetbändern oder durch Datenfernübertragung weitergeleitet werden. An die Stelle des Zahlungsverkehrsbelegs wie z.B. eine Überweisung, tritt ein Datensatz der vom auftraggebenden Kreditinstitut zum Kreditinstitut des Zahlungsempfängers weitergeleitet wird (z.B. Homebanking).

Beim beleglosen Zahlungsverkehr werden die notwendigen Daten durch den Austausch elektronischer Medien (z.B. Disketten) weitergeleitet.

199 *Wozu dienen Kreditkarten?*

Kreditkarten dienen

1. zur bargeldlosen Zahlung von Waren und Dienstleistungen bei Vertragspartnern der Kreditkartengesellschaften sowie

2. zur Beschaffung von Bargeld bei Kreditinstituten und an Geldautomaten.

Bekannte Kreditkarten sind z.B. Mastercard, Visa oder American Express.

> Kreditkarten sind moderne und rationelle Formen der bargeldlosen Zahlung.

199 A *Was versteht man unter dem POS-System?*

Beim 1993 von der Kreditwirtschaft eingeführten POS-System (POS = **P**oint **o**f **S**ale) handelt es sich um ein elektronisches Zahlungssystem bei dem der Kunde unter Verwendung einer EC-Karte oder unter Benutzung einer Kundenkarte am Verkaufsort bezahlen kann.

Dazu ist die Eingabe einer persönlichen Identifikationsnummer (PIN), mit der sich gegenüber dem System legitimiert, notwendig.

Die notwendigen Daten werden dabei vom Magnetstreifen der EC-Karte durch einen Kartenleser gelesen und verschlüsselt an ein Autorisierungssystem der Kreditwirtschaft weitergeleitet.

Bei einer positiven Prüfung garantiert das Kreditgewerbe dem Verkäuder der Ware die Zahlung des Betrages, der vom Bankkonto des Kunden abgebucht und dem Verkäufer gutgeschrieben wird.

> POS-System ist ein elektronisches System mit dessen Hilfe man direkt beim Händler am Verkaufsort (Point of Sale) bezahlen kann. Dabei übernimmt die Kreditwirtschaft bei positiver Prüfung eine Garantie für die Zahlung.

199 A *Was versteht man unter dem POZ-System?*

Das POZ-System ist ein Offline-System zur Zahlung von Waren und Dienstleistungen direkt beim Händler mit Hilfe der EC-Karte und der Unterschrift des Kunden.

Im Gegensatz zum POS-System übernimmt beim POZ-System die Kreditwirtschaft jedoch keine Garantie für die Zahlung.

> Das POZ-System ist ein POS-System jedoch ohne Zahlungsgarantie der Kreditinstitute.

200 *Was ist ein Scheck?*

Ein **Scheck** ist eine schriftliche, unbedingte Anweisung an die bezogene Bank oder Sparkasse, eine bestimmte Geldsumme aus dem Guthaben oder dem Kredit des Ausstellers an den Überbringer zu zahlen.

Der Scheck ist ein Wertpapier und hat die Eigenschaft eines Zahlungsmittels. Geschäfte **müssen** Schecks aber nicht annehmen.

> Durch einen Scheck wird die kontoführende Bank angewiesen, einen bestimmten Geldbetrag an den Überbringer zu zahlen.

201 *Welche Vorlegungsfristen gelten für Schecks?*

Schecks müssen innerhalb einer bestimmten Zeit, der **Vorlegungsfrist,** bei der bezogenen Bank vorliegen, um sicher eingelöst zu werden.

Für die Einlösung von Scheck gelten nachfolgende Vorlegungsfristen:

1. Für im Inland ausgestellte Schecks 8 Tage

2. Für im europäischen Ausland einschließlich der außereuropäischen Mittelmeerländer ausgestellte Schecks 20 Tage

3. Für im außereuropäischen Ausland ausgestellte Schecks 70 Tage

Vorlegungsfristen:
- Im Inland: 8 Tage.
- Im europäischen Ausland: 20 Tage.
- Im außereuropäischen Ausland: 70 Tage.

202 *Welche gesetzlichen Bestandteile hat ein Scheck?*

Die **gesetzlichen Bestandteile** des **Schecks** sind:

1. Die Bezeichnung als Scheck.

2. Die unbedingte Anweisung eine bestimmte Geldsumme zu zahlen.

3. Der Name des bezogenen Kreditinstituts.

4. Die Angabe des Zahlungsortes.

5. Die Angabe des Ausstellungsortes und des Ausstellungsdatums.

6. Die Unterschrift des Ausstellers.

Ein Scheck hat sechs gesetzliche Bestandteile.

203 *Was ist ein Verrechnungsscheck?*

Ein **Verrechnungsscheck** ist ein Scheck, der den Vermerk:

»**Nur zur Verrechnung**«

trägt.

Die Einlösung eines Verrechnungsschecks kann nicht in bar erfolgen, sondern nur durch die **Gutschrift** auf einem Konto bei einer Bank/Sparkasse oder Postbank.

Verrechnungsschecks dienen der Sicherheit im Scheckverkehr.

Jeder Barscheck kann durch einen entsprechenden Vermerk zum Verrechnungsscheck gemacht werden.

Beim Verrechnungsscheck, der den Vermerk: »Nur zur Verrechnung« trägt, wird der Scheckbetrag dem Konto des Einreichers gutgeschrieben.

204 *Was ist ein Wechsel?*

Der **Wechsel** ist eine unbedingte Zahlungsanweisung, in der der Aussteller (Gläubiger) den Bezogenen (Schuldner) auffordert, an einem bestimmten Tag eine bestimmte Geldsumme entweder an seine oder eine andere Person zu zahlen.

Der Wechsel ist eine an gesetzliche Formvorschriften gebundene Urkunde, die eine Zahlungsverpflichtung beinhaltet.

205 *Welche gesetzlichen Bestandteile muss ein Wechsel enthalten?*

Ein **Wechsel** muss die folgenden Bestandteile enthalten:

1. Die Bezeichnung als Wechsel.

2. Die unbedingte Anweisung eine bestimmte Geldsumme zu zahlen.

3. Der Name des Bezogenen der zahlen soll.

4. Die Angabe der Verfallzeit.

5. Die Angabe des Zahlungsortes.

6. Die Angabe an wen oder wessen Order gezahlt werden soll.

7. Die Angabe des Ausstellungsortes und des Ausstellungsdatums.

8. Die Unterschrift des Ausstellers.

Ein Wechsel hat 8 gesetzliche Bestandteile.

206 *Was ist eine Tratte?*

Eine **Tratte** ist ein **gezogener Wechsel** vor seiner Annahme durch den Bezogenen. Bei einer Tratte handelt es sich somit zunächst nur um eine Zahlungsanweisung, da die Unterschrift des Bezogenen auf dem Wechsel noch fehlt.

Eine Tratte ist ein gezogener, vom Bezogenen noch nicht angenommener Wechsel.

207 *Was ist ein Akzept?*

Der Begriff **Akzept** hat zwei Bedeutungen:

1. Unter Akzept versteht man den vom Bezogenen durch Unterschrift angenommenen Wechsel. Neben der Zahlungsanweisung des Wechsels kommt nun durch die Annahme die **Zahlungsverpflichtung** des Bezogenen hinzu.

2. Als Akzept wird auch die **Unterschrift** des Bezogenen, d.h. die eigentliche Annahmeerklärung bezeichnet.

Die Bezeichnung Akzept hat zwei Bedeutungen:

● Vom Bezogenen angenommener Wechsel mit Zahlungsverpflichtung.

● Annahmeerklärung des Bezogenen.

208 *Was versteht man unter einem Indossament?*

Ein **Indossament** ist ein **Weitergabevermerk,** der auf der Rückseite des Wechsels angebracht wird.

Der **Weitergebende** vermerkt auf der Wechselrückseite den Namen des Empfängers, den Ort, das Datum und seine Unterschrift.

Das Indossament hat damit folgende Wirkungen:

1. Der Wechselnehmer erwirbt alle Rechte aus dem Wechsel.

2. Der Weitergebende haftet für die Annahme und Einlösung des Wechsels.

3. Der Wechselinhaber weist sich als rechtmäßiger Wechseleigentümer aus.

Unter einem Indossament versteht man die schriftliche Weitergabeerklärung auf der Wechselrückseite.

209 *Wie kann der selbstständige Unternehmer den Wechsel als Zahlungsmittel verwenden?*

Der **selbstständige Unternehmer** kann einen vom Kunden erhaltenen **Wechsel** als Zahlungsmittel verwenden, indem er den Wechsel an seinen Lieferanten zur Zahlung einer offenen Rechnung weitergibt. Die Schuld des Unternehmers beim Lieferanten ist jedoch erst getilgt, wenn der Wechsel eingelöst, d.h. von seinem Bankkonto abgebucht worden ist.

Der Wechselinhaber kann den Wechsel als Zahlungsmittel verwenden, wenn der Lieferant dies akzeptiert.

210 *Welche Bedeutung hat der Wechsel als Sicherungsmittel?*

Die Bedeutung als **Sicherungsmittel** erlangt der **Wechsel** vor allem durch die sog. **Wechselstrenge.** Als Wechselstrenge bezeichnet man die strengen gesetzlichen Vorschriften bezüglich Form, Fristen, Haftung und Protest, die mit großer Wahrscheinlichkeit gewährleisten, dass der Wechsel vom Bezogenen am Verfalltag eingelöst wird.

Mit Hilfe eines **Wechsels** kann somit die **Sicherheit einer Forderung** verbessert werden.

Ein Wechsel kann als Sicherungsmittel dienen, weil er durch die Wechselstrenge den jeweiligen Wechselgläubiger Sicherheit für die Einlösung bietet.

211 *Was versteht man unter der Diskontierung eines Wechsels?*

Unter der **Diskontierung eines Wechsels** versteht man den Verkauf eines Handelswechsels **vor Fälligkeit** an eine Bank oder Sparkasse.

Die Bank gewährt dem Wechselinhaber dabei einen **kurzfristigen Kredit,** da sie selbst den Wechselbetrag erst am Verfalltag erhält. Das Kreditinstitut berechnet deshalb für die Kontogutschrift des Wechsels vor Fälligkeit Zinsen **(= Diskont)** vom Tag der Einreichung bis zum Verfalltag.

Der Wechsel ist damit nicht nur Zahlungsmittel, sondern auch Kreditmittel.

Da es mit Beginn des Jahres 1999 den **Diskontsatz der Deutschen Bundesbank nicht mehr gibt,** und die Europäische Zentralbank die Rediskontierung von Handelswechseln nicht als Mittel der Geldpolitik einsetzt, ist die Bedeutung des Wechsels insgesamt geringer geworden.

Von der Diskontierung eines Wechsels wird gesprochen, wenn der Wechsel
- vor Fälligkeit,
- gegen Abzug von Zinsen und Gebühren

an ein Kreditinstitut zur Kontogutschrift verkauft wird.

Ein Wechsel hat die Funktion als Kreditmittel.

212 *Was ist ein Wechselprotest?*

Der **Wechselprotest** ist die öffentliche Beurkundung, dass der Wechsel zur rechten Zeit am rechten Ort erfolglos zur Zahlung bzw. zur Annahme vorgelegen hat.

Jeder Wechselprotest muss durch einen Notar, einen Gerichtsbeamten oder auch einen Postbeamten aufgenommen werden.

Der Wechselprotest ist **Beweismittel,** dass der Wechsel nicht eingelöst oder angenommen wurde (= notleidender Wechsel) und gesetzliche Voraussetzung für einen späteren Wechselprozess.

Ein Wechselprotest ist die Beurkundung durch einen Protestbeamten (Notar, Gerichts- oder Postbeamter), dass der Wechsel trotz rechtzeitiger Vorlage nicht angenommen oder nicht bezahlt wurde.

213 *Was versteht man unter Wechselrückgriff?*

Wenn der Wechsel bei Fälligkeit nicht eingelöst oder angenommen wurde, kann der Wechselinhaber den **Wechselrückgriff** vornehmen, d.h. er kann

1. für die Zahlung der Summe irgendeinen der auf dem Wechsel Stehenden in Anspruch nehmen, z.B. auch gleich den Aussteller **(= Sprungregress).**

2. auch den direkten Vormann auf dem Wechsel zur Zahlung heranziehen **(= Reihenregress).** – *Regress = Rückgriff* –

Ein **Wechselrückgriff** auf die **Wechselverpflichteten** die auf der Rückseite unterschrieben haben (z.B. Wechselnehmer oder Wechselbürgen) setzt den **Wechselprotest** voraus.

- Wechselrückgriff bezeichnet die Möglichkeit des Wechselinhabers, jeden Wechselverpflichteten für einen notleidenden Wechsel auf Zahlung in Anspruch zu nehmen.
- Rückgriff als Sprung- oder Reihenregress möglich.

214 *Was ist eine Wechselklage?*

Wird die **Einlösung** eines **Wechsels verweigert,** kann jeder Wechselberechtigte **Wechselklage** erheben. Kläger ist in den meisten Fällen der Aussteller des Wechsels, Beklagter ist der Bezogene.

Der Wechselprozess ist gekennzeichnet durch:

1. Kurze Ladungsfristen.

2. Begrenzte Beweismittel.

3. Beschränkte Einreden des Beklagten.

4. Sofortige Vollstreckbarkeit des Urteils = **Pfändung.**

Durch Wechselklage kann in kürzester Zeit ein vollstreckbares Urteil gegen den Beklagten erwirkt werden.

215 *Was ist die Prolongation eines Wechsels?*

Unter **Prolongation** versteht man die Verlängerung der Laufzeit eines Wechsels. Der fällige Wechsel wird auf Ersuchen des Wechselbezogenen durch einen neuen Wechsel mit einem späteren Verfalldatum ersetzt.

Der Unternehmer kommt dem Kunden entgegen, allerdings hat dieser die Zinsen für diesen verlängerten Kredit zu zahlen.

Durch die Prolongation eines Wechsel wird ein Wechselprotest verhindert.

Prolongation eines Wechsels ist die Verlängerung der Wechsellaufzeit durch die Ausstellung eines neuen Wechsels mit späterem Verfalltag.

6 Handwerks- und Gewerbeförderung

216 *Wer sind die wichtigsten Träger der Handwerks- und Gewerbeförderung?*

Die wichtigsten **Träger** der Handwerks- und Gewerbeförderung sind:

1. Die Handwerkskammern

2. Die Handwerksinnungen

3. Die Landes- und Bundesinnungsverbände

217 *Welches Ziel hat die Handwerks- und Gewerbeförderung?*

Das **Ziel** der **Handwerks- und Gewerbeförderung** ist es, kleinen und mittleren Handwerksbetrieben bei der Bewältigung ihrer, durch die Betriebsgröße bedingten Probleme hilfreich zur Seite zu stehen.

Zu diesem Zweck sollen die Handwerkskammern lt. Handwerksordnung die erforderlichen Einrichtungen schaffen oder unterstützen und eine **Gewerbeförderungsstelle** unterhalten.

> Das Ziel der Handwerksförderung ist es, die Leistungsfähigkeit des Handwerks zu sichern und ständig zu verbessern.

218 *Was sind Schwerpunkte in der Handwerksförderung?*

Schwerpunkte im Rahmen der **Handwerksförderung** sind:

1. Maßnahmen zur Förderung von Aus- und Fortbildung

2. Förderung durch Beratung und Information

3. Förderung von Messen und Ausstellungen

4. Förderung durch Finanzierungshilfen

5. Förderung durch Interessenvertretung

219 *Welches Ziel hat die Betriebsberatung im Handwerk?*

Das **Ziel** der **Betriebsberatung** im Handwerk ist es, die selbstständigen Handwerksmeister und die angehenden selbstständigen Betriebsinhaber des Handwerks in allen Fragen und Problemen, die mit der selbstständigen Unternehmertätigkeit verbunden sind, beratend zu unterstützen.

Aus diesem Grund bestehen bei sämtlichen Handwerkskammern in der Bundesrepublik und bei vielen Fachverbänden des Handwerks **Betriebsberatungsstellen,** an die sich interessierte Inhaber von Handwerksbetrieben und existenzgründungswillige Jungmeister wenden können.

> Ziel der Betriebsberatung im Handwerk ist die Unterstützung und Beratung der
> • selbstständigen Handwerker
> und
> • der Existenzgründer im Handwerk.

220 *Welche Bereiche deckt die Betriebsberatung im Handwerk ab?*

Die **Beratungstätigkeit** der **Betriebsberatungsstellen** im **Handwerk** umfasst den gesamten betriebswirtschaftlichen und technischen Bereich der Unternehmensführung. Das sind im wesentlichen:

1. Betriebswirtschaftliche Beratung

2. Rechtsberatung

3. Beratung im Bereich EDV-Anwendung

4. Außenwirtschaftsberatung

5. Kooperationsberatung

6. Technische Betriebsberatung

7. Beratung in Gestaltung und Formgebung

8. Beratung in Fragen des Umweltschutzes

C Grundlagen wirtschaftlichen Handelns im Betrieb

221 *Welche Aufgaben umfasst die betriebswirtschaftliche Beratung der Betriebsberatungsstellen?*

Zum **Aufgabengebiet** der betriebswirtschaftlichen Beratungsstellen gehört vor allem die kostenlose Beratung in allen Fragen der kaufmännischen Unternehmensführung im Handwerksbetrieb.

Das **Beratungsfeld** erstreckt sich hier von Fragen der Existenzgründung und allen damit verbundenen Problemen über Fragen der Beschaffung (z.B. Materialeinkauf und Lagerdisposition), Fragen des Absatzes (z.B. Marketing) bis zu Fragen der Organisation des Rechnungswesens und Investitions- und Finanzierungsfragen.

Die betriebswirtschaftliche Beratung umfasst sämtliche Bereiche der kaufmännischen Betriebsführung.

222 *Wie erfolgt die Förderung des Handwerks durch Ausbildung und Fortbildung?*

Zu den **gesetzlichen Aufgaben der Handwerkskammern** gehört die betriebswirtschaftliche und technische Fortbildung der Meister und Gesellen. Zur Sicherung und Verbesserung der Leistungsfähigkeit des Handwerks sollen sie gefördert werden.

Zur Erfüllung dieser gesetzlichen Aufgaben haben die Handwerkskammern die notwendigen Einrichtungen wie z.B. Berufsbildungszentren, Technologiezentren, Akademien des Handwerks und Gewerbeförderungsanstalten für die überbetriebliche Lehrlingsausbildung bzw. die Fortbildung von Meistern und Gesellen geschaffen.

Die genannten Ausbildungs- und Fortbildungseinrichtungen führen z.B. überbetriebliche Kurse für Auszubildende und Fortbildungskurse für Meister und Gesellen im Handwerk durch.

Die Förderung der Gesellen und Meister des Handwerks erfolgt durch:

- Berufsbildungszentren
- Technologiezentren
- Akademien des Handwerks
- Gewerbeförderungsanstalten.

Auch überbetriebliche Lehrgänge für Auszubildende werden dort durchgeführt.

223 *Welche Fortbildungsmöglichkeiten für Handwerker werden angeboten?*

Die **vielfältigen Fortbildungsmöglichkeiten** im Handwerk können hier nicht alle abschließend aufgeführt werden. Wichtige Fortbildungsmöglichkeiten sind:

1. Meistervorbereitungslehrgänge
2. Lehrgänge zum Betriebswirt des Handwerks
3. Ausbildereignungslehrgänge
4. Lehrgänge im Bereich EDV
5. Lehrgänge in verschiedenen Bereichen der Betriebswirtschaftslehre
6. Existenzgründungsseminare
7. CNC- und CAD-Lehrgänge
8. Technische Lehrgänge (Elektronik, Pneumatik, Hydraulik, Steuerungs- und Regeltechnik, Metalltechnik)
9. Fortbildungen im Bereich Gestaltung und Formgebung.

224 *Was sind öffentliche Finanzierungshilfen für das Handwerk?*

Betriebsgründungen und **Investitionen** kleinerer und mittlerer Handwerksbetriebe in der Bundesrepublik werden von Bund und Ländern, im Interesse einer ausgeglichenen Wirtschaftsstruktur, durch spezielle öffentliche Finanzierungshilfen **gefördert.**

Die **öffentlichen Finanzierungshilfen** werden nach genau festgelegten **Förderrichtlinien** für ganz bestimmte Vorhaben vergeben, wobei die Zins- und Tilgungskonditionen öffentlicher Kreditprogramme in der Regel unter denen für vergleichbare Bankdarlehen liegen.

Anträge für öffentliche Finanzierungshilfen sind regelmäßig über die Hausbank zu stellen.

Zu den öffentlichen Finanzierungshilfen gehören z.B. die **Existenzgründungsprogramme,** die **Mittelstandskreditprogramme** sowie weitere **Sonderkreditprogramme** von Bund und Ländern.

- Existenzgründungen und Investitionen im Handwerk werden von Bund und Ländern durch spezielle Finanzierungshilfen gefördert.
- Die Vergabe von Finanzierungshilfen mit günstigen Zins- und Tilgungsleistungen ist an besondere Bedingungen geknüpft.

225 *Welche öffentlichen Kreditprogramme gibt es?*

Bei der **Vielzahl** der **öffentlichen Kreditprogramme** können hier nur die wichtigsten aufgezeigt werden. Für die Förderung der Existenzgründung im Bereich des Mittelstandes und des Handwerks können langfristige Kredite aus dem

1. **Eigenkapitalhilfeprogramm** des Bundes (nur für die neuen Bundesländer), dem

2. **KfW-Mittelstandsprogramm** (KfW = Kreditanstalt für Wiederaufbau) und dem

3. **ERP-Sondervermögen** (ERP = European-Recovery-Program = Europäisches-Wiederaufbau-Programm),

4. DtA-Programme (DtA = Deutsche Ausgleichsbank

unter bestimmten Voraussetzungen gewährt werden.

Daneben stehen **Zinszuschüsse** der Länder und weitere **Sonderkreditprogramme** des Bundes wie

1. ERP-Energiesparprogramm,

2. ERP-Abfallbeseitigungsprogramm oder

3. KfW-Umweltprogramm

4. ERP-Innovationsprogramm

5. DtA-Umweltprogramm

für bestimmte Investitionen auf Antrag bereit.

Für Existenzgründungen und bestimmte Investitionen stehen eine Vielzahl öffentlicher Kreditprogramme bereit.
- Hervorzuheben ist die KfW auch für Meister-Bafög.

C Grundlagen wirtschaftlichen Handelns im Betrieb

226 Was sind Kredit-garantie-gemeinschaften?

Die in allen Bundesländern bestehenden **Kreditgarantiegemeinschaften** werden in der Rechtsform der GmbH betrieben und sind **Selbsthilfeeinrichtungen für mittelständische Unternehmen und Handwerksbetriebe.**

Die Kreditgarantiegemeinschaften werden hauptsächlich von den Handwerkskammern, Industrie-und Handelskammern und mit der mittelständischen, gewerblichen Wirtschaft verbundenen Kreditinstituten getragen.

Die regionalen Kreditgarantiegemeinschaften haben sich auf Bundesebene zu Bundes-Kreditgarantiegemeinschaften, z.B. der **Bundes-Kreditgarantiegemeinschaft des Handwerks,** zusammengeschlossen.

Kreditgarantiegemeinschaften sind Selbsthilfeeinrichtungen der mittelständischen Wirtschaft.

227 Welche Aufgabe haben Kredit-garantie-gemeinschaften?

Die **Aufgabe** der **Kreditgarantiegemeinschaften** ist die Übernahme von Ausfallbürgschaften, wenn mittelständische Unternehmen keine oder nicht ausreichende Sicherheiten für Darlehen von Kreditinstituten bereitstellen können.

Die Höhe der von der Kreditgarantiegemeinschaft übernommenen Ausfallbürgschaft beträgt bis zu 80% der Darlehenssumme. Für einen Teil der übernommenen Ausfallbürgschaften erhalten die Kreditgarantiegemeinschaften Rückbürgschaften von Bund und Ländern.

Aufgabe der Kreditgarantiegemeinschaften ist die Übernahme von Ausfallbürgschaften für mittelständische Betriebe, wenn sonst keine banküblichen Sicherheiten aufgebracht werden können.

228 Was sind Kapital-beteiligungsgesell-schaften?

Kapitalbeteiligungsgesellschaften sind vor allem im handwerklichen klein- und mittelständischen Unternehmensbereichen tätig.

Die Aufgabe der Kapitalbeteiligungsgesellschaften ist es, diesen Unternehmen bei Bedarf die Finanzierung von Investitionen auf Beteiligungsbasis zu ermöglichen bzw. zu erleichtern.

Kapitalbeteiligungsgesellschaften sind Unternehmen, die sich an Handwerksunternehmen beteiligen können.

D Rechtliche und steuerliche Grundlagen

I Bürgerliches Recht, Mahn- und Zwangsvollstreckungsmaßnahmen

1 Rechtsfähigkeit

1 Was bedeutet Rechtsfähigkeit?

Unter **Rechtsfähigkeit** versteht das **Bürgerliche Gesetzbuch (BGB)** die Fähigkeit einer Person, Träger von Rechten und Pflichten zu sein. Darunter versteht man z.B. das Recht auf Leben, auf ein Erbe, aber auch die Pflicht Steuern zu zahlen.

Jeder **Mensch** ist rechtsfähig, der deshalb als **natürliche Person** bezeichnet wird.

Jeder Mensch ist rechtsfähig; er hat damit Rechte und Pflichten.

2 Wie unterscheiden sich natürliche und juristische Personen?

Neben den **natürlichen Personen** sind nach dem BGB auch Personenvereinigungen (z.B. eingetragene Vereine, Kammern) und Zweckvermögen (Stiftungen, z.B. Stiftung des VW-Werks zur Finanzierung von Forschungsvorhaben an Unis) rechtsfähig. Sie sind dann **juristische Personen.**

Rechtsfähig sind
- natürliche
- juristische

Personen

3 Wann beginnt und wann endet die Rechtsfähigkeit?

Während die Rechtsfähigkeit von natürlichen Personen (Menschen) mit der Geburt beginnt und mit dem Tod endet, wird sie für juristische Personen erst durch Eintragung in ein **Register** (Vereins-, Handels-, Genossenschaftsregister) geschaffen. Auch erfolgt dies durch gesetzliche Regelungen. Z.B. erhalten Aktiengesellschaften (AG) und Gesellschaften mit beschränkter Haftung (GmbH) Rechtsfähigkeit erst mit der Eintragung in das **Handelsregister.**

- Jeder Mensch ist während seines Lebens rechtsfähig.
- Juristische Personen werden rechtsfähig durch Eintragung in ein Register.

4 Wie unterscheiden sich juristische Personen des privaten und des öffentlichen Rechts?

Die Anmeldungen zum **Handelsregister** (= Öffentliches Verzeichnis aller Kaufleute eines Amtsgerichtsbezirks) erfolgen schriftl. in öffentl. beglaubigter Form (Notar). Eingetragen werden z.B. Firma und Name des Inhabers, Geschäftssitz, Art des Geschäfts, Mitglied der Geschäftsführung. Das Handelsregister besteht aus den Abteilungen **A** (Einzelunternehmen/Personengesellschaften) und **B** (Kapitalgesellschaften).

Die **Rechtsfähigkeit juristischer Personen,** die von Privatleuten gegründet werden und deshalb dem **privaten Recht** zuzuordnen sind, wie z.B. AG und GmbH, endet mit der **Löschung** im Register. Löschung erfolgt durch rotes Unterstreichen.

Neben den »Personen« des privaten Rechts hat der Gesetzgeber Einrichtungen geschaffen, die

Juristische Personen
- des privaten Rechts, z.B. Unternehmen
- des öffentlichen Rechts, z.B. Kammern

für den Staat Aufgaben übernehmen und deshalb **juristische Personen des öffentlichen Rechts** sind. Neben Bund, Ländern, Gemeinden, Ortskrankenkassen, Handwerkskammern, Industrie- und Handelskammern gehören dazu Hochschulen, Kreissparkassen, Rundfunk- und Fernsehanstalten (z.B. Hessischer Rundfunk, Bayerischer Rundfunk) und staatliche Stiftungen (z.B. Stiftung Preußischer Kulturbesitz).

5   *Weshalb gibt es juristische Personen?*

Die Anerkennung **juristischer Personen** stellt eine wesentliche Erleichterung für Wirtschaft und Gesellschaft dar. Anstelle einer Vielzahl von Mitgliedern (Vorstand, Aufsichtsrat, Gesellschafterversammlung usw.) tritt die juristische Person im Rechtsverkehr als Vertragspartner und Träger von Rechten und Pflichten auf. Die Haftung für Verbindlichkeiten trifft nur sie als Einheit, nicht die hinter ihr stehenden Mitglieder. Deshalb kann man z.B. die Handwerkskammer als Einrichtung verklagen, wenn man eine Prüfung nicht bestanden hat. Man muss sich dann nicht den jeweiligen Prüfer heraussuchen, der möglicherweise falsch gehandelt hat und vielleicht gar nicht mehr tätig ist.

Auch ist jeder Vereinsvorstand bemüht, den **Verein** im Vereinsregister eintragen zu lassen. Dann haftet der Verein bei Misswirtschaft eines Vorstandsmitgliedes nur mit seinem – möglicherweise geringen – Vereinsvermögen. Ansonsten würde der Vorstand mit seinem Privatvermögen haften müssen.

Zur Erleichterung im Geschäftsverkehr tritt die juristische Person

- als Vertragspartner und
- Träger von Rechten und Pflichten auf.

Übersicht:

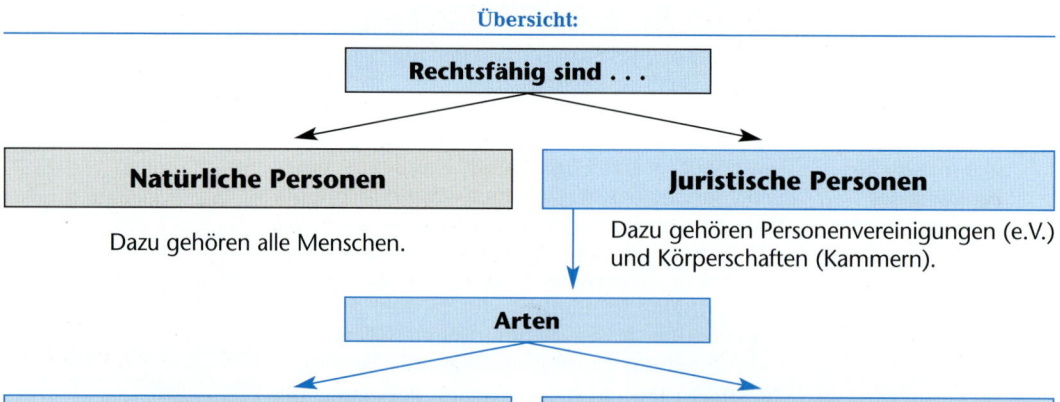

Rechtsfähig sind . . .

Natürliche Personen

Dazu gehören alle Menschen.

Juristische Personen

Dazu gehören Personenvereinigungen (e.V.) und Körperschaften (Kammern).

Arten

Juristische Personen des privaten Rechts

(1) Eingetragene Vereine (e.V.)

(2) Gesellschaften (AG, GmbH, Genossenschaft)

(3) Stiftungen von Personen (z.B. VW-Stiftung)

Juristische Personen des öffentlichen Rechts

(1) Körperschaften des öffentlichen Rechts, z.B. Handwerkskammern, Stadt, Land, Rundfunkanstalt

(2) Staatliche Stiftungen

2 Geschäftsfähigkeit

6 *Was bedeutet Geschäftsfähigkeit?*

Geschäftsfähig können nach dem BGB (§§ 104 – 115) nur Menschen sein, die überblicken können, was sie tun. Diese sogenannte **Handlungsfähigkeit** kommt nur Menschen zu, die **volljährig** sind (also mindestens 18 Jahre alt).

> Geschäftsfähigkeit
> = Handlungsfähigkeit
> = Volljährigen
>   vorbehalten

7 *Wer ist geschäftsunfähig und welche Folgen hat dies?*

Um Menschen vor den Gefahren des Rechts- und Geschäftsverkehrs zu schützen, versagt das Gesetz **Geschäftsunfähigen** die selbstständigen Handlungsmöglichkeiten. Geschäftsunfähig und damit handlungsunfähig sind

1. Kinder unter 7 Jahren
2. dauernd Geisteskranke.

Die Willenserklärung eines Geschäftsunfähigen ist nichtig, d.h. von Anfang an ungültig. Hat also ein 30-jähriger Geisteskranker seinen PC verkauft für 1 Hamburger, so gilt dieses Geschäft nicht, auch wenn der Vertrag schriftlich abgeschlossen wurde.

> Geschäftsunfähig und damit handlungsunfähig sind:
> • Kinder unter 7 Jahren
> • dauernd Geisteskranke

8 *Wie ist die beschränkte Geschäftsfähigkeit geregelt?*

1. Kinder bzw. Jugendliche zwischen 7 und 18 Jahren sind **beschränkt geschäftsfähig.** Sie benötigen grundsätzlich die Zustimmung der Eltern/Erziehungsberechtigten für den wirksamen Abschluss von Rechtsgeschäften.

Ausnahme: Ein Testament beim Notar ist schon mit 16 Jahren rechtlich wirksam.

Weiterhin sind beschränkt geschäftsfähig:

2. Wegen Geistesschwäche, Verschwendung oder Trunksucht Entmündigte;
3. Personen, die unter vorläufige Vormundschaft gestellt sind.

> Beschränkt Geschäftsfähige benötigen für alle Rechtsgeschäfte die Zustimmung der Eltern bzw. des Vormunds.

9 *Was bedeutet »schwebend unwirksam«?*

Werden **Rechtsgeschäfte von Minderjährigen** ohne vorherige Zustimmung der Eltern abgeschlossen, dann ist der Vertrag schwebend unwirksam, d.h. er ist entweder unwirksam bei Ablehnung durch die Eltern oder er wird wirksam bei nachträglicher Zustimmung.

> Die Zustimmung der Eltern kann
> • vor Vertragsabschluss oder
> • nachträglich erfolgen

10 *Welche Ausnahmen gibt es für Jugendliche, um wirksame Willenserklärungen abgeben zu können?*

Minderjährige dürfen

1. **Geschenke** auch ohne Zustimmung der Eltern annehmen (Schenkung ist ein Vertrag!) (§ 107 BGB).
2. Kaufverträge mit dem ihnen **zur Verfügung** gestellten Geld abschließen, wobei **Barzahlung** Bedingung ist (§ 110 BGB = Bewirkung der Leistung mit eigenen Mitteln). Damit ist ein Ratenkauf ausgeschlossen.

> Minderjährige dürfen selbstständig
> • Geschenke annehmen
> • Taschengeld ausgeben
> • Ausbildungsverträge kündigen

D Rechtliche und steuerliche Grundlagen

3. einen Ausbildungsvertrag (Dienstvertrag) auch ohne Zustimmung der Eltern kündigen (§ 113 BGB). Bei einer Einstellung im gleichen Berufsfeld gilt der Paragraf auch, er ist jedoch umstritten.

11 *Haften Eltern, wenn ein 18-jähriger Käufer seine Zahlung nicht mehr erfüllen kann?*

Im Grundsatz nein, denn der 18-jährige Käufer ist volljährig und damit voll geschäftsfähig.

Eltern haften nur, wenn sie sich bei Vertragsabschluss (schriftlich) als Bürge in die Pflicht nehmen ließen.

Nein.

12 *Wie können Willenserklärungen abgegeben werden?*

Abgabemöglichkeiten:

1. **schriftlich** (Ein Fax ist rechtlich nicht immer verbindlich, da die Originalunterschrift fehlt).

2. **mündlich** oder telefonisch

3. durch »**konkludentes Handeln**«, d.h. nicken, Hand heben (= Willenserklärung).

Willenserklärungen können:
- schriftlich
- mündlich
- durch Handeln
abgegeben werden.

13 *Gilt Schweigen als Annahme eines Angebots?*

Im Grundsatz nein.

Ausnahme: Stehen zwei Kaufleute in langjähriger Geschäftsbeziehung, dann gelten regelmäßig eintreffende Angebote als angenommen, wenn der Kunde denen nicht widerspricht.

Schweigen gilt nur bei Kaufleuten als Annahme eines Angebots.

14 *Wie unterscheiden sich ein- und zweiseitige Willenserklärungen (Rechtsgeschäfte)?*

Genügt **eine** Willenserklärung für eine rechtliche Handlung, dann spricht man von einem **einseitigen Rechtsgeschäft.**

Beispiele:

1. **Testament:** Es gilt, wenn es der Erblasser formgerecht aufgestellt hat.

2. **Kündigung:** Diese gilt erst dann, wenn sie dem zu Kündigenden **schriftlich** zugegangen ist. Deswegen wird in der Regel ein Einschreiben verwendet, um die Kündigung beweisen zu können.

Sind **zwei** Willenserklärungen zum Zustandekommen eines Rechtsgeschäfts nötig, spricht man von einem **zweiseitigen** Rechtsgeschäft. **Das sind alle Verträge.**

Einseitige Rechtsgeschäfte:
- Testament (nicht empfangsbedürftig)
- Kündigung (empfangsbedürftig)

Zweiseitige Rechtsgeschäfte:
- alle Verträge

15 *Wie kommt grundsätzlich ein Vertrag zustande?*

Alle Verträge müssen von **mindestens zwei Vertragspartnern** abgeschlossen werden, deren **Willenserklärungen übereinstimmen** müssen.

Beispiel:

Bietet ein Verkäufer ein Produkt für 10 € an und der Käufer bestellt das Produkt zum Preis von 8 €, so ist kein Vertrag zustande gekommen.

Ein Vertrag kommt durch mindestens zwei übereinstimmende Willenserklärungen zustande.

16 *Wie kommt ein Kaufvertrag zustande?*

Es gibt zwei Möglichkeiten, wie ein Kaufvertrag zustande kommt:
1. Der **Verkäufer** macht ein **Angebot,** das der **Käufer** annimmt, indem er zu den Bedingungen des Angebots **bestellt.**
2. Der **Käufer bestellt** eine Ware, ohne ein Angebot vorliegen zu haben, der **Verkäufer** muss diese Bestellung entweder **ausliefern** oder **bestätigen** (Auftragsbestätigung).

Kaufvertrag durch
- Angebot vom Verkäufer, Bestellung durch Käufer
- Bestellung durch Käufer, Bestätigung durch Verkäufer

17 *Ist eine Auftragsbestätigung notwendig?*

Das Gesetz **verlangt keine Auftragsbestätigung,** wenn der Kunde aufgrund des Angebots bestellt hat. Kaufmännisch kann es sinnvoll sein, dem Kunden durch die Auftragsbestätigung z.B. den Liefertermin schriftlich zu geben.
Eine **Bestellung ohne Angebot** macht eine Auftragsbestätigung notwendig, um den Kaufvertrag abzuschließen (Bestellungsannahme).

Eine Auftragsbestätigung ist nur nötig, wenn eine Bestellung ohne ein gültiges Angebot erfolgt.

3 Nichtige und anfechtbare Rechtsgeschäfte

18 *Wie unterscheiden sich nichtige und anfechtbare Rechtsgeschäfte (Verträge)?*

Nichtige Rechtsgeschäfte sind von Anfang an ungültig, d.h. bezahlte Ware hat man zurückzugeben und das Geld bekommt man zurück.

Anfechtbare Rechtsgeschäfte sind gültig, bis sie angefochten werden. Mit der in der Regel schriftlichen Anfechtung gegenüber dem Anfechtungsgegner wird das Rechtsgeschäft nichtig.

Nichtige Rechtsgeschäfte sind von Anfang an ungültig. Anfechtbare Rechtsgeschäfte werden erst durch die Anfechtung ungültig.

19 *Welche Verträge sind nichtig?*

Folgende Rechtsgeschäfte/Verträge sind **nichtig** und damit von Anfang an ungültig:
1. Von Geschäftsunfähigen abgeschlossene Verträge.
2. Geschäfte von beschränkt geschäftsfähigen Personen ohne Zustimmung des gesetzlichen Vertreters.
3. Willenserklärungen, die im Zustand der Bewußtlosigkeit oder vorübergehender Störung der Geistestätigkeit abgegeben werden.
4. Zum Schein abgegebene Willenserklärungen, z.B. ein Sohn »kauft« die Firma seines Vaters deutlich unter Wert, um später Erbschaftssteuer zu sparen.
5. Willenserklärungen, die offensichtlich nicht ernst gemeint sind, z.B. Verkauf einer Flasche Bier bei einer Wanderung für 1000 €.
6. Geschäfte, die gegen Gesetze verstoßen, z.B. Rauschgifthandel verstößt gegen Strafgesetz.
7. Geschäfte, die gegen die guten Sitten verstoßen, z.B. Mietwucher.
8. Geschäfte, die gegen gesetzliche Formvorschriften verstoßen, z.B. der schriftl. Grundstückskauf wurde **nicht** notariell beurkundet.

Nichtige Rechtsgeschäfte sind von Anfang an ungültig.

20 *Welche Verträge sind anfechtbar?*

Folgende Verträge sind **anfechtbar** und werden dadurch **nichtig:**

1. Wegen Irrtums
   (1) falsche Erklärung, z.B. Versprechen
   (2) falsche Übermittlung, z.B. Fehler durch Boten
   (3) über die Person oder die Sache, z.B. Verwechslung;

2. arglistige Täuschung, z.B. ein Autoverkäufer verschweigt trotz Nachfragens den Unfallschaden des Pkw;

3. widerrechtliche Drohung oder Nötigung, z.B. Erpressung einer Person, um zu einer Vertragsunterschrift zu gelangen.

Anfechtbare Verträge/Rechtsgeschäfte:

- wegen Irrtums
- arglistige Täuschung
- widerrechtliche Drohung oder Nötigung

20A *Wie ist die Anfechtungsfrist?*

Anfechtungsfrist
- Grundsätzlich unverzüglich
- Die Anfechtung ist ausgeschlossen, wenn seit der Abgabe der Willenserklärung 10 Jahre verstrichen sind.

- Anfechtungsfrist maximal 10 Jahre

4 Kaufvertrag, Rechtsobjekte, Abzahlungskauf, Haustürgeschäfte

21 *Wie ist ein Kaufvertrag abzuschließen?*

Der bei jedem Kauf abgeschlossene Kaufvertrag ist in der Regel **formlos gültig.**

Die Ausnahme bildet der Grundstückskauf, der notariell beurkundet werden muss.

Kaufverträge sind in der Regel formlos gültig. = Grundsatz der **Formfreiheit**

21 A *Was heißt bürgerlicher Kauf?*

Jeder Kauf von privat zu privat.

Privatleute untereinander

22 *Was bedeutet der Begriff Antrag?*

Der Kaufvertrag kommt durch mindestens zwei übereinstimmende Willensklärungen zustande, die **Angebot und Annahme** genannt werden. Das **BGB** sagt anstelle Angebot **Antrag.**

Kaufvertrag
= Angebot (Antrag)
+ Annahme

23 *Was bedeutet Verpflichtungs- und Erfüllungsgeschäft?*

Jeder Kaufvertrag beinhaltet für beide Parteien Pflichten **(Verpflichtungsgeschäft),** die jede auch erfüllen muss **(Erfüllungsgeschäft).**

Der **Verkäufer** ist **verpflichtet,**
1. dem Käufer die Ware ordnungsgemäß (zur richtigen Zeit, am richtigen Ort und mangelfrei) zu übergeben;
2. das Eigentum an der Sache zu verschaffen.

> **Beispiel:**
> Ein Dieb kann – rechtlich gesehen – keine Ware verkaufen, denn er ist kein Eigentümer.

Der **Käufer** ist **verpflichtet,**
1. die Ware abzunehmen.
2. den vereinbarten Kaufpreis zu bezahlen.

Jeder Kaufvertrag besteht aus einem
- Verpflichtungsgeschäft (Pflichten beider Parteien)
und
- einem Erfüllungsgeschäft (Übergabe der Ware und Bezahlung)

24 *Wie unterscheiden sich Besitz und Eigentum?*

Besitz ist die tatsächliche Herrschaft über eine Sache, **Eigentum** ist die rechtliche Herrschaft über eine Sache.

Beispiele:

1. Wenn ich das Auto meines Vaters fahre, bin ich der Besitzer und mein Vater ist der Eigentümer.
2. Wenn ich mein Haus vermiete, bleibe ich der Eigentümer, der Mieter ist der Besitzer.

Besitz:
- tatsächliche Herrschaft über eine Sache;

Eigentum:
- rechtliche Herrschaft über eine Sache.

25 *Welche Probleme kann es zwischen Verkäufer und Käufer geben?*

Erfüllen die beiden Vertragspartner ihre Pflichten nicht, d.h. der **Verkäufer**

1. liefert nicht frei von Sachmängeln
2. liefert zu spät oder gar nicht

und der **Käufer**

1. nimmt die Ware nicht an
2. bezahlt die Ware nicht,

dann spricht man von **Kaufvertragsstörungen.**

26 *Wie ist rechtlich ein Angebot zu definieren?*

Ein **Angebot** im rechtlichen Sinne ist immer an **eine bestimmte Person** gerichtet, z.B. Angebot an die Tischlerei Heinz Rode in Kassel.

Der Anbieter ist an sein Angebot gebunden.

Aber: *Schaufensterauslagen, Werbeanzeigen* sind Aufforderungen an die **Allgemeinheit** zu kaufen und damit **kein Angebot** und damit rechtlich unverbindlich.

Ein Angebot ist immer an eine bestimmte Person gerichtet und der Anbieter ist an sein Angebot gebunden.

27 *Wie ist die Annahme und Wirksamkeit eines Angebotes geregelt?*

Um zu einem Vertrag zu gelangen, muss die **Annahme** des **Angebots**

1. unter **Anwesenden** (auch am Telefon) **sofort** erfolgen,
2. unter **Abwesenden** in einem Zeitraum erfolgen bis unter normalen Umständen mit einer Antwort zu rechnen ist, z.B. bei einem Brief eine knappe Woche, ein Fax 1 Tag.

Im Grundsatz ist das Angebot fest, es sei denn

1. der Verkäufer widerruft rechtzeitig (spätestens mit Eintreffen des Angebots beim Kunden muss der Widerruf da sein)
2. die Bestellung weicht vom Angebot ab
3. der Kunde bestellt zu spät

Fazit zu 2 und 3:

Diese Willenserklärungen des Kunden stellen **neue Anträge** dar, die der Verkäufer annehmen oder auch nicht annehmen kann.

Angebote müssen:
- unter Anwesenden sofort angenommen
- unter Abwesenden in einem gewissen Zeitraum angenommen werden.

28 *Wie ist die Anfrage definiert?*

Mit einer **Anfrage** lässt sich ein Kunde über Preise, Lieferbedingungen usw. informieren. **Die Anfrage ist rechtlich immer unverbindlich.**

Die Anfrage ist rechtlich unverbindlich.

D Rechtliche und steuerliche Grundlagen

29 *Was bedeuten Freizeichnungs-klauseln?*

Freizeichnungsklauseln heben die Bindung an das Angebot auf oder schränken es ein, z.B. durch Klauseln, wie
1. »Preiserhöhungen vorbehalten«
2. »Solange der Vorrat reicht«

Freizeichnungs-klauseln relativieren das Angebot; es wird unverbindlich.

30 *Welche Besonderheiten des Kaufvertrages beinhalten Teil-zahlungsgeschäfte (Ratenkäufe)?*

Das **BGB** regelt in § 502, dass
1. diese Art Kaufverträge **schriftlich** abgeschlossen sein müssen,
2. der Vertrag den Barzahlungspreis, Teilzahlungspreis, effektiver Jahreszins, Ratenzahlungen enthalten muss,
3. der Kunde **innerhalb von 2 Wochen** schriftlich von diesem Vertrag zurücktreten kann,
4. der Kunde über das Widerrufsrecht belehrt und dieses auch schriftlich zur Kenntnis genommen hat,
5. das zuständige Gericht für Klagen ausschließlich das am Wohnsitz des Kunden ist.

Diese gesetzliche Regelung gilt nur für Privatkäufer, nicht für gewerbliche Kunden.

Für Ratenkäufe (Teilzahlungsgeschäfte) von privaten Kunden gilt, das diese innerhalb von 2 Wochen ohne Angabe von Gründen (schriftlich) den Vertrag widerrufen können.

31 *Welche Bestimmungen enthält das BGB über Haustürgeschäfte?*

Bei **Haustürgeschäften**[1] – in der Wohnung, am Arbeitsplatz, bei Verkaufsfahrten, durch Ansprechen auf Straßen und Plätzen – hat der Privatkunde das Recht, **den Kaufvertrag innerhalb von 2 Wochen ohne Angabe von Gründen schriftlich zu widerrufen.**

Kein Widerrufsrecht besteht, wenn
1. das Entgelt 40 € nicht übersteigt,
2. der Kunde den Vertragspartner zu sich ins Haus bestellt hat,
3. notariell beurkundete Verträge vorliegen.

Bei Haustürgeschäften besteht ein schriftliches Widerrufsrecht innerhalb von zwei Wochen – ohne Angabe von Gründen.

32 *Wie geht man mit unbestellter Ware um?*

Wird einem **unbestellte Ware** zugesendet, ist dies ein **Angebot.**
1. Zahlt man oder nutzt man die Ware, so kommt der Kaufvertrag zustande.
2. Ist der Kunde **Privatmann** oder Kaufmann ohne bestehende Geschäftsverbindung, so ist **kein Kaufvertrag** zustande gekommen. Der Empfänger ist dann höchstens verpflichtet, die Ware aufzubewahren (**Nicht:** Zurückzusenden oder zu bezahlen).

Steht ein **Kaufmann** in regelmäßiger Geschäftsverbindung mit dem **Lieferanten,** so liegt eine Annahme des Angebots vor. Eine Ablehnung müsste unverzüglich erfolgen und die Ware müsste aufbewahrt und zurückgesendet werden.

- Unbestellte Ware ist, wenn man sie nicht will, nur aufzubewahren.
- Den Lieferanten unter Umständen zur Abholung oder Kostenübernahme des Transports auffordern.

---

[1] Dies gilt auch für einen Handwerker, der den Auftrag bei dem Kunden unterschreiben lässt. Hat er den Kunden nicht schriftlich über das Widerrufsrecht informiert, dann erlischt das Widerrufsrecht erst nach 12 Monaten und 14 Tagen (Urteil des BGH 2014).

5 Inhalt des Kaufvertrages

33 *Was enthält üblicherweise ein Angebot?*	Angebotsinhalte sind:

Angebotsinhalte sind:

1. **Art** (Bezeichnung der Ware), **Güte** und **Beschaffenheit** der Ware. Ohne Vereinbarung: Mittlere Art und Güte ist zu liefern.
2. **Preis,** inklusive Nachlässe, **Menge**
3. **Verpackungskosten**
4. **Zahlungsbedingungen**
5. **Lieferungsbedingungen** (Wer trägt die Beförderungskosten?)
6. **Lieferzeit.** Ist nichts vereinbart, ist die Lieferung sofort fällig.
7. **Erfüllungsort** und Gerichtsstand

---

34 *Welche Preisnachlässe sollten im Angebot enthalten sein?*

Der **Preis** der Ware ist ein wesentliches Verkaufsargument und hilft dem Unternehmen, liquide zu sein.

1. Kann man eine bestimmte **Menge** absetzen, ist der **Mengenrabatt** als Preisnachlass im Angebot anzusetzen.
2. Um den Kunden fest an das Unternehmen zu binden, empfiehlt es sich einen **Bonus** (in Form einer Gutschrift am Jahresende, Maßstab ist die Umsatzhöhe) zu gewähren.
3. Der **Skonto,** auch Barzahlungsnachlass genannt, ist ein Preisnachlass bei Zahlung innerhalb einer bestimmten kurzen Frist. Er lohnt sich im Regelfall immer und dient dem skontogebenden Unternehmen zur Sicherung seiner Liquidität.

Siehe Rechenbeispiele, Seite 33 f.

Folgende Nachlässe sind üblich und binden Kunden an das Unternehmen:
- Mengenrabatt
- Bonus
- Skonto

---

35 *Wer trägt die Verpackungskosten?*

Grundsätzlich trägt gesetzlich der **Käufer** die **Kosten** der **Versandverpackung.**

Es kann natürlich auch davon abweichend verfahren werden, z.B. »Verpackung unberechnet« oder »brutto für netto« (Verpackung wird wie Ware berechnet).

Grundsätzlich der Käufer.

---

35 A *Welche Regelungen gelten für den Fernabsatz?*

Bei **Fernabsatz,** d.h. Käufer und Verkäufer sind nicht am selben Ort, muss angegeben werden, ob zusätzliche Liefer- oder Versandkosten anfallen; dabei gilt das Widerrufsrecht von 14 Tagen.

- Widerrufsrecht

---

36 *Welche Zahlungsbedingungen werden unterschieden?*

Da **Geldschulden Schickschulden** sind, muss der Käufer die Kosten und das Risiko der Zahlung tragen. Ist darüber nichts vereinbart, sieht das Gesetz vor, das die Zahlung mit der Lieferung der Ware zu erfolgen hat.

Zahlung grundsätzlich mit Lieferung; Käufer trägt diese Kosten

D Rechtliche und steuerliche Grundlagen

Folgende Zahlungsbedingungen können vereinbart werden:

1. **Vorauszahlung** (um das Risiko bei unsicheren Kunden zu minimieren)

2. **Anzahlung** (als Finanzierungsmittel bei größeren Aufträgen)

3. **Zahlung nach Lieferung** (Kunde erhält kurzes Zahlungsziel, Skonto entfällt dafür, z.B. »Zahlbar bis 09.08.2008«)

4. **Zahlungsziel** (»Zahlung innerhalb von 30 Tagen netto oder 10 Tage mit 2% Skonto«)

5. **Ratenzahlung**

übliche Zahlungs-
bedingungen:
- Vorauszahlung
- Anzahlung
- Zahlung nach Lieferung
- Zahlungsziel
- Ratenzahlung

37 *Wer hat die Beförderungskosten zu tragen?*

Grundsätzlich trägt der Käufer die **Kosten der Beförderung,** denn: Warenschulden sind **Holschulden**. Diese Transportkosten können sein:

1. **Verladekosten**

2. **Rollgeld** (Kosten des Transports von Fabrik/Lager zum Versandbahnhof; Kosten des Transport vom Bestimmungsbahnhof zum Kunden)

3. **Frachtkosten** (= Entgelt für die gewerbliche Beförderung von Gütern) inklusive Transportversicherung und Zoll

Im Vertrag können verschiedene **Lieferungsbedingungen** vereinbart werden. Die wesentlichen sind:

1. »Lieferung ab Werk« (ab Lager) = der **Käufer** trägt alle Beförderungskosten

2. »Lieferung unfrei« (ab hier, ab Bahnhof) = der **Käufer** trägt die Kosten ab Versandbahnhof = **gesetzliche Regelung**

3. »Lieferung frachtfrei« (frei dort, frei Bahnhof) = der **Käufer** trägt die Kosten ab Bestimmungsbahnhof

4. Lieferung frei Haus (frei Lager) = der **Verkäufer** übernimmt **alle** Beförderungskosten

Transportkosten:
- Verladekosten
- Rollgeld
- Frachtkosten

Lieferungs-
bedingungen werden
vereinbart.

38 *Wie ist der Erfüllungsort definiert?*

Der **Erfüllungsort** ist der Leistungsort. An diesem hat der jeweilige Schuldner seine Leistung zu erbringen, d.h. der Lieferer hat seine Ware bereitzustellen, der Käufer das Geld bereit zu halten.

Es werden unterschieden:

1. **Gesetzlicher Erfüllungsort** = Wohnsitz/Geschäftssitz des Schuldners
   (1) für die Ware = Geschäftssitz des Lieferers
   (2) für die Zahlung = Geschäftssitz des Käufers

2. **Vertraglicher Erfüllungsort** = wird durch Vereinbarung festgelegt, z.B. »Erfüllungsort für beide Teile Kassel«

- Gesetzlicher Erfüllungsort = Wohnsitz/Geschäftssitz des Schuldners
- Vertraglicher Erfüllungsort = wird durch Vereinbarung festgelegt

39 *Welche Bedeutung haben Erfüllungsort und Gerichtsstand?*

Der Erfüllungsort legt fest…
1. an welchem Ort die **Haftung** für die Ware vom Verkäufer auf den Käufer übergeht. So geht beim Versendungskauf nach der Übergabe der Ware an den Spediteur (oder Frachtführer) die Gefahr (Beschädigung, Vernichtung) auf den Käufer über (§ 447 BGB).
2. welcher **Gerichtsstand** bei Auseinandersetzungen zwischen Verkäufer und Käufer besteht.
   Nach dem BGB besteht der **Gerichtsstand** am **Wohnsitz** des **Schuldners** (bei fehlender Zahlung also am Wohn- oder Geschäftssitz des Käufers).
   Kaufleute (also ein Händler und ein Handwerker) können vertraglich **einen** Gerichtsstand vereinbaren (»Gerichtsstand für beide Teile ist Hamburg«)
   Für **Nichtkaufleute** ist der Erfüllungsort für Zahlungsprobleme immer am Wohnsitz des Kunden.

- Am Erfüllungsort geht die Haftung für die Ware auf den Käufer über.
- Gerichtsstand kann vereinbart werden, ansonsten gilt die gesetzliche Regelung: Gerichtsstand am Wohnsitz des Schuldners.

39A *Was ist ein Patent?*[1]

Ein Patent ist ein Schutzrecht auf eine neue technische Erfindung, die dem Inhaber für 20 Jahre das alleinige Nutzungsrecht sichert. Antrag beim deutschen oder europäischen Patentamt in München.Das Urheberrecht erlischt 70 Jahre nach Tod des Urhebers.

- Patentschutzrecht = 20 Jahre gültig

6 Probleme mit dem Kaufvertrag (Kaufvertragsstörungen)

40 *Was bedeutet der Begriff des Sachmangels?*

Was heißt Beweislastumkehr?

Nach dem BGB (§ 434) ist die Sache frei von **Sachmängeln,** wenn sie
1. die vereinbarte **Beschaffenheit** aufweist oder wenn sie sich für die vereinbarte und erwartete **Verwendung** eignet und üblich ist.
   Beispiele:
   Ein neues Fernsehgerät muss funktionieren, ein Waschmittel muss Verschmutzungen mittlerer Güte entfernen, ein neues Auto muss ohne Reparaturen etliche 10.000 km hinter sich bringen;
2. den **Eigenschaften** entspricht, die in der Werbung veröffentlicht wurden und die der Käufer erwarten kann, *z.B. wirbt ein Hersteller für ein 4-Liter-Auto und es verbraucht 7 Liter, dann liegt ein Sachmangel vor.*
3. Ein Sachmangel liegt auch vor, wenn eine **vereinbarte Montage** unsachgemäss durchgeführt oder eine **mangelhafte Montageanleitung** (die sog. IKEA-Klausel) es dem Käufer verwehrt, die gekaufte Sache sachgerecht zu nutzen.

Sachmangel:
- in der Beschaffenheit und Verwendung
- in den Eigenschaften/Werbung
- Mängel in der Montage/Montageanleitung

D Rechtliche und steuerliche Grundlagen

---

[1] Ein **Geschmacksmuster** ist ein gewerbliches Schutzrecht der schöpferischen Leistung, die sich auf die äußere Form, das Design konzentriert; international gilt dies 5 Jahre.

- In der **(zweijährigen) Gewährleistungsfrist** verändert sich nach dem ersten halben Jahr die Beweislast **(Beweislastumkehr):** Während in den ersten 6 Monaten nach Kauf davon ausgegangen wird, dass das Produkt von Anfang an fehlerhaft war, ist nach diesem Zeitraum der Kunde verpflichtet, zu beweisen, dass der gerügte Mangel schon zum Kaufzeitpunkt vorlag.

- **Beweislastumkehr:** In den ersten 6 Monaten nach Kauf wird unterstellt, dass die Ware von Anfang an fehlerhaft war. Danach liegt die Beweislast des Mangels zum Kaufzeitpunkt beim Käufer.

41 *Welche gesetzliche Gewährleistungsfrist gilt beim Kauf von Neuwaren?*

Beim **Verbrauchsgüterkauf** von **neuen** Gegenständen durch eine Privatperson bei einem **Unternehmen (einseitiger Handelskauf)** sind Sachmängel innerhalb von **zwei Jahren** nach Lieferung zu rügen **(gesetzliche Gewährleistungsfrist);** bei gebrauchten Sachen beträgt diese Frist mindestens 1 Jahr.
Diese 2-jährige Frist nach Ablieferung gilt auch im Geschäftsverkehr zwischen **Kaufleuten.**

Gewährleistungsfrist = 2 Jahre bei neuen Sachen

Bei gebrauchten Sachen mind. 1 Jahr

42 *Was bedeutet der Unternehmerrückgriff?*

Der **Unternehmerrückgriff** bedeutet, dass Mängel, die der Händler oder Handwerker nicht zu vertreten hat – früher blieben diese häufig auf den Schäden sitzen – dem Hersteller angelastet werden können, man auf ihn „zurück greifen" kann innerhalb der gesetzlichen Gewährleistungsfrist.Dieser Rückgriff verjährt frühestens 2 Monate nach Erfüllung des Vertrages durch den Händler/Handwerker.

Unternehmerrückgriff = Ansprüche des Verkäufers (Händler, Handwerker) an den Hersteller, auch mindestens 2 Jahre.

43 *Welche Gewährleistungsfrist gilt für Bauteile, Bauwerke?*

Die **Gewährleistungsfrist** für **Baumaterialien/Bauteile** beträgt nach BGB **5 Jahre,** auch zwischen Händler/Handwerker und Hersteller.
Somit kann ein **Handwerker** für eingebaute Fenster, die er beim **Hersteller** bezogen hat, und die der Kunde nach drei Jahren wegen Mängeln reklamiert, sich den Aufwand der Beseitigung des Mangels vom Hersteller erstatten lassen, wenn der Mangel schon bei Lieferung vorhanden war.

Gewährleistungsfrist für eingebaute Bauteile = 5 Jahre:
- zwischen Verbraucher und Händler/Handwerker
und
- zwischen Händler/Handwerker und Hersteller

44 *Welche Gewährleistungsfrist gilt für Reparaturarbeiten?*

Für **Reparaturarbeiten** gilt eine **Gewährleistungsfrist** von **zwei Jahren.** Dabei spielt es keine Rolle, ob neue oder gebrauchte Teile verwendet werden. Die Frist kann bei **gewerblichen Kunden** jedoch auf ein Jahr verkürzt werden.

Gewährleistungsfrist für Reparaturarbeiten = 2 Jahre
- f. gewerbl. Kunden auf 1 Jahr möglich

45 *Welche Rechte hat der private Käufer bei Lieferung mangelhafter Ware durch ein Unternehmen?*

Der **private Käufer** einer mangelhaften Sache hat nach dem BGB das Recht

1. auf **Nacherfüllung,** d.h. der Käufer kann nach seiner Wahl **Nachbesserung** (Reparatur; Faustformel: **zwei** Nachbesserungsversuche) oder eine **Ersatzlieferung** verlangen;

Rechte des Käufers bei Sachmängeln:
1. Nacherfüllung, d.h.
   - Nachbesserung
   oder – nach Wahl des Käufers –

Klappt die Nacherfüllung nicht, dann hat der Kunde erneut die Wahl:

2. **Preisnachlass (Minderung),** d.h. Herabsetzung des Kaufpreises oder **Rücktritt vom Kauf** gegen Rückgabe des Kaufpreises.

3. **Schadensersatz bzw. Ersatz vergeblicher Aufwendungen:** Wenn der Käufer nach Ablauf der Frist zur Nacherfüllung sich eine Sache beschafft, die mehr kostet als die beim ursprünglichen Verkäufer bzw. diese selbst repariert oder reparieren lässt, dann hat der Verkäufer die Mehrkosten zu tragen.

- Ersatzlieferung; danach
2. Minderung oder Rücktritt vom Vertrag.
3. Schadenersatz bzw. Ersatz vergeblicher Aufwendungen durch den Verkäufer

46 *Wie ist die Garantie zur Sachmängelhaftung des BGB zu beurteilen?*

Der § 443 BGB regelt, welche Rechte ein Käufer aus einer **Garantie, d.h. einer freiwilligen Leistung des Herstellers** ableiten kann. Treten innerhalb einer bestimmten Frist Schäden auf, garantiert der Hersteller kostenlose Nachbesserung, aber normalerweise weder Preisminderung noch Rücktritt. Die gesetzliche **Sachmängelhaftung** geht über die **Garantie**[1] hinaus: Dabei kann der Kunde bei Fehlschlagen der Reparatur z.B. Ersatzlieferung verlangen oder vom Vertrag zurücktreten. Nimmt der Käufer Garantie in Anspruch, dann bleibt die **Beweislast** die gesamte Laufzeit beim Verkäufer oder beim Hersteller (Herstellergarantie).

- Die Sachmängelhaftung geht über die Garantie hinaus.
- Bei Garantie bleibt die Beweislast immer beim Verkäufer.
- Garantie muss auf die gesetzlichen Rechte hinweisen

47 *Welche Regelungen gelten bei Lieferung einer mangelhaften Sache beim zweiseitigen Handelskauf, also zwischen Kaufleuten?*

Ist der Kauf für beide Vertragspartner ein Handelsgeschäft **(zweiseitiger Handelskauf),** gelten ergänzend zum allgemeinen Kaufrecht folgende Regelungen nach dem **HGB:**
Der Käufer hat die Sache unverzüglich nach Erhalt durch den Verkäufer zu untersuchen (stichprobenartige **Prüfungspflicht),** und, wenn sich ein Mangel zeigt, dem Verkäufer unverzüglich diesen anzuzeigen **(Rügepflicht);**

1. Unterbleibt dieses, so gilt die Sache als genehmigt, es sei denn, es liegt ein **versteckter Mangel** vor:
Der ist unverzüglich nach der Entdeckung geltend zu machen, spätestens innerhalb von zwei Jahren. Dann lässt sich die Gewährleistungspflicht auf ein Jahr reduzieren.
2. Der Käufer muss die beanstandete Sache einstweilig aufbewahren **(Aufbewahrungspflicht),**
3. Bei verderblicher Sache kann der Käufer ohne vorherige Androhung diese z.B. öffentlich versteigern lassen.

Rechte des Käufers bei mangelhafter Lieferung bei zweiseitigem Handelskauf:
- Prüfungs- und danach Rügepflicht unverzüglich
- Versteckter Mangel unverzüglich
- Gewährleistung 2 Jahre, auf ein Jahr reduzierbar
- Aufbewahrungspflicht, wenn keine verderbliche Sache

D Rechtliche und steuerliche Grundlagen

---

[1] In der **Garantieerklärung** muss ausdrücklich auf die weiterhin bestehenden gesetzlichen Rechte hingewiesen werden (§ 477 BGB); auch kann der Käufer eine **schriftliche Garantie** verlangen.

48 *Kann die 2-jährige Gewährleistungsfrist bei Neuwaren verkürzt werden?*

Nein, eine Verkürzung beim Verkauf von Neuwaren vom Kaufmann an einen Privatkunden ist nicht möglich.

Nein

49 *Kann der Hersteller das gesetzliche Rückgriffsrecht des Händlers oder Handwerkers einschränken?*

Nein, dies ist unzulässig. Der zwei- oder fünfjährige Rückgriffsanspruch an Hersteller darf nicht umgangen werden.

Nein

50 *Kann die Sachmängelhaftung für gebrauchte Waren ganz ausgeschlossen werden?*

Grundsätzlich gilt auch für gebrauchte Waren eine 2-jährige Gewährleistungs/Verjährungsfrist. Diese kann allerdings bei Kaufverträgen zwischen **Handel** und **Verbraucher** auf **ein Jahr** verkürzt werden.

Beim Verkauf unter **Privatleuten** und **zwischen Unternehmen** kann die Sachmängelhaftung für gebrauchte Sachen vollständig ausgeschlossen werden.

Gewährleistung bei gebrauchten Waren:
- zwischen Handel und Verbraucher auf ein Jahr verkürzbar
- bei allen anderen Geschäften Ausschluss der Gewährleistung möglich

51 *Wie können die Allgemeinen Geschäftsbedingungen (AGB) die Käuferrechte beeinflussen?*

Die **AGBs** sind alle für eine Vielzahl von **Verträgen** vorformulierte Vertragsbedingungen, die dem Käufer vom Verkäufer einseitig auferlegt werden.

Um die **Endverbraucher** vor gravierenden Nachteilen zu schützen, gibt es gesetzliche Regelungen im BGB zu den Allgemeinen Geschäftsbedingungen (AGB).

Danach gehört das „**Kleingedruckte**" nur dann zum Vertrag, wenn

- der **Käufer** ausdrücklich auf die AGB **hingewiesen** wurde (Hinweis auf der Vorderseite des Vertrages oder durch deutlich sichtbaren Aushang am Ort des Vertragsabschlusses);

- der **Käufer** in zumutbarer Weise, auch wenn er behindert ist, von ihrem Inhalt **Kenntnis** nehmen kann;

- die **AGB** normal **lesbar** und **verständlich** sind

- und der Käufer mit den AGB einverstanden ist.

Folgende wesentliche Bestimmungen enthalten u.a. die Paragrafen 307 bis 309 des BGB:

- Das BGB erklärt Klauseln der Allgemeinen Geschäftsbedingungen (ABG) für unwirksam, die den Kunden unangemessen benachteiligen.
- Für **AGBs von Unternehmen** an Unternehmen gelten Sonderregelungen:
  - Bei neuen Sachen ist eine Gewährleistung auf ein Jahr möglich,
  - Bei gebrauchten Sachen ohne Gewährleistung möglich

- **Persönliche Absprachen** (die der Käufer dann natürlich belegen muss, am besten schriftlich) haben Vorrang vor den AGB. Wird beispielsweise der Skontoabzug im Vertrag genannt und im AGB dann verneint, so gilt die Zahlungsbedingung mit Skontoabzug.

- **Überraschende Klauseln** sind nicht wirksam. So sind auch nicht automatisch regelmäßige spätere Wartungen, die der Käufer jeweils bezahlen muss, in den Kauf einer Sache mit eingeschlossen.

- **Verbotene Klauseln.** Es ist beispielsweise nicht möglich, mit einem Preiserhöhungsvorbehalt Preise zu erhöhen, wenn die Lieferung innerhalb von 4 Monaten nach Vertragsabschluss erfolgt.

- **Gefährliche Klauseln.** Sie sind nur wirksam, wenn sie zumutbar sind. Ein Nachbesserungsvorbehalt in den AGB eines Möbelhauses kann beinhalten, dass die bestellten Möbel bei Fehlern nachgebessert werden, die später allerdings nicht sichtbar sein dürfen.

  Ansonsten muss die Neulieferung, der Rücktritt vom Vertrag mit Rückaustausch der Leistungen ebenso möglich sein wie Minderung des Preises.

> - Der Käufer muss ausdrücklich die AGB gelesen und damit einverstanden sein.

D Rechtliche und steuerliche Grundlagen

---

52 Welche Regeln gelten für Internet und AGB?

Anbieter von Waren und Dienstleistungen im **Internet** müssen bei der Verwendung von **AGBs** darauf achten, dass diese **mit jedem einzelnen Angebot** verknüpft sind, das potenzielle Käufer anklicken. Nur so kann sichergestellt werden, dass die AGBs wahrgenommen und auf elektronischem Weg wirksam vereinbart werden.

> Jedes Angebot im Internet muss mit den AGBs verknüpft sein.

---

53 Wann sind Gewährleistungsansprüche ausgeschlossen?

Der Käufer hat **kein Recht auf Gewährleistung,** wenn

1. er bei Vertragsabschluss den Mangel kannte,

2. er die Sache in einer öffentlichen Versteigerung erworben hat;

Ist dem **Käufer** ein **Mangel infolge grober Fahrlässigkeit** unbekannt geblieben, kann er Rechte wegen dieses Mangels nur geltend machen, wenn der Verkäufer den Mangel arglistig verschwiegen oder eine Garantie für die Beschaffenheit der Sache übernommen hat (§ 442 BGB).

> Kein Recht auf Gewährleistung, wenn der Käufer den Mangel kannte.

54 Was bedeutet Lieferungsverzug und welche Rechte hat der Kunde?

Ein Lieferer schuldet die Leistung. Er ist also in **Lieferungsverzug,** wenn er

1. nicht leisten **will.** Dann kann der Gläubiger nach erfolgloser Setzung einer angemessenen **Nachfrist** zur Leistung **Schadensersatz** verlangen und **vom Vertrag** zurücktreten;

2. nicht leisten **kann.** Wird z.B. eine Sache durch Brand oder Hochwasser zerstört, dann kann der Kunde **Schadensersatz** fordern, wenn sich der Verkäufer bereits im Lieferverzug befindet (§ 287 BGB = höhere Gewalt);

3. zu **spät** leistet und dadurch ein Schaden eintritt: Leistet der Schuldner auf eine Mahnung nicht, obwohl die Leistung fällig war, so kommt er durch die **Mahnung** mit Nachfristsetzung in Verzug; dies gilt auch bei Klageerhebung und Zustellung eines Mahnbescheids.

Der Käufer hat das Recht auf **Schadensersatz und Rücktritt vom Vertrag.**

Eine Mahnung ist **nicht nötig...**

1. beim **Fixkauf,** d.h. einem kalendermäßig bestimmten Lieferzeitpunkt (z.B. „Lieferung am 10.08. fix")

2. wenn der Lieferer erklärt, nicht liefern zu können oder zu wollen **(Selbstinverzugsetzung)**

3. beim **Zweckkauf** (z.B. für Weihnachten)

Der Lieferungsverzug tritt in der Regel erst nach Mahnung und Nachfristsetzung in Kraft, wenn

• kein Fixkauf vorliegt
• der Lieferer nicht liefern will oder kann
• ein Zweckkauf vorliegt.

Der Gläubiger kann in den Fällen Schadensersatz fordern bzw. bei zu später Lieferung auch vom Vertrag zurücktreten.

55 Was bedeutet Konventionalstrafe?

Eine vertraglich geregelte Form des Schadensersatzes ist die **Konventionalstrafe.** Darunter ist eine Geldsumme zu verstehen, die der Schuldner (Lieferer) dem Gläubiger (Käufer) zu zahlen hat, wenn er seine vertraglichen Verpflichtungen nicht zeitgerecht erfüllt. So haben Bauunternehmen bei vertraglichen Verzögerungen pro Tag eine bestimmte Geldsumme zu zahlen.

Eine Konventionalstrafe ist eine Vertragsstrafe bei verzögerter Leistung.

56 Wie ist der Annahmeverzug geregelt?

Bei **Annahmeverzug,** d.h. wenn der Käufer die ordnungsgemäß gelieferte, sachmangelfreie Ware nicht annimmt, hat der Lieferer das Recht,

1. die Ware zurückzunehmen und anderweitig zu verkaufen (Der Käufer muss damit einverstanden sein!);

2. die Ware auf Kosten und Gefahr des Käufers **zu lagern** und auf Abnahme zu klagen; für die Ware haftet der Käufer ab dem Zeitpunkt, ab dem er in Verzug geraten ist;

Bei Annahmeverzug hat der Lieferer das Recht,

• die Ware zurückzunehmen
• die Ware auf Kosten des Käufers zu lagern

3. die Ware zu lagern und öffentlich versteigern zu lassen **(Selbsthilfeverkauf).**

Dabei hat der Lieferer nach einer Frist den Selbsthilfeverkauf anzudrohen, Ort und Zeitpunkt mitzuteilen und das Ergebnis der Versteigerung schriftlich dem Käufer darzustellen.

Da der Selbsthilfeverkauf auf Rechnung des Käufers erfolgt, hat dieser auch die entstandenen Kosten und einen möglichen **Mindererlös** zu tragen.

Ein eventueller **Mehrerlös** steht dem Käufer zu.

- die Ware zu versteigern.

---

57 *Welche Rechte hat der Lieferer bei Zahlungsverzug des Kunden?*

Der **Schuldner** einer **Geldforderung** kommt spätestens **in Verzug,** wenn er nicht **innerhalb von 30 Tagen** nach Fälligkeit und Zugang einer Rechnung oder Forderungsaufstellung zahlt. Diese Regelung gilt gegenüber einem Schuldner, der **Verbraucher** ist, nur, wenn der Kunde auf die Tatsache in der Rechnung besonders hingewiesen wurde (§ 286 Abs. 3 BGB).

Folgen sind:

- Der Gläubiger kann beim **einseitigen Handelskauf** und beim **bürgerlichen Kauf** (Privat an Privat) ohne Nachweis eines konkreten Schadens einen **Zinssatz** von **5 Prozent** über dem Basiszinssatz der Europäischen Zentralbank (EZB) ansetzen (Seit 2015 beträgt der Basiszinssatz 0,83 %);

Praxisbeispiel:

Der Schreinermeister schickt seinem Kunden eine Rechnung „zahlbar sofort".

Geht nach zwei Wochen kein Geld bei ihm ein, schickt er dem Kunden entweder eine Mahnung mit einer Frist von einer Woche, oder er wartet 30 Tage nach Zugang der Rechnung ab.

In diesen beiden Fällen gerät der Kunde nach Ablauf der Frist (nach 21 bzw. 30 Tagen) in Verzug.

- Beim **zweiseitigen Handelskauf** (Unternehmen und Unternehmen) kann ein Verzugszins von 9 Prozent über dem Basiszinssatz der EZB erhoben werden;

- neben der Forderung eines **pauschalen Zinssatzes** kann der Gläubiger auch einen höheren Zinssatz verlangen, wenn er diesen nachweisen kann, z.B. höherer Kontokorrent oder Sollzinssatz der Bank des Gläubigers.

Beim Zahlungsverzug kann der Lieferer

- Zahlung verlangen nach Fälligkeit oder spätestens nach 30 Tagen: Danach können Verzugszinsen berechnet werden.

- 5% über Basiszinssatz der EZB vom Privatkunden

- 9% über Basiszinssatz vom Unternehmen oder

- tatsächlich selbst gezahlte höhere Zinsen können vom Verkäufer in Anspruch genommen werden

D Rechtliche und steuerliche Grundlagen

7 Eigentumsvorbehalt, Verjährung von Geldforderungen

58 *Was bedeutet der Eigentumsvorbehalt?*

Um sich nach der Leistungserstellung beim Zielverkauf vor Forderungsausfällen zu schützen enthalten die meisten Kaufverträge den **Eigentumsvorbehalt,** d.h. der Verkäufer bleibt Eigentümer der verkauften Sache bis zur vollständigen Zahlung des Kaufpreises. Der Käufer ist dann der Besitzer *(»Die Ware bleibt bis zur vollständigen Bezahlung mein Eigentum«).*

Es wird dann vom **einfachen Eigentumsvorbehalt** gesprochen, wobei der **Verkäufer** die Sache nur zurückverlangen kann, wenn er vom **Kaufvertrag zurückgetreten** ist, d.h. dann die Rückabwicklung des Vertrages erfolgt (§ 449 BGB).

Es besteht auch ein **Aussonderungsrecht** bei Insolvenz des Käufers, wenn der Eigentümer dies verlangt.

> Einfacher Eigentumsvorbehalt:
> Die gelieferte Ware bleibt bis zur vollständigen Bezahlung im Eigentum des Verkäufers.

59 *Wann erlischt der Eigentumsvorbehalt?*

Der Eigentumsvorbehalt erlischt, wenn…

1. die Sache untergegangen ist, z.B. verbrannt,

2. die Sache von einem gutgläubigen Dritten erworben worden ist (Dieser Käufer weiß nicht, dass dieser Verkäufer nicht Eigentümer ist.).

   Ein Eigentumserwerb ist allerdings ausgeschlossen, wenn die Sache gestohlen ist.

3. diese Sache zu einem neuen Erzeugnis verarbeitet worden ist.

60 *Wie sind die anderen Formen des Eigentumsvorbehalts zu definieren?*

Beim **verlängerten Eigentumsvorbehalt** darf der Käufer die Ware verarbeiten oder weiterverkaufen.

Folgen:

1. Der Verkäufer wird dann anteilmäßig Eigentümer der verkauften Sache;

2. die entstehenden Forderungen werden an den (ersten) Verkäufer abgetreten;

Beim **erweiterten Eigentumsvorbehalt** bleibt das Eigentum beim Verkäufer für alle Sachen, die er an denselben Käufer liefert (§ 950 BGB).

> Verlängerter Eigentumsvorbehalt:
> Verkäufer wird Eigentümer der neu produzierten Ware und erhält die Forderungen.
> Erweiterter Eigentumsvorbehalt:
> Eigentum bleibt beim Verkäufer.

61 *Was heißt Verjährung?*

Eine Forderung ist **verjährt** bedeutet, dass diese gerichtlich nicht mehr eingeklagt werden kann. Der Schuldner kann dann die **Einrede der Verjährung** geltend machen, d.h. er hat das Recht die Zahlung zu verweigern.

> Verjährung = eine Forderung ist gerichtlich nicht mehr einzutreiben.

Der **Anspruch des Gläubigers** bleibt allerdings bestehen. Zahlt der Schuldner in Unkenntnis der Verjährung, so kann er diesen Betrag nicht mehr zurückfordern.

Aber der Anspruch bleibt bestehen.

---

62 *In welcher Zeit verjähren Mängelansprüche*

Mängelansprüche müssen innerhalb folgender **Fristen** gerügt werden:

– 30 Jahre bei grundbuchlich festgelegten Rechten und Herausgabeansprüche aus Eigentum,
– 5 Jahre bei einem Bauwerk oder Sachen, die eingebaut wurden und mangelhaft waren,
– 2 Jahre bei allen üblichen Geschäften, z.B. Kauf-, Werk-, Mietverträge,
– mindestens ein Jahr beim Kauf gebrauchter Sachen.

Die Verjährung beginnt bei Grundstücken mit der Übergabe, im Übrigen mit der Ablieferung der Sache.

● Die Verjährungsfrist für die kurzen Rügefristen ist auf 3 Jahre verlängert, wenn der Verkäufer den Mangel »arglistig verschwiegen« hat (§ 438 Absatz 3 BGB).

Fristen für Mängelansprüche:

● 30 Jahre Grundstücke
● 5 Jahre Bauwerke/ eingebaute Teile
● 2 Jahre übliche Geschäfte
● mindestens ein Jahr gebrauchte Sachen

Aber:

● Arglistiger Mangel = 3 Jahre Verjährungsfrist bei kürzeren Verjährungsfristen

---

63 *Welche regelmäßige Verjährungsfrist gilt seit 2002?*

Die **regelmäßige Verjährungsfrist** beträgt **drei Jahre:** Sie beginnt mit dem Ende des Jahres, in dem der Anspruch entstanden ist (§ 195 BGB).

Dazu gehören **Ansprüche** wegen Kaufpreis, Handwerkerrechnung, Arzt gegenüber Patienten, aber auch **regelmäßig wiederkehrende** Leistungen wie Miete, Gehalt, Unterhaltsleistungen.

Beispiel:

Entstehung des Anspruchs am 20. August 2006 – Verjährung ab 01.01.2010.

Dreijährige Verjährungsfrist für

● Ansprüche aus Rechnungen, Honoraren
● Mieten, Zinsen, Renten, Löhne, Gehälter, Unterhalt

---

64 *Wie ist die 30-jährige Verjährungsfrist geregelt?*

In **30 Jahren verjähren**

● Herausgabeansprüche aus Eigentum und anderen Sachen, z.B. verliehene oder gestohlene Sachen
● familien- und erbrechtliche Ansprüche, z.B. Erbansprüche
● Ansprüche aus Urteilen, Vergleichen, notariell beurkundeten Forderungen einschließlich Ansprüchen aus Insolvenzverfahren;

Schadensersatzansprüche, die auf der Verletzung des Lebens, des Körpers, der Gesundheit oder der Freiheit beruhen; dabei beginnt die Frist von der Begehung der Handlung bzw. von dem den Schaden auslösenden Ereignis an.

30-jährige Verjährungsfrist für

● Eigentumsansprüche
● erb- und familienrechtliche Ansprüche
● Ansprüche aus Urteilen
● Schadensersatz aus Körperverletzung, Freiheitsberaubung usw.

D Rechtliche und steuerliche Grundlagen

65 *Welche Ansprüche verjähren nach 10 Jahren?*

- **Zehn Jahre** von ihrer Entstehung an beträgt die **Verjährungsfrist** für **sonstige Schadensersatzansprüche** und **andere Ansprüche als Schadensersatzansprüche** ohne Rücksicht auf die Kenntnis oder grob fahrlässige Unkenntnis (§199, Abs. 3 + 4 BGB).

Zehn Jahre Verjährungsfrist

- für sonstige Schadensersatzansprüche und
- andere Ansprüche als Schadensersatzansprüche

Praxisbeispiel:

Ein Versandhändler hat Möbel verschickt; der betrügerische Besteller zahlt nicht, bei Nachfragen ist er »unbekannt verzogen«. Ermittelt nun die Polizei den Betrüger erst nach 4 Jahren, so hat der Händler ab dann 3 Jahre Zeit, um sein Geld einzutreiben. Und die Frist beginnt auch erst zum 31.12. des Jahres, in dem der Besteller gefunden wurde. Da die absolute Höchstgrenze bei 10 Jahren ab Entstehung des Anspruchs liegt, könnte der Versandhändler sein Geld also spätestens 10 Jahre nach Bestellung einfordern, gleichgültig wann der Besteller in der Zwischenzeit gefunden wurde.

66 *Wie kann eine Verjährungsfrist neu beginnen?*

Die frühere sogenannte Unterbrechung der **Verjährung** heißt seit 2002 »**Neubeginn der Verjährung**«. Die Verjährung beginnt neu,
1. wenn der Schuldner gegenüber dem Kaufmann/Handwerker/Arzt den Anspruch durch Abschlagszahlung, Zinszahlung, Sicherheitsleistung (Kaution) oder in anderer Weise anerkennt,
2. oder eine gerichtliche oder behördliche Vollstreckungshandlung vorgenommen oder beantragt wird.

Die Verjährungsfrist beginnt neu zu laufen, wenn

- die Schuld durch Leistungen anerkannt ist
- gerichtlich oder behördlich vollstreckt wird

Beispiel:

Entstehung des Anspruchs am 20.08.2006 – Verjährung wäre ab 01.01.2010. Durch schriftliche Stundungsbitte am 06.06.2007 endet die Verjährungsfrist dann erst am 06.06.2010.

67 *Welche Wirkung hat eine Hemmung der Verjährung?*

Die **Hemmung** hat die Wirkung, dass der Zeitraum, während dessen die Verjährung gehemmt ist, in die Verjährungsfrist nicht eingerechnet wird.
Die **Verjährung** von Entgelt- oder Honoraransprüchen wird **gehemmt** (§ 204 BGB) z.B.
1. durch die Erhebung der Klage auf Leistung
2. durch Feststellung des Gerichts auf Leistung
3. auf Erteilung der Vollstreckungsklausel
4. oder auf Erlass des Vollstreckungsurteils;
5. auch durch Zustellung des Mahnbescheids im gerichtlichen Mahnverfahren.
Die Hemmung endet 3 Monate nach der Entscheidung des Verfahrens (§ 203 BGB).

Die Verjährungsfrist verlängert sich um den Zeitraum der Hemmung bei z.B.

- Klage
- Gerichtsbescheid
- Vollstreckungs- und Mahnbescheid

Beispiel:

Entstehung des Anspruchs am 20.08.2006 – Verjährung wäre ab 01.01.2010. Durch eine Klage mit Verfahren, die am 06.06.2007 beginnt und mit den 3 Monaten Zeit am 6. Juni 2008 endet, läuft die Verjährungsfrist dann am 31. Dezember 2010 ab. Verjährt wäre die Forderung dann am 01.01.2011.

68 *Wie lange hat eine Privatperson Belege aufzubewahren?*

- **Privatpersonen** sind eigentlich nicht verpflichtet, Kontoauszüge, Rechnungen usw. aufzuheben. Sie sollten es dennoch tun um wichtige Zahlungen wegen der 3-jährigen Verjährungsfrist nachweisen zu können.

- **Ausnahme:** Für Reparatur- und Wartungsarbeiten an **Gebäuden** sind Belege seit 01.08.2004 2 Jahre aufzubewahren.

Gesetzlich nicht, aber um Zahlungen nachzuweisen 3 Jahre lang

68A *Was bedeutet die salvatorische Klausel?*

Sind oder werden einzelne Bestimmungen der Allgemeinen Geschäftsbedingungen (AGB) unwirksam, so bleiben die anderen Inhalte eines Vertrages dennoch gültig.

8 Werkvertrag, Mietvertrag, Leasing, Pachtvertrag, Bürgschaft, DIN ISO

69 *Wie unterscheiden sich Dienst- und Werkvertrag?*

Beim **Dienstvertrag** (meist in Form eines Arbeitsvertrages; auch der Behandlungsvertrag des Arztes ist ein Dienstvertrag) verpflichtet sich der **Arbeitnehmer zur Dienstleistung,** der **Arbeitgeber** zur **Vergütung** dieser Dienste (§ 611 ff. BGB).

Beim **Werkvertrag** wird der **Unternehmer** (so das BGB in § 631 ff.) zur **Herstellung** des »Werkes« oder der Leistung (z.B. Autoreparatur in der Werkstatt), der **Besteller** zur **Zahlung** verpflichtet.

Der **Werkvertrag** ist immer **erfolgsbezogen,** d.h. funktioniert der Motor nach der Reparatur nicht, muss auch nicht bezahlt werden. Ein **Dienstvertrag** ist **nicht erfolgsbezogen,** der Arbeitnehmer oder auch Arzt hat immer einen Anspruch auf Vergütung.

Dienstvertrag:
- Pflicht des Arbeitnehmers zur Dienstleistung, des Arbeitgebers zur Vergütung
- nicht erfolgsbezogen

Werkvertrag:
- Pflicht des Unternehmers zur Herstellung des Werkes, des Bestellers zur Zahlung
- erfolgsbezogen

70 *Welche Besonderheit weist der Werkvertrag auf?*

Beim **Werkvertrag** kann es um die Herstellung oder Veränderung einer Sache gehen, aber auch um eine Dienstleistung wie Beförderung von Gütern, Planung und Bauüberwachung durch einen Architekten; dabei ist der **Erfolg** herbeizuführen.

Wird das Werk, das einzubauen ist (z.B. der Motor) auch von der Werkstatt geliefert und eingebaut, dann handelt es sich auch um einen **Werkvertrag.**

Werkvertrag = vielfältige Tätigkeiten

D Rechtliche und steuerliche Grundlagen

71 *Welche Pflichten hat der Unternehmer beim Werkvertrag und wie ist die Gewährleistung geregelt?*

Der **Unternehmer** ist verpflichtet das Werk so herzustellen, dass es die vereinbarte Beschaffenheit hat.

Ist das Werk nicht von dieser Beschaffenheit, so kann der Besteller die Beseitigung des Mangels verlangen.

Der **Besteller** kann bei Mängeln

1. **Nacherfüllung** verlangen, d.h. der Unternehmer kann reparieren oder ein neues Werk herstellen;
2. nach Ablauf einer angemessenen Frist den **Mangel selbst beseitigen** und Ersatz der Aufwendungen verlangen; dann
3. vom Vertrag **zurücktreten** oder **Minderung** der Vergütung verlangen;
4. **Schadensersatz** verlangen.

Ist das Werk mangelhaft hat der Besteller folgende Rechte:

– Ablauf –

1. Nacherfüllung: Reparatur oder neues Werk
2. Mangel selbst beseitigen
3. Rücktritt vom Vertrag oder Preisminderung
4. Schadensersatz

72 *Wann verjähren die Ansprüche beim Werkvertrag?*

Der **Anspruch des Bestellers** auf **Beseitigung** eines **Mangels** verjährt

1. in **2 Jahren** nach der Abnahme bei Herstellung, Wartung oder Veränderung einer Sache/des Werkes. (Verjährung ist aber **3 Jahre ab Abnahme der Sache wenn arglistige Täuschung vorliegt.**)
2. In **5 Jahren** bei Arbeiten an einem **Bauwerk** und bei Einbauten gekaufter Teile. Diese Frist gilt für den **Lieferanten** (Hersteller) wie für den **Handwerker.**
3. Für alle anderen Werkverträge in **3 Jahren,** z.B. haftet ein Gutachter am Bau 3 Jahre.
4. Bei Schadensersatzansprüchen in spätestens 10 Jahren.

Verjährung beim Werkvertrag:
• 2 Jahre nach Abnahme der Sache
• 5 Jahre bei Bauwerken für alle Beteiligten
• 3 Jahre für alle anderen Werkverträge
• 10 Jahre bei Schadensersatzansprüchen

73 *Kann eine Haftung vertraglich ausgeschlossen werden?*

Grundsätzlich ja, aber eine solche Vereinbarung ist nichtig, wenn der Unternehmer den Mangel arglistig verschwiegen hat oder eine Garantie für die Beschaffenheit des Werkes übernommen hat (§ 639 BGB).

Grundsätzlich ja.

74 *Wie ist die Vergütung geregelt?*

Der Besteller hat die **Vergütung** bei der Abnahme des Werkes zu entrichten. Sind Vergütung für Teile vereinbart, so ist die Vergütung für jeden Teil bei dessen Abnahme zu entrichten.

Vergütung nach Fortschritt des Werkes.

75 *Welche Besonderheiten gelten beim VOB-Vertrag?[1]*

Neben den BGB-Regelungen wird im **Bauhandwerk** häufig die zum 12. September 2002 erneuerte **„Vergabe- und Vertragsordnung für Bauleistungen" (VOB)** dem Vertrag zwischen **Unternehmer** und **Bauherr** zugrunde gelegt.

• Die VOB = Vergabe- und Vertragsordnung für Bauleistungen –

---

[1] Für Lieferungen kann ein Vertrag nach VOL (= Verdingungsordnung für Lieferungen) erfolgen.

Die **VOB** besteht aus (A) Allgemeinen Vergabe-bestimmungen, (B) den Allgemeinen Vertrags-bedingungen für die Bauausführung sowie (C) den Allgemeinen technischen Vorschriften für Bauleistungen.

Vorschriften für Bauleistungen.

Für den **Werkvertrag** zwischen dem Bauherrn **(Auftraggeber)** und dem Bauunternehmer **(Auftragnehmer)** ist vor allem **Teil B** von Bedeutung. Gegenüber dem **BGB** bestehen folgende wesentliche Besonderheiten:

- Eine Vertragspartei kann ein förmliches **Abnahmeverfahren** verlangen, wobei ein Abnahmeprotokoll angefertigt wird, das die Interessen beider Parteien enthält. Erst durch die Abnahme geht die **Haftung** auf den Bau-herrn über.

- Verweigert der Auftraggeber unberechtigt die **Abnahme,** so gilt die Leistung mit Ablauf von 12 Werktagen nach schriftlicher Mittei-lung über die Fertigstellung als abgenom-men.

- Benutzt der Auftraggeber die Leistung, so gilt sie 6 Werktage nach Beginn der **Benutzung** als abgenommen.

- Beseitigt der Unternehmer **Mängel** nicht innerhalb der ihm gesetzten Frist, so kann der Auftraggeber diese auf Kosten des Auf-tragnehmers beseitigen lassen. Scheidet eine Nachbesserung aus, so kommt ein Rücktritt vom Vertrag oder Minderung in Betracht.

- **Schadensersatz** wenn die Bauleistung Män-gel aufweist, die zu Schäden geführt haben.

  Kein Schadensersatz bei höherer Gewalt oder bei anderen objektiv unabwendbaren Schäden, z.B. durch starken Platzregen wird eine Zwischendecke beschädigt. Dann kann die Baufirma die Behebung des Schadens dem Kunden in Rechnung stellen.

Die Verjährungsfrist für die **Gewährleistungs-ansprüche** beträgt für Bauwerke nach **VOB 4 Jahre** (Verlängerung um 2 Jahre möglich), nach **BGB 5 Jahre.**

gilt häufig zwischen Unternemer/ Auftragnehmer und Auftraggeber/ Bauherr im Bauhand-werk.

- Die Inhalte können vom BGB abweichen, z.B. Verjährung:
  - Frist zur Beseiti-gung von Män-geln: 4 Jahre
  - Nach Aufforde-rung zur Mangel-beseitigung verjährt Anspruch erst 2 Jahre nach Zugang des Schreibens bei der Baufirma
  - Schadensersatz bei Mängeln, nicht bei höherer Gewalt

- Gewährleistungs-ansprüche verjähren i.d.R. nach 4 Jahren

76 *Welche Forderungen kann der Handwerks-meister vor Fertig-stellung und Über-gabe geltend machen?*

Grundsätzlich schuldet der Auftraggeber den gesamten vereinbarten Preis (siehe Angebot). Diesen Preis kann der Unternehmer auch ver-langen, es sei denn, es liegt ein **wesentlicher Mangel** vor.

Er muss sich allerdings den Wert abziehen las-sen, den er nach Abbruch der Arbeiten einspart.

Grundsätzlich ist der Angebotspreis zu zahlen.

D Rechtliche und steuerliche Grundlagen

77 *Welche Sicherheiten hat ein Unternehmer bei ausstehenden Forderungen?*

Sind **bewegliche Sachen** vorhanden, hat er ein **Pfandrecht.** Er kann bei Nichtbezahlung durch Versteigerung oder Verkauf (vorherige Rücksprache mit dem Gericht ist nötig) seine Forderungen ausgleichen.

Bei **unbeweglichen Sachen** hat der Bauhandwerksmeister die Möglichkeit, eine **Sicherungshypothek auf das Grundstück,** auf dem er arbeitet, eintragen zu lassen. Auch eine **Bankgarantie** durch die Hausbank des Auftraggebers ist möglich.

- Bei beweglichen Sachen Pfandrecht,
- bei unbeweglichen Sachen Sicherungshypothek
- Bankgarantie

78 *Wie unterscheiden sich unverbindlicher und verbindlicher Kostenvoranschlag?*

Der ausdrücklich als **unverbindlich** bezeichnete **Kostenvoranschlag** kann bis zu 20% überschritten werden. Liegt der Auftragsvergabe eine **Submission** (Ausschreibung) zugrunde, dann kann der Kostenvoranschlag nur um 7% überschritten werden.

Beim **verbindlichen Kostenvoranschlag** (Angebot) gilt der Preis. Er darf im Regelfall nicht überschritten werden. Kalkuliert der Handwerksmeister für sich ungünstig, trägt er allein das Risiko der Überschreitung.

Preissicherheit für Kunden: **Festpreis vereinbaren;** der gilt auf jeden Fall.

Unverbindlicher Kostenvoranschlag:
- bis 20%
- bei Submission bis 7% Überschreitung.

Verbindlicher Kostenvoranschlag:
- Preis darf nicht überschritten werden.

79 *Was bedeutet Produzentenhaftung?*

Das Gesetz über die Haftung für fehlerhafte Produkte **(Produkthaftungsgesetz)** regelt die Ersatzpflicht des Herstellers, des Importeurs, des Lieferanten eines Produktes. Wird jemand durch den Fehler eines Produktes getötet, verletzt oder eine Sache beschädigt, so hat der Hersteller usw. dem Geschädigten Schadenersatz zu leisten.

Der Produzent haftet für Fehler seines Produktes.

80 *Wie ist der Mietvertrag definiert?*

Der **Mietvertrag** hat die Überlassung von Sachen auf Zeit zum Inhalt, die gegen Entgelt gebraucht werden. Nach Beendigung des Mietverhältnisses muss die gemietete Sache zurückgegeben werden. Vertragspartner sind Vermieter und Mieter (§ 535ff. BGB).

Mietvertrag:
- Überlassung von Sachen auf Zeit gegen Entgelt

81 *Was bedeutet Vermieterpfandrecht?*

Der **Vermieter eines Grundstücks** hat für seine bestehenden Forderungen aus dem Mietverhältnis ein Pfandrecht an den Sachen des Mieters, die dieser auf dem Grundstück hat, z.B. Geräte (§ 559f. BGB)

Vermieterpfandrecht:
- Recht auf Verwertung der Sachen auf dem Grundstück

82 *Wie unterscheidet sich der Miet- vom Pachtvertrag?*

Der **Pachtvertrag** geht weiter als der Mietvertrag. Er umfasst die Überlassung von Sachen zum Gebrauch **und** zur Nutzung gegen Entgelt (Ackerfläche, Gastwirtschaft). Der Pächter darf den Ertrag nutzen, muss allerdings den gepachteten Gegenstand nach Beendigung der Pachtlaufzeit im ursprünglichen Zustand zurückgeben.

Pachtvertrag:
- Überlassung von Sachen auf Zeit gegen Entgelt
+
- Nutzung der Sachen

83 *Was bedeutet Leasing?*

Man spricht von **Leasing,** wenn Anlagen (Fabriken, Hallen) und Investitionsgüter (Maschinen, Fahrzeuge) durch die Hersteller oder durch spezielle Leasing-Gesellschaften **(Leasing-Geber)** auf Zeit vermietet oder verpachtet werden.

Der **Leasing-Nehmer** hat folgende Vorteile:

1. keine hohen Anschaffungskosten, die Kapital binden,

2. keine Überalterung von Anlagen, da eine regelmäßige Erneuerung Teil eines guten Vertrages ist.

3. Die Leasing-Rate ist steuerlich absetzbar.

Leasing:
- Vermietung oder Verpachtung von Anlagen und Investitionsgütern durch Hersteller oder Leasing-Gesellschaften
- Kosten für Leasingnehmer = Leasingrate

84 *Was beinhaltet ein Kredit-/Darlehensvertrag?*

Durch den **(Verbraucher-)Darlehensvertrag** wird die Bank verpflichtet, dem Kreditnehmer einen vereinbarten Geldbetrag zur Verfügung zu stellen.

Der Kreditnehmer hat dafür Zinsen zu zahlen und bei Fälligkeit das Darlehen zurückzuzahlen; der Vertrag ist schriftlich abzuschließen.

Darlehen/Kredit = schriftlicher Vertrag zwischen Kreditnehmer (Verbraucher) und Kreditgeber (Bank).

85 *Was heißt Produktsicherheitsgesetz?*

Das wesentliche Ziel des **Produktsicherheitsgesetzes** ist der Schutz der Anwender vor unsicheren Produkten im europäischen Markt-

86 *Welche Bedeutung hat Qualitätsmanagement für den Handwerksbetrieb?*

Die Einführung von **Qualitätssicherungssystemen** wurde dort vorangetrieben, wo es keine Berufsausbildung nach deutschem System gibt.

Unternehmen, die Aufträge erhalten wollten, hatten gegenüber ihrem möglichem Auftraggeber nachzuweisen, dass sie in der Lage sind

1. die gewünschte Qualität zu liefern

2. diese ständig zu verbessern

3. den Liefertermin fristgerecht einzuhalten.

Das Ergebnis ist die DIN ISO 9000 ff., die für alle Betriebsformen und -größen gilt.

Die DIN ISO 9000 ff. steht für ein **Qualitätsmanagement (QM)** mit anschließender **Zertifizierung.**

Die DIN ISO 9000 ff. beschreibt für Betriebe ein System zur Sicherung einer festgelegten Produktqualität.

Eine neutrale Stelle vergibt das entsprechende Zertifikat = Audit

ISO =
International
Organization
for
Standardization

D Rechtliche und steuerliche Grundlagen

Eine neutrale, externe Stelle begutachtet diese Betriebe. Bei dieser Begutachtung **(Audit)** geht es darum, zu prüfen, ob die qualitätsbezogenen Tätigkeiten und Ergebnisse den geplanten Anforderungen entsprechen.

Die Norm ISO **14 001 Umweltmanagementsysteme** verfolgt das Ziel, die Vermeidung von Umweltbelastungen zu fördern.

87 *Welches Ziel verfolgt das Umwelthaftungsgesetz?*

Wird durch eine Umwelteinwirkung jemand getötet, verletzt oder eine Sache beschädigt, so ist der Inhaber der Anlage (Fabrik, Maschinen, Fahrzeuge) verpflichtet, dem geschädigten Schadensersatz zu leisten. Das **Umwelthaftungsgesetz** beschreibt, dass ein Schaden durch eine Umwelteinwirkung entsteht, wenn er durch Stoffe, Erschütterungen, Geräusche, Druck, Strahlen, Gase, Dämpfe, Wärme und Sonstiges verursacht wird. Die Ersatzpflicht besteht nicht bei höherer Gewalt.

Der Inhaber einer Anlage haftet für Schäden durch Umwelteinwirkung, es sei denn, es liegt höhere Gewalt vor.

88 *Welchen Zweck verfolgt das Bundes-Immissionsgesetz?*

Das **Immissionsgesetz des Bundes** soll vor schädlichen Umwelteinwirkungen (Immissionen) durch Luftverunreinigung, Geräusche, Erschütterungen, Licht, Wärme, Strahlen und ähnliche Umwelteinwirkungen schützen.

Emissionen sind die von einer Anlage (Betriebsstätten, Maschinen, Fahrzeuge) ausgehenden Umwelteinwirkungen, die genehmigungsbedürftig sind und regelmäßig kontrolliert werden.

Das Bundes-Immissionsgesetz soll vor schädlichen Umwelteinwirkungen schützen und dem Entstehen von Umweltschäden vorbeugen.

9 Maßnahmen zur Durchsetzung von Ansprüchen: Gerichtliches Mahnverfahren, Klage, Insolvenz

88A *Schlichtung als Alternative zum Richterspruch?*

Gibt es Streit, z.B. beim Bau einer Immobilie, sollte ein unparteiischer Dritter, ein Schlichter, eingeschaltet werden. Es sind Fachleute, das Verfahren geht schneller.

- Schlichtung als sachgerechte Alternative zum Richterspruch

89 *Wie kann man das Gericht zur Durchsetzung von Ansprüchen einschalten?*

Zahlt der Kunde nicht fristgerecht, ist das **Amtsgericht** einzuschalten.

Dabei unterscheidet man

1. das **gerichtliche Mahnverfahren,** das mit dem **Mahnbescheid** beginnt, den **Vollstreckungsbescheid** umfasst und sich bis zur **Zwangsvollstreckung** (Pfändung) ausweiten kann; – oder –

2. das **Klageverfahren,** bei dem der Gläubiger sofort die Gerichtsverhandlung beantragt.

Nach Zahlungsverzug wird

- das gerichtliche Mahnverfahren

oder

- die Klage

zur Durchsetzung eigener Ansprüche gewählt.

90 *Welche Regelungen umfasst der Mahnbescheid?*

Der Gläubiger benutzt den **Mahnbescheid,** um einen über längere Zeit säumigen Schuldner zur Zahlung zu veranlassen. Der Gläubiger kauft sich dazu im Bürofachgeschäft einen Vordruck, füllt diesen aus (Parteien, zuständiges Gericht, Forderungen, Unterschrift) und reicht ihn bei seinem **Amtsgericht** (immer Amtsgericht!) ein in dem Bezirk, in welchem er seinen Firmen- oder Wohnsitz hat.

Das **Amtsgericht** stellt den **Mahnbescheid** dem Schuldner zu ohne den Anspruch zu prüfen. Die Kosten der Zustellung hat der Gläubiger zu zahlen.

- Das Amtsgericht versendet den Mahnbescheid
- Zuständig ist immer das Amtsgericht, wo der Gläubiger seinen Firmensitz hat.
- Das Amtsgericht prüft nicht den Anspruch.

91 *Was kann der Schuldner nach Erhalt des Mahnbescheids tun?*

Der Schuldner kann nach Zugang

1. **zahlen.** Das Verfahren ist beendet;

2. innerhalb von 2 Wochen schriftlich **Widerspruch** einlegen. Dann kommt es zur Gerichtsverhandlung, die allerdings nicht zeitnah erfolgt.

3. **nichts** unternehmen. Dann kann der Gläubiger innerhalb von 6 Monaten Erlass auf Vollstreckung stellen. Das Amtsgericht stellt den Vollstreckungsbescheid dem Schuldner zu, auch diese Kosten muss der Gläubiger zahlen.

Der Schuldner hat Möglichkeiten des Widerspruchs.

92 *Was kann der Schuldner nach Erhalt des Vollstreckungsbescheids tun?*

Nach Zustellung des **Vollstreckungsbescheids** kann der Schuldner

1. **zahlen.** Das Verfahren ist beendet;

2. schriftlich innerhalb von 2 Wochen **Einspruch** einlegen. Dann gibt es eine Gerichtsverhandlung;

3. **nichts** unternehmen. Dann erfolgt die Zwangsvollstreckung.

Der Schuldner hat Möglichkeiten des Widerspruchs.

93 *Was bedeutet Zwangsvollstreckung?*

Bei der **Zwangsvollstreckung** hilft der Staat dem Gläubiger, seine gerichtlich festgestellten Ansprüche durchzusetzen.

Der Antrag geht dabei immer vom **Gläubiger** aus.

Dabei muss ein **vollstreckbarer Titel** vorliegen, d.h. ein Mahnbescheid oder ein Urteil muss durch das Gericht für vollstreckbar erklärt worden sein. Dieser muss dem Schuldner zugestellt worden sein.

- Die Zwangsvollstreckung, immer ausgehend vom Gläubiger, setzt vollstreckbare Titel voraus.
- Der Gerichtsvollzieher führt aus.

D Rechtliche und steuerliche Grundlagen

94 *Welche Arten der Zwangsvollstreckung gibt es?*

Die **Zwangsvollstreckung** kann erfolgen

1. in das **bewegliche Vermögen,** z.B. bewegliche Sachen **(= Pfändung)**
2. in das **unbewegliche Vermögen,** z.B. Grundstücke.
3. in **Forderungen** und **Rechte.**
4. Löhne und Gehältet

● Das gesamte Vermögen kann herangezogen werden

95 *Wie verläuft die Pfändung beweglicher Sachen?*

Die **Pfändung,** das ist die Zwangsvollstreckung in das bewegliche Vermögen oder in Rechte (vor allem Forderungen), übernimmt der **Gerichtsvollzieher.** Er

1. nimmt leicht transportierbare Sachen an sich (Geld, Schmuck, Wertpapiere);
2. klebt **Pfandsiegelmarken** auf schwer transportierbare Gegenstände, z.B. Maschinen, Schränke, die damit gepfändet sind und nicht mehr veräußert werden dürfen;
3. nimmt eine **Austauschpfändung** vor, d.h. er tauscht wertvolle gegen weniger wertvolle Gegenstände (z.B. einen teuren Fernseher gegen ein billiges Modell).

Pfändung durch Gerichtsvollzieher:
● Geld, Schmuck nimmt er an sich
● Pfandsiegelmarken kommen auf größere Geräte
● eine Austauschpfändung erfolgt bei wertvollen Gegenständen

96 *Wie wird die Lohnpfändung durchgeführt?*

Hat der Schuldner keine pfändbaren beweglichen Sachen, so kann der Gläubiger **Lohn** oder **Gehalt pfänden** lassen.

Dazu benötigt er einen Beschluss des Gerichts, wodurch der Arbeitgeber angewiesen wird, bestimmte Beträge vom Arbeitseinkommen des Schuldners einzubehalten und an den Gläubiger abzuführen.

Unpfändbar ist das Existenzminimum, das 2015 für einen Ledigen 1 050,00 € netto beträgt. Allerdings muss ab 2012 ein Antrag beim Amtsgericht auf ein **Pfändungsschutzkonto** (P-Konto) gestellt werden, sonst werden auch die 1 050,00 € gepfändet.

● Lohn- oder Gehaltspfändung durch Gerichtsbeschluss.
● Das Existenzminimum ist unpfändbar.

97 *Wie erfolgt die Pfändung in unbewegliches Vermögen?*

Die **Pfändung/Zwangsvollstreckung** in **Grundstücke/Häuser,** die in das Grundbuch eingetragen werden muss, erfolgt durch

1. **Zwangsversteigerung** des **Grundstücks.** Der Gläubiger wird mit dem Erlös befriedigt, einen Mehrerlös erhält der Schuldner.
2. Eintragung einer **Zwangshypothek** zur Sicherung der Forderungen.
3. **Zwangsverwaltung** des Grundstücks, wobei der Gläubiger als Besitzer (Schuldner bleibt Eigentümer!) aus den Grundstückserträgen, z.B. Miete befriedigt wird.

Pfändung in Grundstücke:
● Zwangsversteigerung
● Zwangshypothek
● Zwangsverwaltung

98 *Wie wird mit der eidesstattlichen Versicherung nach fruchtloser Pfändung verfahren?*

Erfolgt eine **fruchtlose Pfändung** und es besteht der dringende Verdacht, dass der Schuldner Vermögenswerte der Zwangsvollstreckung entzogen hat, kann der Gläubiger beim zuständigen Amtsgericht beantragen, dass der Schuldner seine Vermögensverhältnisse vor Gericht offen legt.

Die **eidesstattliche Versicherung** wird in das beim Amtsgericht ausliegende **Schuldnerverzeichnis** eingetragen. Dieses kann grundsätzlich jeder einsehen, der ein berechtigtes Interesse hat. Damit wird ausgeschlossen, dass irgendein Bürger sich über Nachbarn oder Kollegen informieren will.

Wird die eidesstattliche Versicherung verweigert, kann der Schuldner auf Antrag und Kosten des Gläubigers bis zu einem halben Jahr in Haft genommen werden **(Beugehaft).**

Eidesstattliche Versicherung:
● Soll Schuldner zur Offenlegung seines gesamten Vermögens zwingen
● Im Schuldnerverzeichnis beim Amtsgericht öffentlich einzusehen
● Beugehaft bis zu einem halben Jahr möglich
● 3 Jahre lang bleibt der Eintrag im Schuldnerverzeichnis

99 *Wie verläuft die Klage vor Gericht?*

In der **Klageschrift** stellt der Gläubiger (Kläger) seinen Anspruch gegen den Schuldner (Beklagter) dar. Inhalt: Parteien, Grund der Klage, Streitwert.

Örtlich zuständig ist das Gericht, in dessen Bezirk der Schuldner seinen Wohn- oder Firmensitz hat. Kaufleute können sich vertraglich auf *einen* Gerichtsstand einigen.

Sachlich zuständig ist das **Amtsgericht** beim Streitwert bis 5 000 € (ohne Anwaltszwang), über 5 000 € das **Landgericht** (mit Anwaltszwang).[1] Dies kann auch Berufungsinstanz sein. Dabei ist die Berufung nur zugelassen ab einem Streitwert ab 1 000 €.

Die Klage wird schriftlich beim örtlich und sachlich zuständigen Gericht eingereicht.

100 *Welche Wirkung hat die Insolvenzordnung?*

Die seit 1.1.1999 geltende **Insolvenzordnung** und das **Insolvenzverfahren** sollen den in Zahlungsschwierigkeiten geratenen Privathaushalten wie Unternehmen Chancen zur Entschuldung geben.

Die Insolvenzordnung ersetzt die 100 Jahre alte Konkursordnung

101 *Welche Ziele verfolgt das Insolvenzverfahren?*

Durch die Einleitung eines Insolvenzverfahrens soll

1. die Aufstellung eines **Insolvenzplans** die Fortführung des Unternehmens ermöglichen **(Sanierung)** oder

2. das Vermögen des Schuldners **gemeinschaftlich** (durch alle Gläubiger!) verwertet und der Erlös verteilt werden.

Ziele Insolvenzverfahren:
● Fortführung des Unternehmens durch Sanierung oder
● gemeinschaftliche Verwertung

D Rechtliche und steuerliche Grundlagen

---

[1] Ein Beispiel für Verfahrenskosten (Verhandlung mit Berufung aus dem Jahr 2013): Streitwert 30 000 € → daraus ergaben sich 13 000 € Kosten: Rechtsanwalt + 5 000 € Gerichtskosten + 3 500 € Gutachterkosten.

102 *Wann und durch wen ist der Insolvenzantrag zu stellen?*

Der **Insolvenzantrag** kann durch Gläubiger oder durch den Schuldner selbst beim **Insolvenzgericht** (grundsätzlich immer Amtsgericht) gestellt werden, wenn

1. **Zahlungsunfähigkeit** besteht, d.h. wenn der Schuldner nicht in der Lage ist, die fälligen Zahlungsverpflichtungen zu erfüllen;

2. **drohende Zahlungsunfähigkeit** vorliegt, d.h. wenn der Schuldner voraussichtlich nicht in der Lage sein wird, die bestehenden Zahlungspflichten bei Fälligkeit zu erfüllen;

3. bei einer **juristischen Person** (AG, GmbH, Kammer) ist auch die **Überschuldung** Eröffnungsgrund. Überschuldung liegt vor, wenn das Vermögen des Schuldners die bestehenden Verbindlichkeiten nicht mehr deckt. Allerdings soll die Fortführung des Unternehmens besonders beachtet werden.

Insolvenzantrag bei
- Zahlungsunfähigkeit
- Drohender Zahlungsunfähigkeit
- Für juristische Personen auch bei Überschuldung

103 *Welche Arten des Insolvenzverfahrens werden unterschieden?*

Drei Verfahrensarten werden unterschieden:

- das **Regelinsolvenzverfahren;** dabei wird das Vermögen des Schuldners bewertet und die Gläubiger befriedigt, d.h. das Unternehmen wird aufgelöst;

- das **Insolvenzplanverfahren;** es dient in erster Linie dem Erhalt des Unternehmens; Gläubiger und Schuldner vereinbaren in einem **Insolvenzplan,** ob und wie das Unternehmen weitergeführt oder ob es aufgelöst (liquidiert) werden und wie die Gläubiger befriedigt werden sollen.

- das **Verbraucherinsolvenzverfahren;** es beinhaltet ein vereinfachtes Verfahren für insolvente natürliche Personen (Privatleute).

Verfahrensarten:
- Regelinsolvenzverfahren
- Insolvenzplanverfahren
- Verbraucherinsolvenzverfahren

104 *Wie wird das Insolvenzverfahren eröffnet und wie läuft es ab?*

Mit der Eröffnung des Insolvenzverfahrens durch das Amtsgericht geht die Verwaltung und Verfügung über das Vermögen (Insolvenzmasse) auf den **Insolvenzverwalter** über. Er hat das Vermögen in Besitz zu nehmen, zu bewerten und ein Verzeichnis aller Gläubiger aufzustellen.

Danach hat er die **Gläubigerversammlung** über die wirtschaftliche Situation das Schuldners zu informieren (Berichtstermin) und Möglichkeiten der Erhaltung des Unternehmens zu formulieren.

Die Versammlung beschließt, ob das Unternehmen stillgelegt oder vorläufig fortgeführt werden soll.

Eröffnung Insolvenzverfahren:
1. Insolvenzverwalter nimmt Vermögen in Besitz
2. Information der Gläubigerversammlung und deren Beschluss
3. Insolvenzplan muss Konzept enthalten
4. Zustimmung durch alle Gläubigergruppen nötig

Der vorzulegende **Insolvenzplan** muss die Vermögens-, Finanz- und Ertragslage des Unternehmens darstellen, die Kosten analysieren und ein Sanierungs- oder Verwertungskonzept beinhalten.

Arbeitsverhältnisse können vom Insolvenzverwalter mit einer Frist von maximal 3 Monaten gekündigt werden.

Dem Insolvenzplan müssen in der Gläubigerversammlung **alle Gläubigergruppen** zustimmen.

105 *Wie ist die Aussonderung geregelt?*

Ausgesonderte Gegenstände, die z.B. im Eigentum von Leasinggebern oder Lieferanten sind und unter Eigentumsvorbehalt geliefert wurden, sind auf Verlangen der Eigentümer herauszugeben.

Kein Aussonderungsrecht besteht für Gegenstände, die mit einem Pfandrecht belastet oder sicherungsübereignet sind. Eine Maschine, die der Bank zur Sicherung eines Kredits gehört und die das Unternehmen nutzte und damit im Besitz hat, fällt in die Insolvenzmasse.

Forderungen des Unternehmens darf der Verwalter einziehen.

- Ausgesonderte Gegenstände sind auf Verlangen der Eigentümer herauszugeben
- Kein Aussonderungsrecht für verpfändete oder sicherungsübereignete Gegenstände
- Forderungen darf der Insolvenzverwalter einziehen

106 *Wie ist die Restschuldbefreiung geregelt?*

Privatpersonen und persönlich haftende Unternehmer **(Gesellschafter)** können im Anschluss an ein Insolvenzverfahren **Restschuldbefreiung** beantragen.

Bedingungen dafür sind:

- erfolgte Durchführung des Insolvenzverfahrens und Verteilung der Vermögenswerte;

- Wohlverhalten des Schuldners vor der Beantragung, d.h. er muss in den letzten drei Jahren in Kreditanträgen richtige und vollständige Angaben gemacht haben.

Der **Antrag** auf **Restschuldbefreiung** kann nur vom Schuldner beim Insolvenzgericht gestellt werden.

Dann muss der Schuldner den pfändbaren Teil seiner **Einkünfte** für die **Dauer von drei Jahren** an einen Treuhänder, den das Gericht bestellt, abtreten. Der Schuldner ist in der Zeit insbesondere **verpflichtet,** innerhalb dieser Zeit eine angemessene Tätigkeit auszuüben bzw. jede zumutbare Arbeit anzunehmen.

- Restschuldbefreiung unter bestimmten Bedingungen möglich

D Rechtliche und steuerliche Grundlagen

107 *Wie läuft das Verbraucherinsolvenzverfahren ab?*

Beim **Verbraucherinsolvenzverfahren** muss der Schuldner zuerst versucht haben, sich mit seinen Gläubigern **außergerichtlich** über einen **Plan** zur **Schuldenbereinigung** geeinigt haben.

Ist der Versuch innerhalb von sechs Monaten erfolglos geblieben, muss der Schuldner nach Beantragung des Verfahrens **Restschuldbefreiung** beantragen, ein **Verzeichnis** seines Vermögens und seines Einkommens vorlegen und einen **Schuldenbereinigungsplan** aufstellen.

Das Gericht stellt diese Unterlagen den Gläubigern zu; wenn **mehr als die Hälfte der Gläubiger** (mit mehr als der Hälfte der Forderungen) dem Schuldenbereinigungsplan zustimmt, kann das Gericht die Zustimmung der widersprechenden Gläubiger ersetzen und den Schuldner nach 3 Jahren schuldenfrei stellen.

Verbraucherinsolvenzverfahren verlangt Abstimmung mit

- Gläubigern

  und

- Gericht

108 *Was bedeutet der Begriff Insolvenzgeld?*

Arbeitnehmer erhalten für höchstens **drei Monate** nach Eingang eines **Insolvenzantrags** (kann auch jeder Beschäftigte stellen!) beim **Amtsgericht** die noch ausstehenden Löhne und Gehälter.

Der Antrag auf Zahlung muss an die **Agentur für Arbeit** am Sitz des Betriebes gerichtet werden. Mit dem **Insolvenzgeld** werden alle Geldleistungen abgedeckt; auch die Kranken- und Rentenversicherungsbeiträge vom Arbeitsamt sind Teil der Leistungen.

Die Arbeitgeber zahlen eine sogenannte Insolvenzumlage in Höhe von 0,15% der Lohnsumme an die Bundesagentur für Arbeit.

- Insolvenzgeld für maximal drei Monate nach Insolvenzantrag.
- Insolvenzgeld enthält alle Geldansprüche der 3 Monate

109 *Wann erfolgt die Abweisung eines Insolvenzantrags?*

Das Insolvenzgericht weist den Antrag auf Eröffnung des Insolvenzverfahrens ab, wenn das Vermögen des Schuldners die Kosten des Verfahrens nicht deckt = **Abweisung mangels Masse.**

- Abweisung des Insolvenzverfahrens mangels Masse

110 *Was bedeutet Liquidation eines Unternehmens?*

Veräußert der Unternehmer **Vermögensteile,** ohne direkt unter Druck der Gläubiger zu stehen, dann spricht man von **Liquidation** (Veräußerung).

Gründe können sein:
1. Der vereinbarte Zweck wurde erreicht
2. Arbeitsüberlastung des Inhabers
3. Fehlende Nachfolgeregelung

Eine **Gesamtveräußerung** ist dann zu empfehlen, wenn der Unternehmenswert (Geschäftswert) größer ist als seine Einzelteile.

Auch durch die Eröffnung des **Insolvenzverfahrens** wird die Gesellschaft aufgelöst.

Liquidation bedeutet die teilweise oder ganze Veräußerung des Betriebsvermögens.

10 Familien- und Erbrecht

111 *Was bedeutet Zugewinngemeinschaft in der Ehe?*

Vereinbaren die Ehepartner **keinen** besonderen Güterstand (z.B. die vom Notar zu beurkundende Gütertrennung), dann gilt die sogenannte **Zugewinngemeinschaft.**

Das bedeutet, dass in der Ehe jeder sein eingebrachtes Vermögen behält, nach Beendigung der Ehe der beiderseitige Vermögensgewinn geteilt wird.

> Wird vor oder in der Ehe nichts vereinbart dann gilt die Zugewinngemeinschaft.

112 *Was bedeutet die gesetzliche Erbfolge?*

Wurde kein Testament hinterlassen oder ein Erbvertrag geschlossen, dann gilt die gesetzliche Erbfolge, d.h. nähere Verwandte schließen entferntere aus, sodass vorhandene Erben der 1. Ordnung (Frau/Mann, Kinder) das Vermögen allein erben.

113 *Was bedeutet Pflichtteil oder gesetzliches Erbteil?*

Hat der Verstorbene das Vermögen nicht den nächsten Angehörigen erster Ordnung vermacht, dann sieht das Gesetz den **Pflichtteil** für diese vor.

Der Pflichtteil beträgt die Hälfte des gesetzlichen Erbteils.

> Der Pflichtteil macht die Hälfte des gesetzlichen Erbteils aus.

Beispiel:

Gehen aus einer Ehe zwei Kinder hervor und der Vater stirbt, dann erben die Kinder die Hälfte des Vermögens, die andere Hälfte erhält seine Frau.

Dieser Fall tritt ein, wenn der Vater kein Testament hinterlassen hat.

Hat er hingegen sein gesamtes Vermögen den Kindern hinterlassen, so kann seine Frau ihr Pflichtteil (= Hälfte der Hälfte = ¼ des Gesamtvermögens) beanspruchen.

114 *Wie muss ein Testament verfasst sein?*

Wird ein **Testament eigenhändig** verfasst, dann muss es von der ersten bis zur letzten Zeile mit der Hand geschrieben werden – auch die Unterschrift. Es kann an jedem Ort verwahrt werden.

Das von einem **Notar** schriftlich niedergelegte Testament wird immer bei dem Amtsgericht, das für den Sitz des Notars zuständig ist, verwahrt.

> Testament
> - eigenhändig
> oder
> - vom Notar

114A *Was ist ein Ehevertrag?*

Durch den **Ehevertrag** geben sich Eheleute Regeln für die Ehe und eine mögliche spätere Scheidung; Vermögensverteilung, Unterhalt u.a. müssen notariell beurkundet werden.

> Ehevertrag = notariell beurkundeter Vertrag
> - freiwillig

D Rechtliche und steuerliche Grundlagen

II Handwerks- und Handelsrecht

1 Gewerbe, Handwerk, Handwerksrolle, Handwerksordnung

115 *Was bedeutet der Grundsatz der Gewerbefreiheit?*

Gemäß **Artikel 12 des Grundgesetzes** für die Bundesrepublik Deutschland haben alle Deutschen das Recht, Beruf, Ausbildungsstätte und Arbeitsplatz frei zu wählen. Daneben besagt die Gewerbeordnung im § 1, dass der Betrieb eines Gewerbes grundsätzlich jedem gestattet ist. Alle Deutschen haben somit grundsätzlich das Recht, sich mit einem Gewerbebetrieb niederzulassen, d.h. sich selbstständig zu machen.

Die vom Grundgesetz festgeschriebenen und in verschiedenen Gesetzen definierten Grenzen findet die **Gewerbefreiheit** dort, wo für die Ausübung von Berufen, und die selbstständige Führung von Betrieben Sachkunde, in Form von festgelegten Ausbildungen und anerkannten Prüfungen, nachgewiesen werden muss.

Unter Gewerbefreiheit versteht man das
- in Artikel 12 Grundgesetz garantierte und
- in der Gewerbeordnung genauer geregelte

wirtschaftliche Grundrecht auf freien Marktzutritt für Gewerbetreibende, d.h. Selbstständige.

116 *Was ist die Handwerksordnung und aus welchen Teilen besteht sie?*

Im Bereich des Handwerks werden die Voraussetzungen für eine selbstständige Berufsausübung durch das **Gesetz zur Ordnung des Handwerks (Handwerksordnung),** aus dem Jahre 1953, in der Fassung der Bekanntmachung vom 24. September 1998 geregelt.

Die **Handwerksordnung** besteht aus den Teilen

1. Ausübung des Handwerks
2. Berufsbildung im Handwerk
3. Meisterprüfung, Meistertitel
4. Organisation des Handwerks
5. Bußgeld, Übergangs- und Schlussvorschriften.

Die Handwerksordnung aus dem Jahr 1953, zuletzt geändert in 1998 regelt u. a. die
- Voraussetzung für eine selbstständige Berufsausübung im Handwerk
- Organisation des Handwerks
- Sie hat 5 Teile, die in Abschnitte gegliedert sind

117 *Was ist ein Gewerbe und was heißt »Selbstständigkeit«?*

Ein Gewerbe ist jede erlaubte, private, selbstständig ausgeübte, auf Dauer angelegte und mit der nachhaltigen Absicht der Gewinnerzielung verbundene Tätigkeit.

Als **selbstständig** gelten die Personen, die eine **gewerbliche Tätigkeit im eigenen Namen und für eigene Rechnung,** d.h. auf eigenes Risiko ausüben. Der Selbstständige bringt das betriebsnotwendige Kapital für das Gewerbe auf, entscheidet über die Betriebsführung, erhält den Betriebsgewinn, trägt aber auch einen möglichen Verlust und das allgemeine Betriebsrisiko.

Ein Gewerbe ist z.B. die selbstständige Ausübung eines Handwerks, genauso wie der Betrieb eines Einzel- oder Großhändlers.

Keine Gewerbe sind somit nur gelegentlich ausgeführte Arbeiten und gemeinnützige oder im Rahmen eines freien Berufs (z.B. Rechtsanwälte, Wirtschaftsprüfer oder Steuerberater) ausgeübte Tätigkeiten.

Unter Gewerbe versteht man eine
- gleichmäßige
- fortwährende
- auf Gewinn ausgerichtete selbstständige Tätigkeit

Selbstständig ist, wer auf eigene Rechnung und Verantwortung ein Gewerbe betreibt.

118 *Was ist ein »stehendes Gewerbe«?*

Ein »**stehendes Gewerbe**« wird von einem festen Betriebssitz bzw. einem festen Standort aus betrieben. Die Leistungserstellung erfolgt grundsätzlich nach Auftragserteilung oder nach einem verbindlichen Angebot an den Kunden. **Handwerkliche Gewerbe** können gemäß Handwerksordnung **nur als stehende Gewerbe** betrieben werden (z.B. Glaser, Tischler oder Installateur und Heizungsbauer).

Beim »stehenden Gewerbe« erfolgt die Produktion der Sachgüter und Dienstleistungen
- gegen Auftrag oder Angebot von einem
- festen Betriebssitz aus.

119 *Was ist ein Reisegewerbe?*

Die **Reise- oder Wandergewerbetreibende** bieten ihre Waren oder Leistungen ohne vorhergehende Bestellung des Kunden außerhalb eines festen, gewerblichen Betriebssitzes an. Typische Reisegewerbetreibende sind z.B. Schausteller.

Beim Reisegewerbe werden Leistungen außerhalb eines festen Betriebssitzes angeboten.

120 *Was kennzeichnet ein Handwerksgewerbe?*

Unter **Handwerk** versteht man eine gewerbsmäßige, nicht industrielle, auf die Be- und Verarbeitung von Stoffen (z.B. Schlosser oder Schreiner), Reparatur (z.B. Schuhmacher) oder die Erstellung von Dienstleistungen (z.B. Friseur) ausgerichtete Erwerbstätigkeit.

Kennzeichnend für das **Handwerksgewerbe** ist, dass trotz des Einsatzes von Maschinen und moderner Technik die individuelle Handarbeit weiterhin im Vordergrund steht.

Das **Gesamtbild des Betriebes** ist dabei entscheidend; d.h. insbesondere die Art der Güterherstellung, der Grad der Arbeitsteilung (im Handwerk im Vergleich zur Industrie eher gering) und die hauptsächliche Beschäftigung von ausgebildeten, qualifizierten Facharbeitern zur Bereitstellung der handwerklichen Leistungen (im Bereich der Industrie tendenziell mehr angelernte und ungelernte Beschäftigte).

Typisch für Handwerksbetriebe, vor allem im produzierenden Handwerk (z.B. Dachdecker, Tischler oder Zahntechniker) ist die am Auftrag des Kunden orientierte und nach dessen Maßgabe erfolgende Produktion individueller Leistungen.

Für Handwerksgewerbe ist besonders die Art der Leistungserstellung typisch:
- Die Produktion erfolgt auf nicht industrielle Art.
- Maschinen und technische Ausstattung dienen zur Verbesserung des auf handwerkliche Art und Weise gefertigten Produktes.
- Handwerkliche Produkte werden von qualifizierten Facharbeitern hergestellt.
- Individuelle, kundenorientierte Einzel- bzw. Auftragsfertigung.

121 *Was versteht man unter einem handwerklichen Nebenbetrieb?*

Ein **handwerklicher Nebenbetrieb** liegt gemäß Handwerksordnung vor, wenn in diesem Nebenbetrieb, z.B. in der Reparaturwerkstatt eines Kfz-Händlers, Waren oder Dienstleistungen für Dritte (Kunden) handwerksmäßig hergestellt werden.

Handwerkliche Nebenbetriebe führen z.B. Elektrofachhändler mit Elektroinstallationsbetrieb oder Radio- und Fernsehfachhändler mit Reparaturwerkstätte.

Ein **Nebenbetrieb** liegt **nicht** vor, wenn eine solche Tätigkeit nur im unerheblichen Umfang

Im Sinne der Handwerksordnung liegt ein handwerklicher Nebenbetrieb vor, wenn:
- handwerklich für Kunden des Hauptbetriebes
- Waren produziert, oder
- Leistungen angeboten werden.

D Rechtliche und steuerliche Grundlagen

erfolgt, oder wenn es sich um einen reinen Hilfs-
betrieb handelt, bei dem kein Leistungsaus-
tausch mit Dritten (Kunden) erfolgt.

122 *Was wurde mit dem Begriff »Positivliste« gemeint?*

Mit dem Begriff »**Positivliste**« wurde in der Vergangenheit die **Anlage A zur Handwerksordnung** gemeint, die in der Fassung der Bekanntmachung vom 24.09.1998 alle 94 Gewerbe bein-
haltete, die als Handwerksgewerbe damals
selbstständig betrieben werden konnten.

Die »Positivliste« ist
das Verzeichnis aller
94 Vollhandwerke
von 1998.

123 *Was versteht man unter »verwandten Handwerken«?*

Unter **verwandten Handwerken** sind die Handwerkszweige zu verstehen, die einander so
nahestehen, dass die Beherrschung des einen
Handwerks die fachgerechte Ausübung
wesentlicher Tätigkeiten des anderen Handwerks ermöglicht. Verwandte Handwerke sind
z.B. Bäcker und Konditor.

Verwandte
Handwerke sind
Handwerksberufe, die
einander ähnlich sind.

124 *Was sind zulassungsfreie Handwerke?*

Zulassungsfreie Handwerke sind Handwerke,
die nach der »Großen Novelle« der Handwerksordnung in 2004 laut Anlage B Abschnitt 1 auch
ohne Meisterprüfung selbstständig betrieben
werden dürfen, z.B. Estrichleger oder Holzbild-
hauer. Sie werden bei der Handwerkskammer
in ein besonderes Verzeichnis eingetragen.

Zulassungsfreie
Handwerke lt. Anlage
B Abschnitt 1 können
nach der Gesetzesän-
derung in 2004 auch
ohne Meisterprüfung
selbstständig aus-
geübt werden.

124 A *Was ist ein Minder-handwerk?*

Minderhandwerkliche Tätigkeiten sind unter-
geordnete Tätigkeiten ohne Qualifikationen
und Meistertitel.

Es kann von jedem ohne Eintragung in die
Handwerksrolle selbstständig ausgeübt werden, z.B. Montagearbeiten oder das Streichen
von Fenstern oder Türen.

125 *Was ist die Hand-werksrolle und wo wird sie geführt?*

Die **Handwerksrolle** ist das bei der regionalen
Handwerkskammer geführte Verzeichnis aller
natürlichen und juristischen Personen, die in
diesem Kammerbezirk ein Handwerk als stehendes, selbstständiges Gewerbe betreiben.

Die Eintragung in die Handwerksrolle ist Voraussetzung für den selbstständigen Betrieb
eines zulassungspflichtigen Handwerks. Über
die erfolgte Eintragung in die Handwerksrolle
stellt die Handwerkskammer eine Bescheinigung, die sog. **Handwerkskarte,** aus. Bei Auflösung des Handwerksbetriebes ist die Handwerkskarte an die zuständige Handwerkskammer zurückzugeben.

- Die Handwerksrolle
  ist das Verzeichnis
  aller selbständigen
  Handwerker eines
  Kammerbezirks.
- Sie wird bei der
  Handwerkskammer
  geführt.
- Ist die Eintragung
  erfolgt, erhält der
  selbstständige
  Handwerker die
  Handwerkskarte.

Die Handwerksrolle enthält u.a. den Vor- und Familiennamen des Inhabers, den Ort und die Straße der gewerblichen Niederlassung, die Bezeichnung des ausgeübten Handwerks sowie den Zeitpunkt der Eintragung und damit den Beginn der selbstständigen, handwerklichen Tätigkeit.

126 *Wer wird in einem zulassungspflichtigen Handwerk in die Handwerksrolle eingetragen?*

In die Handwerksrolle wird gemäß §§ 7, 7a und 7b Handwerksordnung als Inhaber eines zulassungspflichtigen Handwerks gemäß Anlage A eingetragen:

- Natürliche oder juristische Personen, oder Personengesellschaften, wenn diese oder der Betriebsleiter die Voraussetzungen für die Eintragung mit dem zu betreibenden Handwerk oder einem diesem verwandten Handwerk erfüllen (d.h. die Meisterprüfung abgelegt haben).

- Wer eine der Meisterprüfung für die Ausübung des betreffenden Handwerks mindestens gleichwertige andere deutsche staatliche oder staatlich anerkannte Prüfung abgelegt hat.

  Als mindestens gleichwertig gelten Abschlüsse deutscher Hochschulen. So kann ein Diplom Bauingenieur z.B. ein Maurer- und Betonbauerhandwerk, dass nach dem Rechtsstand von 2004 zu den zulassungspflichtigen Handwerken gehört, selbstständig betreiben.

- In der Handwerksrolle wird eingetragen, wer eine Ausübungsberechtigung für ein Gewerbe der Anlage A erhält.

  Eine Ausübungsberechtigung erhalten z.B. Gesellen, die in einem zulassungspflichtigen Handwerk eine Gesellenprüfung bestanden haben und sechs Jahre Berufserfahrung, davon mindestens vier Jahre in leitender Position, nachweisen können.

In die Handwerksrolle wird in einem zulassungspflichtigen Handwerk z.B. eingetragen,

- wer die Meisterprüfung in diesem oder einem verwandten Handwerk bestanden hat,
- wer eine andere, mindestens gleichwertige staatliche Prüfung bestanden hat, oder
- wer eine Ausübungsberechtigung erhält, z.B. Handwerksgesellen, die mindestens 6 Jahre in einem Handwerk gearbeitet haben, davon 4 Jahre in leitender Position.

127 *Was ist gemeint, wenn im Handwerk vom »großen Befähigungsnachweis« gesprochen wird bzw. wurde?*

Unter dem Begriff »großer Befähigungsnachweis« versteht man die Meisterprüfung als Voraussetzung für die Eintragung in die Handwerksrolle.

D Rechtliche und steuerliche Grundlagen

128 *Was verstand man unter dem »Inhaberprinzip« und wie ist es seit dem 01.01.2004 neu geregelt?*

Nach dem im Handwerk bis zum 31.12.2003 geltenden »Inhaberprinzip« musste grundsätzlich der Betriebsinhaber eines Handwerksunternehmens, dass in der Rechtsform der Einzelunternehmung oder der Personengesellschaft betrieben wurde, persönlich die Meisterprüfung als Voraussetzung zur Betriebsausübung abgelegt haben, nur dann wurde der Betrieb in die Handwerksrolle eingetragen.

Seit 01.01.2004 ist das »Inhaberprinzip« aufgehoben, d.h. natürliche Personen und Personenhandelsgesellschaften können zulassungspflichtige Handwerksgewerbe gemäß Anlage A HWO betreiben, ohne selbst die Meisterprüfung abgelegt zu haben, wenn ein Betriebsleiter, der die Meisterprüfung besitzt, angestellt wird.

Das Inhaberprinzip war die Verpflichtung des Betriebseigentümers, die handwerkliche Befähigung in Form der Meisterprüfung selbst nachzuweisen, um sich selbstständig zu machen.

Seit 01.01.2004 ist das nicht mehr nötig, wenn ein qualifizierter Betriebsleiter, der die Meisterprüfung besitzt, angestellt wird.

129 *Was regelt das »Dritte Gesetz zur Änderung der Handwerksordnung« des Jahres 2003?*

Nach dem »Dritten Gesetz zur Änderung der Handwerksordnung in der Fassung der Bekanntmachung vom 24.09.1998«, dass am 01.01.2004 in Kraft getreten ist, ist nur noch in 41 zulassungspflichtigen Handwerken von insgesamt 94 Handwerksberufen die Meisterprüfung für die selbstständige Führung eines Betriebes notwendig. Bei den zulassungspflichtigen Handwerken, die in der Anlage A zur Handwerksordnung aufgeführt sind, handelt es sich um Handwerke, bei denen, wenn sie unsachgemäß ausgeführt werden, »Gefahr für Gesundheit und Leben Dritter« besteht oder überdurchschnittlich ausgebildet wird.

Alle anderen Handwerke werden seit 2004 in der Anlage B zur Handwerksordnung, dem »Verzeichnis der Gewerbe, die als zulassungsfreie Handwerksgewerbe oder handwerksähnliche Gewerbe betrieben werden können« aufgelistet. Die Anlage B unterscheidet zwischen zulassungsfreien Handwerken laut Abschnitt 1, z.B. Estrichleger, Parkettleger oder Modellbauer und handwerksähnlichen Gewerben laut Abschnitt 2, z.B. Eisenflechter, Fahrzeugverwerter oder Klöppler.

Das »Inhaberprinzip« ist aufgehoben, d.h. natürliche Personen und Personengesellschaften können Handwerksbetriebe gemäß Anlage A betreiben, ohne selbst die Meisterprüfung zu besitzen, wenn ein Betriebsleiter mit Meisterbrief eingestellt wird.

Handwerksgesellen, die eine Gesellenprüfung in ihrem Handwerk bestanden haben und sechs Jahre Berufserfahrung besitzen, davon mindestens vier Jahre in leitender Position, können

Das Gesetz zur Änderung der Handwerksordnung (HWO) aus dem Jahre 2003 regelt z.B.:

● Die Meisterprüfung als eine Voraussetzung zur selbstständigen Berufsausübung ist nur noch in 41 zulassungspflichtigen Handwerken lt. Anlage A HWO notwendig.

● Aufhebung des Inhaberprinzips für zulassungspflichtige Handwerke, d.h. der Inhaber eines Handwerksbetriebs muss nicht persönlich die Meitserprüfung besitzen, ein angestellter Meister kann den Betrieb leiten.

● Zulassungsfreie Handwerke lt. Anlage B zur HWO können ohne Meisterprüfung betrieben werden.

eine Ausübungsberechtigung für die selbstständige Ausübung eines zulassungspflichtigen Handwerks nach Anlage A erhalten.

Ergänzt wurde die »Große Novelle« der handwerksordnung durch die sog. »Kleine Novelle«, die die Ausübung einfacher handwerklicher Tätigkeiten (z.B. Streichen von Wänden) jedermann gestattet, was Arbeitslosen die Gründung einer Ich-AG ermöglichen sollte.

- Ausübungsberechtigung in zulassungspflichtigen Handwerken auch für Gesellen mit sechsjähriger Berufserfahrung, davon vier Jahre in leitender Tätigkeit.

130 Bei welchen Handwerksberufen besteht der Meisterzwang auch nach 01.01.2004 fort?

Von ehemals 94 Handwerksberufen für deren selbstständigen Betrieb vor der Änderung der Handwerksordnung in 2003 eine Meisterprüfung nötig war, besteht auch nach dem 01.01.2004 der Zwang zur Meisterprüfung als Voraussetzung zur Selbstständigkeit in 41 Handwerksgewerken weiter.

Es handelt sich vor allem um solche Handwerke, die bei nicht fachgemäßer Ausübung das Risiko für Gesundheitsgefahren Dritter bergen.

Zu den Handwerken, für die weiterhin die **Meisterprüfung erforderlich** ist, gehören z.B.: Zimmerer, Dachdecker, Tischler, Maurer und Betonbauer, Elektrotechniker, Bäcker, Konditoren, Fleischer, Augenoptiker, Zahntechniker, Friseure, Glaser, Ofen- und Luftheizungsbauer, Wärme-, Kälte- und Schallschutzisolierer, Gerüstbauer, Karosserie- und Fahrzeugbauer, Kraftfahrzeugtechniker, Informationstechniker, Hörgeräteakustiker, Orthopädietechniker, Boots- und Schiffbauer, Maler und Lackierer oder Feinwerkmechaniker.

Für 41 Handwerksberufe besteht auch nach dem 01.01.2004 die Meisterprüfung als Voraussetzung zur Selbstständigkeit weiter.

131 Wie können Verstöße gegen die Handwerksordnung geahndet werden?

Verstöße gegen Vorschriften der Handwerksordnung werden gemäß § 117 HWO als Ordnungswidrigkeit behandelt und können mit einem Bußgeld bis zu 10 000 € geahndet werden, wenn

1. ein Handwerk ohne Eintragung in die Handwerksrolle als stehendes selbstständiges Gewerbe betrieben wird.
2. die Ausbildungsbezeichnung »Meister« in Verbindung mit einem Handwerk geführt wird, ohne die Meisterprüfung bestanden zu haben.

Ordnungswidrigkeiten die mit einer Geldbuße von 1000 € geahndet werden können, sind z.B.

▶ Verstöße gegen die Auskunftspflicht des Gewerbetreibenden nach § 17 HWO über die Art und den Umfang des Betriebes, sowie die Zahl der im Betrieb beschäftigten gelernten und ungelernten Mitarbeiter sowie über die vertragliche und praktische Ausgestaltung des Betriebsleiterverhältnisses.

Nach der Handwerksordnung können Geldstrafen bei Verstößen verhängt werden.[1]
- Mit 10 000 € wird bestraft, wer ein Handwerk selbstständig ausübt, ohne in die Handwerksrolle eingetragen zu sein.
- Mit 1 000 € kann bestraft werden, wer gegen die Auskunfts- und Meldepflicht gegenüber der Kammer verstößt.

D Rechtliche und steuerliche Grundlagen

---

[1] Zusätzlich kann nach dem **Gesetz zur Bekämpfung der Schwarzarbeit** gegen Unternehmer, die Handwerksleistungen ohne Eintrag in die Handwerksrolle erbringen, ein Bußgeld von bis zu 50 000 Euro verhängt werden.

▶ Verstöße gegen die Eintragungspflicht in die Handwerksrolle sowie gegen die Meldepflicht hinsichtlich Beginn und Beendigung des selbstständigen Betriebes eines Gewerbetreibenden nach § 16 HWO.

132 *Bei welchen Stellen muss der Beginn eines Handwerksbetriebes angemeldet werden?*

Der **Beginn** eines **Handwerksgewerbes** muss, genauso wie die Übernahme oder Beendigung eines Betriebes, bestimmten Einrichtungen angezeigt werden:

1. **Handwerkskammer:** Nachweis der Befähigung laut Handwerksordnung. Nach der Eintragung in die Handwerksrolle erhält der Gewerbetreibende die Handwerkskarte.

2. **Gemeindebehörde:** Unter Vorlage der Handwerkskarte hat eine Anmeldung beim Gewerbeamt der Gemeinde zur Eintragung in das Gewerberegister zu erfolgen. Der Handwerker erhält hier den Gewerbeschein.

3. **Finanzamt:** Obwohl das zuständige Finanzamt bereits durch die Gemeindebehörde unterrichtet wird, muss sich der Gewerbetreibende zusätzlich selbst anmelden.

4. **Berufsgenossenschaft:** Bei der zuständigen Berufsgenossenschaft hat eine Meldung zu erfolgen, wenn für Selbstständige Versicherungpflicht besteht, oder wenn von Beginn an Mitarbeiter beschäftigt werden.

5. Für den Fall, dass Arbeitnehmer von Anfang an beschäftigt werden, hat zusätzlich eine Meldung bei der **Sozialversicherung** (in der Regel die zuständige Krankenkasse) zu erfolgen.

An die folgenden Stellen hat eine Gewerbeanmeldung im Handwerk zu erfolgen:

- Handwerkskammer
- Gemeindebehörde
- Finanzamt
- Berufsgenossenschaft (sofern Versicherungspflicht besteht).

133 *Welche Folgen hat eine unberechtigte Gewerbeausübung im Handwerk?*

Die unberechtigte Ausübung eines Handwerks als selbstständiges Gewerbe ist eine Ordnungswidrigkeit und kann mit einer Geldbuße von 10 000 € bestraft werden.

Eine **unberechtigte Handwerksausübung** liegt vor, wenn Personen ein Handwerksgewerbe betreiben, ohne in die Handwerksrolle eingetragen zu sein. Durch die Verwaltungsbehörden (Bezirksregierung) kann in einem solchen Fall zusätzlich eine **Untersagungsverfügung** erlassen werden und der Betrieb geschlossen werden.

Wer ein Handwerksgewerbe ausübt, ohne in die Handwerksrolle eingetragen zu sein, kann mit einer Geldbuße von 10 000 € bestraft oder der Betrieb geschlossen werden.

134 *Wann liegt ein Verstoß gegen das Gesetz zur Bekämpfung der Schwarzarbeit vor?*

Ein **Verstoß gegen das Gesetz zur Bekämpfung der Schwarzarbeit** liegt vor, wenn aus Gewinnsucht wirtschaftliche Vorteile im erheblichen Umfang durch Dienst- oder Werkleistungen erzielt werden, ohne den gesetzlichen Anmelde- und Anzeigepflichten nachzukommen.

- Wer Arbeitsleistungen für Dritte erbringt, ohne den vorgeschriebenen Meldepflichten nachzukommen,

Wer ein Handwerk betreibt, ohne in die Handwerksrolle eingetragen zu sein, verstößt damit nicht nur gegen die Handwerksordnung, sondern begeht zusätzlich **Schwarzarbeit.**

Verstöße gegen das Gesetz zur Bekämpfung der Schwarzarbeit werden als Ordnungswidrigkeit behandelt und können mit Bußgeld bis zu 300 000 € geahndet werden. Die Vorschriften gelten auch für Personen, die Dritte mit der Ausführung von Schwarzarbeit beauftragen.

> oder ein Handwerk unberechtigt ausübt, verstößt gegen das Gesetz zur Bekämpfung der Schwarzarbeit.

2 Das Handwerk früher und heute, Bedeutung des Handwerks

135 *Wann finden sich die Anfänge eines eigenständigen Handwerks und was waren Zünfte?*

Ein eigenständiger Handwerksstand bildete sich im **frühen Mittelalter** (etwa um das Jahr 920 unter der Herrschaft Heinrich I.) heraus. **Erste Zünfte** werden urkundlich im 12. Jahrhundert (1099 die Weberzunft in Mainz und 1128 die Schuhmacherzunft in Würzburg) erwähnt. Im Laufe des 13. und 14. Jahrhunderts entstanden in allen deutschen Städten Zünfte.

Bei den Zünften (auch Bezeichnungen wie Bruderschaften oder Gilden waren verbreitet) handelte es sich um nach strengen Formen und Regeln aufgebaute Vereinigungen von Handwerkern des gleichen Handwerks. Die Hauptaufgaben der Zünfte waren die Förderung der wirtschaftlichen und sozialen Belange des betreffenden Gewerbes.

Zunftangehörige waren nicht nur die Vollmitglieder (selbstständige Meister), sondern die Schutzmitglieder (Frauen und Kinder der Meister sowie Gesellen und Lehrlinge). Der allmähliche Verfall der Zünfte und die Lockerung des Zunftzwanges (Zunftmitgliedschaft als Voraussetzung für ein selbstständiges Handwerksgewerbe) fällt in das 17. und 18. Jahrhundert.

> • Erste eigenständige Handwerksgewerbe entstanden etwa in der Zeit um 1000.
> • Die eigentliche Entwicklung eines selbstständigen Handwerksstandes findet sich aber erst in den Städten im 13. bzw. 14. Jahrhundert.
> • Die Zünfte waren straff organisierte Zusammenschlüsse von Handwerkern des gleichen Gewerbes.

136 *Welche Bedeutung hat das Handwerk?*

Die Bedeutung des Handwerks in Deutschland liegt vor allem im volkswirtschaftlichen Bereich, im gesellschaftspolitischen Bereich und im kulturellen Bereich.

137 *Welche wirtschaftliche Bedeutung hat das Handwerk?*

Aus volkswirtschaftlicher Sicht ist das Handwerk nach der Industrie der zweitstärkste Wirtschaftsbereich in Deutschland und mit ca. 4,9 Millionen Beschäftigten ein wichtiger Faktor am deutschen Arbeitsmarkt. Im Handwerk mit ca. 880 000 Betrieben werden mehr als die Hälfte aller gewerblichen Auszubildenden ausgebildet.

Aufgabenschwerpunkte der handwerklichen Betriebe liegen in den Bereichen:

> Das Handwerk ist einer der stärksten Wirtschaftsbereiche in Deutschland. Die besondere Bedeutung liegt im Angebot von
> • Arbeitsplätzen,
> und von
> • Ausbildungsplätzen.

1. Neuanfertigung von Produktions- und Konsumgütern (z.B. Bau- und Ausbauhandwerke sowie Bekleidungs- und Nahrungsmittelhandwerke).

2. Bereitstellung von personenbezogenen Dienstleistungen, z.B. durch die Handwerksgewerbe für Gesundheits- und Körperpflege (z.B. Optiker, Zahntechniker oder Friseure).

3. Bereitstellung sachbezogener Dienstleistungen z.B. durch die Reparatur und Instandhaltung handwerklich oder industriell gefertigter Produkte (z.B. Kfz.-Mechaniker oder Radio- und Fernsehtechniker).

4. Zulieferung für die Industrie z.B. durch Handwerksgewerbe wie Werkzeugmacher oder Modellbauer.

Aufgaben des Handwerks in der Volkswirtschaft sind
- Herstellung von Investitions- und Konsumgütern.
- Bereitstellung von sachbezogenen u. personenbezogenen Dienstleistungen.
- Belieferung der Industrie.

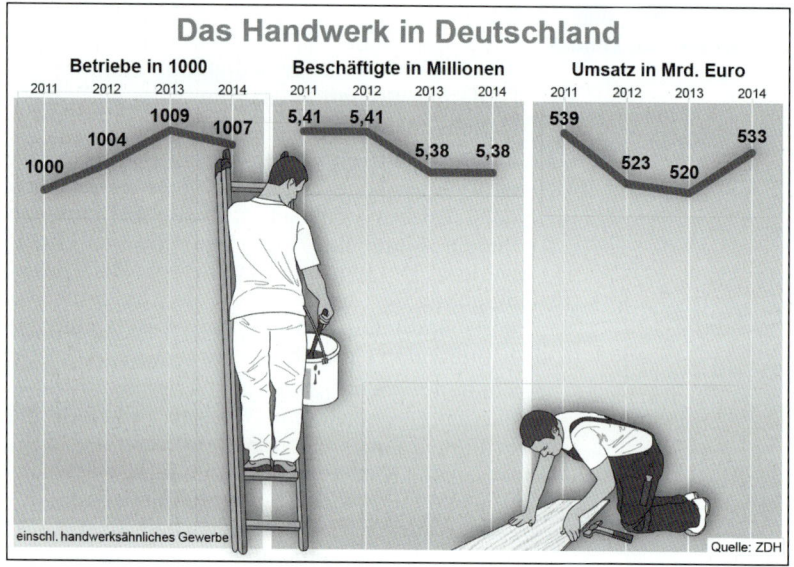

Das Handwerk in Deutschland

Betriebe in 1000				Beschäftigte in Millionen				Umsatz in Mrd. Euro			
2011	2012	2013	2014	2011	2012	2013	2014	2011	2012	2013	2014
1000	1004	1009	1007	5,41	5,41	5,38	5,38	539	523	520	533

einschl. handwerksähnliches Gewerbe   Quelle: ZDH

138 *Welche gesellschaftspolitische Bedeutung hat das Handwerk?*

Die **gesellschaftspolitische Bedeutung des Handwerks** liegt insbesondere in der großen Zahl selbstständiger Gewerbetreibender in mittelständischen Betrieben.

Handwerksbetriebe sind sehr häufig Einzelunternehmen, in denen der Eigentümer und oft auch seine Familienangehörigen auf eigenen Grund und Boden tätig sind und so auch zur Festigung des sozialen Gefüges in der Gesellschaft beitragen.

Der **selbstständige Handwerksmeister als Arbeitgeber** ist aus dem Gesellenstand hervorgegangen und steht hierdurch in einem relativ engeren Verhältnis zu seinen Mitarbeitern, als es in anderen Branchen (z.B. der Industrie) üblich ist.

Die Handwerksbetriebe sind in der Regel:
- Klein- oder Mittelbetriebe
- die der Eigentümer selbst betreibt
- zwischen Arbeitgeber und Mitarbeiter besteht ein enges Verhältnis

139 *Worin liegt die kulturelle Bedeutung des Handwerks?*

Die **kulturelle Bedeutung des Handwerks** wird einerseits in der handwerklichen Tradition und Geschichte, andererseits aber auch in der Gegenwart deutlich.

Die historische Entwicklung des Handwerks und die kulturelle Entwicklung in Deutschland zeigen, dass Handwerker bedeutende Stilepochen wie Romanik, Gotik oder Barock durch ihre Handwerkskunst mit geprägt haben. Handwerker waren häufig zugleich Künstler, die bedeutende Bauwerke wie Schlösser, Denkmäler, Kirchen und Kathedralen, aber auch künstlerische Gebrauchsartikel wie Luxusmöbel geschaffen haben.

Auch in der heutigen, von Großserien- und Massenproduktion geprägten Zeit, schaffen Handwerker individuelle Qualitätsarbeiten. Durch die Herstellung solcher, sich in Formgebung und Gestaltung vom industriellen Massenartikel abhebenden Handwerksarbeiten, trägt das Handwerk auch in der heutigen Zeit zur Weiterentwicklung der **kulturellen Identität der Gesellschaft** bei.

- Zu allen Zeiten war das Handwerk auch Kulturträger der Gesellschaft, was sich z.B. an berühmten Bauwerken und Gebäuden zeigt.
- Auch in der Gegenwart tragen die Handwerkszweige durch individuelle Formgebung zur Fortentwicklung kultureller Identität bei.

140 *Worin liegen die hauptsächlichen Probleme des Handwerks in der Gegenwart und Zukunft?*

Die **gegenwärtigen und zukünftigen Probleme** des Handwerks sind insbesondere volkswirtschaftlicher und betriebswirtschaftlicher Art.

1. **Volkswirtschaftliche Probleme:**

   ▶ Veränderung der Absatzmärkte.

   ▶ Steigende Schwarzarbeit.

   ▶ Sättigungserscheinungen bei Gütern des täglichen Bedarfs.

   ▶ EU-Binnenmarkt und freier Marktzutritt für EU-Ausländer

   ▶ Konkurrenz durch Baumärkte und steigende Heimwerkertätigkeit.

2. **Betriebswirtschaftliche Probleme:**

   ▶ Hohe Lohnnebenkosten

   ▶ Arbeitszeitverkürzung

   ▶ Zu geringe Eigenkapitaldecke

   ▶ Zu geringe Betriebserträge

   ▶ Zu geringe Rentabilität

   ▶ Schneller technologischer Wandel

   ▶ Nachwuchs- und Fachkräftemangel

D Rechtliche und steuerliche Grundlagen

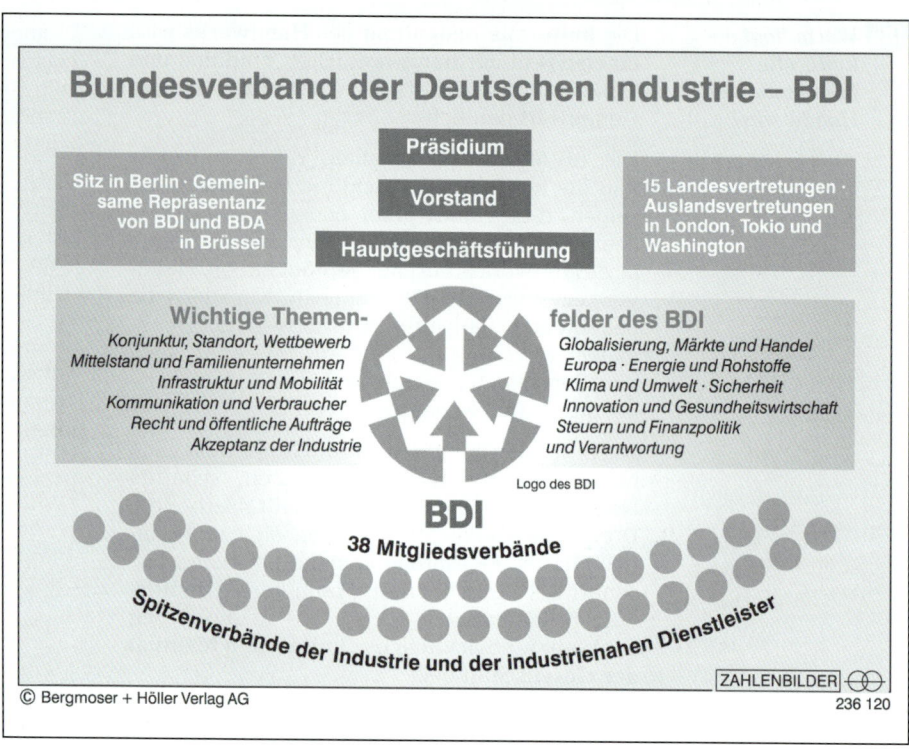

© Bergmoser + Höller Verlag AG

ZAHLENBILDER

236 120

3 Die Organisation des Handwerks

141 *Wie ist das Handwerk organisatorisch aufgebaut?*

Die **Gesamtorganisation des Deutschen Handwerks** gliedert sich in zwei nebeneinanderstehende Gruppen; eine regionale Seite und eine fachliche Seite der Organisation.

Die **regionale und die fachliche Seite** der Organisation sind über die jeweiligen Spitzeneinrichtungen, den Deutschen Handwerkskammertag und die Bundesvereinigung der Fachverbände, die zusammen den Zentralverband des Deutschen Handwerks bilden, miteinander verkoppelt.

Bei der Organisation des Handwerks ist zwischen einer fachlichen Seite und einer regionalen Seite zu unterscheiden.

142 *Was kennzeichnet die regionale Organisation im Handwerk?*

Die einzelnen Institutionen der regionalen Organisation sind die **Kreishandwerkerschaften** und die **Handwerkskammern.** Die Spitzeneinrichtung auf Bundesebene ist der Deutsche **Handwerkskammertag** als Zusammenschluss der regionalen Handwerkskammern.

Die Einrichtungen der regionalen Organisation vertreten grundsätzlich die Gesamtinteressen des Handwerks, ihre Mitglieder gehören verschiedenen Handwerkszweigen an.

● Die Aufgabe der regionalen Organisation ist die Vertretung der Interessen des Gesamthandwerks.

143 *Wie ist das Handwerk fachlich organisiert?*

Zur fachlichen Seite der Handwerksorganisation gehören die **Innungen,** die **Landesinnungsverbände** und die **Bundesinnungsverbände** der verschiedenen Handwerke. Auf höchster Ebene haben sich die Bundesinnungsverbände zur **Bundesvereinigung der Fachverbände des Deutschen Handwerks** zusammengeschlossen.

Die fachlichen Organisationen im Handwerk vertreten die fachlichen und sozialpolitischen Interessen eines bestimmten Handwerkszweiges oder verwandter Handwerke.

Die Handwerksorganisation vertreten die Interessen der einzelnen Handwerke durch

- Innungen
- Landesinnungsverbände
- Bundesinnungsverband.

144 *Was versteht man unter einer Handwerksinnung?*

Eine **Innung** ist der freiwillige Zusammenschluss von selbstständigen Handwerkern des gleichen Handwerks oder solcher Handwerker, die sich fachlich oder wirtschaftlich nahe stehen, zur Förderung ihrer gemeinsamen gewerblichen Interessen innerhalb eines bestimmten Bezirks.

Für jedes Handwerk kann in einem Bezirk nur *eine* Innung gebildet werden. Die **Innungen** haben die **Rechtsform der Körperschaft des öffentlichen Rechts** und können in dieser Eigenschaft hoheitliche Aufgaben (z.B. Abnahme der Gesellenprüfung) wahrnehmen.

Die Aufsicht über die Handwerksinnungen eines Bezirks führt die jeweilige Handwerkskammer.

- Eine Handwerksinnung ist der lokale, freiwillige Zusammenschluss von Handwerkern gleicher Handwerke.
- Die Innung ist eine Körperschaft des öffentlichen Rechts.

145 *Welche Organe hat eine Handwerksinnung?*

Die **Organe der Handwerksinnung** sind:

1. **Die Innungsversammlung.** Sie ist das oberste Organ der Innung und wird von den Innungsmitgliedern gebildet. Ihre Aufgaben sind u. a. die Wahl des Vorstandes, die Beschlussfassung über die Höhe der Beiträge sowie die Berufung von Ausschüssen für besondere Aufgaben.

2. **Der Vorstand.** Der Innungsvorstand wird aus dem Obermeister, seinem Stellvertreter und den durch die Satzung vorgeschriebenen weiteren Mitgliedern (z.B. Kassenwart und Schriftführer) gebildet. Der Vorstand führt die Beschlüsse der Innungsversammlung aus und vertritt die Innung gerichtlich und außergerichtlich.

3. **Die Ausschüsse.** Die Innung bildet zur Wahrnehmung einzelner Aufgaben Ausschüsse wie z.B. den Gesellenausschuss, den Lehrlingsausschuss oder den Gesellenprüfungsausschuss.

Eine Handwerksinnung hat die Organe:

- Innungsversammlung
- Vorstand
- Ausschüsse für besondere Aufgaben

D Rechtliche und steuerliche Grundlagen

146 Welche Aufgaben hat die Innung?

Zu den vielfältigen **Aufgaben,** die eine **Handwerksinnung** gemäß Handwerksordnung zu erfüllen hat, gehören im wesentlichen:

1. Förderung der gemeinsamen gewerblichen Interessen der Innungsmitglieder.

2. Pflege von Gemeingeist und Berufsehre in dem betreffenden Handwerk.

3. Schaffung von gutem Einvernehmen zwischen Meistern, Gesellen und Lehrlingen.

4. Abnahme von Zwischen- und Gesellenprüfungen, nach Ermächtigung durch die Handwerkskammer.

5. Förderung des handwerklichen Könnens von Meistern und Gesellen z.B. durch Fortbildungslehrgänge.

6. Durchführung der von der Handwerkskammer erlassenen Vorschriften und Anordnungen.

> Aufgabe der Handwerksinnung ist die Förderung seiner Mitglieder.

147 Wer kann Mitglied in einer Handwerksinnung werden?

Mitglied einer Handwerksinnung können alle Handwerker werden, die das Handwerk der betreffenden Innung als stehendes, selbstständiges Gewerbe innerhalb des Bezirks betreiben.

Sofern ein selbstständiger Handwerker mehrere Handwerke ausübt, kann er allen für diese Gewerbe gebildeten Innungen angehören.

Die Mitgliedschaft in der Innung ist freiwillig. Betreibt ein selbstständiger Handwerker das durch die Innung vertretene Gewerbe, und entspricht er den gesetzlichen und satzungsmäßigen Vorschriften, so darf ihm der Eintritt in die Handwerksinnung nicht verwehrt werden.

> - Alle selbstständigen Handwerker, die das von der Innung vertretene Handwerk betreiben, können Mitglied der betreffenden Innung werden.
> - Der Beitritt zur Innung darf ihnen nicht versagt werden.

148 Wie werden die Gesellen in einer Innung vertreten?

Als **Gastmitglieder** einer Innung können Personen aufgenommen werden, die dem betreffenden Handwerk beruflich oder wirtschaftlich nahestehen.

Die Interessen der Gesellen werden von dem Gesellenausschuss der Handwerksinnung wahrgenommen.

Der **Gesellenausschuss** besteht aus dem Vorsitzenden (Altgesellen) und weiteren Mitgliedern, die von den angestellten Gesellen der selbstständigen Innungsmitglieder gewählt werden. Die genaue Zusammensetzung des Gesellenausschusses wird durch die jeweilige Innungssatzung bestimmt.

> Das Organ der Interessenvertretung der Gesellen in der Innung ist der Gesellenausschuss. Seine Mitglieder werden durch die Gesellen gewählt. Der Gesellenausschuss ist z.B. zu beteiligen bei:
> - Gesellenprüfungen
> - Maßnahmen zur Förderung der Ausbildung

Vom Gesellenausschuss werden die Mitglieder gewählt, bei denen die Mitwirkung der Gesellen in der Innung laut Handwerksordnung vorgeschrieben ist. Der Gesellenausschuss ist danach z.B. in allen Fragen der Lehrlingsausbildung, -betreuung, Lehrlingsfürsorge und bei der Abnahme von Gesellenprüfungen zu beteiligen.

149 *Was ist ein Landesinnungsverband?*

Der **Landesinnungsverband** ist der Zusammenschluss von Innungen des gleichen und nahestehenden Handwerks auf der Ebene eines Bundeslandes.

Lanndesinnungsverbände sind juristische Personen des privaten Rechts, die mit Genehmigung ihrer Satzung durch die oberste Landesbehörde (Landeswirtschaftsministerium) rechtsfähig werden.

Innerhalb eines Bundeslandes kann in der Regel nur ein Landesinnungsverband für dasselbe Handwerk oder verwandter Handwerke gebildet werden.

Die Landesinnungsverbände sind der Zusammenschluss der Innungen in einem Bundesland.

150 *Welches sind die Organe eines Landesinnungsverbands?*

Die Verwaltungsorgane des Landesinnungsverbandes sind:

1. Die Landesinnungsversammlung (oberstes Organ).

2. Der Vorstand des Landesinnungsverbandes.

151 *Welche Aufgaben werden vom Landesinnungsverband wahrgenommen?*

Der **Landesinnungsverband** hat gemäß der Handwerksordnung die **Aufgabe,** die Interessen der Mitgliedsinnungen des jeweiligen Handwerkszweigs auf Landesebene wahrzunehmen.

1. Er soll die angeschlossenen Handwerksinnungen bei der Erfüllung ihrer Aufgaben unterstützen, staatlichen Behörden Vorschläge und Anregungen unterbreiten, sowie fachliche Gutachten erstellen.

2. Weiterhin kann der Landesinnungsverband die wirtschaftlichen und sozialen Interessen der Mitglieder der Handwerksinnungen fördern, z.B. durch den Abschluss von Tarifverträgen.

3. Er ist befugt, Fachschulen und Fachkurse zur beruflichen Aus- und Fortbildung einzurichten und zu fördern.

Die Aufgaben des Landesinnungsverbandes sind:

- Interessenvertretung und Unterstützung der Mitglieder
- Abschluss von Tarifverträgen
- Erstellung von Gutachten
- Zusammenarbeit mit Behörden.

D Rechtliche und steuerliche Grundlagen

152 *Was ist der Bundesinnungs-verband?*

Der **Bundesinnungsverband** ist der Zusammenschluss von Landesinnungsverbänden bzw. Landesfachverbänden des gleichen Handwerks oder fachlich oder wirtschaftlich nahestehender Handwerke auf Bundesebene. Die Bundesinnungsverbände sind juristische Personen des privaten Rechts. Sie haben die Aufgabe, die Innungen und Landesinnungsverbände in ihren Fachgebieten zu betreuen und zu beraten, sowie z.B. auf den Gebieten Kostengestaltung, Arbeitsbeschaffung und Betriebsorganisation aufklärend zu wirken.

Der Bundesinnungs-verband ist die Vereinigung der Landesinnungs-verbände im Bundesgebiet.

153 *Was ist eine Kreis-handwerkerschaft?*

Die **Kreishandwerkerschaften** sind der Zusammenschluss sämtlicher Handwerksinnungen eines Landkreises oder einer kreisfreien Stadt.

Die **Kreishandwerkerschaft ist eine Körperschaft des öffentlichen Rechts,** die unter der Rechtsaufsicht der Handwerkskammer steht. Die Kreishandwerkerschaft vereinigt in sich auf der untersten Stufe der Handwerksorganisation das fachliche und das räumliche Prinzip.

- Sämtliche Innungen eines Kreises bilden die Kreishand-werkerschaft.
- Sie ist eine Körperschaft des öffentlichen Rechts.

154 *Welche Organe vertreten die Kreis-handwerkerschaft?*

Die **Vertretungsorgane** der **Kreishandwerker-schaft** sind:

1. **Die Mitgliederversammlung.** Sie besteht aus den Vertretern (Obermeistern) der verschiedenen Handwerksinnungen und ist das oberste Organ der Kreishandwerkerschaft.

2. **Der Vorstand.** Der Vorstand besteht aus dem Kreishandwerksmeister, der aus der Mitte der Mitgliederversammlung gewählt wird, seinem Stellvertreter sowie weiteren Mitgliedern gemäß der Satzung.

3. **Die Ausschüsse.** Die Ausschüsse werden nach Bedarf von der Mitgliederversammlung eingesetzt.

Die Kreishandwerker-schaft hat die Organe:

- Mitglieder-versammlung
- Vorstand
- Ausschüsse

155 *Was sind die Aufgaben der Kreishandwerker-schaft?*

Die **wichtigste Aufgabe der Kreishandwerker-schaft** ist die Vertretung der Gesamtinteressen des selbstständigen Handwerks und der handwerksähnlichen Gewerbe in ihrem Bezirk.

Die Kreishandwerkerschaften sollen

1. die Innungen bei der Erfüllung ihrer Aufgaben unterstützen und übernehmen die Geschäftsführung der einzelnen Mitgliedsinnungen soweit keine Innungsgeschäftsstelle besteht;

2. die örtlichen Behörden durch Anregungen, Gutachten und Auskünfte beraten;

Zu den Aufgaben der Kreishandwerker-schaften gehört:

- Vertretung der gemeinsamen Handwerks-interessen
- Unterstützung der Innungen
- Erteilung von Gutachten und Auskünften

3. außerdem auf dem Gebiet der beruflichen Bildung und Ausbildung der Lehrlinge die gemeinsamen Interessen der Innungen wahrnehmen und von der Handwerkskammer erlassene Vorschriften und Anordnungen durchführen.

● Mitwirkung bei der Berufsbildung

156 *Was ist die Handwerkskammer und wer gehört ihr an?*

Die **Handwerkskammer** ist die gesetzlich vorgeschriebene Einrichtung zur Interessenvertretung und Selbstverwaltung des Handwerks in einem bestimmten Bezirk (oft dem Regierungsbezirk entsprechend).

Die **Handwerkskammern sind als Körperschaften des öffentlichen Rechts** die maßgeblichen Einrichtungen der handwerklichen Selbstverwaltung und können ihre Geschicke grundsätzlich selbst bestimmen. Sie unterstehen der Aufsicht durch das jeweilige Landeswirtschaftsministerium, das auch ihre Satzung erlässt.

Der Handwerkskammer gehören die selbstständigen Handwerker des Kammerbezirks, die Inhaber handwerksähnlicher Betriebe sowie die Gesellen und Lehrlinge dieser Gewerbetreibenden als Pflichtmitglieder an.

Handwerkskammern
● sind die gesetzlichen Interessenvertretungsorgane aller selbstständigen Handwerker in einem Bezirk;
● gehören als Pflichtmitglied die selbstständigen Handwerker, Gesellen und Lehrlinge an

157 *Welche Organe hat die Handwerkskammer?*

Die **Organe der Handwerkskammer** sind:

1. Die Mitgliederversammlung (Vollversammlung).
2. Der Vorstand.
3. Die Ausschüsse.

158 *Wie ist die Vollversammlung zusammengesetzt?*

Die **Vollversammlung der Handwerkskammer** besteht aus den gewählten Mitgliedern, von denen zwei Drittel selbstständige Handwerker, und ein Drittel Vertreter der Gesellen aus handwerklichen oder handwerksähnlichen Betrieben sein müssen. Die Mitglieder der Vollversammlung werden in allgemeiner, gleicher und geheimer Wahl auf fünf Jahre gewählt.

Die Vollversammlung besteht zu 1/3 aus Vertretern der Gesellen und zu 2/3 aus Vertretern der selbstständigen Handwerker.

159 *Welche Aufgaben hat die Vollversammlung?*

Die **Aufgaben der Vollversammlung** sind

1. den Vorstand, die Ausschüsse und den Geschäftsführer zu wählen
2. den Haushalt der Kammer festzustellen, die Höhe der Beiträge zu bestimmen, oder die Änderung der Satzung der Handwerkskammer
3. Erlass von Vorschriften über die berufliche Ausbildung, Fortbildung und Umschulung sowie die Gesellen- und Meisterprüfungsordnungen.

Aufgaben der Vollversammlung:
● Wahl des Vorstandes
● Festsetzung der Beiträge
● Erlass der Gesellen- und Meisterprüfungsordnungen

D Rechtliche und steuerliche Grundlagen

160 *Welche Aufgabe hat der Vorstand der Handwerkskammer und wie setzt er sich zusammen?*

Der **Vorstand der Handwerkskammer** besteht aus dem Vorsitzenden (dem Präsidenten), zwei Stellvertretern, von denen einer Geselle sein muss und einer weiteren Zahl von Mitgliedern. Der Vorstand wird durch die Vollversammlung auf fünf Jahre gewählt.

Die Aufgabe des Vorstandes ist die Leitung und Verwaltung der Handwerkskammer. Der Vorstand stützt sich bei seiner Arbeit auf eine eingerichtete Verwaltung der Kammer, die mit hauptamtlichen Angestellten, unter der Leitung des Hauptgeschäftsführers, besetzt ist.

Der Präsident und der von der Vollversammlung bestimmte Hauptgeschäftsführer vertreten die Kammer gerichtlich und außergerichtlich.

> Der Vorstand setzt sich aus dem Präsidenten, zwei Stellvertretern (einer davon muss Geselle sein) und weiteren Mitgliedern zusammen. Der Vorstand verwaltet die Kammer.

161 *Welche Ausschüsse hat eine Handwerkskammer?*

Die **Ausschüsse einer Handwerkskammer** werden für die Abwicklung und die Bearbeitung besonderer Aufgaben eingerichtet.

Jede Handwerkskammer muss mindestens zwei Ausschüsse haben, den **Berufsbildungsausschuss** und den **Rechnungsprüfungsausschuss.**

In der Regel haben die Kammern daneben einen Gesellenausschuss, einen Finanzausschuss und für jeden in der Kammer vertretenen Handwerkszweig einen **Meisterprüfungsausschuss.**

> Für besondere Aufgaben werden bei der Kammer Ausschüsse eingerichtet, z.B.:
> - Berufsbildungsausschuss
> - Rechnungsprüfungsausschuss
> - Meisterprüfungsausschüsse.

162 *Welche Aufgaben hat die Handwerkskammer?*

Kennzeichnend für die **Handwerkskammern** ist ihre **Mittelstellung zwischen** der **gewerblichen Wirtschaft** und dem **Staat.**

Die wesentlichen Aufgaben der Handwerkskammern sind:

1. Die Förderung und Vertretung der Gesamtinteressen des Handwerks.

2. Die Führung der Handwerksrolle und Ausstellung der Handwerkskarte.

3. Der Erlass von Meisterprüfungsordnungen für die einzelnen Handwerke.

4. Die Unterstützung der staatlichen Behörden durch Anregungen, Vorschläge und die Erstellung von Gutachten.

5. Die Regelung und Überwachung der Berufsausbildung durch den Erlass von Vorschriften.

6. Die Führung der Lehrlingsrolle.

7. Die Durchführung von Fortbildungs- und Umschulungsprüfungen.

8. Die Bestellung und Vereidigung von Sachverständigen.

9. Die betriebswirtschaftliche, rechtliche und organisatorische Beratung von Handwerksbetrieben.

10. Schlichtung zwischen Handwerksbetrieben und Kunden.

163 Wer trägt die Kosten der Handwerkskammer?

Die für die Arbeit und Verwaltung der Handwerkskammer anfallenden **Kosten** werden von den in der Handwerksrolle eingetragenen, selbstständigen Handwerkern und handwerksähnlichen Unternehmern getragen.

Die Vollversammlung bestimmt nach Maßgabe des von ihr beschlossenen Haushaltsplanes die Höhe des Grundbeitrages und des Zusatzbeitrages für jeden Mitgliedsbetrieb.

Der Zusatzbeitrag wird dabei häufig unter Berücksichtigung des Gewerbesteuermessbetrages des einzelnen Betriebes festgelegt.

Der von der Vollversammlung der Handwerkskammer beschlossene Beitrag muss von dem Landeswirtschaftsministerium genehmigt werden.

- Die Kosten der Handwerkskammer tragen die in die Handwerksrolle eingetragen Mitglieder.
- Die Höhe des Beitrags bestimmt die Vollversammlung.

164 Was ist der Deutsche Handwerkskammertag?

Der **Deutsche Handwerkskammertag** ist der freiwillige Zusammenschluss aller Handwerkskammern.

Der Handwerkskammertag hat die Aufgabe, die gemeinsamen Interessen der ihm angehörenden Kammern zu vertreten, und eine möglichst einheitliche Durchführung der das Handwerk betreffenden Gesetze und Verordnungen anzustreben sowie die Bedürfnisse und Wünsche des Handwerks gegenüber dem Gesetzgeber zum Ausdruck zu bringen.

- Der Deutsche Handwerkskammertag ist die Vereinigung aller Handwerkskammern auf Bundesebene.

165 Was versteht man unter dem Zentralverband des Deutschen Handwerks?

Der **Zentralverband des Deutschen Handwerks (ZDH)** ist die **Spitzenorganisation des Deutschen Handwerks** und wird durch den Deutschen Handwerkskammertag und die Bundesvereinigung der Fachverbände des Handwerks (BFH, d.h. der Spitzeneinrichtung der fachlichen Handwerksorganisation) gebildet.

Der ZDH soll die Interessen des gesamten Handwerks vor allem auf den Gebieten Wirtschafts-, Steuer- und Sozialpolitik wahrnehmen und sie gegenüber dem Bundesgesetzgeber und der Europäischen Union (EU) vertreten.

Der Zentralverband des Deutschen Handwerks setzt sich aus dem Handwerkskammertag und der Bundesvereinigung der Fachverbände zusammen.

D Rechtliche und steuerliche Grundlagen

4 Industrie- und Handelskammer, Tarifparteien

166 *Was sind Industrie- und Handels-kammern?*

Die **Industrie- und Handelskammern (IHK)** sind die gesetzlich bestimmten Interessenvertretungsorgane der Unternehmen aus den Bereichen Industrie, Handel und Verkehr.

Alle im Kammerbezirk tätigen Gewerbetreibenden außer den selbstständigen Handwerkern gehören der Industrie- und Handelskammer als **Pflichtmitglied** an.

Die **Industrie- und Handelskammern sind Körperschaften des öffentlichen Rechts** und werden durch die Wirtschaftsministerien der Bundesländer beaufsichtigt. Spitzenverband ist der Deutsche Industrie- und Handelstag (DIHK).

> Die Industrie- und Handelskammern sind die gesetzlich bestimmten Stellen zur Verwaltung und Vertretung der gewerblichen Wirtschaft mit Ausnahme des Handwerks.

167 *Welche Aufgaben hat die IHK?*

Die **Aufgaben der Industrie- und Handelskammern** sind im wesentlichen:

1. Die Interessenvertretung und die Förderung der ihnen angehörenden Betriebe aus der gewerblichen Wirtschaft.

2. Die Beratung und die Unterstützung von Behörden durch Berichte, Vorschläge und Gutachten.

3. Förderung und Durchführung der kaufmännischen und gewerblichen Berufsausbildung.

> Aufgaben der IHK:
> - Interessen-vertretung und Förderung der Mitgliedsbetriebe

168 *Welche Aufgaben haben Wirtschafts-verbände?*

Wirtschaftsverbände sind freiwillige Vereinigungen von Unternehmen innerhalb eines bestimmten Wirtschaftszweigs.

Spitzenorganisationen sind z.B. der Bundesverband der Deutschen Industrie e.V. (BDI), der Bundesverband des Deutschen Groß- und Außenhandels e.V., der Hauptgemeinschaft des Deutschen Einzelhandels e.V. oder die Bundesvereinigung der Deutschen Arbeitgeberverbände e.V. (BDA).

Die **Aufgabe der Wirtschaftsverbände** ist die Förderung und Vertretung der gemeinsamen wirtschaftlichen Interessen der ihnen angeschlossenen Mitglieder gegenüber dem Staat, der Öffentlichkeit und anderen Wirtschaftszweigen (z.B. dem Handwerk) sowie die Beratung in fachlichen, wirtschaftlichen, steuerlichen oder betrieblichen Fragen.

> - Wirtschafts-verbände sind Unternehmens-vereinigungen innerhalb einer Branche.
> - Sie vertreten die wirtschaftlichen Interessen ihrer Mitglieder.

169 *Welche Aufgaben haben die Gewerkschaften?*

Die **Gewerkschaften** sind **freiwillige, privatrechtliche Vereinigungen** zur Wahrung und Durchsetzung der wirtschaftlichen und sozialen Interessen von Arbeitnehmern.

> Gewerkschaften sind freiwillige Vereinigungen von Arbeitnehmern zur

Im Rahmen der durch das Grundgesetz garantierten **Tarifautonomie** haben die Gewerkschaften, zusammen mit den Arbeitgeberverbänden das Recht, die Arbeitsbedingungen (z.B. Lohnhöhe, Arbeitszeit oder Urlaub) selbstständig und ohne staatlichen Eingriff festzulegen.

Einzelne Aufgaben der Gewerkschaften sind z.B. die Verbesserung der Arbeitsbedingungen, die Sicherung von Arbeitsplätzen, die Vertretung von Arbeitnehmern vor Arbeitsgerichten, das Führen von Tarifverhandlungen und der Abschluss von Tarifverträgen (siehe *Abschnitt 8*, »Arbeitsrecht«).

Vertretung ihrer sozialen und wirtschaftlichen Interessen.

Aufgaben:

- Vertretung der Arbeitnehmer
- Führung von Tarifverhandlungen

5 Handelsgesetzbuch, Handelsregister

170 *Was wird im Handelsgesetzbuch (HGB) geregelt?*

Das **Handelsgesetzbuch (HGB)** ist am 01.01.1900 in Kraft getreten. Das Handelsgesetzbuch regelt wichtige Teile des Handelsrechts, d.h. Rechtsnormen, die die Tätigkeit des **Kaufmanns** betreffen (z.B. An- und Verkauf von Waren, Bankgeschäfte).

Das HGB gliedert sich in fünf Bücher:

1. Handelsstand (z.B. Kaufleute, Handelsregister und Firma)

2. Handelsgesellschaften (z.B. Offene Handelsgesellschaft, Kommanditgesellschaft).

3. Handelsbücher (z.B. Inventar, Bilanz und Gewinn- und Verlustrechnung)

4. Handelsgeschäfte (z.B.: Handelskauf, Speditionsgeschäft, Frachtgeschäft, Lagergeschäft)

5. Seehandel.

Im Handelsgesetzbuch werden Rechtsvorschriften für Kaufleute festgeschrieben.

Die Teile des HGB sind:

- Handelsstand
- Handelsgesellschaften
- Handelsbücher
- Handelsgeschäfte
- Seehandel

171 *Wer ist Kaufmann im Sinne des Handelsgesetzbuches?*

Kaufmann im Sinne des Handelsgesetzbuches ist jeder, der einen Gewerbebetrieb betreibt – ohne Rücksicht auf die Branche – der einen kaufmännisch eingerichteten Geschäftsbetrieb (Verwaltung) benötigt. Darunter fallen auch die meisten Handwerksbetriebe.

Jeder Betrieb mit Verwaltung ist Kaufmann nach dem HGB.

172 *Wie ist die Abgrenzung zum Nichtkaufmann geregelt?*

Ein Gewerbebetrieb, der **keine Verwaltung** erfordert, gilt dennoch als Kaufmann, wenn die Firma des Unternehmens in das Handelsregister eingetragen ist.

Ohne Eintragung ist dieser kleine Gewerbetreibende **Nichtkaufmann.**

Kleine Kaufleute ohne Eintragung in das Handelsregister sind Nichtkaufleute.

D Rechtliche und steuerliche Grundlagen

173 Kann ein Kleingewerbetreibender Prokura erteilen?

Beispiel:

Ein Schneider übt sein Gewerbe nur wenig aus, er hat auch keine Angestellten Gelegentlich hilft seine Frau im »Geschäft« aus. Kann er sie zur Prokuristin machen?

Da sein Unternehmen nicht als Gewerbebetrieb gilt (zu klein), ist er kein Kaufmann und die Ernennung einer Prokuristin auch nicht möglich. Da aber der Schneider sein Handelsgewerbe als Einzelunternehmen betreibt, **kann** er sich in **Abteilung A des Handelsregisters** eintragen lassen – mit allen Rechten und Pflichten, die dieses »Sonderprivatrecht der Kaufleute« mit sich bringt. Einer Ernennung seiner Frau als Prokuristin steht dann nichts im Weg.

Kleingewerbetreibende mit Eintragung im Handelsregister sind Kaufleute im Sinne des HGB mit allen Rechten und Pflichten.

174 Welche Bedeutung hat der Nichtkaufmann?

Der **kleine Gewerbetreibende** heißt **Nichtkaufmann.** Lässt er sich *nicht* in das Handelsregister eintragen, dann gelten für diesen nicht die strengen Vorschriften des HGB, sondern die verbraucherfreundlicheren Regelungen des **Bürgerlichen Gesetzbuches.**

Denn der **Nichtkaufmann** muss eine erhaltene Lieferung nicht unverzüglich prüfen, Mängel nicht unverzüglich rügen und kann keine Bürgschaft mündlich eingehen.

Der Nichtkaufmann wird rechtlich wie eine Privatperson behandelt.

175 Wie ist das Firmenrecht geregelt?

Die **Firma eines Kaufmanns** ist der Name, unter dem er seine Geschäfte betreibt und die Unterschrift abgibt. Mit dem geltenden Recht haben Einzelkaufleute und Gesellschaften die **freie Wahl eines werbewirksamen Namens** für ihr Unternehmen.

Beispiel:

Ein Wohnmobilhändler heißt Alex Bitzel. Früher firmierte er unter »Alex Bitzel« allein oder mit dem Zusatz »Wohnmobile«.

Nach dem jetzigen Recht kann er firmieren als »Mobilheime für Reise und Abenteuer«.

- Firma = Name des Kaufmanns
- Das Firmenrecht gestattet Firmennamen, die unabhängig vom Namen des Inhabers oder vom Geschäftszweck sind.

176 Welche Merkmale muss eine korrekte Firma aufweisen?

Hat der Wohnmobilhändler Alex Bitzel sein Unternehmen als Personenfirma (Firma Alex Bitzel) registrieren lassen, dann benötigt diese einen **Rechtsformzusatz,** bei Einzelkaufleuten »e.K.« (eingetragener Kaufmann) oder KG oder OHG für Personengesellschaften.

Die korrekte Firma des Wohnmobilhändlers lautet also zum Beispiel »Alex Bitzel e.K.«.

- Eine korrekte Firmenbezeichnung erfordert einen Rechtsformzusatz.
- Einzelkaufmann: »e.K.«, »e.Kfm«, »e.Kfr.«

177 *Wie ändert sich eine KG oder OHG bei Ausscheiden eines Gesellschafters?*

Sollte bei einer KG oder OHG ein Gesellschafter durch Tod oder Kündigung ausscheiden oder Insolvenz über das Vermögen eines Gesellschafters erfolgen, dann wird die Gesellschaft dennoch fortgeführt.

Bei Ausscheiden eines Gesellschafters bleibt das Unternehmen bestehen.

178 *Was bedeutet der Grundsatz der Firmenunterscheidbarkeit?*

Jeder **Gewerbetreibende,** der sich ins Handelsregister eintragen lässt, **muss sich mit seiner Firma von allen an demselben Ort bereits bestehenden,** ins Handelsregister eingetragenen **Firmen deutlich unterscheiden.**

Besteht in einer Gemeinde z.B. bereits eine Unternehmung, die als Firma Karl Neumann, Tischlermeister ins Handelsregister eingetragen ist, so muss ein Firmengründer der ebenfalls Karl Neumann heißt, mit seinem Betrieb z.B. unter Schreinerei Karl Neumann firmieren.

Firmenunterscheidbarkeit bedeutet, dass sich jede neue Firma eindeutig von allen am gleichen Ort bereits bestehenden Firmen unterscheiden muss.

179 *Was versteht man unter Firmenwahrheit?*

Die **Firmenwahrheit** bedeutet, dass die Firma Unterscheidungskraft besitzen muss.

Die Firma darf keine Angaben enthalten, die über die geschäftlichen Verhältnisse irreführen.

Beispiel:

Eine kleine Tischlerei darf sich nicht »Welt-Tischlerei« nennen.

Alle die Firma betreffenden Angaben müssen wahr sein.

180 *Was ist das Handelsregister?*

Das Handelsregister ist das amtliche Verzeichnis aller Kaufleute für den Bezirk eines Amtsgerichts.

1. Das Handelsregister ist **öffentlich,** d.h. jeder, der ein Interesse deutlich macht, kann Einsicht nehmen oder Auszüge verlangen, um sich über die Rechtsverhältnisse an Unternehmungen zu informieren.

2. Die Eintragungen werden im **Bundesanzeiger** und in lokalen Zeitungen veröffentlicht.

3. Das Handelsregister führt Abteilung A für Einzelunternehmungen und Personengesellschaften und Abteilung B für Kapitalgesellschaften.

4. Das Handelsregister genießt **öffentlichen Glauben,** d.h. die Eintragungen gelten als richtig. Ist eine Tatsache eingetragen und veröffentlicht, so muss sie grundsätzlich jeder gegen sich gelten lassen.

5. Die Anmeldungen zur **Eintragung** ins Handelsregister müssen **schriftlich** in **notariell beurkundeter Form** erfolgen.

Das Handelsregister ist ein öffentliches Verzeichnis aller Kaufleute eines Amtsgerichtsbezirks.

Es besteht aus den Abteilungen:

- A für Einzelunternehmungen und Personengesellschaften
- B für Kapitalgesellschaften.

Jedes Unternehmen erhält eine Handelsregisternummer, die den Eintrag dokumentiert.

→ *siehe Beispiel Nr. 182 B*

D Rechtliche und steuerliche Grundlagen

181 Welche Eintragungen enthält das Handelsregister?

Das Handelsregister enthält im Wesentlichen folgende Eintragungen:

1. Firma der Unternehmung.
2. Name des Inhabers oder der Gesellschafter
3. Geschäftssitz der Unternehmung
4. Gegenstand der Unternehmung
5. Geschäftsführer
6. Erteilung oder Entzug einer Prokura.

- Eintragungen sind festgelegt

181 A Was ist das Partnerschaftsregister

Das **Partnerschaftsregister** ist das amtliche Verzeichnis aller Partnerschaftsgesellschaften eines **Amtsgerichtsbezirks.**

Beispiel:

Meyer, Müller & Partner Steuerberatungsgesellschaft, Kiel; Eintrag unter PR351KI – 19. März 2008

- Partnerschaftsregister enthält Gesellschaften von freien Berufen.

182 Was bedeutet das Bundesdatenschutzgesetz?

Das **Bundesdatenschutzgesetz** soll den Einzelnen davor schützen, dass er durch den Umgang Anderer mit seinen personenbezogenen Daten in seinem **Persönlichkeitsrecht** beeinträchtigt wird *(siehe Artikel 1 Grundgesetz: Die Würde des Menschen ist unantastbar.).*

Das Gesetz gilt für die

- **Erhebung** (ein Besucher wird mit Bestellen einer Ware Kunde)
- **Verarbeitung** (Daten des Kunden werden erfasst und gespeichert) und
- **Nutzung** (Kundendaten werden zur Werbung verwendet, eventuell weitergegeben)

personenbezogener Daten (Name, Beruf, Krankheit, Familienstand, -verhältnisse usw.).

Auch **sachliche Daten** (Vermögen, Einkommen und anderes) werden geschützt.

Das Gesetz unterscheidet dabei

- **Öffentliche Stellen** (Bund, Länder, Kreise, Städte, da z.B. Einwohnermeldeamt und Gesundheitsamt),
- **Nichtöffentliche Stellen** (Banken, Arztpraxen, Handwerks- und Handelsbetriebe), die Daten geschäftsmäßig oder für gewerbliche Zwecke verarbeiten oder nutzen, z.B. beim Werkvertrag zwischen Unternehmer und Besteller (Kunden).
  Dabei ist das **Datengeheimnis** zu wahren.
- Verstöße können mit Bußgeld bis zu 25.000 € bestraft werden.

- Das Bundesdatenschutzgesetz soll die Persönlichkeitsrechte des Einzelnen schützen.
- Auch sachliche Daten sind zu schützen
- Datengeheimnis!
- Bis zu 25.000 € Bußgeld bei Verstößen

182 A Welche Rechtsgebiete werden unterschieden?

Im deutschen Recht gibt es **öffentliches Recht,** dazu gehören Strafrecht, Steuerrecht, Verkehrsordnung = Staat ist Bürgern übergeordnet.

Das **private Recht** umfasst das BGB, HGB, GmbH-Gesetz = Bürger sind gleichgeordnet.

Rechtsgebiete
- öffentliches Recht
- Privates Recht

182 B | *Wie kann bei-*
spielhaft eine
Handelsregister-
eintragung
lauten?

Beispiel:

»HRA 2424 – 13.09.06:
Klinikdienst Müller KG, Bad Wildungen
(Brunnenallee 96).
Die Kommanditgesellschaft hat am 30.06.1991 begonnen.
Komplementär: Werner Müller, geb. 24.09.1945, Bad Wildungen.
Der Sitz der Gesellschaft ist von Kassel nach Bad Wildungen verlegt.

- Beispiel für Eintrag einer KG im Handelsregister

III Arbeitsrecht

1 Die Systematik des Arbeitsrechts

183 | *Welche*
Rechtsgrundlagen
bilden das
Arbeitsrecht?

Rechtsgrundlagen des Arbeitsrechts sind
1. **Gesetze** (Betriebsverfassungsgesetz, Mutterschutzgesetz)
2. **Tarifverträge,** z.B. zwischen Arbeitgeberverband und Einzelgewerkschaft
3. **Betriebsvereinbarungen** zwischen Geschäftsleitung und Betriebsrat
4. **Einzelarbeitsverträge**

Die sogenannte Pyramide des Arbeitsrechts ordnet diese Rechtsgrundlagen von ihrer Bedeutung her gesehen folgendermaßen zu:

Das Arbeitsrecht besteht im wesentlichen aus:
- Gesetzen
- Tarifverträgen
- Betriebsvereinbarungen
- Einzelarbeitsverträgen

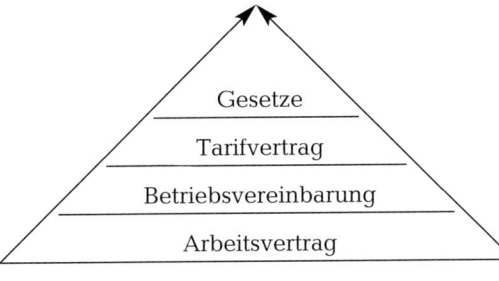

Gesetze

Tarifvertrag

Betriebsvereinbarung

Arbeitsvertrag

184 | *Was bedeutet*
das Günstigkeits-
prinzip?

In den Rechtsgebieten geht immer die obere Regelung vor der nachfolgenden Regelung, d.h. Gesetze gehen vor Tarifverträgen **(Überordnungsprinzip).**

Im **Arbeitsrecht** gilt dagegen **immer** die Regelung, die für den Arbeitnehmer am günstigsten ist **(Günstigkeitsprinzip).**

Im Arbeitsrecht gilt immer das Günstigkeitsprinzip.

Beispiel:

Das Bundesurlaubsgesetz enthält als Mindestregelung 24 Werktage pro Jahr, im Tarifvertrag sind 28 Tage genannt, im Arbeitsvertrag 30 Tage. Rechtswirksam sind die 30 Tage, da sie für den Arbeitnehmer am günstigsten sind.

D Rechtliche und steuerliche Grundlagen

2 Einzelarbeitsvertrag

185 *Wie kommt ein Arbeitsvertrag zustande?*

Der **Einzelarbeitsvertrag,** der als Dienstvertrag im Gesetz genannt ist (§ 611 ff.. BGB), wird zwischen dem einzelnen **Arbeitgeber** und dem einzelnen **Arbeitnehmer** abgeschlossen.

Wird die Dauer des Arbeitsverhältnisses vertraglich vereinbart, spricht man von einem **befristeten Arbeitsvertrag.** Dieser endet nach Zeitablauf, maximal **2 Jahre;** eine Kündigung ist nicht notwendig.

Bei Neugründungen von Betrieben ist seit 01.01.2005 eine Befristung bis zur Dauer von 4 Jahren möglich. **(= Teilzeit- und Befristungsgesetz).**

- Arbeitsverträge werden ohne Zusatz unbefristet abgeschlossen.
- Auch befristete Arbeitsverträge sind möglich.
- bei 2 Jahren Befristung: 3malige Verlängerung zulässig
- Neue Betriebe: 4 Jahre Befristung möglich

186 *Muss der Arbeitsvertrag immer schriftlich abgefasst sein?*

Nein, aber aufgrund der EU-Gesetze und des **Nachweisgesetzes** von 2001 sind Arbeitgeber auch in Deutschland verpflichtet, dem danach eingestellten Arbeitnehmer den Arbeitsvertrag innerhalb eines Monats nach Arbeitsaufnahme zuzustellen.

Das deutsche Recht verlangt auch schriftliche Arbeitsverträge.

187 *Welche Punkte muss ein Arbeitsvertrag enthalten?*

Ein **Arbeitsvertrag muss** laut **Nachweisgesetz folgende Punkte enthalten:**

1. Personalien der Parteien

2. Arbeitsplatz

3. Stellenbeschreibung/Amtsbezeichnung

4. Beginn des Arbeitsvertrages

5. Dauer des Arbeitsverhältnisses bei befristeten Arbeitsverträgen
   - Befristung 2 Jahre:
     - **dreimalige Verlängerung möglich**
   - Befristung 4 Jahre:
     - **mehrfache Verlängerung möglich**

6. Dauer des Jahresurlaubes

7. Einzuhaltende Kündigungsfristen

8. Höhe des Arbeitsentgeltes

9. Tages- oder Wochenarbeitszeit

10. gegebenenfalls Angabe der Tarifverträge oder anderer kollektiver Vereinbarungen, z.B. Betriebsvereinbarung

Das Nachweisgesetz verpflichtet den Arbeitgeber, die wesentlichen Vertragsinhalte dem Arbeitnehmer innerhalb eines Monats nach Beschäftigungsbeginn auszuhändigen.

188 *Welche Grundsätze müssen an eine Stellenausschreibung gestellt werden?*

Folgende **Grundsätze** sind bei einer Stellenausschreibung zu beachten:

- ein klares Anforderungsprofil

- attraktive Gestaltung
  - geschlechtneutrale Ausschreibung, keine Benachteiligung wegen Herkunft – d.h. Beachtung des Allgemeinen Gleichbehandlungsgesetzes (AGG)
  - rasche Bearbeitung von Bewerbungen
  - diskrete Behandlung von Bewerbungen und keine Abwertung von nicht angenommenen Bewerbern; als Absagegrund nur die Gesamtqualifikation nennen

> • Eine Stellenausschreibung bedarf bestimmter Grundsätze

189 *Welche Pflichten hat der Arbeitgeber?*

Die **Hauptpflicht** des **Arbeitgebers** ist die **Lohnzahlungspflicht**.

Dabei kann sich die Vergütung des Arbeitnehmers – je nach getroffener Vereinbarung – nach der Dauer der geleisteten Arbeitszeit **(Zeitlohn)** oder nach ihrem Ergebnis **(Akkordlohn)** richten.

Zu der Vergütung kommen eventuelle Lohnzuschläge, sodass sich aus dieser Summe der **Bruttolohn** ergibt. Von diesem werden **Steuern** (Einkommensteuer, Kirchensteuer, Solidaritätszuschlag), **Sozialversicherungsbeiträge** sowie etwaige Abzüge, die auf privatem Recht beruhen (z.B. Pfändungen) abgezogen.

Weiterhin hat der Arbeitgeber den Arbeitnehmer zu **beschäftigen** und er ist zum Schutz der Person des Arbeitnehmers verpflichtet **(Fürsorgepflicht)**. Zum letzteren gehört vor allem die Pflicht zum Schutz von Leben und Gesundheit des Arbeitnehmers am Arbeitsplatz.

Auch: Pflicht zur **Zeugniserteilung** (§ 630 B BGB).

Arbeitgeber müssen Mitarbeiter auch vor **Diskriminierung** wegen Religion, Rasse, sexueller Ausrichtung, Geschlecht oder Alter schützen.

> Hauptpflichten des Arbeitgebers:
> • Lohnzahlungspflicht
> • Beschäftigungspflicht
> • Fürsorgepflicht
> • Zeugnispflicht
> • Diskriminierungsverbot
> • Abführung der Steuern und der Sozialabgaben.

3 Lohnzahlung, Lohnabrechnung

190 *Welche Lohnzuschläge sind üblich?*

Als **Lohnzuschläge** kommen vor allem Prämien, Gratifikationen, Provisionen, Tantiemen und Zulagen in Betracht.

Sie werden vereinbart oder vom Arbeitgeber freiwillig gezahlt.

Dazu gehören:

D Rechtliche und steuerliche Grundlagen

1. **Prämien** als zusätzliche Vergütungen für eine besonders gute Arbeit. Sie werden zumeist neben dem **Zeitlohn** gezahlt, um den Arbeitnehmer einen Anreiz für einen bestimmten Leistungserfolg zu geben (z.B. Qualitäts-, Ersparnis-, Anwesenheitsprämie).

2. **Gratifikationen** sind Vergütungen aus bestimmtem Anlass, z.B. als Anerkennung für geleistete Dienste.

3. **Provisionen** sind Vergütungen, die nach einem bestimmten Prozentsatz des Wertes der vom Arbeitnehmer vermittelten Geschäfte berechnet werden. Sie werden als Zuschlag neben einem festen Grundlohn (Fixum) gezahlt.

4. **Tantiemen** sind zusätzliche Vergütungen, z.B. für Vorstands- und Aufsichtsratsmitglieder, aber auch für leitende Angestellte. Ihre Höhe ist gewinnabhängig.

5. **Zulagen** sind alle übrigen Lohnzuschläge, z.B. Erschwerniszulagen.

Lohnzuschläge:
- Prämien
- Gratifikationen
- Provisionen
- Tantiemen
- Zulagen

191 Welche Pflichten hat der Arbeitnehmer?

Der **Arbeitnehmer** ist gemäß § 611 BGB zur **Leistung der versprochenen Dienste** verpflichtet **(Arbeitsvertrag = Dienstvertrag).**

Dabei besteht eine persönliche Arbeitspflicht; der Arbeitnehmer darf also nicht dem Arbeitgeber eine Ersatzkraft für die geschuldete Arbeitsleistung zur Verfügung stellen.

Die weiteren Pflichten des Arbeitnehmers:

1. Er hat sich an die **Betriebsordnung zu halten** und Schäden vom Betrieb abzuhalten.

2. Er darf dem Arbeitgeber keine Konkurrenz machen, es besteht also ein **Wettbewerbsverbots** während des Arbeitsverhältnisses.

3. Arbeitskollegen dürfen nicht abgeworben werden.

4. Der **Betriebsfrieden** ist zu wahren, wozu die Schweige- und Treuepflicht gehören.

5. Bei vorsätzlich verursachtem Schaden für diesen zu haften.

Hauptpflicht des Arbeitnehmers:
- Dienstleistungspflicht

Nebenpflichten:
- Beachtung der Betriebsordnung
- Wettbewerbsverbot
- Abwerbungsverbot
- Schweige- und Treuepflicht
- Haftung

192 Wann ist der Lohn zu zahlen?

Falls tariflich oder in der Betriebsvereinbarung über den **Lohnzahlungszeitpunkt** nichts steht, ist der Lohn spätestens am letzten Tag (bei monatlicher Zahlung) zu zahlen (§ 64 HGB).

193 **Was bedeutet Lohnabrechnung?**

Aus der regelmäßigen (monatlichen) **Lohnabrechnung** erkennt der Arbeitnehmer, wie sich der **Nettolohn** errechnet und wie dann der **Auszahlungsbetrag** lautet.

Folgendes Schema ist dabei anzuwenden:

Bruttolohn
- einzubehaltende Lohnsteuer
- einzubehaltende Kirchensteuer (8 oder 9% der Lohnsteuer)
- Solidaritätszuschlag (= 5,5% der Lohnsteuer)
- einzubehaltender Sozialversicherungsbeitrag des Arbeitnehmers (ca. 20% des Bruttolohns)

= **Nettoverdienst**
- sonstige Abzüge, z.B. für Sparbeitrag zur Vermögensbildung (470-€-Gesetz), Abzug Lohnpfändungsbetrag, erhaltener Lohnvorschuss

= **Auszahlungsbetrag an den Arbeitnehmer**

> Die Lohnabrechnung informiert den Arbeitnehmer über seinen Bruttolohn, Abgaben, Abzüge und den Nettolohn.

194 **Wie wird der gesamte Personalaufwand für das Unternehmen ermittelt?**

Die Summe der Bruttolöhne ist nicht gleichzusetzen mit den **gesamten Personalkosten.**

Diese ermitteln sich wie folgt:

Bruttolöhne
+ tarifliche Sozialleistungen
+ freiwillige Sozialleistungen
+ Arbeitgeberanteil zur Sozialversicherung
+ Beitrag zur Berufsgenossenschaft

= **Summe Personalaufwand**

> Personalkosten des Betriebes:
> - Bruttolöhne
>   +
> - zusätzliche Leistungen

4 Ende des Arbeitsverhältnisses, Zeugnis

195 **Was bedeutet Lohnfortzahlung?**

Im Krankheitsfall hat ein Arbeitnehmer das Recht, 6 Wochen lang von seinem Arbeitgeber den Lohn in Höhe von 100% weitergezahlt zu bekommen **(Entgeltfortzahlungsgesetz).** Danach hat die Krankenkasse bei Fortbestehen der Krankheit **Krankengeld** zu entrichten. Die Höhe richtet sich nach Familienstand und Einkommen und beträgt zwischen 70 und höchstens 90% des Nettoentgelts.[1]

Der Lohnfortzahlungsanspruch entsteht bei einer **Neueinstellung** erst nach Ablauf von 4 Wochen. In den ersten 4 Wochen besteht Krankengeldanspruch gegenüber der Krankenkasse.

> Lohnfortzahlungspflicht durch den Arbeitgeber in den ersten 6 Wochen bei Krankheit.[2]
> - Umlage U1

---

[1] Seit 2006 müssen Kassenmitglieder ihr **Krankengeld** durch zusätzliche Beiträge über die gesetzliche Krankenkasse selbst voll finanzieren.

[2] Zur Entlastung der Kleinbetriebe (bis zu 30 Beschäftigte) zahlen diese an die Krankenkasse eine Umlage (z.B. 2% der Lohnsumme), um dann bei **Krankheit** z.B. 70% Lohnerstattung zu erhalten (= **Umlage U1**).

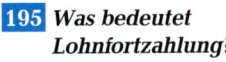

D Rechtliche und steuerliche Grundlagen

196 *Wie kann das Arbeitsverhältnis beendet werden?*

Grundsätzlich gibt es **drei Formen** der **Beendigung** des **Arbeitsverhältnisses:**

1. Einvernehmliche Lösung des Arbeitsverhältnisses durch **Aufhebungsvereinbarung.** Arbeitgeber und Arbeitnehmer schließen diese schriftlich ab.

2. **Ordentliche** (fristgerechte) **Kündigung** durch Arbeitgeber oder Arbeitnehmer, d.h.

   (1) der **Arbeitnehmer** kündigt zu einem bestimmten Termin

   (2) der **Arbeitgeber** kündigt fristgerecht und mit Kündigungsgrund (siehe Kündigungsschutzgesetz).

3. **Außerordentliche (fristlose) Kündigung** durch Arbeitgeber oder Arbeitnehmer, d.h.

   (1) der **Arbeitnehmer** kündigt bei grober Vertragsverletzung des Arbeitgeber, z.B. lange ausstehender Lohn

   (2) der **Arbeitgeber** kündigt bei grober Vertragsverletzung durch den Arbeitnehmer, z.B. Diebstahl.

Beendigung des Arbeitsverhältnisses durch:
- Aufhebungsvereinbarung
- Ordentliche (frist gerechte) Kündigung
- Außerordentliche (fristlose) Kündigung

197 *Hat der Arbeitnehmer das Recht auf ein Zeugnis?*

Jeder Arbeitnehmer hat einen **Anspruch** auf ein **Zeugnis** bei **Beendigung eines dauernden Arbeitsverhältnisses** durch den Arbeitgeber (§ 109 Gewerbeordnung).

Da das Zeugnis ein wichtiges Element der Bewerbung des Arbeitnehmers um einen neuen Arbeitsplatz ist, soll es möglichst positiv formuliert sein.

Dazu hat der Arbeitgeber vier **Grundregeln zu beachten.**

Das Zeugnis muss

1. **vollständig**

2. **klar**

3. **wahr** und

4. **wohlwollend** formuliert sein.

   Dies letztere ist möglicherweise schwierig für den Arbeitgeber, denn:

   ➡ Selbst bei negativen Leistungen des Arbeitnehmers muss das Zeugnis **wohlwollend** formuliert sein.

   ➡ Fällt die Beurteilung zu positiv aus, besteht die Gefahr von hohen **Schadenersatzansprüchen** des neuen Arbeitgebers gegenüber dem alten Arbeitgeber.

Ja, es gibt einen Anspruch auf ein Zeugnis:
- Es muss wohlwollend formuliert sein, auch bei schlechten Leistungen des Arbeitnehmers.

Problem:
- Schadenersatzansprüche durch neuen Arbeitgeber bei zu guter Beurteilung

198 *Kann ein Zeugnisanspruch gerichtlich geltend gemacht werden?*

Ja, wenn der Arbeitgeber seiner Pflicht zur Zeugniserteilung nicht nachkommt. Der Arbeitnehmer kann seinen Anspruch durch eine Klage beim Arbeitsgericht durchsetzen.

Ja.

199 *Welche Mindestinhalte muss ein Zeugnis haben?*

Ein sogenanntes **einfaches Zeugnis** muss mindestens ausgestellt werden, wobei es allein im Ermessen des Arbeitgebers liegt, welche Formulierung er benutzt. Der Arbeitnehmer hat kein Anrecht auf einen bestimmten Wortlaut.

Ein **einfaches Zeugnis** enthält

1. **Angaben zur Person** des Arbeitnehmers und

2. Informationen über **Art und Dauer der Beschäftigung,** wobei die Tätigkeit der Arbeitnehmer vollständig, wahrheitsgemäß und genau beschrieben werden muss.

In dem Zeugnis dürfen Leistungen und Verhalten des Arbeitnehmers nicht bewertet werden.

Ein einfaches Zeugnis muss enthalten:
- Angaben zur Person
- Angaben über Art und Dauer der Beschäftigung des Arbeitnehmers.

200 *Welchen Wert hat ein einfaches Zeugnis?*

Ein einfaches Zeugnis hat nur einen sehr geringen Aussagewert, da diese Zeugnisform häufig von Arbeitnehmers verlangt wird, die eine negative Bewertung ihres Verhaltens oder ihrer Leistungen erwarten.

Geringer Aussagewert.

201 *Muss der Betriebsrat dem Zeugnis zustimmen?*

Nein, da der Inhalt des Arbeitszeugnisses nicht dem Mitbestimmungsrecht des Betriebsrates unterliegt.

Nein.

202 *Welche Inhalte weist ein qualifiziertes Zeugnis auf?*

Neben **Angaben zur Person** des Arbeitnehmers und Informationen über die **Art und Dauer der Beschäftigung,** enthält das **qualifizierte Zeugnis** eine **Beurteilung der Leistung und des Verhaltens** des Mitarbeiters.

Dabei enthält die **Leistungsbeurteilung** neben den fachlichen Fähigkeiten auch Aussagen über Arbeitsqualität, Kreativität, Belastbarkeit und Entscheidungskompetenz.

Beim **Verhalten** des Arbeitnehmers wird Lernfähigkeit, Zuverlässigkeit, Verhalten gegenüber Kunden, Kollegen und Vorgesetzten beurteilt.

Qualifiziertes Zeugnis:
- Einfaches Zeugnis +
- Leistungsbeurteilung und Verhalten

203 *Welche Grundsätze gelten für ein qualifiziertes Zeugnis?*

Folgende **Grundsätze** sollen beachtet werden:

1. Einmalige Vorfälle – egal ob positiv oder negativ – dürfen nicht aufgenommen werden.

Inhalt:
- keine einmaligen Vorfälle

2. Schwerwiegende Verfehlungen dürfen nicht verschwiegen werden, um keinen Schadenersatz des neuen Arbeitgebers zu riskieren.

3. Der vom Arbeitgeber zu bestimmende Inhalt muss eine Gesamtbeurteilung enthalten und sich auf den gesamten Zeitraum der Tätigkeit beziehen.

4. Die Bewertungen müssen gerichtlich nachprüfbar sein.

- schwerwiegende Verfehlungen ja
- Gesamtbeurteilung und für den gesamten Zeitraum
- Bewertung muss gerichtlich nachprüfbar sein

204 Muss ein Arbeitnehmer ein qualifiziertes Zeugnis annehmen?

Nein, der kann es zurückweisen und ein einfaches Zeugnis verlangen.

Nein.

205 Muss im Zeugnis auf Straftaten hingewiesen werden?

Ja, wenn diese mit dem Arbeitsverhältnis zusammenhängen (Diebstahl, Unterschlagung). Betrifft die **Straftat** das **Arbeitsverhältnis nicht,** dann darf diese auch nicht im Zeugnis erwähnt werden.

Übrigens:

Auch dann nicht, wenn deswegen gekündigt wurde, z.B. Fahrer verliert wegen Alkohol am Steuer den Führerschein und damit seinen Arbeitsplatz.

Nur wenn diese mit dem Arbeitsverhältnis zusammenhängen.

206 Innerhalb welcher Zeit sollte ein Zeugnis ausgestellt sein?

Ein einfaches Zeugnis sollte innerhalb eines Tages, ein qualifiziertes Zeugnis nach zwei Wochen erstellt sein.

Der Anspruch eines Arbeitnehmers auf ein Arbeitszeugnis oder dessen Berichtigung erlischt nach 5 Monaten nach Ausscheiden, wenn bis dahin keine Ansprüche geltend gemacht wurden. So ein Urteil des Bundesarbeitsgerichts im Jahr 2007.

- Zeugnisausstellung spätestens 2 Wochen nach Ausscheiden

207 Was bedeutet der »Geheimcode« in den Zeugnissen?

Ein schlechtes Erscheinungsbild durch ein Zeugnis kommt in erster Linie durch Weglassen zum Ausdruck. Oder durch sehr allgemein und positiv klingende Formulierungen. Ein erfahrener Personalmitarbeiter kann hier zwischen den Zeilen lesen. Ein regelrechter **Geheimcode** existiert allerdings nicht.

208 *Welche Formulierungsabsprachen (Geheimcode) kann es geben?*[1]

Das schreiben sie ...	... und das meinen sie
Sie hat die ihr übertragenen Arbeiten stets zu unserer vollsten Zufriedenheit erledigt.	sehr gute Leistungen
Sie hat die ihr übertragenen Arbeiten stets zu unserer vollen Zufriedenheit erledigt.	gute Leistungen
Sie hat die ihr übertragenen Arbeiten stets zu unserer Zufriedenheit erledigt.	ausreichende Leistungen
Sie hat die ihr übertragenen Arbeiten im großen und ganzen zu unserer Zufriedenheit erledigt.	mangelhafte Leistungen
Sie hat sich bemüht, die ihr übertragenen Arbeiten zu unserer Zufriedenheit zu erledigen.	unzureichende Leistungen
Wir haben uns im gegenseitigen Einvernehmen getrennt.	Wir haben gekündigt.
Sie bemühte sich, den Anforderungen gerecht zu werden.	Sie hat versagt.
Sie hat sich im Rahmen ihrer Fähigkeiten eingesetzt.	Sie hat getan, was sie konnte, aber das war nicht viel.
Alle Arbeiten erledigte sie mit großem Fleiß und Interesse.	Sie war eifrig, aber nicht besonders tüchtig.
Sie zeigte für ihre Arbeit Verständnis.	Sie war faul und hat nichts geleistet.
Durch ihre Geselligkeit trug sie zur Verbesserung des Betriebsklimas bei.	Sie neigt zu übertriebenem Alkoholgenuss.

5 Kündigungsschutz/Kündigungsregelungen

209 *Für welche Betriebsgrößen gilt das Kündigungsschutz-gesetz?*

Für die Wirksamkeit einer Kündigung sind besondere Gründe nachweisbar anzugeben. Solches sieht das **Kündigungsschutzgesetz** (KSchG) vor, das in **Betrieben mit mehr als 10 Beschäftigten** gilt. – Außerdem muss der/die Beschäftigte länger als **6 Monate in dem Betrieb** tätig gewesen sein.

Das KSchG gilt für Betriebe mit mehr als 10 Beschäftigten und diese müssen länger als 6 Monate dort tätig sein.

210 *Was bedeutet Kündigung im rechtlichen Sinn?*

Die **Kündigung** ist eine **einseitige, empfangsbe-dürftige Willenserklärung** mit dem Ziel, das Arbeitsverhältnis zu beenden.

Die Kündigung kann vom Arbeitgeber und Arbeitnehmer ausgehen, der Vertragspartner muss mit der Kündigung nicht einverstanden sein, und er muss ihr damit auch nicht zustim-men.

Zu beachten ist:
- Beweispflicht des Zugangs der Kündigung liegt beim Arbeitgeber.

Die Kündigung ist eine
- einseitige
- empfangsbedürftige
Willenserklärung.

D Rechtliche und steuerliche Grundlagen

211 *Gilt eine mündliche Kündigung?*

Nein, **Kündigungen** wie auch **Auflösungsverträge** müssen **schriftlich** erfolgen; die elektronische Form ist ausgeschlossen (§ 623 BGB).

Eine Kündigung muss schriftlich erfolgen.

---

212 *Wann gilt eine schriftliche Kündigung als zugegangen?*

Für den Nachweis des Zugangs der **schriftlichen Kündigung** gibt es mehrere Möglichkeiten:

1. Die Kündigung wird dem Mitarbeiter im Betrieb **ausgehändigt** und er bestätigt diesen Empfang.

2. Ein **Bote,** der den Inhalt kennt, händigt das Kündigungsschreiben aus.

   Auch hier ist eine schriftliche Bestätigung des Empfangs anzustreben.

3. Die Kündigung erfolgt per **Übergabe-Einschreiben.**

   In diesem Fall gilt die Kündigung als zugegangen, wenn der Arbeitnehmer oder ein Angehöriger den Empfang quittiert (Einschreiben mit Rückschein + Eigenhändig).

Schriftliche Kündigung durch:
- Aushändigung des Schreibens
- Bote
- Übergabe-Einschreiben

---

212 A *Welche Frist muss ein Arbeitnehmer bei Anrufung des Arbeitsgerichtes einhalten?*

Erhebt ein Arbeitnehmer eine **Kündigungsschutzklage,** so muss er diese innerhalb von 3 Wochen nach Zugang der Kündigung einreichen.

- 3 Wochen nach Zugang der Kündigung

---

213 *Was ist, wenn der Arbeitnehmer den Brief ignoriert oder er abwesend ist?*

Für einen Arbeitnehmer, der in Urlaub ist (oder es vorgibt), gilt die Kündigung in der Regel einen Tag nach Einwurf des Briefes als zugegangen.

Trifft der Briefträger den Arbeitnehmer nicht an und dieser weigert sich, den Brief bei der Post abzuholen, dann gilt die Kündigung als rechtzeitig zugegangen.

Auch bei Nichtannahme des Briefes gilt dieser bei rechtzeitiger Versendung als zugegangen.

---

214 *Welche Vorteile hat ein Einschreiben mit Rückschein für die Kündigung?*

Die Post übermittelt dem Absender einige Tage nach Aushändigung des Einschreibens einen **Kontrollschein** (= Rückschein).

Darauf ist vermerkt, wann der Arbeitnehmer die Kündigung erhalten hat (= Beleg vor Arbeitsgericht).

Der Rückschein ist der Beweis für den Zugang der Kündigung.

215 *Welche Kündigungsarten werden unterschieden?*

Man unterscheidet

1. die **ordentliche (fristgerechte) Kündigung:**
   Nach einer vertraglichen, tariflichen oder gesetzlichen Frist endet das Arbeitsverhältnis. Die **gesetzliche Kündigungsfrist** beträgt für **Angestellte** wie für **Arbeiter** 4 Wochen zum 15. oder zum Ende des Monats; für eine Kündigung durch den **Arbeitgeber** beträgt sie auch 4 Wochen bei einer Betriebszugehörigkeit bis 2 Jahren (§ 622 BGB).

   Beispiel:
   Kündigung zum 30. September, Mitteilung muss spätestens am 2. September erfolgen.

2. die **außerordentliche (fristlose) Kündigung:**
   Ein Arbeitsverhältnis wird in der Regel mit sofortiger Wirkung beendet. Diese fristlose Kündigung ist zulässig:
   (1) bei **schwerwiegenden personen- oder verhaltensbedingten Gründen,** z.B. der Mitarbeiter zettelt eine Schlägerei an, schwerer Diebstahl von Firmeneigentum.
   (2) dieser schwerwiegende Grund macht es dem Arbeitgeber unmöglich, das Arbeitsverhältnis bis Auslauf der Kündigungsfrist fortzusetzen.

   Der Begriff **schwerwiegender Grund** ist vor dem Arbeitsgericht nachweisbar darzustellen. Ansonsten ist die Kündigung unwirksam.

   Beispiel:
   Nebenjob trotz Krankenschein rechtfertigt in der Regel eine fristlose Kündigung.

Kündigungsarten:
- ordentliche (fristgerechte) Kündigung; Gesetz = 4 Wochen
- außerordentliche (fristlose) Kündigung bei schwerwiegenden personen- oder verhaltensbedingten Gründen; sofortige Entlassung, Gericht verlangt Nachweis des Kündigungsgrundes
- Wichtig: Vertrauensverlust.

216 *Innerhalb welcher Frist ist eine fristlose Kündigung auszusprechen?*

Eine **fristlose Kündigung** muss innerhalb von 2 Wochen nach Kenntnis des Sachverhalts erfolgen, an dem der Arbeitgeber von den Tatsachen erfahren hat, die für die Kündigung maßgeblich sind. Dies gilt auch bei einer Kündigung durch den Arbeitnehmer.
Dieser kann fristlos kündigen, wenn sein Gehalt 6 Wochen ausbleibt.

Auf Verlangen des Gekündigten muss der Kündigungsgrund unverzüglich schriftlich mitgeteilt werden (§ 626, Abs. 2 BGB).

Eine fristlose Kündigung muss innerhalb von 2 Wochen nach Kenntnisnahme des Sachverhaltes erfolgen.

217 *Kann eine fristlose Kündigung mit einer fristgerechten verbunden werden?*

Ja, denn sollte eine **fristlose Kündigung nicht** zu begründen sein, wird **automatisch die ordentliche Kündigung** wirksam.

Vor Arbeitsgerichten funktioniert diese Kombination; die Juristen sagen dazu: *außerordentliche Kündigung mit gleichzeitiger hilfsweiser ordentlicher Kündigung.*

Eine nicht wirksame fristlose Kündigung wird automatisch zur fristgerechten.

D Rechtliche und steuerliche Grundlagen

218 *Ist eine Kündigung immer zu rechtfertigen?*

Nein, denn der Gesetzgeber verlangt von jedem Arbeitgeber, dass er **vor der Kündigung** alle anderen arbeitsrechtlichen Mittel wie **Versetzung** in eine andere Abteilung, **Änderungskündigung** (d.h. dem Arbeitnehmer wird im Betrieb eine andere Arbeitsstelle mit niedrigeren Bezügen angeboten – lehnt er ab, gilt die Kündigung) ausschöpft.

Kündigungen mit pauschalen Hinweisen (»Sparmaßnahme«) sind unzulässig.

Vor Kündigung erst Versetzung oder Änderungskündigung.

219 *Kann wegen Leistungsminderung des Arbeitnehmers gekündigt werden?*

Wenn **langjährige Beschäftigte** wegen Krankheiten nur noch **eingeschränkt arbeiten können,** darf der Arbeitgeber **eines größeren Betriebes** nur in ganz seltenen Ausnahmefällen eine ordentliche Kündigung aussprechen. In der Regel muss er die Mitarbeiter weiterbeschäftigen und ihnen Arbeitsplätze zuweisen, die sie bewältigen können.

Das Bundesarbeitsgericht gab einer Arbeiterin Recht, die nach 21 Jahren Tätigkeit und 3 Leistenbrüchen nur noch bis 10 kg Lasten heben durfte, vorher waren es bis 30 kg.
Die Kündigung war damit nicht wirksam.

Nur in Ausnahmefällen darf langjährigen Beschäftigten, die krank geworden sind, ordentlich gekündigt werden.[1]

220 *Welche Kündigungsfristen gelten für Kündigungen vom Arbeitgeber?*

Für Angestellte und Arbeiter gilt eine **gesetzliche Mindestkündigungsfrist von 4 Wochen** und zwar zum 15. oder zum Ende eines Monats.

Beispiel:

Wird einem Arbeitnehmer am 15. April gekündigt, so kann das Ausscheiden zum 15. Mai verlangt werden, wenn der Arbeitnehmer **weniger als 2 Jahre** in diesem Betrieb beschäftigt ist.

Beträgt die Beschäftigungsdauer **mehr als 2 Jahre,** so gelten folgende gesetzliche Kündigungsfristen **zum Ende des Monats für den Arbeitgeber:**

➡ nach 2 Jahren: 1 Monat Kündigungsfrist

➡ nach 5 Jahren: 2 Monate Kündigungsfrist

➡ nach 8 Jahren: 3 Monate Kündigungsfrist

➡ nach 10 Jahren: 4 Monate Kündigungsfrist

➡ nach 12 Jahren: 5 Monate Kündigungsfrist

➡ nach 15 Jahren: 6 Monate Kündigungsfrist

➡ nach 20 Jahren: 7 Monate Kündigungsfrist

Mindestkündigungsfrist 4 Wochen zum 15. oder zum Monatsende.

● Je länger die Beschäftigung, desto länger die gesetzlichen Kündigungsfristen zum Monatsende.

● Gesetz = BGB

---

[1] Arbeitgeber müssen Beschäftigte nach langer Krankheit wieder eingliedern, wenn Arzt und der technische Dienst der Krankenkassen über eine Arbeitsfähigkeitsbescheinigung die Arbeitsfähigkeit, z.B. nach Burnout wieder attestieren.

221 *Welche Kündigungsfristen gelten in der Probezeit?*

Innerhalb der **maximal 6-monatigen Probezeit** kann jederzeit mit einer Frist von 2 Wochen gekündigt werden von Arbeitgeber- **und** Arbeitnehmerseite (§ 622, Abs. 3 BGB).

Bei befristeten Arbeitsverträgen gibt es die Probezeit – gestaffelt – erst ab 10 Monaten Laufzeit des Vertrages.

Probezeit: 2 wöchige Kündigungsfrist

222 *Welche Kündigungsfristen hat ein langjährig beschäftigter Arbeitnehmer?*

Ein Arbeitnehmer hat nach 2 Jahren Betriebszugehörigkeit das Recht auf längere Kündigungsfristen wenn ihm der Arbeitgeber kündigen will (siehe **Frage Nr. 220**).

Ein **Arbeitnehmer** hat aber immer das Recht, auf die (kurze) gesetzliche Kündigungsfrist von **4 Wochen,** wenn er selbst fristgerecht kündigt.

Für den Arbeitnehmer gilt eine
- längere Kündigungsfrist bei mehrjähriger Beschäftigung
- gesetzliche bei eigener Kündigung

223 *Wie muss inhaltlich eine Kündigung aussehen?*

Eine Kündigung muss deutlich, klar und zweifelsfrei sein.

Um Missverständnisse auszuschließen, sollte im Betreff des Schreibens das Wort »**Kündigung**« verwendet werden.

Wird ein Kündigungsgrund im Schreiben genannt, dann sollte die Begründung vor dem Arbeitsgericht standhalten können.

Eine Kündigung muss überprüfbar sein.

Eine Kündigung soll
- deutlich
- klar
- frei von Missverständnissen sein.

224 *Welche Kündigungsgründe unterscheidet das Kündigungsschutzgesetz (§ 1)?*

Hat ein Betrieb **mehr als 10 ständig Beschäftigte** und diese sind **mindestens 6 Monate** in ihm tätig, dann sieht das **Kündigungsschutzgesetz** folgende drei Kategorien von **Kündigungsgründen** vor:

1. **personenbedingte Gründe,** z.B. fehlende körperliche oder geistige Eignung für diese Stelle. Auch Krankheit kann dazu gehören, allerdings gelten dafür strenge Bedingungen;[1]

2. **verhaltensbedingte Gründe,** z.B. Tätlichkeiten, Diebstahl, Störung des Betriebsfriedens, schlechte Arbeitserfüllung, alkoholbedingtes Fehlverhalten, Nichtbeachtung von Sicherheitsvorschriften;
Diese Gründe verlangen eine **vorherige schriftliche Abmahnung,** die aber erfolglos geblieben sein muss.

3. **betriebsbedingte Gründe,** z.B. schlechte Auftragslage, Rationalisierungsmaßnahmen, Stilllegung eines Zweigwerkes.

Das Kündigungsschutzgesetz nennt
- personenbedingte
- verhaltensbedingte
- betriebsbedingte

Gründe, die eine Kündigung rechtfertigen, wenn
- der Arbeitnehmer mindestens 6 Monate im Betrieb war
- und dieser mehr als 10 Beschäftigte hat.

---

[1] **Leistungsschwäche** kann ein Kündigungsgrund sein: Das Bundesarbeitsgericht (AZ: 2 AZ R 536/06) entschied, dass einer Mitarbeiterin eines Versandkaufhauses gekündigt werden kann, die dreimal so viel Fehler gemacht hat wie der Durchschnitt aller Arbeitnehmer und deshalb schon zweimal abgemahnt worden war.

D Rechtliche und steuerliche Grundlagen

225 *Was heißt »sozial gerechtfertigt« bei einer Kündigung?*

Neben den genannten **3 Kategorien von Kündigungsgründen** muss die betriebsbedingte Kündigung nach dem **Kündigungsschutzgesetz sozial gerechtfertigt** sein, d.h.

1. dem Arbeitnehmer muss erst ein anderer Arbeitsplatz (falls vorhanden) im Betrieb angeboten werden, eventuell auch zu schlechteren Bedingungen **(Änderungskündigung).**

2. Sämtliche sozialen Gründe müssen bei der **Sozialauswahl**[1] berücksichtigt werden, das sind: Dauer der Betriebszugehörigkeit, Lebensalter, Unterhaltspflichten und die Schwerbehinderung des Arbeitnehmers.

Eine betriebsbedingte Kündigung muss auch sozial gerechtfertigt sein, d.h.

- vorher muss ein anderer Arbeitsplatz angeboten werden

- soziale Merkmale des Arbeitnehmers sind zu vergleichen.

→ *siehe Fußnote!*

226 *Muss ein Betriebsrat vor der Kündigung gehört werden?*

Gibt es im Betrieb einen **Betriebsrat,** so ist dieser nach dem Betriebsverfassungsgesetz vor jeder Kündigung anzuhören (§ 102 BetrVG).

Dabei hat der **Betriebsrat eine Woche Zeit bei ordentlicher Kündigung** und **drei Tage** bei **außerordentlicher Kündigung,** um dem Arbeitgeber zu widersprechen.

Dabei ist zu beachten, dass die **2-Wochen-Frist,** in der grundsätzlich **außerordentlich gekündigt** werden muss, dabei nicht verlängert wird.

Ein Betriebsrat ist vor jeder Kündigung anzuhören; er hat Widerspruchsfristen zu beachten.

227 *Wie wirkt sich eine Kündigung ohne Zustimmung des Betriebsrat aus?*

Die **Kündigung** kann bestehen bleiben. Dem Gekündigten ist allerdings mitzuteilen, dass der Betriebsrat der Kündigung nicht zugestimmt hat. Der Arbeitnehmer hat dann das **Recht auf Weiterbeschäftigung.** Das **Arbeitsgericht** entscheidet dann bei einer Klage des Arbeitgebers.

Kündigt der Unternehmer einem **leitenden Angestellten** (im § 5 BetrVG ist dieser Begriff definiert), dann ist dem Betriebsrat diese personelle Veränderung lediglich mitzuteilen.

- Ohne Zustimmung des Betriebsrats hat der Arbeitnehmer das Recht auf Weiterbeschäftigung bis zur Entscheidung des Arbeitsgerichtes.
- Dies gilt nicht für leitende Angestellte.

228 *In welchen Fällen der Kündigung muss ein Betriebsrat nicht angehört werden?*

Der **Betriebsrat** muss *nicht* gehört werden, wenn

1. ein befristeter Vertrag ausläuft

2. der Arbeitnehmer gekündigt hat

3. durch einen **Aufhebungsvertrag** das Arbeitsverhältnis einvernehmlich gelöst worden ist.

---

[1] »In die **soziale Auswahl sind Arbeitnehmer nicht einzubeziehen,** deren Weiterbeschäftigung wegen ihrer Fähigkeiten und Leistungen oder zur Sicherung einer ausgewogenen Personalstruktur in berechtigtem betrieblichen Interesse liegt.« (§ 1 Absatz 3, Satz 2 Kündigungsschutzgesetz).

229 *Was ist eine Ausgleichsquittung?*

Eine **Ausgleichsquittung** ist eine freiwillige Erklärung des Arbeitnehmers, die dieser bei Beendigung des Arbeitsverhältnisses abgibt.
Darin verzichtet er auf weitere Ansprüche aus dem Arbeitsverhältnis und erklärt die nötigen Unterlagen erhalten zu haben (Lohnbescheinigungen, Zeugnis, Urlaubsbescheinigung).
Damit verzichtet er auch auf eine Kündigungsschutzklage vor dem Arbeitsgericht, aber nicht auf tarifliche oder gesetzliche Ansprüche.

Mit einer Ausgleichsquittung verzichtet der Arbeitnehmer auf weitere Ansprüche aus dem Arbeitsverhältnis und auf eine Kündigungsschutzklage.

230 *Was beinhaltet das Arbeitnehmer-Entsendegesetz?*

Das Gesetz galt bisher bereits für die Branchen Bauhaupt- und Baunebengewerbe, Gebäudereiniger und Briefdienstleistungen.

Mit der Neufassung des Gesetzes 2009 sind sechs weitere Branchen aufgenommen worden:

- Pflegebranche (Altenpflege und ambulante Krankenpflege),
- Sicherheitsdienstleistungen,
- Abfallwirtschaft (mit Straßenreinigung und Winterdienst),
- Aus- und Weiterbildungsdienstleistungen nach dem Zweiten oder Dritten Buch Sozialgesetzbuch,
- Wäschereidienstleistungen im Objektkundengeschäft,
- Bergbauspezialarbeiten auf Steinkohlebergwerken.

Künftig besteht auch in den neu aufgenommenen Branchen die Möglichkeit, von den Tarifvertragsparteien ausgehandelte **Mindestlöhne** für die jeweilige Branche verbindlich zu machen. Hierfür muss ein entsprechender Mindestlohntarifvertrag von Tarifvertragsparteien der Branche abgeschlossen werden. Der Tarifvertrag kann auf gemeinsamen Antrag der Tarifvertragsparteien durch Allgemeinverbindlicherklärung oder Rechtsverordnung erstreckt werden. Mit der Erstreckung gilt der von den Tarifvertragsparteien bestimmte Lohn verbindlich für alle in Deutschland tätigen Arbeitnehmerinnen und Arbeitnehmer der jeweiligen Branche. Der Mindestlohn gilt unabhängig davon, ob der Arbeitgeber seinen Sitz im In- oder Ausland hat.

231 *Was bedeutet das Arbeitszeitgesetz für einen Betrieb?*

Das **Arbeitszeitgesetz** enthält folgende wesentliche Punkte:

1. eine tägliche Arbeitszeit von 10 Stunden (60 Std. in der Woche) nur, wenn innerhalb von 6 Monaten auf 8 Stunden im Durchschnitt ausgeglichen wird; wöchentlich sind 48 Stunden zulässig;
2. Ruhepausen mindestens 30 Minuten bei 6 – 9 Stunden Arbeit oder 2-mal 15 Minuten; 45 Minuten Pause ab 9 Stunden Arbeit.
3. Nacht- und Schichtarbeit für Frauen wie für Männer möglich.
4. Nachtzuschläge werden erst bei Arbeiten von mehr als 2 Stunden gezahlt; bei weniger besteht gesetzlich kein Anspruch.

Das Arbeitszeitgesetz verschafft dem Betrieb flexiblere Arbeitsregelungen.

232 *Was beinhaltet das Allgemeine Gleichbehandlungsgesetz?*

Seit 2006 gilt das Allg. Gleichbehandlungsgesetz (AGG), das Arbeitehmer, Mieter, Kunden usw. vor Benachteiligung aus religiösen, sexuellen u.a. Gründen schützen soll. Bei Verstößen Anspruch auf Schadenersatz/Schmerzensgeld.

- Schutz vor Ungleichbehandlung

D Rechtliche und steuerliche Grundlagen

6 Gruppen mit besonderem Kündigungsschutz

233 *Für welche Gruppen gilt ein besonderer Kündigungsschutz?*

Nicht ordentlich gekündigt werden darf:

1. **Betriebsrat und Jugendvertreter.** Auch Mitglieder des Wahlvorstandes hierzu kann nicht gekündigt werden; allerdings muss ein Auszubildender danach nicht übernommen werden.

   Anders beim **gewählten Jugendvertreter:** Dieser kann verlangen nach Beendigung des Ausbildungsverhältnisses unbefristet weiterbeschäftigt zu werden, wenn ihm nicht drei Monate vor Beendigung gekündigt wurde (§ 78a **BetrVG**).

2. **Werdende Mütter.** Ihnen darf während der Schwangerschaft und vier Monate nach der Geburt nicht gekündigt werden **(Mutterschutzgesetz)**, auch nicht in der Probezeit.

3. **Schwerbehinderte.** Mindestens 50% Erwerbsunfähigen darf nur mit Zustimmung des **Integrationsamtes**[1] gekündigt werden.

   Grundsätzlich sind Arbeitgeber mit mindestens 20 Arbeitsplätzen dazu verpflichtet, wenigstens 5 % davon mit Schwerbehinderten zu besetzen. Andernfalls haben sie eine Ausgleichsabgabe von mind. 115 € monatlich zu zahlen (Sozialgesetzbuch IX, § 69 ff.).

4. **Elternzeit.** Während der **Elternzeit** und bis 2 Monate danach darf der Arbeitgeber das Arbeitsverhältnis nicht kündigen **(Elternzeitgesetz).** (Siehe *Nr. 236*)

5. **Elterngeld seit 01.01.2007:** Für maximal 14 Monate 65% des Nettoentgelts, maximal 1 800 Euro monatlich für Vater oder Mutter, die dann nicht arbeiten, wobei der Vater mindestens 2 Monate Elternzeit nehmen muss.

6. Datenschutzbeauftragte

Besonderer Kündigungsschutz für
- Betriebsrat und Jugendvertreter
- werdende Mütter
- Schwerbehinderte
- Wehrpflichtige/Zivildienstleistende[2]
- Elternzeitberechtige

- Ausgleichsabgabe 2015: Je nach Erfüllungsquote von 115 bis 290 € pro Platz

234 *Welcher Schutz gilt für jugendliche Arbeitnehmer?*

Für **jugendliche Arbeitnehmer,** d.h. alle Beschäftigten unter 18 Jahren, gilt u.a.

1. Arbeitsverbot unter 15 Jahren

2. Beschäftigungsverbot zwischen 20 und 6 Uhr (Ausnahmeregelung für Bäcker u.a.)

3. Samstags- und Sonntagsarbeitsverbot (mindestens 2 Samstage im Monat sollen beschäftigungsfrei sein: § 16 **Jugendarbeitsschutzgesetz**)

Nach dem Jugendarbeitschutzgesetz gelten besondere Schutzregelungen für den Arbeitnehmer, der noch nicht volljährig ist.

---

[1] früher **Hauptfürsorgestelle;** ebenso wie das **Integrationsamt** eine Einrichtung des Bundeslandes.

[2] Freiwillig Wehrdienstleistende haben nach dem **Arbeitsplatzschutzgesetz** Anspruch auf Wiedereinstellung nach Beendigung.

4. 5 Tage Woche, 40 Stunden Woche, in der Regel 8 Stunden täglich. Wenn an einzelnen Werktagen die Arbeitszeit weniger als 8 Stunden beträgt, können Jugendlichen an den übrigen Werktagen derselben Woche 8,5 Stunden beschäftigt werden.

5. Ruhepausen (mindestens 15 Minuten):
   ➡ mindestens 30 Minuten bei 4,5 – 6 Stunden
   ➡ mindestens 60 Minuten bei mehr als 6 Stunden Beschäftigung

6. eine Urlaubsregelung mit mindestens
   ➡ 30 Werktagen für 15-jährige
   ➡ 27 Werktagen für 16-jährige
   ➡ 25 Werktagen für 17-jährige

7. Verbot der Akkord- und Fließbandarbeit

8. Freistellung für den Berufsschulunterricht, für Prüfungen und außerbetriebliche Ausbildungsmaßnahmen.

• Weitere Einzelheiten zum Jugendarbeitsschutzgesetz siehe S. 93 ff.

---

235 *Welche Inhalte hat das Mutterschutzgesetz?*

Das **Mutterschutzgesetz** legt fest, dass

1. 6 Wochen vor und 8 Wochen nach der Geburt ein besonderer Schutz gilt: Vor der Geburt darf die Schwangere bestimmte Arbeiten leisten, danach ist es ihr für diese 8 Wochen untersagt;

2. der Kündigungsschutz während der Schwangerschaft und 4 Monate danach (siehe dazu *Nr. 233)* besteht;

3. schwere körperliche Arbeiten, Schicht- und Akkordarbeit verboten ist.

4. Alle Betriebe zahlen an die Krankenkasse eine Umlage (z.B. 0,07 % der Lohnsumme), um dann bei **Mutterschaftsgeldzahlung** (6 Wochen vor und 8 Wochen nach der Geburt) 100 % Lohnerstattung von der Krankenkasse zu erhalten (= **Umlage U2**).

Das Mutterschutzgesetz schützt die werdende Mutter am Arbeitsplatz.

• Umlage U2 = Mutterschaftsgeldzahlung

---

236 *Was regelt das Elternzeitgesetz?*

Das **Elternzeitgesetz** regelt den Anspruch auf **Elternzeit,** die maximal 3 Jahre beträgt. Dabei können sich die Eheleute nach der Mutterschutzfrist abwechseln und auch gemeinsam nehmen.

Nach der Geburt kann von den Eltern Elterngeld beantragt werden, das maximal 65% des Regel-Nettoeinkommens oder höchstens 1 800 € für 12 bzw. 14 Monate beträgt, wenn der Vater mindestens 2 Monate Elternzeit nimmt.

• Elternzeit, maximal 3 Jahre nach der Geburt
• Elterngeld seit 2007

D Rechtliche und steuerliche Grundlagen

237 *Was bedeutet Bildungsurlaub?*

In einigen Bundesländern haben Arbeitnehmer einen Anspruch auf Freistellung von der Arbeit, um an einer allgemeinen oder politischen **Weiterbildung** teilzunehmen.

Für die in der Regel einwöchige Veranstaltung wird der Arbeitnehmer unter Fortzahlung der Vergütung von der Arbeit freigestellt.

Die Träger des **Bildungsurlaubs** müssen anerkannt sein, die Bezahlung dafür hat *nicht* der Arbeitgeber zu übernehmen.

Bildungsurlaub dient der allgemeinen oder politischen Weiterbildung und ist in einigen Bundesländern gesetzlich festgelegt.

7 Das Betriebsverfassungsgesetz, der Betriebsrat

238 *Was regelt das Betriebsverfassungsgesetz?*

Das **Betriebsverfassungsgesetz** hat die Aufgabe, die Beziehung zwischen Geschäftsleitung (Arbeitgeber) und Betriebsrat, der Interessenvertretung der Beschäftigten des Betriebes, zu regeln.

Es geht insbesondere um Mitwirkung und Mitbestimmung des Betriebsrates.

Die vertraglichen Absprachen werden in einer **Betriebsvereinbarung** festgehalten und sind verbindlich.

Betriebsverfassungsgesetz:
Es regelt die Beziehung zwischen Arbeitgeber und Betriebsrat.

239 *Wie wird der Betriebsrat gewählt?*

Der **Betriebsrat** wird auf Verlangen der Arbeitnehmer gewählt, wobei

1. in dem Betrieb **mindestens 5 Arbeitnehmer ständig beschäftigt** sein müssen. Diese müssen über 18 Jahre alt sein, Teilzeitkräfte werden anteilig gerechnet;
2. von den Arbeitnehmern **3 wählbar** sein müssen und sie müssen dem Betrieb **mindestens 6 Monate angehören;** Leiharbeitnehmer müssen mindestens drei Monate beschäftigt sein.

Die Amtszeit beträgt 4 Jahre, die Zahl der Betriebsratsmitglieder ist abhängig von der Zahl der Betriebsangehörigen.

Die Zusammensetzung nach **Frauen** und **Männern** muss derjenigen der Belegschaft entsprechen.

Der Betriebsrat kann gewählt werden, wenn
- mindestens 5 Arbeitnehmer ständig beschäftigt
- die Kandidaten mindestens 6 Monate dem Betrieb angehören.

240 *In welchen Bereichen hat der Betriebsrat ein Mitbestimmungsrecht?*

Der Betriebsrat hat ein **Mitbestimmungsrecht**

1. in **sozialen** Angelegenheiten, z.B. Entlohnungsfragen und -grundsätze, Betriebsordnung, Beginn/Ende Arbeitszeit, Urlaubsgrundsätze, Einführung von Apparaturen zur Kontrolle der Arbeitnehmer;

Nur mit Zustimmung des Betriebsrates können soziale und personelle Angelegenheiten wirksam werden.

2. in **personellen** Angelegenheiten, das sind Einstellungen, Umsetzungen, Kündigungen, soziale Auswahl bei betriebsbedingten Kündigungen (siehe *Nr. 243 und 247).*

Mitbestimmung bedeutet, das grundsätzlich erst mit Zustimmung des Betriebsrates Entscheidungen des Arbeitgebers wirksam werden.

241 *Wer entscheidet bei fehlender Zustimmung des Betriebsrates?*

Bei Konflikten zwischen Arbeitgeber und Betriebsrat entscheidet die **Einigungsstelle** im Betrieb. Diese besteht aus gleicher Anzahl Arbeitgebervertreter und Betriebsratsmitglieder und dem neutralen Vorsitzenden, auf den sich beide Parteien einigen müssen.

Gibt es keine Lösung, ersetzt das **Arbeitsgericht** die Zustimmung.

Die fehlende Zustimmung des Betriebsrates kann durch die Einigungsstelle oder das Arbeitsgericht herbeigeführt werden.

242 *In welchen Bereichen hat der Betriebsrat ein Mitwirkungsrecht?*

Das **Mitwirkungsrecht** gilt für **wirtschaftliche Angelegenheiten,** z.B. Betriebsstillegung, -erweiterung, Rationalisierungsvorhaben.

Mitwirkung bedeutet, dass der Betriebsrat die Entscheidungen nicht verhindern kann, er wird nur über diese Maßnahmen unterrichtet.

Zur Beschäftigungssicherung hat der Betriebsrat ein umfassendes **Initiativrecht** (Vorschlagsrecht).

Mitwirkung in wirtschaftlichen Angelegenheiten ist nur ein Unterrichtungsrecht.

● Initiativrecht zur Beschäftigungssicherung

243 *Für welche Betriebsgrößen gelten die Mitbestimmungsregelungen?*

Die **Mitbestimmung bei personellen Angelegenheiten** gilt in Betrieben **mit mehr als 20 wahlberechtigten Arbeitnehmern** (§ 99 BetrVG).

Ein **Wirtschaftsausschuss,** der in wirtschaftlichen Angelegenheiten mitwirken soll, ist in Unternehmen mit mehr als 100 ständig Beschäftigten zu bilden.

Der Umfang der Mitbestimmung ist abhängig von der Betriebsgröße.

244 *Was ist die Betriebsversammlung?*

Der Betriebsrat soll einmal im Vierteljahr alle Arbeitnehmer des Betriebes **(= Betriebsversammlung)** einladen und einen Tätigkeitsbericht erstatten.

245 *Wie wird die Jugend- und Auszubildendenvertretung gewählt?*

Arbeiten mindestens 5 jugendliche Arbeitnehmer oder Auszubildende, die noch nicht 25 Jahre alt sind, in einem Betrieb, so sollen diese eine **Jugend- oder Auszubildendenvertretung** wählen.

Gewählt werden können alle Arbeitnehmer, die noch nicht 25 Jahre alt sind. Die Amtszeit beträgt 2 Jahre.

Alle Fragen/Wünsche sind an den Betriebsrat, nicht an den Arbeitgeber direkt zu richten (§ 61 BetrVG).

● Die Jugend- oder Auszubildendenvertretung vertritt die Interessen der jugendlichen Arbeitnehmer und der Auszubildenden.

● Wählbar sind alle Arbeitnehmer bis 25 Jahre.

D Rechtliche und steuerliche Grundlagen

246 *Welche Rechte hat der einzelne Arbeitnehmer nach dem Betriebsverfassungsgesetz?*

Der **einzelne Arbeitnehmer** hat folgende **Rechte** (§ 81 ff. BetrVG):

1. Der Arbeitgeber hat den Arbeitnehmer über dessen Aufgabe und Verantwortung im Betrieb zu **unterrichten.**
2. Er hat ein **Beschwerde-, Anhörungs-** und **Erörterungsrecht** über betriebliche Angelegenheiten, die seine Person betreffen.
3. Er kann **Einsicht** in seine **Personalakte** nehmen. Dazu kann er ein Mitglied des Betriebsrates hinzuziehen.

Der einzelne Arbeitnehmer hat ein

- Unterrichtungsrecht
- Anhörungs- und Erörterungsrecht
- das Recht auf Einsicht in seine Personalakte
- Beschwerderecht

247 *Was ist ein Sozialplan?*

Der **Sozialplan** ist eine Vereinbarung zwischen Arbeitgeber und Betriebsrat (Sonderform der **Betriebsvereinbarung),** die getroffen wird, um die wirtschaftlichen Nachteile der Arbeitnehmer bei geplanten Betriebsveränderungen (z.B. Rationalisierung, Betriebsstilllegung) zu mildern. Der Sozialplan enthält insbesondere Regelungen über **Abfindungen** bei vorzeitiger Entlassung aus **betrieblichen Gründen.**

- Sozialplan bei mehr als 20 Arbeitnehmern zwingend vorgeschrieben
- Abfindung ist zu zahlen:
  - Aus betrieblichen Gründen.

247 A *Wie hoch ist die Abfindung?*

Als **Abfindung** bei betriebsbedingter Kündigung ist laut KSchG (§ 10) ein Betrag bis zu 18 Monatsverdiensten zu zahlen; Faustregel: Pro Arbeitjahr 1/2 Monatsgehalt, das zu versteuern ist.

Abfindungsanspruch besteht auch, wenn das Arbeitsgericht feststellt, dass die Kündigung nicht gilt, aber es unzumutbar für den AN ist, weiterzuarbeiten.

- Grundlage: Kündigungsschutzgesetz

8 Tarifpartner, Tarifvertragsarten[1]

248 *Wer sind die Tarifvertragsparteien?*

Die **Tarifvertragsparteien (Tarifpartner, Sozialpartner)** sind auf **Arbeitnehmerseite** die **Gewerkschaften,** auf **Arbeitgeberseite** die **Arbeitgeberverbände** und der einzelne Arbeitgeber (§ 2 Tarifvertragsgesetz).

Tarifpartner
= Gewerkschaft
+ Arbeitgeberverband

249 *Wie sind die Gewerkschaften organisiert?*

Die Gewerkschaften sind organisiert im **Deutschen Gewerkschafts Bund (DGB),** der als Spitzenverband 6 *selbstständige (Einzel-) Gewerkschaften* umfasst, z.B. Industriegewerkschaft (= IG) Metall, Ver.di. Diese sind jeweils Tarifpartner. Der DGB hat ca. 8 Millionen Mitglieder.

Im **Handwerk** sind nur sehr wenige Arbeitnehmer organisiert; in der Industrie ca. 30% der Beschäftigten.

Der **Deutsche Beamtenbund** tritt für die öffentlichen Bediensteten ein. Er ist **nicht** Teil der Gewerkschaften.

Die selbstständigen Einzelgewerkschaften des DGB sind der wichtigste Tarifpartner als Interessenvertretung der Arbeitnehmer.

---

[1] Das **Arbeitnehmerüberlassungsgesetz** formuliert die Bedingungen für gewerbsmäßige Leiharbeit und regelt die Rechtsbeziehungen zwischen dem Verleihbetrieb und dem Zeitarbeitnehmer sowie zwischen Verleih- und Entleihfirma.

250 *Wie sind die Arbeitgeberverbände organisiert?*

In den großen Industriezweigen haben sich die regionalen Arbeitgeberverbände auf Landesebene zusammengeschlossen, die mit anderen Landesverbänden ihrer Branche einen Bundesspitzenverband bilden.

Beispiel:

33 regionale Verbände der metallverarbeitenden Industrie sind im Verband der Metallindustrie Nordrhein-Westfalen organisiert. Dieser Landespitzenverband bildet zusammen mit 19 anderen Landesverbänden den Gesamtverband der metallindustriellen Arbeitgeberverbände (»Gesamtmetall«).

Für die Arbeitgeber ist der jeweilige Landesverband der Branche oder der Bundesverband der Tarifpartner.

251 *Welche Formen von Tarifverträgen werden unterschieden?*

Tarifverträge, die zwischen Arbeitgeberverband und Gewerkschaft auf Bezirks-, Landes- oder Bundesebene geschlossen werden, werden als **Verbandstarifverträge** bezeichnet.

Schließt ein einzelner Arbeitgeber mit einer Gewerkschaft einen Tarifvertrag, so handelt es sich hierbei um einen **Firmen-, Werks-, Betriebs- bzw. Haustarifvertrag.**

Tarifvertragsformen:
- Verbandstarifvertrag
- Firmen-, Werks-, Betriebs- bzw. Haustarifvertrag

252 *Wer handelt die Tarifverträge im Handwerk aus?*

Die **Arbeitgebervereinigungen** im Handwerksbereich sind die **Innungsverbände.** Diese können als Landes- und Bundesinnungsverbände[1] Tarifpartner der Gewerkschaften sein.

Diese Innungsverbände sind aber auch Interessenvertreter des Handwerks gegenüber staatlichen oder kommunalen Einrichtungen.

Im Handwerk vertreten die Innungsverbände die Arbeitgeber.

253 *Welche Aufgaben haben die Tarifpartner?*

Während die **Gewerkschaften** die sozialen und wirtschaftlichen Lebensbedingungen der Arbeitnehmer verbessern wollen (Lohn, Arbeitszeit, Arbeitsbedingungen), nehmen die **Arbeitgeberverbände** die sozialpolitischen und arbeitsrechtlichen Interessen ihrer Mitgliedsfirmen wahr (z.B. tarifliche und arbeitsrechtliche Beratung).

Die Tarifpartner nehmen die jeweiligen Interessen ihrer Mitglieder wahr.

254 *Welche Wirkung haben Tarifverträge?*

Die **Tarifparteien** schaffen durch ihre **schriftlichen Verträge** Rechtsnormen, die zwingend die einzelnen **Arbeitsverhältnisse** zwischen den **Mitgliedern der Tarifparteien** regeln.

Dadurch wird sichergestellt, dass

1. der Tarifvertrag **nicht** durch eine Vereinbarung im Arbeitsvertrag zum Nachteil des Arbeitnehmers verändert werden kann (§ 4 Tarifvertragsgesetz: *»Eine nachteilige Wirkung für den Arbeitnehmer ist nichtig.«*);

Für die Mitglieder der Tarifparteien sind die Tarifverträge zwingendes Recht.
Bessere einzelvertragliche Regelungen gelten.

D Rechtliche und steuerliche Grundlagen

---

[1] Im Modellbau = Bundesinnungsverband; im Tischlerhandwerk = Landesinnungsverband

2. **einzelvertragliche Abmachungen,** die für den Arbeitnehmer günstiger als die Tarifnormen sind, weiterhin gelten (**Günstigkeitsprinzip,** siehe *Nr. 184* in Teil D dieses Buches);

3. **abgelaufene tarifliche Regelungen** (durch Zeitablauf, Kündigung) solange weiter gelten, bis sie durch eine andere Abmachung ersetzt werden.

---

255 *Für welche Gruppen gelten Tarifverträge?*

Grundsätzlich gelten die Tarifnormen nur zwischen den **Tarifgebundenen,** d.h. beim Verbandstarif sind die Arbeitgeber und Arbeitnehmer tarifgebunden, die **Mitglieder der Tarifvertragsparteien** sind; der Arbeitgeber muss also dem tarifschließenden Arbeitgeberverband, der Arbeitnehmer der tarifschließenden Gewerkschaft angehören.

Grundsatz: Tarifverträge gelten für tarifgebundene Arbeitgeber und Arbeitnehmer.

---

256 *Was bedeutet die Allgemeinverbindlichkeitserklärung?*

In Ausnahmefällen werden durch eine sogenannte **Allgemeinverbindlichkeitserklärung** des Bundesministers für Arbeit und Wirtschaft auch bis dahin tarifungebundene Arbeitgeber und Arbeitnehmer in die Gültigkeit eines Tarifvertrag einbezogen.

Da hierzu ein Ausschuss, bestehend aus je 3 Mitgliedern von Gewerkschaften und Arbeitgeberverbänden, einen Antrag beim Minister stellen muss, was sehr selten geschieht, sind in Deutschland nur ca. 800 Tarifverträge (von ca. 15 000) für allgemeinverbindlich erklärt worden.

Durch die Allgemeinverbindlichkeitserklärung werden Tarifverträge für alle Arbeitgeber und Arbeitnehmer einer Branche geltendes Recht.

---

257 *Was heißt Tarifautonomie?*

Tarifautonomie bedeutet, dass der Tarifvertrag durch freie Vereinbarung zwischen den unabhängigen Tarifparteien zustande kommt, ohne dass eine staatliche Stelle mitwirkt oder sich einmischt. Zur Tarifautonomie gehört auch das Streikrecht als Arbeitskampfmittel der Gewerkschaft (§ 9, Abs. 3 Grundgesetz).

Tarifautonomie: Die Tarifparteien schließen Tarifverträge ohne Einmischung des Staates.

---

258 *Welche Arten von Tarifverträgen werden unterschieden?*

Bei den Tarifverträgen unterscheidet man **Lohn-** bzw. **Gehaltstarifverträge** (Entgelttarifverträge) und **Manteltarifverträge** (Rahmenverträge). Während im Lohn- bzw. Gehaltstarifvertrag die Höhe des Entgeltes festgelegt wird, enthält der Manteltarifvertrag Bestimmungen, z.B. über die Beschreibung von Tätigkeitsmerkmalen der einzelnen Lohngruppen, über die Länge der Wochenarbeitszeit und des Urlaubs.

Tarifvertragsarten:
- Lohn- bzw. Gehaltstarifverträge
- Manteltarifverträge

259 *Wann darf gestreikt werden?*

Der **Streik** ist das legale Arbeitskampfmittel der Gewerkschaft **zur Durchsetzung arbeitsrechtlicher Forderungen.** Dabei wird nur der Streik anerkannt, der

1. von der Gewerkschaft organisiert und geleitet wird

2. planmäßig einen Teil der Betriebe erfasst (Teilstreik, Schwerpunktstreik) oder

3. bei Verhandlungsstillstand durch mehrstündige Unterbrechung der Arbeit die Arbeitgeber zum Nachgeben auffordern soll **(Warnstreiks).**

Wilde Streiks (nicht von der Gewerkschaft organisierte Arbeitsniederlegungen) sind verboten.

- Der Streik ist das legale Arbeitskampfmittel der Arbeitnehmer, wenn die Gewerkschaft ihn organisiert und leitet.
- Wilde Streiks sind verboten

260 *Wann darf ein Arbeitgeber aussperren?*

Bei der **Aussperrung** werden die Arbeitnehmer durch den Arbeitgeber planmäßig von der Arbeit ausgeschlossen. Das Arbeitsverhältnis ruht während dieser Zeit, d.h. die Rechte und Pflichten aus dem Arbeitsvertrag gelten in der Zeit nicht. Danach wird das Arbeitsverhältnis fortgesetzt.

Kündigungen wegen Streik oder Aussperrung sind rechtlich nicht möglich.

Aussperrung ist ein Arbeitskampfmittel der Arbeitgeber.

261 *Welche Aussperrungsform ist rechtlich zulässig?*

Rechtlich zulässig ist nur die Aussperrung, die als Reaktion auf einen ausgebrochenen Streik erfolgt oder bei Gefahr eines Streiks **(= Abwehraussperrung)** von dem Arbeitgeberverband beschlossen wird.

Eine **Angriffsaussperrung** zur Verhinderung eines Streiks ist in Deutschland nicht zulässig.

Rechtlich zulässig ist nur die Abwehraussperrung als Antwort auf einen Streik.

262 *Wann wird eine Schlichtung benötigt?*

Finden die Tarifparteien keine Verhandlungslösung, so wird in der Regel ein **unparteiischer Schlichter** bemüht, einen Kompromiss zu finden.

Dieser Schlichter wird von beiden Seiten akzeptiert und ist häufig eine Person des öffentlichen Lebens, z.B. ein ehemaliger Minister.

Der Arbeitskampf erfolgt in der Regel erst dann, wenn die Vermittlungsbemühungen des Schlichters gescheitert sind.

Allerdings ist der Spruch des Schlichters für die Parteien nicht bindend.

Ein unparteiischer Schlichter soll einen Kompromiss finden nach Scheitern der Verhandlungen der Tarifpartner.

D Rechtliche und steuerliche Grundlagen

263 *Was bedeutet Urabstimmung?*

Die **Urabstimmung** ist die Befragung (mit Abstimmung) **aller** organisierten Mitglieder der Gewerkschaft,

1. um einen Streik durchführen zu können: **75%** der Mitglieder müssen laut Satzung der meisten Gewerkschaften zustimmen;

2. um den Streik zu beenden und den Kompromiss, der dann gefunden worden ist, zu billigen: **25%** der Mitglieder müssen zustimmen.

Die Urabstimmung ist die Befragung der Gewerkschaftsmitglieder
- vor Streikbeginn
- zum Streikende.

264 *Was heißt Friedenspflicht?*

Friedenspflicht im Arbeitsrecht heißt, dass während der vereinbarten Laufzeit des Tarifvertrages die Tarifpartner weder aussperren noch streiken dürfen.

- Streikverbot während der Tarifvertragslaufzeit

9 Arbeitsgerichtsverfahren

265 *Für welche Auseinandersetzung ist ein Arbeitsgericht zuständig?*

Ein **Arbeitsgericht** ist zuständig für Auseinandersetzungen zwischen

1. Arbeitgeber und Arbeitnehmer aus dem Arbeitsvertrag
2. Ausbildenden und Auszubildenden aus dem Ausbildungsvertrag
3. Arbeitgeber und Betriebsrat aus der Betriebsvereinbarung
4. Arbeitgeberverband und Gewerkschaft aus dem Tarifvertrag.

Ein Arbeitsgericht ist zuständig für arbeitsrechtliche Auseinandersetzungen.

266 *Wie kann eine Klage eingereicht werden?*

Eine **Klage** vor dem Arbeitsgericht, die innerhalb von 3 Wochen nach Zugang der Kündigung erfolgen muss, kann

1. mündlich im Sekretariat vorgetragen oder dort notiert werden;
2. schriftlich eingereicht werden vom **Kläger;**
3. von einem Rechtsanwalt schriftlich eingereicht werden.

Innerhalb von 8 Wochen nach Klage soll der Prozess stattfinden.

Eine Klage kann auch mündlich beim Arbeitsgericht vorgebracht werden.

267 *Welches Arbeitsgericht ist örtlich zuständig?*

Örtlich zuständig ist das Arbeitsgericht, indem der **Beklagte** (z.B. das Unternehmen) seinen Geschäfts- oder Wohnsitz hat, d.h. für den Arbeitnehmer immer an seinem Arbeitsort

268 *Welches Arbeitsgericht ist sachlich zuständig?*

Für jeden Streitfall ist das **Arbeitsgericht** zuständig, das aus einem Berufsrichter und je einem Arbeitnehmer- und Arbeitgebervertreter besteht. Man benötigt in dieser ersten Instanz keinen Anwalt.

Instanzen:
- Arbeitsgericht

Wird der Prozess verloren, kann der Beklagte **Berufung** einlegen beim **Landesarbeitsgericht.** Der Streitwert muss höher als 600 € sein und ein Anwalt wird dazu benötigt.

Berufung heißt, es gibt eine neue Verhandlung mit neuen Beweismitteln und ein neues Urteil.

- Landesarbeits-
  gericht
  (= Berufungsinstanz)
- Bundesarbeits-
  gericht
  (= Revivionsinstanz)

269 *Was heißt Güteverhandlung?*

Vor der eigentlichen Gerichtsverhandlung wird eine **Güteverhandlung** angesetzt, wobei der Vorsitzende des Arbeitsgerichts eine gütliche Einigung zwischen den Prozessparteien versucht, um die Prozessdauer zu verkürzen und die Prozesskosten zu verringern.

Versuch der gütlichen Einigung vor der eigentlichen Gerichtsverhandlung.

270 *Wann kann das Bundesarbeitsgericht angerufen werden?*

Das **Bundesarbeitsgericht** in Erfurt kann nur angerufen werden **(= Revision),** wenn

1. das vorher urteilende Gericht dies ausdrücklich zulässt;

2. die Entscheidung von früheren grundlegenden Gerichtsentscheidungen abweicht oder

3. wenn der Streitwert 3 000 € übersteigt.

Das angefochtene Urteil wird nicht inhaltlich überprüft, sondern nur, ob das Urteil eine Rechtsnorm verletzt, z.B. falsche Besetzung des Gerichts.

Die Zusammensetzung ist die gleiche wie beim Arbeitsgericht, **zusätzlich 2 Berufsrichter.**

Das Bundesarbeitsgericht als Revisionsinstanz ist nicht in jedem Fall anrufbar.

271 *Was kostet ein Arbeitsgerichtsprozess?*

Ein Verfahren vor dem Arbeitsgericht (1. Instanz) ist **gebührenfrei,** wenn der Rechtsstreit durch einen Vergleich beendet wird.

Ansonsten trägt jede Partei ihre Anwaltskosten selbst, auch wenn sie den Prozess gewinnt. Die **Gerichtskosten** (bei einem Streitwert von 6 000 € sind dies 240 € Gerichtskosten) trägt der Verlierer .

Die **Anwalts- und Gerichtskosten** beim Landes- und Bundesarbeitsgericht trägt der Verlierer.

- Gebührenfrei bei Vergleich,
- Anwaltskosten trägt jede Partei selbst, Gerichtskosten der Verlierer.

272 *Was regelt das Teilzeit- und Befristungsgesetz?*

Das **Teilzeit- und Befristungsgesetz** regelt Rechte der Arbeitnehmer auf Verringerung oder Verlängerung der Arbeitszeit; Ziel: Förderung der Teilzeitarbeit.

- Recht auf Teilzeitarbeit

D Rechtliche und steuerliche Grundlagen

244 IV Verbraucherschutz und Wettbewerbsrecht

Befristete Arbeitsverträge durften bisher nur bis zu einer Gesamtdauer von **2 Jahren** abgeschlossen werden (schriftlich!). Bis zu dieser Gesamtdauer von zwei Jahren ist auch die **höchstens dreimalige Verlängerung** eines kalendermäßig befristeten Arbeitsvertrages zulässig.

> • Befristung maximal 2 Jahre

Seit 2005 kann ein neu gegründetes Unternehmen Arbeitsverträge **bis 4 Jahren** befristen; bis zu dieser Gesamtdauer kann auch der Arbeitsvertrag mehrfach verlängert werden (§ 12 Abs. 2 a TzBfG).

273 *Welche Haftung für Schäden hat der Arbeitnehmer zu übernehmen?*

Nach (§ 619 a) BGB hat der **Arbeitnehmer Schadensersatz** dem Arbeitgeber nur zu leisten, wenn er die Pflichtverletzung zu vertreten hat.

Nach den Grundsätzen des Bundesarbeitsgerichts muss danach der Arbeitnehmer nur haften, wenn er **grob fahrlässig** oder **vorsätzlich** den Schaden verursacht hat.

> Arbeitnehmer haftet für Schäden bei grob fahrlässiger und vorsätzlicher Pflichtverletzung.

274 *Wer klagt vor dem Verwaltungsgericht?*

Vor dem Verwaltungsgericht klagen **Bürger** gegen den **Staat** (Bund, Land, Gemeinde, Kreis), um z.B. den Bau eines Flughafens zu verhindern.

IV Verbraucherschutz und Wettbewerbsrecht

1 Verbraucherschutz als Ziel durch Wettbewerb und Gesetze

275 *Welches Ziel verfolgt die marktwirtschaftliche Ordnung Deutschlands?*

Die **bestmögliche Versorgung** der **Verbraucher** ist eines der wesentlichen Ziele unserer **Marktwirtschaft.** Dazu gehört, dass jeder in seiner Kauf- und Vertragsentscheidung frei ist, also der Grundsatz der **Konsum- und Vertragsfreiheit** gilt. Dazu ist ein vernünftiges Angebot der Produzenten, Händler, Kreditinstitute, Versicherungen nötig, sodass die Verbraucher durch ihre Entscheidung ein Urteil über Preis und Qualität fällen.

> Ziel unserer Marktwirtschaft:
> • Bestmögliche Versorgung der Verbraucher durch ein entsprechendes Angebot.

276 *Weshalb will der Staat Wettbewerb?*

Zur **Sozialen Marktwirtschaft** in Deutschland muss ein **funktionierender Wettbewerb** gehören, denn nur so kann die unternehmerische Freiheit den eigentlichen Zielen dienen, nämlich

> Nur Wettbewerb sichert

1. der **bestmöglichen Versorgung** der **Verbraucher**

2. der leistungsgerechten Verteilung des erwirtschafteten Ertrages.

Wird der **Wettbewerb eingeschränkt,** so regiert der Stärkere (Großunternehmen), der ungerechtfertigte Gewinne erzielt und der Käufer muss unangemessen überhöhte Preise zahlen.

- die bestmögliche Versorgung der Verbraucher

und

- eine leistungsgerechte Verteilung des erwirtschafteten Ertrages.

---

277 *Welche Rolle spielt der Staat für Wettbewerb und Verbraucherschutz?*

Der Staat, das sind **Bund und Länder,** versucht

1. den **Wettbewerb** zwischen den **Unternehmen** zu **sichern,** um übermäßige **Marktmacht** zu verhindern

2. die **Verbraucher durch** Gesetze, Informationen und Beratung zu fördern.

Staat will

- mehr Wettbewerb

und

- mehr Information und Beratung der Verbraucher

---

278 *Welches Ministerium ist für Verbraucherschutz zuständig?*

Seit 2001 gibt es das **Bundesministerium für Verbraucherschutz,** Ernährung und Landwirtschaft in Berlin, durch das alle maßgeblichen verbraucherpolitischen Zuständigkeiten auf der Bundesebene gebündelt werden.

In den einzelnen **Bundesländern** gibt es jeweilige Verbraucherschutzminister.

Seit 2005:

Bundesministerium für Ernährung, Verbraucherschutz, Landwirtschaft

---

279 *Welches sind die wesentlichen Bestimmungen des Wettbewerbs- und Verbraucherrechts?*

Die wesentlichen Bestimmungen des Wettbewerbs- und Verbraucherrechts sind

1. das **Kartellgesetz:** Gesetz gegen Wettbewerbsbeschränkungern (GWB), das die Marktmacht großer Unternehmen beschränkt

2. das **Gesetz gegen unlauteren Wettbewerb** (UWG)

3. die **Preisangabenverordnung**

4. das **Widerrufsrecht bei Haustürgeschäften** (§ 312 BGB). Der Kunde kann von Haustürverträgen, Verträgen vor Supermärkten, bei Kaffeefahrten innerhalb von zwei Wochen schriftlich, ohne Angabe von Gründen zurücktreten. Diese Widerrufsfrist gilt auch für Kreditverträge.

5. Auch bei **Abzahlungsverträgen** zwischen Unternehmen und Verbraucher kann ein Kunde innerhalb von 2 Wochen schriftlich ohne Begründung von dem Vertrag zurücktreten.

Wesentliche Bestimmungen des Wettbewerbs- und Verbraucherrechts:

- Kartellgesetz
- Gesetz gegen unlauteren Wettbewerb
- Preisangabenverordnung
- Haustürgeschäfte
- Abzahlungsverträge
- Regelungen der Allgemeinen Geschäftsbedingungen
- Schutz der Pauschalreisenden
- Reform des Lebensmittelrechts

D Rechtliche und steuerliche Grundlagen

6. Die **Regelungen der Allgemeinen Geschäfts-bedingungen (AGB).**

7. Schutz der **Reisenden** bei Pauschalreisen.

8. Die Reform des **Lebensmittelrechts.** Seit 01.01.2005 muss jedes Lebensmittel rückverfolgbar sein – und zwar »vom Acker bis zum Teller«.

---

280 *Wie können Verbraucher objektiv informiert werden?*

Zur **marktwirtschaftlichen** Ordnung gehört auch, dass die **Verbraucher** sich objektiv über die Waren **informieren** können. Der Staat finanziert dies teilweise.

Zu nennen sind folgende **Verbraucherorganisationen:**

1. »Verbraucherzentrale Bundesverband e.V.« als Dachorganisation aller Verbände
2. **Stiftung Warentest,** Berlin. Dieses unabhängige Institut führt laufend vergleichende Tests von Produkten und Dienstleistungen durch; Publikationen: Test, Finanztest, Ökotest.
3. 16 **Verbraucherzentralen** mit über 200 Beratungsstellen bundesweit.
4. Schuldnerberatungsstellen der Landkreise, Städte

Vom Staat finanzierte
- Verbraucherorganisationen und
- Stiftungen
informieren und beraten objektiv über Waren und Dienstleistungen.

---

281 *Wie sollte sich ein Verbraucher bei Reklamationen verhalten?*

Die **Reklamation,** also die Beanstandung eines erworbenen Produktes, das Mängel aufweist:
1. Rat einholen bei einer **Verbraucherberatungsstelle** (= Internetsuchbegriff);
2. **Gewährleistung** von 2 Jahren nutzen
3. Voraussetzung für Reklamation fast immer: **Kassenbon** oder **Quittung** vorlegen.
4. Das Reklamationsschreiben sollte als Brief per Einschreiben mit Rückschein geschickt werden.

Rat bei Reklamationen:
- Verbraucherberatungsstellen

Achtung:
Kassenbon aufheben

---

282 *Was leistet die EU für den Verbraucherschutz?*

Die **EU** ist aktiv, wenn es um den Schutz der **Gesundheit** oder den **Umweltschutz** geht.

So ist z.B. die Verwendung von Hormonen zur Tiermast europaweit verboten, auch wurden Hygienekontrollen bei Frischfleisch vorgeschrieben.

Daneben hat die EU Richtlinien zum Verbraucherkredit, zur Produkthaftung und Produktsicherheit erlasssen, die durch Umsetzung in Nationales Recht europaweite Standards setzen sollen.

EU ist insbesondere aktiv zum Schutz der Gesundheit und der Umwelt

2 Einzelne Bestimmungen des Wettbewerbs- und Verbraucherrechts

283 *Was bedeutet das Kartellgesetz?*

Das **Kartellgesetz,** das einen geregelten Wettbewerb sichern soll um **marktbeherrschende Unternehmen** zu verhindern, verbietet grundsätzlich alle **wettbewerbsbeschränkenden Vereinbarungen.** Dazu prüft die **EU-Kommission** oder das **Bundeskartellamt,** das dem Bundeswirtschaftsminister untersteht, Zusammenschlüsse von **großen Unternehmen;** es kann diese zulassen oder verbieten.

Kartellgesetze in Deutschland und der EU sollen den Zusammenschluss von Großunternehmen kontrollieren und verhindern, eine zu große Marktmacht entstehen zu lassen.

Beispiel:

Wegen verbotener Absprachen bei der Belieferung von Apotheken müssen die vier größten deutschen Pharmagroßhändler ein Bußgeld von rund 2,6 Mio. € zahlen. Die Entscheidung des Bundeskartellamtes wurde im April 2007 rechtskräftig.

284 *Was bedeutet das Gesetz gegen unlauteren Wettbewerb (UWG-Gesetz)?*

Das **UWG-Gesetz** soll den **Verbraucher** vor allem vor unseriösen Werbemethoden **schützen** und für besseren **Wettbewerb** sorgen.

Anfang **2003** ist das Verbot von Sonderveranstaltungen sowie die Regelungen für Schluss- und Jubiläumsverkäufe sowie Räumungsverkäufe entfallen.

- Das UWG-Gesetz soll den Verbraucher schützen und für besseren Wettbewerb sorgen.

Verboten sind weiterhin:

1. Unwahre Angaben über die Ware (»Bester Leim des Jahrhunderts«) = irreführende Werbung.

2. **Lockvogelangebote,** mit denen durch Herausstellen einzelner Niedrigpreisartikel ein preisgünstiges Gesamtangebot vorgetäuscht wird.

3. Bestechung von Angestellten und Abwerbung von Mitarbeitern der Konkurrenz.

4. Unlauter ist auch die Werbung nach Art eines **Gewinnspiels,** bei der den Interessenten nach Zustellung der Gewinnspielunterlagen die irrige Vorstellung vermittelt wird, durch die erhaltenen Unterlagen bereits einen Preis gewonnen zu haben.

285 *Was sind Mondpreise?*

Verboten als irreführende Angaben über die Preisbemessung sind sogenannte **Mondpreise,** wobei den Kunden ein hoher Preis vorgegaukelt wird, den er dann mit vorgeblich sehr hohem Preisnachlass erwerben kann.

Mondpreise sind verboten.

286 *Welche Rechtsfolgen haben Wettbewerbsverstöße?*

- Beseitigungs- und Unterlassungsanspruch
  → Bei Verstoß eines Konkurrenten gegen die Bestimmungen kann der Einzelhändler auf Unterlassung klagen (§ 8 UWG).

D Rechtliche und steuerliche Grundlagen

● Anspruch auf Schadenersatz

→ Bei fahrlässigen oder vorsätzlichen Verstößen gegen das UWG kann der klagende Händler Schadenersatz fordern.

287 *Was enthält die Preisangaben-verordnung?*

Die **Preisangabenverordnung** regelt die Auszeichnung von Waren, die für den Konsumenten bestimmt sind.

Danach gilt:

1. Die Preise müssen deutlich sichtbar und einschließlich der Umsatzsteuer angegeben (Bruttopreise) werden.
2. Zu der Preisangabe gehört auch die Menge und Gütebezeichnung, einschließlich Grundpreis, z.B. pro kg.
3. Alle zum Verkauf bestimmten Waren und Dienstleistungen im Geschäft, Schaufenster haben ein Preisschild aufzuweisen.

Die Preisangabenverordnung regelt die Auszeichnung von Waren für den Endverbraucher.

288 *Was beinhaltet das Verbraucher-informationsgesetz?*

Das seit 01.05.2008 in Kraft gesetzte **Verbraucherinformationsgesetz**

● soll den Bürgern bessere Informationen durch Hersteller geben
● soll Behörden zu Informationen an die Bürger auffordern, wenn durch Lebensmittel u.a. die Gesundheit der Bürger akut gefährdet ist.

● Verbraucherinformationsgesetz = mehr Informationen für die Bürger

289 *Was bedeuten Energie-kennzeichnung und Energie-einspar-verordnung?*

Seit 1998 müssen große Elektrogeräte mit den wesentlichen Energie- und Umweltdaten wie Strom- und Wasserverbrauch, Nutzinhalt, Fassungsvermögen gekennzeichnet werden. Dies schreibt die **Energieverbrauchskennzeichnungsverordnung** vor.

Ziel der **Energieeinsparverordnung** ist es, den sogenannten Primärenergiebedarf (Verbrauch von Öl, Gas und Strom) zu reduzieren und bei Bau und Wartung alternative Energien besser zu nutzen.

Dazu ist ab 01.07.2008 die schrittweise Einführung von **Energieausweisen** auch für alte Gebäude Pflicht. Vom 01.07.2009 an müssen diese auch für Nichtwohngebäude, wie etwa Bürogebäude, im Verkaufs- oder Vermietungsfall ausgestellt werden.

● Energiekennzeichnungsverordnung seit 1998
● Energieeinsparverordnung seit 2002, ergänzt 2007

290 *Was bedeutet das Biozid-Gesetz?*

Im Jahr 2002 ist das **Biozid-Gesetz** in Kraft getreten. **Holzschutzmittel,** die neue Wirkstoffe enthalten, müssen seitdem ein **Zulassungsverfahren** durchlaufen, in dem sie auf Anwendersicherheit, Wirksamkeit und Umweltverträglichkeit geprüft werden.

Seit 2002 ist das Biozid-Gesetz in Kraft

Die schon vorher auf dem Markt vorhandenen Mittel waren keinem einheitlichen Zulassungsverfahren unterworfen, sodass diese ein potenzielles Risiko bergen. Die Wirkstoffe dieser »Altprodukte« durchlaufen zur Zeit in der EU ein sogenanntes »Review-Programm«, in dem sie auf Unbedenklichkeit getestet werden. Für diese langjährige Phase der Prüfung verlangt das **Umweltbundesamt** und das **Bundesinstitut für Risikobewertung** eine Übergangsregelung mit Meldepflicht für die noch nicht endgültig zugelassenen Holzschutz- und Schädlingsbekämpfungsmittel.

Der Begriff »**Biozid**« kommt vom griechischen Wort »bios« = Leben und dem lateinischen »caedere« = töten. Ohne giftige Substanzen wären Biozid-Produkte wirkungslos. Weil sie aber Gifte enthalten, können sie in hoher Dosis oder bei falscher Anwendung für Lebewesen und damit für Anwender gefährlich sein.

Es verlangt ein Zulassungsverfahren für Holzschutzmittel, die neue Wirkstoffe enthalten.

290 A *Wie sieht für Verbraucher beim EU-Shopping das Recht aus?*

EU-Shopping. Verbraucher, die im EU-Ausland Waren oder Dienstleistungen ordern, kommen seit 2005 noch leichter an rechtliche Hilfe. Bisher erhalten sie per Internet unter *www.euro-info-kehl.com* oder *www.ecommerce-verbindungsstelle.de* Informationen über die jeweiligen Rechtsregeln und praktische Unterstützung bei Problemen mit dem Geschäftspartner.

Der Verbraucher wird automatisch an die zuständigen Stellen weitergeleitet, etwa an Institutionen der Verbraucher oder für außergerichtliche Streitbeilegung wie die Schlichtungsstellen des Handwerks.

Hinweis: Wer keinen Zugang zum Internet hat, kann anrufen bei der Clearingstelle in Kehl am Rhein unter 0 78 51/99 14 80.

● Verbraucherrechte in der EU werden größer

290 B *Was ist ein Bausparvertrag?*

Bausparen = zweckgebundenes Sparen zur Finanzierung von Bauvorhaben bzw. Immobilienerwerb. Dabei zahlen alle Bausparer einer **Bausparkasse** im Rahmen eines **Bausparvertrags** monatlich Sparbeiträge ein.

Aus den geleisteten Einzahlungen erhält dann der Einzelne nach einer Wartezeit und einer Mindestansparung, z.B. 50% der Bausparsumme, den eingezahlten Betrag einschließlich Zinsen ausbezahlt und den Differenzbetrag zwischen seiner Sparleistung und der Vertragssumme als Baupsardarlehen zu einem sehr günstigen Zinssatz.

● Bausparen = Ansparen eines günstigen Baudarlehens

D Rechtliche und steuerliche Grundlagen

V Sozial- und Privatversicherungen

1 Übersicht über das System der Sozialversicherung

291 *Welches sind die Zweige der Sozialversicherung?*

Das **Sozialrecht,** zusammengefasst in den **Sozialgesetzbüchern I – XII,** soll das Sozialstaatsprinzip des Grundgesetzes (Artikel 20) verwirklichen.

Die **gesetzliche Sozialversicherung** besteht aus

1. **Krankenversicherung.** Entstehung 1883 durch die »Kaiserliche Botschaft«. Darin verkündete der damalige Kaiser Wilhelm I. den Beginn der Sozialversicherung im Deutschen Reich.
2. **Unfallversicherung.** (Entstehung 1884)
3. **Rentenversicherung** der Arbeiter (1889) und der Angestellten (1911)
4. **Arbeitslosenversicherung** (1927 in der „Weimarer Republik")
5. **Pflegeversicherung** (1994 beschlossen, am 01.01.1995 in Kraft getreten).

Die **gesetzliche Sozialversicherung** besteht aus
- Krankenversicherung
- Unfallversicherung
- Rentenversicherung
- Arbeitslosenversicherung
- Pflegeversicherung

292 *Wie hoch sind die Sozialversicherungsabgaben?*[1]

Jeder **Arbeitgeber** ist verpflichtet, **Sozialversicherungsabgaben** abzuführen, wenn er Mitarbeiter beschäftigt.

Es sind voraussichtlich folgende Abgaben fällig ab 01.01.2016:

1. **Krankenversicherung**   15,5%
   Von dem Beitragssatz 14,6% zahlt der Arbeitgeber die Hälfte, der Arbeitnehmer die andere Hälfte plus 0,9% für Zahnersatz und Krankengeld.
2. **Rentenversicherung**   18,7%
3. **Arbeitslosenversicherung**   3,0%
4. **Pflegeversicherung**   2,35%[2]
5. **Unfallversicherung:**
   Die Höhe ist abhängig von dem Grad der Unfallgefahr in der Branche und der Lohnsumme der Beschäftigten im jeweiligen Unternehmen. Der Beitrag beträgt durchschnittlich 1,4% der Lohnsumme.

Die Sozialversicherungsabgaben betragen etwa 40% des Bruttoentgeltes

293 *Wer trägt die Abgaben und welche Stelle erhält sie?*[2]

In Gesetzen ist geregelt, dass
1. die Beiträge zur Kranken-, Renten-, Arbeitslosen- und Pflegeversicherung **vom Arbeitnehmer und Arbeitgeber** aufzubringen sind,

- Die Beiträge zur Unfallversicherung trägt der Arbeitgeber allein, alle anderen Beiträge werden vom Arbeitnehmer und Arbeitgeber getragen.

---

[1] Während des Besuchs einer Meisterschule ist ein Geselle nicht vom Betrieb sozialversichert. Wenn keine kostenlose Familienversicherung besteht, muss er sich freiwillig versichern.

[2] **Kinderlose Arbeitnehmer ab 23 Jahren** zahlen von der Hälfte noch einen Zuschlag von 0,25%, d.h. insgesamt dann 1,325%.

2. der **Arbeitgeber** den Beitrag zur gesetzlichen Unfallversicherung **allein** trägt.

Den Beitragsanteil des Arbeitnehmers[1] führt der Arbeitgeber zusammen mit seinem Anteil als **Gesamtsozialversicherungsbeitrag** an die **jeweilige Krankenkasse** des Arbeitnehmers ab. Der **Beitrag** zur **Unfallversicherung** geht vom Arbeitgeber an die **zuständige Berufsgenossenschaft** (BG), die auch die Beiträge bestimmt.

- Die Krankenkasse erhält den Gesamtsozialversicherungsbeitrag.
- Die BG erhält die UV-Beiträge
- BG legt auch Beiträge fest

294 Wer ist geringfügig beschäftigt? [1]

Seit 01.01.2013[2] gilt: Das Arbeitsentgelt darf 450 € nicht überschreiten, es besteht keine Stundenbegrenzung; als **Nebenbeschäftigung** neben Haupterwerb möglich, Lohnsteuerkarte nicht nötig; Arbeitgeber führt pauschal 2 % Lohnsteuer, 13 % Krankenversicherungs- und 15 % Rentenversicherungsbeitrag **(= Mini-Jobs)** d.h. 30 % pauschal an eine Sammelstelle ab.[3]

- Mini-Jobs bis 450 € sind für Arbeitnehmer abgabenfrei[2]
- 2015 etwa 10 Mio. Beschäftigte

295 Wer legt die Höhe der Sozialversicherungssätze fest?

Die **Höhe der Sozialversicherungsbeiträge** legen folgende Stellen fest:

Die Höhe der Renten-, Arbeitslosen-, Pflege und Krankenversicherungssätze legt der **Bundestag** auf Vorschlag der Bundesregierung fest, wobei der Bundesrat zustimmen muss.

Die Höhe bestimmt
- der Bundestag für Renten-, Kranken, Arbeitslosen und Pflegeversicherung

296 Was bedeutet die Beitragsbemessungsgrenze?

Die Beiträge für die Renten-, Kranken-, Pflege- und Arbeitslosenversicherung werden bei den Pflichtversicherten als **%-Satz vom Bruttoentgelt berechnet.**
Ab einer bestimmten Höhe des Arbeitsentgeltes steigt der Beitrag nicht weiter an. Diese **Einkommensgrenze** wird als **Beitragsbemessungsgrenze** bezeichnet.
Sie wird jährlich entsprechend der Steigerung der Lohn- und Gehaltssumme neu festgelegt.

1. Die **Beitragsbemessungsgrenze** für **Renten- und Arbeitslosenversicherung** beträgt **2015:** 6 050 €; im Osten 5 200 €
2. Die **Beitragsbemessungsgrenze** für **Kranken- und Pflegeversicherung** beträgt **2015:** 4 125 €
3. Die **Versicherungspflichtgrenze für Arbeitnehmer** 2015: 4 575 €

Die Beitragsbemessungsgrenze begrenzt die Abgaben zur Sozialversicherung der Höherverdienenden.

Sie wird jährlich entsprechend der Lohn- und Gehaltssumme angepasst.

D Rechtliche und steuerliche Grundlagen

---

[1] Die **Geringverdienergrenze** beträgt für **Auszubildende** seit dem 01.08.03 325 €, d.h. alle Auszubildenden mit Vergütung über 325 € müssen die vollen Sozialabgaben (Arbeitnehmer-Anteil) zahlen.

[2] Für Beschäftigte ab 2013 gilt: Sie können auf die neu geschaffene Rentenversicherungspflicht (3,7 %) verzichten, was sie aber ausdrücklich erklären müssen!
Für Beschäftigte in der **Gleitzone (= Midi-Jobber)** gilt dann die Verdienstgrenze von 450,01 bis 800,00 Euro.

[3] AN/Jugendliche mit einem Job sind »kurzfristig Beschäftigte«, wenn die Tätigkeit nicht länger als 3 Monate oder insgesamt im Jahr 70 Arbeitstage nicht überschreitet; dann besteht für AG und AN Sozialversicherungsabgabenfreiheit.

297 *Wer ist Sozialversicherungspflichtig?*

Sozialversicherungspflichtig sind in der

1. **gesetzlichen Rentenversicherung:** jeder Arbeitnehmer und Auszubildende.

2. **gesetzlichen Krankenversicherung:** Auszubildende, Rentenempfänger, Arbeitslose, Arbeiter und Angestellte. Arbeiter und Angestellte bis zur Höhe der **Versicherungspflichtgrenze** der Krankenversicherung pflichtversichert.

   Verdient ein Arbeitnehmer über die Versicherungspflichtgrenze, so kann er sich freiwillig versichern.

   Ein Wechsel der Krankenkassen ist alle 18 Monate möglich.

3. **Arbeitslosenversicherung:** Alle Arbeitnehmer und Auszubildende bis zum 65. Lebensjahr.

4. **gesetzliche Pflegeversicherung:** Arbeiter, Angestellte und Auszubildende bis zur **Versicherungspflichtgrenze** der Pflegeversicherung. Auch Arbeitslose, Landwirte und Rentner sind pflichtversichert.

5. **gesetzliche Unfallversicherung:** alle Beschäftigten

Sozialversicherungspflichtig sind im wesentlichen:
- Arbeitnehmer
- Auszubildende

298 *Wer sind die Träger der Sozialversicherungszweige?* [1]

Die **Träger** (Einrichtungen) der **Sozialversicherung** sind für die

1. **Rentenversicherung: Deutsche Rentenversicherung Bund** in Berlin, die 16 Zweigstellen **Deutsche Rentenversicherung-Land.**

2. **Krankenversicherung** die Allgemeinen Ortskrankenkassen (AOKs), die Betriebs-, die Ersatz- und die Innungskrankenkassen.

   Diese Kassen sind auch Träger der **Pflegeversicherung** (= **Pflegekassen**).

3. **Unfallversicherung** die Berufsgenossenschaften.

4. **Arbeitslosenversicherung** die Bundesagentur für Arbeit in Nürnberg mit den einzelnen Arbeitsargenturen.

Die Träger sind die Einrichtungen, die die jeweiligen Sozialversicherungen verwalten.

299 *Wie können die Sozialversicherungsbeiträge nachgewiesen werden?*

Der AN erhält bei Aufnahme der ersten Beschäftigung einen **Sozialversicherungsausweis** von der Deutschen Rentenversicherung. Der SV-Ausweis enthält u.a. die **Versicherungsnummer** des Beschäftigten.

---

[1] Die Träger der Sozialhilfe sind Gemeinden/Städte und überörtliche Sozialhilfeträger. Sie zahlen Hilfen zum Lebensunterhalt für Personen, die nicht erwerbsfähig sind; Ende 2009 waren das 314 000 Personen.

Er ist dem Arbeitgeber unverzüglich nach Ausstellung oder bei Beginn jeder weiteren Beschäftigung vorzulegen.

Der **Arbeitgeber** hat der Rentenversicherung die Arbeitsverdienste, für die er Beiträge an die Krankenkasse abgeführt hat, mindestens einmal jährlich der Rentenversicherung zu melden.

Der Arbeitnehmer erhält über diese maschinelle Meldung von seinem Arbeitgeber eine Bescheinigung, dies ist der **Beitragsnachweis.**

---

300 *Welche Meldevorschriften gibt es in der Sozialversicherung?*

Damit die Sozialleistungsträger ihre Aufgaben erfüllen können, müssen sie über die Beschäftigten informiert sein. Demzufolge haben die **Betriebe** eine **Pflicht** zur **Meldung** über Geschehnisse, die die Leistung der Träger betreffen kann. Zuwiderhandlungen können mit einem Verwarnungs- oder Bußgeld belegt werden.

Die Arbeitgeber haben eine Meldepflicht an die Träger der Sozialversicherung.

---

301 *Welche Strafvorschrift enthält das Sozialgesetzbuch?*

Datenmissbrauch wird bestraft. Wer **geschützte Sozialdaten** unbefugt speichert, verändert oder sie sich oder einem anderen verschafft, wird mit Freiheitsstrafe bis zu einem Jahr oder Geldstrafe bestraft.

Ist Geld im Spiel, so ist eine Freiheitsstrafe bis zu 2 Jahren möglich.

Bußgeld kann verhängt werden bis zu 25 000 €, wenn Sozialdaten vorsätzlich oder fahrlässig verarbeitet oder genutzt werden.

Geschützte Sozialdaten dürfen nicht weitergegeben werden. Missbrauch ist strafbar.

---

302 *Was bedeutet das Arbeitsschutz-Artikelgesetz für den Arbeitgeber?*

Seit dem 21. August 1997 muss der Arbeitgeber über Unterlagen verfügen, aus denen sich das Ergebnis der **Gefährdungsbeurteilung von Betriebsunfällen,** die von ihm festgelegten Maßnahmen des Arbeitsschutzes sowie die Ergebnisse der Überprüfung ersichtlich sind **(= Dokumentationspflicht).**

Der Arbeitgeber hat die erforderlichen Maßnahmen des Arbeitsschutzes zu treffen, für eine geeignete Arbeitsschutzorganisation zu sorgen und die erforderlichen Mittel bereitzustellen.

Das Arbeitsschutz-artikelgesetz fasst die Grundpflichten des Arbeitgebers im betrieblichen Arbeitsschutz zusammen. Dazu gehört die Dokumentationspflicht.

---

2 Leistungen und Besonderheiten der Kranken- und Unfallversicherung

303 *Welche Leistungen erbringt die Kranken-versicherung?*

Die **Krankenversicherung** kommt für folgende Leistungen auf:

1. **Gesundheitsvorsorgemaßnahmen,**
   z.B. Zahnuntersuchungen für Kinder, Krebsfrüherkennung.

Die Leistungen der Krankenversicherung

● Vorsorge-maßnahmen

D Rechtliche und steuerliche Grundlagen

2. **Krankenbehandlung.**
Dazu gehören ärztliche- und zahnärztliche Behandlungen, Krankenhausbehandlungen, Versorgung mit Medikamenten, Hilfsmitteln, häusliche Krankenpflege und Haushaltshilfe.

- Krankenbehandlung
- Krankengeld
- Mutterschaftshilfe
- Mutterschaftsgeld

3. **Krankengeld,**
für dieselbe Krankheit längstens 78 Wochen und höchstens 90% des letzten Nettoentgelts

4. **Mutterschaftshilfe, Mutterschaftsgeld**

303 A *Was heißt Lohnausgleichskasse?*

Für Betriebe mit in der Regel nicht mehr als 30 Arbeitnehmer (AN) findet ein **Ausgleichsverfahren** bei den Orts- und Innungskrankenkassen statt. Bei **Krankheit** des AN erstattet die Kasse dann bis zu 80% der Entgeltfortzahlung, die der Arbeitgeber 6 Wochen zu leisten hat (= U1).

Bei **Mutterschutz** erstattet die Kasse dann 14 Wochen das volle Mutterschaftsgeld, das insgesamt dem Nettolohn entspricht (= U2). Beim Mutterschutz müssen **alle Betriebe** einzahlen.

Für das Verfahren zahlen die **Betriebe** am Bruttolohn orientierte **Umlagebeträge an die Krankenkasse** (i.d.R. 0,7 – 1% bei U2; 1,5 – 2% bei U1.

U3 = Insolvenzgeld durch alle Arbeitsgeber $\cong$ 0,15% der Lohnsumme

Lohnausgleichskassen:
- U1
- U2
- U3

304 *Welche Pflichten hat der Unternehmer zur Unfallverhütung?*

Die **Berufsgenossenschaften**[1] erlassen **Unfallverhütungsvorschriften** und überwachen diese durch technische Aufsichtsbeamte.

Dabei ist der **Unternehmer** für die genaue Durchführung der Unfallverhütungsvorschriften verantwortlich (in Gebäuden, an Maschinen und Geräten, in Arbeitsstätten), auch in Erster-Hilfe. 2012 wurden 899 000 Arbeitsunfälle registriert; 2011 = 919 000.

Die Berufsgenossenschaften als Träger der Unfallversicherung verpflichten den Unternehmer zur
- Unfallverhütung
- Erste-Hilfe bei Arbeitsunfällen

305 *Welche Meldevorschriften hat der Unternehmer gegenüber der Berufsgenossenschaft (BG)?*

Der **Unternehmer** bzw. Handwerksmeister hat folgende **Meldevorschriften** einzuhalten:

1. Die Betriebseröffnung ist innerhalb einer Woche der BG zu melden.
2. Sechs Wochen nach Ende des Kalenderjahres ist die Jahresbruttolohnsumme zu melden.
3. Jeder Unfall ist innerhalb von drei Tagen zu melden, wenn der Verunglückte länger als drei Tage krank sein wird. Dies ist dem Betriebsarzt und der Sicherheitsfachkraft mitzuteilen.

Meldung an die Berufsgenossenschaft:
- Betriebseröffnung
- Jahresbruttolohnsumme
- Unfälle

---

[1] Beispiel: »Berufsgenossenschaft Holz und Metall«

306 *Wann ist ein Sicherheitsbeauftragter vom Unternehmen zu stellen?*

In **Unternehmen mit mehr als 20 Beschäftigten** hat der Unternehmer mindestens einen **Sicherheitsbeauftragten** zu stellen, wobei der Betriebsrat dabei mitwirkt.

Der Sicherheitsbeauftragte, der diese Funktion nebenamtlich wahrnimmt, hat die Schutzvorschriften regelmäßig zu prüfen und den Unternehmer bei der Unfallverhütung zu unterstützen. In Betrieben ab 5 Beschäftigten ist eine **Sicherheitsfachkraft** auszubilden und der Gewerbeaufsicht zu melden.

Unternehmen mit mehr als 20 Beschäftigten haben einen Sicherheitsbeauftragten zu stellen. (= Teil der **Arbeitsschutzverordnung**)
- Sicherheitsfachkraft

307 *Welche Leistungen erbringt die Unfallversicherung nach einem Unfall?*

Die **Unfallversicherung** soll die Folgen eines Unfalls mildern oder beseitigen. Dazu erbringt sie folgende Leistungen:

1. **Heilbehandlung**
   bei Arbeits- oder Wegeunfall, bei Berufskrankheit.
   Dabei ist der Weg von der Wohnung zur Arbeitsstätte und zurück bis zur Haustür versichert (= **Wegeunfall**).

2. **Verletztengeld.**
   Es entspricht dem Krankengeld der Krankenversicherung und wird für die Dauer der Arbeitsunfähigkeit bezahlt.

3. **Berufshilfe.**
   Durch Ausbildung, Umschulung soll der Verunglückte wieder in das Arbeitsleben eingegliedert werden.

4. **Verletztenrente,**
   wenn Erwerbsunfähigkeit besteht.

5. **Sterbegeld**
   als Zuschuss zu den Bestattungskosten.

6. **Hinterbliebenenrente,**
   insbesondere Witwen- und Waisenrente.

Die Unfallversicherung leistet:
- Heilbehandlung
- Verletztengeld
- Berufshilfe
- Verletztenrente
- Sterbegeld
- Hinterbliebenenrente

308 *Wer stellt die Leistungsbedürftigkeit fest?*

Die Leistungen werden von Amts wegen – die **Bundesanstalt für Arbeitsschutz** und **Unfallforschung** klärt die Unfallursachen – festgestellt.

Es bedarf keines Antrages des Versicherten oder seiner Hinterbliebenen, wie es in der Rentenversicherung geregelt ist.

Die Bundesanstalt für Arbeitsschutz und Unfallforschung stellt die Leistungsbedürftigkeit fest.

309 *Welche Meldevorschriften gelten in der Unfallversicherung?*

Der Unternehmer ist verpflichtet, jeden Unfall zu melden – auch elektronisch möglich.

Diese Meldung **(Unfallversicherungs-Anzeigeverordnung** = UVAV) löst ein Verfahren der Berufsgenossenschaft aus, das alles weitere regelt.

Der Unternehmer muss jeden Unfall melden.

D Rechtliche und steuerliche Grundlagen

310 *Wann erfolgt ein Leistungsausschluss der Unfallversicherung?*

Hat ein Verletzter den Arbeitsunfall im Rahmen einer **strafbaren Handlung** erlitten, z.B. Diebstahl, dann können die **Leistungen versagt werden.**

Für einen **Wegeunfall** wird auch dann Versicherungsschutz geleistet, wenn der Versicherte schuld ist.

Nicht dagegen bei Unfällen, denen Trunkenheit zugrunde liegt.

Bei Unfällen durch strafbare Handlungen oder Alkoholeinwirkung können Leistungen der Unfallversicherung versagt werden.

311 *Wer kann freiwillig in die Unfallversicherung gehen?*

Unternehmer können sich in der Unfallversicherung freiwillig versichern.

Sie erwerben damit die gleichen Rechtsansprüche wie die Pflichtversicherten.

Die Beitragshöhe bestimmt sich nach der Satzung der Berufsgenossenschaft.

Unternehmer können sich freiwillig versichern.

311 A *Innerhalb welcher Frist ist ein neuer Arbeitnehmer anzumelden?*

Ein neuer Arbeitnehmer ist der Krankenkasse innerhalb von 6 Wochen anzumelden.

3 Begriffe und Regelungen der Rentenversicherung

312 *Wie erfolgt die Finanzierung der Rentenversicherung?*

Die **Finanzierung der Rentenversicherung** erfolgt durch

1. die Beiträge des Versicherten

2. die Beiträge des Arbeitgebers

3. den **Bundeszuschuss.**
   Der Bund hat die Zuschüsse zur Rentenversicherung aus Steuermitteln aufzubringen, wenn die Beiträge zur Deckung der Ausgaben nicht ausreichen **(Bundesgarantie).**

Finanzierung der Rentenversicherung durch
- die Beiträge des Versicherten
- die Beiträge des Arbeitgebers
- den Bundeszuschuss.

313 *Was bedeutet der »Generationenvertrag«?*

Der »**Generationenvertrag**« ist ein unausgesprochener und nicht schriftlich festgelegter Vertrag zwischen den jetzigen Beitragszahlern und den Rentnern.

Dieser beinhaltet die Verpflichtung der heutigen Generation, durch ihre Beiträge die jetzt gezahlten Renten zu sichern, in der Erwartung, dass die folgende Generation die gleiche Verpflichtung übernimmt.

Der Generationenvertrag sichert durch die Beitragszahler die jeweiligen Renten.

314 *Wie lässt sich der Beitrag zu der Rentenversicherung nachweisen?*

Bei Aufnahme der ersten Beschäftigung wird für jede/n Arbeitnehmer/in eine Versicherungsnummer vergeben. Er/Sie erhält darüber einen **Sozialversicherungsausweis.**

Den Versicherungsnachweis hat der Arbeitgeber auszufüllen.

Das Original erhält die Krankenkasse.

Sie leitet die Daten an den Rentenversicherungsträger weiter, die für diesen den Beitragsnachweis darstellen.

Nachweis für die Beiträge zur Rentenversicherung:
durch
- Sozialversicherungsausweis

315 *Was bedeutet Rehabilitation als Leistung der Rentenversicherung?*

Die **Rehabilitation,** also die Wiederherstellung des Menschen und seiner Arbeitskraft, soll eine frühzeitige Rentenzahlung verhindern.

Leistungen dazu sind:

1. **Medizinische Leistungen**

2. **Berufsfördernde Leistungen,**
   d.h. berufliche Wiedereingliederung durch geeignete Arbeitsplätze, Lohnzuschüsse an Arbeitgeber, Umschulungen.

3. **Ergänzende Leistungen,**
   wie Übergangsgeld, Lehrgangskosten, Prüfungsgebühren.

Maßnahmen der Rehabilitation umfassen:
- Medizinische Leistungen
- Berufsfördernde Leistungen
- Ergänzende Leistungen

316 *Welche Renten werden erbracht?*

Die Rentenversicherung zahlt

1. **Erwerbsminderungsrente,** d.h.

   ➡ volle Rente bei Arbeit unter 3 Stunden

   ➡ halbe Rente bei Arbeit von 3 bis 6 Stunden, wegen Krankheit oder Behinderung.

2. Rente wegen **Alters.**

   ➡ Regel-Altersrente mit 65 Jahren, ab 2012 mit 67 Jahren.[1]

   ➡ Altersrente mit 65, wenn gleichzeitig die Wartezeit (Mindestversicherungszeit) von 45 Jahren erfüllt ist.

   ➡ Altersrente für Schwerbehinderte mit 63 Jahren.

   ➡ Altersrente ab dem 65. Lebensjahr, aber dauerhafte Abschläge bezogen auf die Regelaltersgrenze von 67 Jahren.

3. **Witwen- und Waisenrente**

Die Rentenversicherung zahlt Rente wegen:
- Erwerbsminderung
- Alters-
  und
- Witwen- und Waisenrente

D Rechtliche und steuerliche Grundlagen

---

[1] Die Rentenreform 2007 sieht die stufenweise Verlängerung der Lebensarbeitszeit bis 67 Jahre vor; danach müssten ab 1964 geborene Versicherte bis 67 arbeiten, vorher Geborene müssen stufenweise (monatlich) später in Altersrente gehen.

317 *Was bedeutet Hin-zuverdienstgrenze?*

Eine **Hinzuverdienstgrenze** (2012: 400 €) ist bei den Altersrenten vor dem 65. Lebensjahr zu beachten. Bei einem Überschreiten der Grenze wird nur eine Teilrente gezahlt.

Nach der Regelaltersgrenze (später 67 Jahre) kann unbegrenzt hinzuverdient werden.

Eine Hinzuverdienst-grenze gilt für alle Renten vor dem 65. bzw. 67. Lebens-jahr.

318 *Was heißt Wartezeit?*

Die **Wartezeit** ist eine **Mindestversicherungs-zeit.** Wird diese nicht erfüllt, werden keine Renten gezahlt.

Für die allgemeine Wartezeit von 5 Jahren, die Wartezeit von 15 Jahren und für die von 20 Jahren sind **Beitragszeiten** (in diesen Zeiten zahlt der Versicherte Beiträge) und **Ersatzzeiten** (z.B. Wehrdienstzeit) zu berücksichtigen.

Wartezeit = Mindest-versicherungszeit

319 *Werden Renten automatisch gezahlt?*

Nein, Renten werden wie alle Leistungen der Deutschen Rentenversicherung nur auf Antrag gezahlt.

Leistungen der Rentenversicherung nur auf Antrag.

320 *Wie wird die Rentenhöhe ermittelt?*

Der Monatsbetrag der Rente ergibt sich, indem die **Beiträge,** der **Rentenartfaktor** (z.B. für Altersrente 1.0) und der **aktuelle Rentenwert** (abhängig von dem jeweiligen Arbeitsverdienst) miteinander multipliziert werden.

Die Rentenhöhe wird durch mehrere Faktoren ermittelt.

4 Die Altersversorgung des selbstständigen Handwerkers (Unternehmers)

321 *Sind Handwerker rentenversiche-rungspflichtig?*

Handwerker sind **versicherungspflichtig,** wenn sie in die **Handwerksrolle** eingetragen sind. Die **Handwerkerversicherungspflicht** beträgt 18 Jahre (216 Pflichtbeiträge), wozu auch Ausbildungs- und Gesellenzeit zählt. Versicherungsträger ist die Versicherungseinrichtung, in die der Handwerker vor seiner Eintragung in die Handwerksrolle seinen letzten Versicherungsbeitrag gezahlt hat; spätestens am drittletzten Bankenarbeitstag eines Monats für den jeweiligen Monat.

Auch **nicht pflichtversicherte Selbstständige,** z.B. Ärzte, Rechtsanwälte, Kaufleute, können innerhalb von 5 Jahren nach Aufnahme der selbstständigen Tätigkeit die Rentenversicherungspflicht **beantragen.**

Handwerker sind versicherungspflichtig, wenn sie in die Handwerksrolle eingetragen sind.

322 *Wie ist der Beitrag für den selbst-ständigen Hand-werker geregelt?*

Der selbstständige Handwerker entrichtet im allgemeinen einen **Durchschnittsbeitrag** (Regelbeitrag) aller Versicherten im Monat, der auf Antrag einkommensbezogen ist.

● Durchschnitts-beitrag pro Monat

Auf Antrag ist nur der **halbe Beitrag** zu leisten bis zu drei Jahre nach der ersten Eintragung in die Handwerksrolle und solange er keine versicherungspflichtige Person beschäftigt.

• halber Beitrag möglich

Über die Geldeingänge erteilt der Rentenversicherungsträger eine Beitragsbescheinigung.

323 *Sollte der selbstständige Handwerker die gesetzliche Rentenversicherung beibehalten?*

Würde der **Handwerker** nach seinen **18 Pflichtjahren** seine Zahlungen einstellen, könnte er nur mit einer Altersrente von etwa 30% einer durchschnittlichen Rente rechnen.

Der Handwerker sollte bis zur Erreichung der Altersrente Mitglied der gesetzlichen Rentenversicherung bleiben.

Es empfiehlt sich also, in der gesetzlichen Rentenversicherung bis zur Erreichung der Altersrente zu bleiben, indem freiwillig Mindestbeiträge weiter entrichtet werden.

Um eine angemessene Altersversorgung sicherzustellen, ist der Abschluss einer **privaten Lebensversicherung** zweckmäßig. Dabei empfiehlt es sich, auch ein Angebot der handwerklichen Versorgungswerke einzuholen.

324 *Wer ist versicherungsfrei in der Rentenversicherung?*

Versicherungsfrei sind

1. Beamte und Beschäftigte in Körperschaften des öffentlichen Rechts, z.B. Angestellte der Handwerkskammer.

2. geringfügig Beschäftigte (2015: 450,00 €)[1]

3. Beschäftigte, die eine Altersrente beziehen.

4. Geschäftsführende Gesellschafter einer GmbH.

325 *Ab welchem Alter werden die Renten ausbezahlt?*

Auf Antrag können **Altersrenten** gezahlt werden ab 67 (Regelaltersrente), Altersrenten für langjährig Versicherte ab 65 und Altersrente für Schwerbehinderte, Erwerbsgeminderte mit 63 Jahren.

326 *Wie kann die Altersversorgung der mitarbeitenden Ehefrau durch den Betrieb aufgebaut werden?*

Die **Absicherung einer mitarbeitenden Ehefrau im Alter** geht häufig nicht über die gesetzliche Mindestrente hinaus. Somit ist der Aufbau auch einer betrieblichen Altersversorgung unerlässlich.

Pensionszusage und/oder Direktversicherung durch den Betrieb sichern die Altersversorgung der mitarbeitenden Ehefrau.

Dazu ist ein steuerlich anerkanntes Arbeitsverhältnis notwendig (schriftlicher Arbeitsvertrag, separates Konto, Abführung der Abgaben) und die **Versorgungszusage** (Pensionszusage oder Direktversicherung) muss vergleichbar mit anderen Arbeitnehmern sein.

Dies gilt auch für den Gesellschafter-Geschäftsführer.

D Rechtliche und steuerliche Grundlagen

---

[1] »Mini-Jobber« bis 450 Euro sind rentenversicherungspflichtig, können dieses aber per Kündigung abmelden.

Bei der **Pensionszusage** handelt es sich um eine Zusage des Arbeitgebers, dem Arbeitnehmer (und damit auch seiner mitarbeitenden Ehefrau) nach Beendigung des Arbeitsverhältnisses Versorgungsleistungen zu gewähren. Diese werden vom Arbeitgeber aus dem Betriebsvermögen erbracht, indem er **Pensionsrückstellungen** bildet (siehe *Nr. 143* »Rechnungswesen«), die sich gewinn- und damit steuermindernd auswirken.

Dabei wird die Pensionsrückstellung auch für den **Gesellschafter-Geschäftsführer** einer GmbH steuerlich anerkannt, da dieser im Sinne des Betriebsrentengesetzes als Arbeitnehmer zählt.

327 *Welchen Vorteil hat die Direktversicherung für den Betrieb?*

Eine **Direktversicherung** ist eine **Lebens- oder Rentenversicherung,** die der Arbeitgeber auf das Leben des Arbeitnehmers (auch der mitarbeitenden Ehefrau) abschließt und bei der der Arbeitnehmer bezugsberechtigt ist hinsichtlich der Versorgungsleistungen durch die Versicherung.

Die Direktversicherung erspart dem Unternehmer Sozialversicherungsabgaben für den abzuführenden Lohnanteil.

Seit 2014 sind Beiträge bis 4 656 Euro steuer- und sozialabgabenfrei.

Es gelten aber folgende Bedingungen:

1. Fälligkeit der Versicherung nicht vor dem 60. Lebensjahr
2. eine vorzeitige Kündigung durch den Arbeitnehmer ist auszuschließen. Bei Arbeitsplatzwechsel bleibt sie bei dem Arbeitnehmer.
3. Der Arbeitgeber muss die Beiträge direkt an den Versicherer überweisen.
4. Aus steuerlichen Gründen ist eine Mindestdauer von 12 Jahren einzuhalten.
5. Bei der Auszahlung sind die Krankenversicherungsbeiträge durch den Arbeitnehmer nachzuzahlen.

Die Direktversicherung erspart dem Betrieb Sozialversicherungsabgaben und ist eine soziale Leistung für den Arbeitnehmer.

Träger ist die jeweilige Versicherung.

5 Die Arbeitslosenversicherung, Arbeitsförderungsgesetz

328 *Was ist die Grundlage der Arbeitslosenversicherung?*

Die **Bundesagentur für Arbeit** in Nürnberg hat die Aufgabe der **Arbeitsförderung** und **Arbeitslosenversicherung.**

Die gesetzliche Grundlage ist das **Arbeitsförderungsgesetz.**

Arbeitsförderungsgesetz = Grundlage der Arbeitslosenversicherung

329 *Welche Personen werden von der Arbeitslosenversicherung erfasst?*

Pflichtversichert sind alle Arbeiter, alle Angestellten und Auszubildenden; ein freiwilliger Beitritt ist nicht möglich.

Nicht erfasst werden

1. alle Selbstständigen; auch Handwerker nicht

2. Personen, für die anderweitig gesorgt wird, z.B. Beamte

3. Arbeitnehmer, die das 65. Lebensjahr vollendet haben

4. Rentner wegen Erwerbsminderung.

Pflichtversichert sind alle Arbeiter und alle Angestellten, auch Auszubildende

330 *Wer kommt für die Beiträge der Arbeitslosenversicherung auf?*

Die **Beiträge** leisten hauptsächlich **Arbeitgeber und Arbeitnehmer je zur Hälfte.**

Für das **Arbeitslosengeld II** zahlt der Bund aus Steuermitteln an die Bundesagentur für Arbeit.

Zur Finanzierung der produktiven **Winterbauförderung** (Zuschüsse für Arbeitnehmer als Zusatz zum Lohn für Arbeit im Winter) wird von jedem Arbeitgeber des Baugewerbes eine Umlage von 2% der Lohnsumme erhoben.

Beiträge leisten Arbeitgeber und Arbeitnehmer je zur Hälfte.

331 *Welche Leistungen umfasst die Arbeitsförderung?*

Im Rahmen der **Arbeitsförderung** erbringt die Bundesagentur für Arbeit folgende Leistungen:

1. **Arbeitsmarkt-** und **Berufsforschung**

2. verstärkt **Arbeitsvermittlung** und **Berufsberatung**

3. **Förderung der beruflichen Bildung.** Gefördert werden Ausbildung, Fortbildung und Umschulung.

4. **Förderung der Arbeitsaufnahme,** z.B. Zuschüsse zu Bewerbungskosten, Umzugskostenbeihilfe, auch Gründungszuschuss.

5. **Berufliche Rehabilitation,** d.h. Arbeits- und Berufsförderung der Behinderten.

6. **Kurzarbeitergeld** bis zu 1 Jahr möglich.

Arbeitsförderung:
- Arbeitsmarkt- und Berufsforschung
- Arbeitsvermittlung und Berufsberatung
- Förderung der Berufsbildung
- Förderung der Arbeitsaufnahme
- Berufliche Rehabilitation
- Kurzarbeitergeld

332 *Welche Aufgaben hat die Arbeitsverwaltung zur Sicherung der Arbeitsplätze?*

Die Bundesagentur für Arbeit hat insbesondere die Aufgabe, **Arbeitsplätze zu sichern.** Dies geschieht durch Zahlung von Kurzarbeitergeld, Winterbauförderung und Zuschüsse für Betriebe.

Wird in Betrieben über längere Zeit aus wirtschaftlichen Gründen weniger gearbeitet, so kann bis zu 12 Monate **Kurzarbeitergeld** gezahlt werden.

Sicherung der Arbeitsplätze durch
- Kurzarbeitergeld
- Winterbauförderung

D Rechtliche und steuerliche Grundlagen

Die Höhe richtet sich nach dem Netto-Arbeits-
verdienst, den der Arbeitnehmer in den ausgefallenen Arbeitsstunden bekommen hätte; es
beträgt 67 % für Arbeitnehmer mit Kindern, 60 %
für alle übrigen.

333 *Unter welchen
Bedingungen kann
Arbeitslosengeld I
beansprucht
werden?*

Anspruch auf **Arbeitslosengeld I** hat jeder Versicherte, der

1. arbeitslos ist;
2. der Arbeitsvermittlung zur Verfügung steht;
3. mindestens 12 Monate innerhalb der letzten
   zwei Jahre, die der Arbeitslosigkeit unmittelbar vorausgehen, Beiträge gezahlt hat
   (= Anwartschaft);
4. sich beim Arbeitsamt arbeitslos gemeldet hat
   und das Arbeitslosengeld beantragt hat.

Das **Arbeitslosengeld I** (ALG 1) beträgt 67 % für
Arbeitslose mit Kindern und 60 % für alle übrigen, bezogen auf den letzten Netto-Arbeitsver-
dienst.

Arbeitslose erhalten in der Regel nur noch maximal **ein Jahr** lang **Arbeitslosengeld I:** Wer vor
Arbeitslosigkeit insgesamt 24 Monate beitrags-
pflichtig beschäftigt war, erhält 12 Monate ALG
1; bei 12 Monate Beschäftigung gibt es maximal
6 Monate ALG 1.

Arbeitnehmer über 55 Jahre erhalten dies maximal 18 Monate.

Wer das **Arbeitsverhältnis selbst gelöst,** die
Annahme einer zumutbaren Arbeit abgelehnt
oder sich einer Maßnahme zur beruflichen Förderung entzogen hat, muss mit einer Sperrzeit
der Zahlung des Geldes bis zu 12 Wochen rechnen.

● Seit dem 01. Juli 2003 ist neu geregelt, dass
  Arbeitnehmer verpflichtet sind, sich arbeits-
  suchend zu melden, sobald sie von der Beendigung des Arbeitsverhältnisses Kennntnis
  erlangen – spätestens 3 Monate vor Ablauf.
  Der Arbeitnehmer, der sich nicht unverzüglich nach Bekanntgabe einer Kündigung
  arbeitslos meldet, kann sich daher nicht auf
  Unkenntnis dieser Regelung berufen und
  muss mit Abzügen beim Arbeitslosengeld
  rechnen.

334 *Wann wird
Arbeitslosengeld II
gezahlt?*

Anspruch auf **Arbeitslosengeld II (Hartz IV)**
hat, wer vorher Arbeitslosengeld bezogen hat
und nun

1. weiter arbeitslos ist,
2. weiterhin der Arbeitsvermittlung zur Verfügung steht und/oder

---

Jeder Arbeitslose
erhält Arbeitslosen-
geld, wenn er
● der Arbeitsvermitt-
  lung zur Verfügung
  steht
● mindestens 1 Jahr
  vor der Arbeitslosig-
  keit gearbeitet hat
● und das Arbeits-
  losengeld beantragt
  hat.

Bei Arbeitsverweige-
rung oder zu später
Meldung der Arbeits-
losigkeit kann das
Arbeitslosengeld bis
zu 12 Wochen
gesperrt werden.

Arbeitslosengeld II
(ALG II) erhält
ein Arbeitsloser,
wenn er

3. bedürftig ist. **Bedürftigkeit** liegt vor, wenn Einkommen oder Vermögen des Arbeitslosen oder seiner Familienangehörigen für den Lebensunterhalt nicht ausreichen.[1]

- der Arbeitsvermittlung zur Verfügung steht

und

- bedürftig ist.

Seit 01. Januar 2005 ist die bisherige **Arbeitslosenhilfe** und die **kommunale Sozialhilfe** zum **Arbeitslosengeld II** zusammengefasst. Die monatliche Regelleistung beträgt 399 € für den Einzelnen im gesamten Bundesgebiet; hinzu kommt die Erstattung von Wohnungs- und Heizkosten plus Beiträge zur Rente- und Krankenversicherung.

Es gelten ab 01.01.2015:
- 399 € Hartz IV[3]
  + Kind 267 €
  + Kind 100 €
  (6- bis 14-jährige)
  einmalig für Schulsachen

Dem Empfänger des Arbeitslosengeldes II ist **jede legale Arbeit zumutbar.**

- Da die Zahlung von Arbeitslosengeld II keine Beiträge zur Arbeitslosenversicherung voraussetzt, haben auch insolvente Unternehmer oder arbeitslose Studenten Anspruch auf Arbeitslosengeld II.
- Benötigte Beträge werden aus Bundesmitteln (Steuern) der Bundesagentur zugeführt.
- Klagen gegen Hartz IV bei Sozialgerichten!

- Klagen vor Sozialgerichten

335 *Was bedeutet Insolvenzgeld[2]?*

Auf Antrag haben Arbeitnehmer bei Zahlungsunfähigkeit ihres Arbeitgebers (Insolvenz) Anspruch auf den ausgefallenen Arbeitsverdienst **(Insolvenzgeld)**, längstens für 3 Monate nach Eingang des **Insolvenzantrags.** Ausgezahlt wird der Nettolohn.

Nach Insolvenzantrag kann der Arbeitnehmer 3 Monate Insolvenzgeld(-lohn) erhalten.

Das Geld erhalten alle Beschäftigten des zahlungsunfähigen Betriebes, auch die, die nicht in der Arbeitslosenversicherung versichert sind.

6 Die Pflegeversicherung

336 *Wer ist Träger der Pflegeversicherung?*

Träger der **Pflegeversicherung** sind die **Pflegekassen.** Bei jeder Krankenkasse ist eine Pflegekasse errichtet.
Wechselt der Versicherte die Krankenkasse, so wechselt er damit auch zur Pflegekasse der neuen Krankenkasse.

Bei jeder Krankenkasse gibt es eine Pflegekasse.

337 *Wer ist pflegebedürftig?*

Pflegebedürftig sind Personen, die wegen einer körperlichen, geistigen oder seelischen Krankheit oder Behinderung für das tägliche Leben in großem Maße Hilfe benötigen (zur Körperpflege, Ernährung, für die Mobilität und die hauswirtschaftliche Versorgung).

Pflegebedürftig sind Personen, die durch Krankheit oder Behinderung das tägliche Leben nicht bewältigen können.

D Rechtliche und steuerliche Grundlagen

---

[1] Grundsätzlich muss vor dem Bezug von ALG II vorhandenes Vermögen aufgezehrt werden. Jedoch gibt es **Vermögensfreigrenzen.** So steht jedem erwachsenen Hartz-IV-Empfänger ein Grundfreibetrag von 220 € je Lebensjahr zu (max. 13.000 €).
[2] Die Agentur für Arbeit ist nur die Zahlstelle; die Mittel stellen die **Arbeitgeber** durch eine **Umlage für Berufsgenossenschaften** und **Unfallkassen** zur Verfügung.
[3] Leben 2 Erwachsene in einer **Bedarfsgemeinschaft,** erhalten sie seit 2014 jeweils 353 Euro.

338 *Welche Stufen der Pflegebedürftigkeit werden unterschieden?*

Die **Stufen** der **Pflegeversicherung** sind:

I.: erheblich Pflegebedürftige
   (mindestens 1 × täglich Hilfe nötig)
II.: Schwerpflegebedürftige
   (mindestens 3 × täglich Hilfe nötig)
III.: Schwerstpflegebedürftige
   (Hilfe rund um die Uhr nötig).

Die Prüfung der Pflegebedürftigkeit erfolgt durch den medizinischen Dienst der Krankenkassen.

> Das Gesetz kennt 3 Stufen der Pflegebedürftigkeit.

339 *Welche Leistungen erbringt die Pflegeversicherung?*

Die Pflegeversicherung erbringt folgende Leistungen:

1. **Häusliche (ambulante) Pflege.** Dazu gehören Sachleistungen, Pflegegeld für Pflegehelfer, Pflegehilfsmittel – bis 1 550 € Pflegegeld in Pflegestufe III.
2. **Teilstationäre Pflege** und Kurzzeitpflege in einer Einrichtung.
3. **Vollstationäre Pflege.** Dabei übernimmt dann die Pflegekasse die Aufwendungen bis zu einem bestimmten Betrag, maximal etwa 2 400 € (Regelsatz 2012: 1 918 €).

> Die Pflegeversicherung übernimmt Aufwendungen für
> • Häusliche Pflege
> • Stationäre Pflege

339 A *Was bedeutet Pflegezeit?*

„Pflegezeit": Beschäftigte haben für eine Zeit von bis zu 6 Monaten Anspruch auf eine teilweise oder vollständige, ebenfalls unentgeltliche Freistellung von der Arbeit, sofern AN sich in der Zeit um pflegebedürftige Angehörige kümmern müssen (= Pflege-Weiterentwicklungsgesetz vom 01.07.2008).

> • Arbeitnehmern steht „Pflegezeit" zu

7 Die Sozialgerichte

340 *Wofür sind Sozialgerichte zuständig?*

Sozialgerichte entscheiden über alle **Streitigkeiten** in Angelegenheiten der **Sozialversicherungen,** der Kriegsopferversorgung und des Kassenarztrechts.

Zusammensetzung: Ein Berufsrichter und zwei ehrenamtliche Richter (einer aus dem Kreis der Versicherten, einer aus dem Arbeitgeberbereich).

> Sozialgerichte sind zuständig für alle Streitigkeiten über Sozialversicherungsfragen.

341 *Wo kann Berufung erfolgen?*

Die **Landessozialgerichte** sind als 2. Instanz zuständig für **Berufungen** gegen die Urteile der Sozialgerichte.

Das jeweilige Gericht ist mit 5 Richtern besetzt, wovon 3 Berufsrichter sind.

> Berufungsinstanz ist das zuständige Landessozialgericht

342 *Wofür ist das Bundessozialgericht zuständig?*

Das **Bundessozialgericht** ist das oberste Gericht für die Sozialgerichtsbarkeit. Es ist die **Revisionsinstanz.**

Die Zusammensetzung entspricht in der Zahl den Landessozialgerichten.

> Revisionsinstanz ist das Bundessozialgericht

343 *Wie läuft ein Sozialgerichtsverfahren ab?*

In folgenden Phasen verläuft ein **Sozialgerichtsverfahren:**

1. Zunächst wird vom Kläger gegen die Verwaltungsentscheidung des jeweiligen Versicherungsträgers **Widerspruch** eingelegt.

2. Dann erst beginnt das Verfahren mit der **Klage** (mündlich beim Gericht einzubringen oder schriftlich einzureichen). Diese muss innerhalb eines Monats nach Widerspruchsentscheidung erfolgen.
   Zuständig für die Klage ist das Sozialgericht am Wohnsitz des Klägers.

3. Danach folgt die **mündliche Verhandlung.** Das Verfahren endet mit einem Urteil, kann aber auch mit einem Vergleich der Beteiligten enden.

Sozialgerichtsverfahren:
- Widerspruch
- Klage
- mündliche Verhandlung mit Urteil oder Vergleich

344 *Wer trägt die Kosten des Verfahrens?*

Bei allen **Gerichten** der **Sozialgerichtsbarkeit** besteht **Kostenfreiheit.**

Das Gericht entscheidet im Urteil, wer die Kosten für den Rechtsanwalt zu tragen hat.

Es herrscht Kostenfreiheit bei allen Sozialgerichten.

8 Versicherungen für Betrieb und Familie

345 *Welche Arten von Individualversicherungen werden unterschieden?*

Man unterscheidet bei den **Individualversicherungen**

1. **Personenversicherungen.**
   Dazu zählen private Kranken-, Unfall- und Lebensversicherungen[1]

2. **Sachversicherungen.**
   Das sind Feuer, Reisegepäck-, Hausrat-, Diebstahl-, Kaskoversicherungen

3. **Vermögensversicherungen.**
   Dazu gehören Privat-, Berufs- und Kfz-Haftpflicht- und Rechtsschutzversicherungen.

Individualversicherungen:
- Personenversicherungen
- Sachversicherungen
- Vermögensversicherungen

346 *Welcher Unterschied besteht zwischen Sozial- und Individual(Privat)versicherungen?*

Sozialversicherungen	Individualversicherungen
Gesetzliche Pflichtversicherung	Freiwillige Versicherung
Beginn bei Arbeitsaufnahme	Beginn mit Vertragsschluss
Beiträge nach Einkommen	Beiträge nach Leistungsumfang
Leistungen nach Erfordernissen (= Solidaritätsprinzip)	Leistungen nach Beiträgen (= Versicherungsprinzip)
Leistungen sind gesetzlich geregelt	Leistungen erfolgen nach Risiko und Beitrag

[1] Zum 01.01.2008 ist das neue **Versicherungsvertragsgesetz (VVG)** in Kraft getreten, das u.a.
- die Versicherungsnehmer mehr am Vermögen der Versicherer beteiligen muss und
- den Gerichtsstand am Wohnort des Kunden festlegt.

D Rechtliche und steuerliche Grundlagen

347 *Welche Versicherungen nützen dem Bürger persönlich?*

Folgende **Personenversicherungen** können abgeschlossen werden:

1. Private **Krankenversicherung,** diese kann z.B. Chefarztbehandlung im Krankenhaus sichern.
2. Private **Unfallversicherung,** häufig kombiniert mit einer **Berufsunfähigkeitsversicherung,** die bei privaten Unfällen, Berufsunfähigkeit monatliche Geldbeträge leistet.
3. Lebensversicherungen, wobei zwischen **Risikolebensversicherung** bei Tod und **Kapitallebensversicherung** unterschieden wird. Die letztere wird häufig abgeschlossen, um nach Jahren des Sparens eine größere Geldsumme zu erhalten.
4. »**Riester-Rente**«: Eine private »Rente«, die der Staat bezuschusst. Jährlich werden bei maximal 4% Sparsumme vom Bruttolohn 154 € Zulage vom Staat für Ledige gezahlt + Kinder- und Ehefrauzuschläge.

Personenversicherungen:
- private Krankenversicherung
- private Unfall- und Berufsunfähigkeitsversicherung
- Lebensversicherung
- Lukrativ: „Riester-Rente" mit Staatszuschuss

348 *Welche Sachen sollte ein Bürger versichern lassen?*

Haus und **Hausrat** sollten gesichert werden gegen Sturm, Hagel, Wasserrohrbruch, usw.

Die entsprechenden Versicherungen sind:

1. **Wohngebäudeversicherung/Feuerversicherung** gegen Feuer, Leitungswasser, Sturm.
2. **Hausratversicherung** für alles im Haus und auch auf Reisen.
3. Reisegepäckversicherung.

Die beiden ersten Versicherungen sollten auf jeden Fall abgeschlossen werden.

Wohngebäude- und Hausratversicherungen sind wichtige Sachversicherungen.

349 *Welche Vermögenswerte sollten durch Versicherungen abgedeckt werden?*

Autounfälle, Miet- oder Verkehrsprozesse wie auch Schäden durch Unfälle bei Nachbarn u.ä. können das Vermögen sehr belasten, deshalb sollten folgende Versicherungen abgeschlossen werden:

1. Private **Haftpflicht,** zahlt Schäden bei Anderen;
2. **Autohaftpflicht,** gesetzlich vorgeschrieben;
3. **Autokasko** (Teil oder Vollkasko) zahlt bei Diebstahl, Feuer, selbst verschuldetem Unfall den Verkehrswert des eigenen Autos;
4. **Rechtsschutzversicherung,** kann nützlich sein für Miet-, Verkehrs- und Privatprozesse.

Vermögensversicherungen sind:
- Haftpflicht
- Autokasko
- Rechtsschutz

350 *Sollte ein Unternehmen Firmenrechtsschutz haben?*

Vor allem für Selbstständige und Firmen ist ein umfassender **Versicherungsschutz** von großer Bedeutung, der die besonderen **unternehmerischen Rechtsrisiken** (Anwaltskosten, Gerichtskosten, Honorare für Zeugen oder Gutachter) bei Arbeitsgerichtsprozessen, Schäden von Mitarbeitern, Mietauseinandersetzungen, Steuerprozesse abdeckt.

Firmenrechtsschutz ist für jeden Unternehmer oder Selbstständigen zu prüfen

Vor Vertragsabschluss ist zu prüfen, was die Versicherung alles leisten soll: Alle Kosten bei einem verlorenem Rechtsstreit? Auch Kostenübernahme bei Prozessgewinn, wenn der Prozessgegner zahlungsunfähig ist?

- Ein Prozess kann teuer werden

Beispiel:

Bei einem Streitwert von 50 000 € sind in der 1. Instanz (Landgericht) 1 046 € Anwaltsgebühr und 1 596 € Gerichtskosten zu zahlen, ohne Beweisgebühren und gegnerische Kosten.

351 *Was Sie in Ihrem Betrieb brauchen!*

Kann in Ihrem Betrieb…

1. etwas anbrennen, explodieren oder der Blitz einschlagen?
   Dann brauchen Sie eine **Feuerversicherung,** die den Schaden ersetzt und alle anfallenden Kosten trägt;

2. ein Rohrbruch größere Schäden verursachen?
   Dann brauchen Sie eine **Leitungswasserversicherung;**

3. ein Sturm das Dach abdecken?
   Dann brauchen Sie eine **Sturmversicherung;**

4. völliger Stillstand durch Feuer, Sturm usw. möglich sein?
   Dann brauchen Sie eine **Betriebsunterbrechungsversicherung;** sie zahlt alle Kosten und den Gewinnausfall;

5. ein Einbrecher etwas Wertvolles mitgehen lassen oder den Betrieb demolieren?
   Dann brauchen Sie eine **Einbruchdiebstahl-** und **Raubpolice,** die den Schaden ersetzt, wenn alles ordnungsgemäß verschlossen oder gesichert war;

6. ein Schadensersatzanspruch von Kunden eine Rolle spielt?
   Dann brauchen Sie eine **Betriebshaftpflichtversicherung,** die bei solchen Forderungen schützt;

7. ein Fehler in von Ihnen hergestellten, importierten oder weiterverarbeiteten Teilen ihre Kunden gefährden?
   Dann brauchen Sie eine **Produkthaftpflichtversicherung,** die Sie vor solchen Forderungen schützt, die schnell in die Millionen gehen können.

8. Schaden an Boden, Luft und Wasser verursacht werden.
   Dann brauchen Sie eine **Umwelthaftpflichtversicherung,** die besonders wichtig für Betriebe ist, die mit gefährlichen Stoffen arbeiten. (Quelle: Das Handwerk-Magazin, Meister 2002, S. 95)

Nötig für Ihren Betrieb können sein:
- Feuerversicherung
- Leitungswasserversicherung
- Sturmversicherung
- Betriebsunterbrechungsversicherung
- Einbruchdiebstahl- und Raubpolice
- Betriebshaftpflichtversicherung
- Produkthaftpflichtversicherung
- Umwelthaftpflichtversicherung

D Rechtliche und steuerliche Grundlagen

VI Steuerwesen

1 Begriffserklärungen, Einteilungsmöglichkeiten

352 *Was sind Steuern?*

Steuern sind Geldleistungen, die von einem öffentlich-rechtlichen Gemeinwesen **(Bund, Länder, Gemeinden,** die wir pauschal als **Staat** bezeichnen) erhoben werden, ohne dass eine besondere Gegenleistung besteht (§ 3 **Abgabenordnung** = *Grundgesetz der Besteuerung*).

Zölle sind Steuern im Sinne des Gesetzes.

Steuern = Geldleistungen an den Staat ohne unmittelbare Gegenleistungen

353 *Wozu dienen die Steuern?*

Die Steuereinnahmen dienen zur **Erfüllung staatlicher Aufgaben,** wie z.B. Kindergeld, Polizei, Straßenbau, Schulwesen, Verteidigung. Daneben hat der Staat Einnahmen aus Beteiligungen an Unternehmen, z.B. Deutsche Telekom AG, er hat eigene Betriebe, z.B. Forstwirtschaft, und er verlangt Gebühren und Beiträge.

Mit den Steuereinnahmen werden staatliche Aufgaben finanziert.

354 *Was sind Gebühren und Beiträge?*

Gebühren und **Beiträge** sind per Satzung oder Gesetz festgelegte Entgelte für die Inanspruchnahme öffentlich-rechtlicher Leistungen.

Gebühren werden für die Inanspruchnahme von Verwaltungsleistungen erhoben, wie z.B. Passgebühren, Müllgebühren, Entwässerungsgebühren.

Beiträge sind dagegen einmalige Zahlungen für die Nutzung öffentlicher Einrichtungen, wie z.B. Erschließungsbeiträge für den Straßenausbau, Kanalisationsbeiträge.

Gebühren und Beiträge sind weitere Einnahmequellen des Staates.

355 *Was bedeutet kommunale Abgaben im Steuerrecht?*

Zu den **kommunalen Abgaben** gehören im wesentlichen **Steuern** (Grundsteuer, Gewerbesteuer), **Beiträge** und **Gebühren.**

Grundlage der Abgaben ist eine **Satzung,** die von den Gemeindevertretern beschlossen werden muss. Die Satzung wirkt dann wie ein Gesetz.

Kommunale Abgaben sind der Oberbegriff von Steuern, Gebühren, Beiträgen.

356 *Wie unterscheiden sich direkte und indirekte Steuern?*

Direkte Steuern werden beim Steuerpflichtigen, dem **Steuerschuldner** (= die Person, die die Steuer zu zahlen hat) direkt erhoben. Steuerzahler und **Steuerträger** (= die Person, die durch die Steuer tatsächlich belastet wird) sind hier dieselbe Person.

Beispiele:

Einkommensteuer (die Lohnsteuer ist eine besondere Form der Einkommensteuer), Gewerbesteuer, Grundsteuer, Erbschaftsteuer.

Direkte Steuern werden beim Steuerschuldner direkt erhoben.
- Steuerschuldner = Steuerträger

Indirekte Steuern werden auf dem Umweg über bestimmte Waren erhoben, sie sind im **Kaufpreis** enthalten. Der Käufer (= **Steuerträger)** zahlt sie über den Kaufpreis mit, der Verkäufer (= Steuerschuldner) überweist sie an das Finanzamt.

Beispiele:

Umsatzsteuer, Mineralölsteuer, Tabaksteuer, Kaffeesteuer

Indirekte Steuern werden über den Kauf von Waren erhoben

- Steuerträger = Käufer
- Steuerschuldner = Verkäufer

---

357 Welche Steuern sind Besitzsteuern?

Zu den **Besitzsteuern,** also der Besteuerung von Einkommen und/oder Vermögen, gehören

1. Einkommensteuer, Erbschaftssteuer. Da die persönlichen Verhältnisse hier eine Rolle spielen, z.B. Familienstand, heißen diese Steuern auch **Personensteuern.**

2. Gewerbesteuer, Grundsteuer. Hier wird die Sache (Grundstück, Betrieb) besteuert. Diese Steuern heißen **Realsteuern.**

Bei den Besitzsteuern werden unterschieden:
- Personensteuern
- Realsteuern

---

358 Wie unterscheiden sich Verkehr- und Verbrauchsteuern?

Verbrauchsteuern erfassen Beträge, die beim Kauf von Waren mitzubezahlen sind.

Beispiele:

Energie-[1], Tabak-, Kaffee-, Biersteuer.

Verkehrsteuern belasten bestimmte Vorgänge, z.B. Grunderwerbsteuer beim Hauskauf, Umsatzsteuer bei jedem Warenkauf, Kfz-Steuer für das Halten eines Kfz.

Verbrauchsteuern werden beim Kauf von Waren mitbezahlt, Verkehrssteuern werden für bestimmte Vorgänge erhoben.

---

359 Welche Steuern stehen Bund, Ländern und Gemeinden zu?

Die **Gemeinden** erhalten die Grundsteuer voll und Anteile an der Einkommens-, Umsatz- und Gewerbesteuer.

Die **Länder** erhalten die Grunderwerbsteuer, die Kfz-Steuer und Biersteuer voll und Anteile an der Umsatz- und Einkommensteuer.

Der **Bund** erhält alle Verbrauchsteuern allein außer der Biersteuer, alle Zölle (aus Importen aus Nicht-EU-Ländern) und Anteile an der Umsatz- und Einkommensteuer.

Bund, Länder und Gemeinden teilen sich Steuern bzw. erhalten einige Steuern allein.

---

360 Was sind Gemeinschaftssteuern?

Steuern, die Bund und/oder Länder und/oder Gemeinden unter sich nach einem vereinbarten Schlüssel aufteilen, heißen **Gemeinschaftssteuern.**

Beispiele:

1. **Einkommensteuer:** Bund und Land und Gemeinde am Wohnsitz des Steuerzahlers
2. **Umsatzsteuer:** Bund, Land, Gemeinden
3. **Gewerbesteuer:** Bund, Land und Gemeinden.

Gemeinschaftssteuern sind die Steuerarten, die aufgeteilt werden zwischen Bund, Ländern und Gemeinden.

D Rechtliche und steuerliche Grundlagen

---

[1] Inklusive der Ökosteuer, die seit 1999, jährlich um 3 Cent steigend, erhoben wird, letztmals erhöht zum 01.01.2003.

2 Übersicht über die Steuerarten

Nach Artikel 106 des Grundgesetzes stehen zu			
dem Bund	**Bund, Ländern und Gemeinden/Städten gemeinsam**	**den Ländern**	**den Gemeinden**
a) **Bundessteuern:** Branntweinmonopol Zölle, Kfz-Steuer Kapitalverkehrsteuern Versicherungssteuer Abgaben im Rahmen der Europäischen Gemeinschaft Verbrauchssteuern mit Ausnahme der Biersteuer (Tabak-, Kaffee-, Tee-, Zucker-, Schaumwein-, und Energiesteuer)	a) **Gemeinschaftssteuern:** Lohnsteuer Einkommensteuer Körperschaftsteuer Umsatzsteuer (einschl. Einfuhrumsatzsteuer)	a) **Ländersteuern:** Erbschaftsteuer Grunderwerbsteuer Biersteuer Rennwett- und Lotteriesteuer Feuerschutzsteuer Spielbankabgabe	a) **Gemeindesteuern:** Gewerbesteuer (60%) Grundsteuer Örtliche Verbrauch- und Aufwandsteuern (z.B. Hundesteuer, Getränkesteuer)
b) **Anteil an den Gemeinschaftssteuern:** Lohnsteuer und veranlagte Einkommensteuer (z.Z. 42,5 vH) Nicht veranlagte Steuern vom Ertrag und Körperschaftsteuer (50 vH) Umsatzsteuer – einschl. Einfuhrumsatzsteuer –	b) **Gewerbesteuerumlage**	b) **Anteil an den Gemeinschaftssteuern:** Lohnsteuer und veranlagte Einkommensteuer (z.Z. 42,5 vH) Nicht veranlagte Steuern von Ertrag und Körperschaftsteuer (50 vH) Umsatzsteuer – einschl. Einfuhrumsatzsteuer – Gewerbesteueranteil 20%	b) **Anteil an dem Aufkommen der Lohnsteuer und der veranlagten Einkommensteuer** (15 vH) und an der Umsatzsteuer
c) **Anteil an der Gewerbesteuerumlage** (20 vH)			c) **Steuerzuweisungen** durch Landesgesetzgebung

3 Die Umsatzsteuer

361 *Wie wirkt die Umsatzsteuer?*

Die **Umsatzsteuer** gehört zu den **Verkehrssteuern,** da sie den Warenwert im Wirtschaftsprozess besteuert. Der Endverbraucher zahlt letztlich diese Steuer über die erworbenen Waren und Dienste. Deshalb spricht man auch von einer **indirekten** Steuer.

Die Umsatzsteuer ist
- Verkehrssteuer
- indirekte Steuer

362 *Welche Umsätze sind umsatzsteuerpflichtig?*

Das **Umsatzsteuergesetz** (§ 1) unterscheidet folgende steuerpflichtige Umsatzarten:

1. **Lieferungen** und **sonstige Leistungen,** die ein Unternehmer im Inland gegen Entgelt im Rahmen seines Unternehmens ausführt.

2. Der **Eigenverbrauch.** Er liegt vor, wenn der Unternehmer Gegenstände für private Zwecke aus dem Unternehmen entnimmt (was nur für Einzelunternehmen und Personengesellschaften gelten kann) oder wenn er Wirtschaftsgüter des Unternehmens für private Zwecke nutzt. Damit wird der Unternehmer dem Endverbraucher gleichgestellt.

3. Die **Einfuhr von Waren in das Zollgebiet.** Für diese Importgüter aus Nicht-EU-Ländern erhebt der Zoll die **Einfuhrumsatzsteuer.**

Steuerpflichtige Umsatzarten sind
- Lieferungen und sonstige Leistungen
- Eigenverbrauch
- Einfuhr von Waren aus Nicht-EU-Ländern (Drittländer)

363 *Wonach wird die Umsatzsteuer bemessen?*

Bemessungsgrundlage für den Umsatz ist das **Entgelt.** Entgelt ist **alles,** was der Leistungsempfänger netto aufwendet, um die Leistungen zu erhalten. Ändert sich die Bemessungsgrundlage (z.B. durch Abzug von 2% Skonto), so ist die Umsatzsteuer entsprechend zu berichtigen (also auch um 2% zu kürzen).

Bemessungsgrundlage der Umsatzsteuer ist das Entgelt, d.h. der Gesamtaufwand für die Ware.

364 *Welche Bemessungsgrundlage besteht bei Importen aus Nicht-EU-Ländern?*

Bei Importen aus Nicht-EU-Ländern wird **Einfuhrumsatzsteuer** erhoben. Bemessungsgrundlage ist der **Zollwert.** Dieser umfasst den Warenwert, die **Zölle,** die Verbrauchssteuern und die Beförderungskosten bis zum ersten inländischen Bestimmungsort.

Bemessungsgrundlage der Umsatzsteuer aus Nicht-EU-Ländern ist der Zollwert.

365 *Wie hoch sind die Steuersätze?*

Der **Regelsteuersatz** beträgt seit 01.01.07 **19%** der Bemessungsgrundlage. Eine Reihe von Umsätzen unterliegt dem **ermäßigten Steuersatz** von 7%.

Regelsteuersatz = 19%

ermäßigter Steuersatz = 7%

Dazu gehören

1. Lebensmittel (alle Grundnahrungsmittel)
2. Verlagserzeugnisse (Bücher, Zeitschriften)
3. Holz, aber nur Brennholz und Energieholz aus Forsten.

366 *Welche Umsätze sind von der Umsatzsteuer befreit?*

Umsatzsteuerfrei sind Ausfuhrlieferungen, Geld- und Kreditumsätze, die Vermietung und Verpachtung von Grundstücken, Umsätze von Ärzten, Zahnärzten, Heilpraktikern.

Nicht befreit sind z.B. Zahnlabors, die als Gewerbe gelten.

Umsatzsteuerfrei:
- Ausfuhrlieferungen
- Geld- und Kreditumsätze
- Umsätze von Ärzten

367 *Wie wird die Umsatzsteuer abgeführt?*

Da der Endverbraucher die Umsatzsteuer letztlich trägt, darf der Unternehmer von der vom Käufer **enthaltenen Umsatzsteuer** die **gezahlte Umsatzsteuer (= Vorsteuer)** für alle bezogenen Leistungen abziehen. Diese Differenz ist die Zahllast, die **der Unternehmer** als Steuerschuldner am 10. des folgenden Monats an das zuständige Finanzamt abzuführen hat.

Erhaltene Umsatzsteuer
– gezahlte Umsatzsteuer (Vorsteuer)
= Zahllast, abzuführen bis zum 10. des folgenden Monats vom Unternehmer an das Finanzamt

Diese Termin gilt für Monatszahler und ist als **Umsatzsteuervorauszahlung** zu leisten.

Am Jahresende erfolgt dann die **Umsatzsteuererklärung.**

367 A *Wie müssen Steuervoranmeldungen erfolgen?*

Unternehmer müssen seit 2005 Umsatzsteuer-Voranmeldungen sowie Lohnsteueranmeldungen via Internet an das Finanzamt übermitteln. Auch Lohnsteuerbescheinigungen müssen künftig elektronisch sein.

- elektronische Steuererklärungen

368 *Wie können Klein- und Mittelbetriebe die Umsatzsteuer handhaben?*

Für Klein- und Mittelbetriebe gelten folgende Besonderheiten:

1. Im Regelfall erfolgt eine **Sollversteuerung,** d.h. die Umsatzsteuerschuld gegenüber dem Finanzamt entsteht mit Ablieferung bzw. Entstehung der Leistung (Tag des Absendens der Rechnung bzw. Erhalt der Rechnung).

   Die Ausnahme bilden Betriebe, deren jährlicher Gesamtumsatz 500 000 € nicht überschreitet. Diese können die **Ist-Besteuerung** wählen, d.h. die Steuerschuld entsteht erst mit Eingang der Zahlung. Der Unternehmer ist dennoch berechtigt, nach Rechnungseingang die Vorsteuer abzuziehen.

2. Unternehmer mit **Vorjahresumsatz bis 17 500 Euro** zuzüglich der Umsatzsteuer sind umsatzsteuerfrei, sofern der Umsatz im laufenden Kalenderjahr 50 000 € voraussichtlich nicht überschreitet.

3. Die **Umsatzsteuervoranmeldungen** sind in folgendem Rhythmus fällig:

   ➡ **monatlich:** Für jeden Unternehmer, dessen Umsatzsteuer im letzten Kalenderjahr mehr als 7 500 € betragen hat.

   ➡ **1/4-jährlich:** bei einer Vorjahressteuer zwischen 512 und 6 136 €

   ➡ es genügt eine Umsatzsteuer-Jahreserklärung, wenn die Vorjahressteuer nicht mehr als 512 € war.

Wahlmöglichkeiten von Kleinbetrieben:
- Ist-Besteuerung, wenn jährlicher Gesamtumsatz bis 250 000 €
- Umsatzsteuerfrei bis 17 500 € Umsatz
- Umsatzsteuervoranmeldungen 1/4-jährlich bei einer Vorjahressteuer bis 6 136 €

---

369 *Unterliegen Anzahlungen der Umsatzsteuer?*

Ja, geleistete oder erhaltene Anzahlungen sind **umsatzsteuerpflichtig,** unabhängig von ihrer Höhe. Erhält man als Unternehmer eine Anzahlung über 5 950 €, so sind 19% = 950 € als Umsatzsteuer an das Finanzamt abzuführen.

Ja, unabhängig von ihrer Höhe.

---

370 *Müssen Rechnungen immer die Umsatzsteuer ausweisen?*

Bei Rechnungen mit einem Gesamtbetrag einschließlich Umsatzsteuer von **höchstens 150 €** muss der Unternehmer den Umsatzsteueranteil nicht extra ausweisen. Es genügt die Angabe des im Bruttopreis enthaltenen Steuersatzes.

Beispiel:

59,50 € einschließlich 19% Umsatzsteuer

Rechnungen bis 150 € brutto müssen den Umsatzsteueranteil nicht extra aufweisen.

---

371 *Was bedeutet Vorsteuerdurchschnittssatz*

Haben Unternehmen im Vorjahr weniger als 61 356 € umgesetzt, so können sie einen **bestimmten %-Satz vom Umsatz pauschal als Vorsteuer** geltend machen, z.B. Tischler 9%, Lackierer 3,7%, Zimmerer 8,1%, Friseure 4,5%.

Kleinunternehmer können Vorsteuerdurchschnittssätze geltend machen.

4 Die Einkommensteuer, Einkommensteuererklärung

372 *Wer ist steuerpflichtig?*

Nach dem **Einkommensteuergesetz (§ 1)** sind natürliche Personen, die im Inland einen Wohnsitz oder ihren gewöhnlichen Aufenthalt haben, **unbeschränkt einkommensteuerpflichtig.**

Rechtsgrundlage ist das Einkommensteuergesetz.

373 *Welche Einkünfte sind steuerpflichtig?*

Das **Einkommen** ist steuerlich der Gesamtbetrag der **Einkunftsarten.**

Diese 7 sind: *Einkünfte aus...*

1. Land- und Forstwirtschaft
2. Gewerbebetrieb
3. selbstständiger Arbeit
4. nichtselbstständiger Arbeit
5. Kapitalvermögen
6. Vermietung und Verpachtung
7. sonstigen Einkünften, z.B. Renten.

Aus der Summe der 7 Einkunftsarten wird das Einkommen ermittelt.

374 *Wie werden die Einkünfte ermittelt?*

Die **Einkünfte** werden bei den Einkunftsarten **1. bis 3.** als **Gewinn** ermittelt.

Dabei ist der Gewinn
1. der **Überschuss** der Betriebseinnahmen über die Betriebsausgaben, z.B. für Ärzte
2. das Ergebnis im Rahmen der doppelten Buchführung, in der **G+V-Rechnung.**

Bei den Einkunftsarten **4. bis 7.** erfolgt die Ermittlung der Einkünfte als **Überschuss der Einnahmen** über die **Werbungskosten.**

Ermittlung der Einkünfte
- durch Feststellung des Gewinns
- als Überschuss der Einnahmen über die Werbungskosten in der G+V-Rechnung

375 *Was sind Werbungskosten?*

Werbungskosten sind **Aufwendungen,** die der Steuerpflichtige zur Erzielung seiner Einkünfte macht. Sie werden bei *der* Einkunftsart abgezogen, bei der sie entstanden sind.

Einkünfte = Einnahmen – Werbungskosten

Beispiele:

1. Bei den **Einkünften aus Vermietung und Verpachtung** sind z.B. Grundsteuern, Hausreparatur, Müllabfuhr, Zinsen für die Hypothek Werbungskosten.

2. Bei **Einkünften aus Kapitalvermögen** sind Zinsen und Sparguthaben grundsätzlich zu versteuern. Als Werbungskosten ist der Pauschbetrag von 51 € und der Sparerfreibetrag von 750 € (seit 01.01.07) pro Person jährlich abzuziehen. Dazu ist dem Geldinstitut ein **Freistellungsauftrag** zu erteilen.

3. Bei Löhnen und Gehältern **(Einkünfte aus nichtselbstständiger Arbeit)** sind im wesentlichen Fahrtkosten zur Arbeit,[1] Fortbildungsaufwendungen, Aufwendungen für Berufskleidung und Fachliteratur, Bewerbungskosten als Werbungskosten abzusetzen. Um die Einkommensteuer erstattet zu bekommen, müssen die Werbungskosten den **Arbeitnehmerpauschbetrag** von 1000 € übertreffen.

Werbungskosten mindern die Einnahmen und damit die Steuerlast.

D Rechtliche und steuerliche Grundlagen

---

[1] Der **Grundfreibetrag** ist schon in der Steuertabelle eingearbeitet und beträgt 2015 8 472,00 Euro. Davon wird keine Einkommensteuer erhoben.

376 *Wie sind Betriebs-ausgaben für den Unternehmer zu handhaben?*

Betriebsausgaben sind **einzeln** aufzulisten (per Beleg), von den privaten Ausgaben zu trennen und dann absetzbar, d.h. sie schmälern den Gewinn.

Alternativ haben Gewerbetreibende seit 1996 die Möglichkeit, **pauschal 8% des Umsatzes als Betriebsausgaben** abzusetzen. Neben dieser Betriebsausgabenpauschale können noch Löhne, Waren bzw. Materialeinkauf, Gebäude-abschreibung und weitere Aufwendungen abgesetzt werden.

Betriebsausgaben sind absetzbar
- durch Einzelnach-weis

oder
- pauschal 8% vom Umsatz

377 *Was bedeutet Verlustabzug?*

Bei der Ermittlung des Gesamtbetrages der Ein-künfte dürfen **Verluste** bei bestimmten einzel-nen Einkunftsarten, z.B. bei Vermietung und Verpachtung, gegen **Gewinne** aus anderen Ein-kunftsarten z.B. selbstständiger Arbeit mitein-ander verrechnet werden.

Verluste und Gewinne in den Einkunftsarten können miteinander verrechnet werden.

378 *Welche Einnahmen sind einkommen-steuerfrei?*

Zu den **einkommensteuerfreien Einnahmen** gehören Arbeitslosengeld, Kurzarbeitergeld, Kindergeld, Wohngeld, Leistungen von Kran-ken- und Unfallversicherung.

379 *Ist ein Lottogewinn einkommensteuer-pflichtig?*

Durch einen **Lottogewinn** erhöht sich das Ver-mögen (dafür wäre früher Vermögenssteuer angefallen!), steuerlich ist aber keine Einkunft entstanden.

Erst bei **Zinsgewinnen** oder anderen Einkünften aus dem Lottogewinn entsteht eine Einkom-menssteuerpflicht.

Nein, nur die Erträge daraus.

380 *Was sind Sonderausgaben?*

Sonderausgaben sind vom Staat begünstigte private Aufwendungen, die die Steuerlast sen-ken, z.B. Spenden, Kirchensteuer.

Daneben gibt es **Vorsorgeaufwendungen** (Beiträge zu Sozial- und Privat-Versicherun-gen); maximal werden 2 400,00 Euro angerech-net.

Dazu kommen **Altersvorsorgebeiträge** (z.B. Beiträge zu Riester-/Lebensversicherungen); 2015 sind 80% der Beiträge absetzbar; ab 2025 sind es maximal 20 000 Euro pro Person.

Sonderausgaben sind private Aufwendun-gen, die beschränkt und unbeschränkt abzugsfähig sein können.

381 *Was sind außergewöhnliche Belastungen?*

Um soziale Gesichtspunkte zu berücksichtigen, können auf Antrag **außergewöhnliche Belas-tungen** steuermindernd wirken, wobei ein Eige-nanteil dem Steuerzahler zugemutet wird.

Beispiele:
Ausgaben für Behinderte, Heim- und Pflegeunter-bringung, Unterstützung bedürftiger Angehöriger, Ausbildungsaufwendungen für Kinder.

Um die Steuerzahlung sozial gerecht zu gestalten, können in Einzelfällen außerge-wöhnliche Belastun-gen steuermindernd wirken.

382 *Was sind Freibeträge?*

Nach Ermittlung der **Summe der Einkünfte** und unter Abzug der Sonderausgaben und der außergewöhnlichen Belastungen erhält man das **Einkommen**.

Dies kann steuerlich noch durch **Freibeträge** gemindert werden, die von den persönlichen Verhältnissen des Steuerpflichtigen bestimmt werden, z.B. (Stand 01.01.2015)

1. Kinderfreibetrag 4512 € (Das **Kindergeld**[1] beträgt ab 2015 für die ersten beiden Kinder je 188 €, für das 3. Kind 194 € und für jedes weitere Kind 219 € monatlich.
2. der Freibetrag für die Veräußerung eines Gewerbebetriebes ab dem 55. Lebensjahr oder wegen Berufsunfähigkeit beträgt 45000 €;
3. Sparer-Pauschbetrag (-Freibetrag) seit 01.01.2009 = 801 € für Ledige, 1602 € für ein Ehepaar.

Freibeträge
- werden von den persönlichen Verhältnissen des Steuerpflichtigen bestimmt

und

sind für bestimmte Sachverhalte steuermindernd wirksam.

383 *Wie lässt sich das System der Einkommenssteuer in einer Übersicht darstellen?*

Ermittlung der Einkünfte

Einkünfte aus

Land- und Forstwirtschaft	Gewerbe-betrieb	selbstständiger Arbeit	nicht selbst-ständiger Arbeit	Kapital-vermögen	Vermietung und Verpachtung	Sonstige Einkünfte
Gewinne			Überschüsse der Einnahmen über die Werbungskosten			

Summe der Einkünfte
– Altersentlastungsbetrag

Gesamtbetrag der Einkünfte
– Sonderausgaben
– Verlustabzug außergewöhnliche Belastungen

Einkommen
– Tariffreibeträge, z.B. Haushalts- und Kinderfreibeträge Ausbildungsfreibeträge

= zu versteuerndes Einkommen
= Bemessungsgrundlage für die Berechnung der ESt

383A *Was bedeutet die Abgeltungs-steuer?*

Seit 2009 werden Erträge aus Kapitalanlagen (Zinsen, Dividenden, Kursgewinne) einheitlich mit einem **pauschalen Steuersatz von 25 Prozent** besteuert.

Hinzu kommen anteilig der Solidaritätszuschlag und die Kirchensteuer.

Im Ergebnis entsteht so eine Belastung von etwa 27,8 Prozent.

Banken und andere Finanzdienstleister behalten die Pauschalsteuer ein und führen sie an das Finanzamt ab. Die Steuerschuld des Anlegers ist damit abgegolten, daher auch der Name.

Sparer, deren persönlicher Steuersatz niedriger ist, können sich zu viel gezahlte Abgeltungssteuer mit ihrer Steuererklärung zurückholen.

- Ab 2009: pauschale Abgeltungssteuer auf Kapitalanlagen von 25%

- Zu versteuern sind Gewinne oberhalb des Sparerpausch-betrages

D Rechtliche und steuerliche Grundlagen

[1] Ab 2016 beträgt das **Kindergeld** für die ersten beiden Kinder je 190 Euro, für das 3. Kind 196 und für jedes weitere 221 Euro.

384 *Wie muss ein Ehegattenarbeits- vertrag aussehen?*

Ein **steuerlich anerkanntes Arbeitsverhältnis** der mitarbeitenden Ehefrau bzw. des Ehemannes muss folgende Merkmale aufweisen:

1. Schriftlicher Arbeitsvertrag;
2. regelmäßige Überweisung des festgelegten Gehalts auf ein separates Konto;
3. Lohnsteuer und Sozialabgaben müssen abgeführt werden;
4. der Vertrag muss einem »Fremdvergleich« standhalten können, d.h. dass der mitarbeitende Familienangehörige im Vertrag und in der Praxis so behandelt wird wie ein anderer Arbeitnehmer des Betriebes auch.
5. Darf keine Gütergemeinschaft im Ehevertrag sein.

> Eine mitarbeitende Ehefrau/ein Ehemann wird steuerlich nur anerkannt, wenn bestimmte Merkmale im Arbeitsverhältnis vorliegen.

385 *Welche Steuerklassen gibt es?*

Es gibt **6 Steuerklassen:**

Steuerklasse I:
Arbeitnehmer, die ledig, verwitwet oder geschieden sind.

Steuerklasse II:
Ledige, geschiedene Arbeitnehmer mit mindestens einem Kind.

Steuerklasse III:
Verheiratete, wenn der Ehegatte nicht in einem Arbeitsverhältnis steht oder in Steuerklasse V ist.

Steuerklasse IV:
Verheiratete, wenn beide Ehegatten Arbeitslohn beziehen.

Steuerklasse V:
Beide Ehegatten beziehen Arbeitslohn; der eine geht in Steuerklasse III, der andere in V.
Dabei sollte der weniger Verdienende in V gehen, um als Ehepaar insgesamt weniger Steuern zu zahlen.

Steuerklasse VI:
Wird eingetragen für den Arbeitnehmer mit einem zweiten Arbeitsverhältnis auf Lohnsteuerkarte. Steuern nach Steuerklasse VI muss der Arbeitgeber auch berechnen, wenn der Arbeitnehmer die Lohnsteuerkarte nicht vorlegt.

> Es gibt 6 Steuerklassen.

386 *Was heißt Steuertarif?*

Das **Bruttoentgelt** bestimmt neben der **Steuerklasse** die Höhe der Abgaben. Dabei gibt es folgende **Steuerzonen** *(Angaben für Ledige, bei Verheirateten gilt der doppelte Betrag):*

1. Die **Nullzone.**
   Durch einen Grundfreibetrag und andere Freibeträge sind Einkommen bis ca. 8 473 € steuerfrei (2015).

> Die Steuerhöhe ist abhängig vom Bruttoentgelt und der Steuerklasse.
>
> Dabei werden folgende Steuerzonen unterschieden:
> • Nullzone

2. **Erste linear-progressive Zone.**
Dabei wird jeder € zwischen 8 473 und 13 139 € von 15 bis 24% besteuert.

3. **Zweite Progressionszone.**
Jeder € zwischen 13 140 und 52 551 € wird mit steigendem Steuersatz von 24 bis 42% besteuert.

4. **Obere Proportionalzone.**
Jeder Einkommenszuwachs über 52 552 € wird gleichbleibend mit 42% besteuert.

- Für **private Einkommen von mehr** als 250 400 Euro bei Ledigen und 500 800 Euro bei zusammen veranlagten Eheleuten müssen seit 01.01.07 als Spitzensteuersatz 45% statt 42% an Steuern abgeführt werden (3% = »**Reichensteuer«).**

- 1. Progressionszone
- 2. Progressionszone
- Obere Proportionalzone

- »Reichensteuer« seit 01.01.07

387 *Wie unterscheiden sich Veranlagungs- und Abzugsverfahren?*

Nach Art des Steuereinzugs unterscheidet man das

1. **Veranlagungsverfahren.**
Dabei wird die Einkommensteuer aufgrund der abgegebenen Einkommensteuererklärung ermittelt.

Der Steuerpflichtige hat am

10. März,

10. Juni,

10. September und

10. Dezember

Vorauszahlungen auf die Einkommensteuer zu entrichten. Dies gilt für **Gewerbetreibende und Selbstständige.** Am Jahresende erfolgt durch die Einkommensteuererklärung die genaue Steuerfestsetzung.

2. **Abzugsverfahren.**
Der Arbeitgeber hat die Lohnsteuer (= Sonderform der Einkommenssteuer) vom Arbeitslohn einzubehalten und jeweils am 10. des folgenden Monats an das Finanzamt abzuführen.

Steuereinzug durch
- Veranlagungsverfahren
- Abzugsverfahren

388 *Wer muss eine Einkommensteuererklärung durchführen?*

Eine **Steuererklärung** muss abgeben, wer

- neben dem Job weitere Einkünfte über 410 € hat, z.B. Arbeitslosengeld, Krankengeld

- bei mehreren Chefs gearbeitet hat,

- Freibeträge auf der Lohnsteuerkarte hat,

- als Ehegatten Steuerklassen III und V gewählt haben.

- Steuererklärung bei mehreren Einkünften

D Rechtliche und steuerliche Grundlagen

389 *Was enthält die Lohnsteuerkarte?*

Die **Lohnsteuerkarte,** die von der **Gemeinde-** oder **Stadtverwaltung** jährlich dem einkommensteuerpflichtigen Arbeitnehmer zugestellt wurde, enthält:

Name und Wohnung, Familienstand

Steuerklasse und Zahl der zu berücksichtigenden Kinder

Die Lohnsteuerkarte erhält der Arbeitnehmer vor Beginn des neuen Kalenderjahres von der Gemeinde- oder Stadtverwaltung.

● Ersatz der LSt-Karte durch ein elektronisches Verfahren ab 01.01.2011 Pflicht

390 *Was trägt der Arbeitgeber auf der Lohnabrechnung ein?*

Der **Arbeitgeber** hat für das **abgelaufene Kalenderjahr** im wesentlichen einzutragen:
1. Beschäftigungsdauer, z.B. vom 01.01. bis 31.12.
2. Bruttoarbeitslohn
3. Einbehaltene Lohn- und Kirchensteuer, Solidaritätszuschlag
4. Vermögenswirksame Leistungen, die dem Arbeitnehmer abgezogen wurden
5. Arbeitnehmeranteil am Gesamtsozialversicherungsbeitrag

391 *Wer trägt Freibeträge auf der Lohnsteuerkarte ein?*

Das **Finanzamt** trägt **Freibeträge** (Altersfreibeträge, erhöhte Werbungskosten, außergewöhnliche Belastungen) auf Antrag ein, sodass der Arbeitgeber durch den Abzug dieser Beträge einen höheren Nettolohn auszahlt.

Das Finanzamt trägt auf Antrag Freibeträge ein.

392 *Was ist die Einkommensteuererklärung (Lohnsteuerjahresausgleich)?*

Mit der für das abgelaufene Kalenderjahr **zurückerhaltenen Lohnsteuerkarte** kann der Arbeitnehmer zuviel bezahlte Lohnsteuer **wiederbekommen,** wenn er
1. höhere abzugsfähige Beträge aufzuwenden hatte als es die Pauschbeträge in der Jahres-Lohnsteuertabelle vorsehen
2. im Jahr nicht regelmäßig oder mit sehr unterschiedlichen monatlichen Verdiensten gearbeitet hat.

Mit der zurückerhaltenen Lohnsteuerkarte kann die Einkommenssteuererklärung, die früher Lohnsteuerjahresausgleich hieß, durchgeführt werden.

Tipp:
Füllen Sie auf jeden Fall das Formular oder Elster online aus und legen Sie die Belege dazu – das Finanzamt wird für Sie das beste herausholen!

393 *Wer haftet für die Abführung der Lohnsteuer?*

Der Arbeitnehmer ist zwar Steuerschuldner, aber da der **Arbeitgeber** die Lohnsteuer bei jeder Lohnzahlung einzubehalten und dann abzuführen hat, haftet er auch für die Zahlung der Lohnsteuer.

Der Arbeitgeber haftet für die Abführung der Lohnsteuer.

5 Steuern des Betriebes, Steuerprozess

394 *Wer muss Körperschaftsteuer zahlen?*

Die **Körperschaftsteuer** ist die **Einkommensteuer der juristischen Personen** (GmbH, AG, Handwerkskammer, e.V.). Der Körperschaftsteuersatz beträgt seit 2008 für nicht ausgeschüttete Gewinne an die Anteilseigner und für ausgeschüttete Gewinne einheitlich 15 %.

> Die Körperschaftsteuer ist die Einkommensteuer der juristischen Personen.

395 *Was bedeutet Gewerbesteuer?*

Die **Gewerbesteuer,** die Handwerker, Handels- und Industrieunternehmen zahlen müssen (nicht: Selbstständige, Kliniken), ist eine **Gemeindesteuer.** Weil die Gewerbesteuer aber nach dem gewerblichen **Gewinn (= Gewerbeertrag)** berechnet wird, stellt das Finanzamt anhand des Gewinns den sogenannten **Messbetrag** fest. Auf dieser Grundlage erhebt dann die Gemeinde nach ihrem **Hebesatz** die Gewerbesteuer.

Die Gewerbesteuer kann zu einem gewissen Anteil mit der Einkommensteuer des Unternehmers verrechnet werden.

> Die Gewerbesteuer ist eine Gemeindesteuer, die sich nur nach dem Gewerbeertrag richtet.
> - Seit 01.01.2008 nicht mehr als Betriebsausgabe abzugsfähig

396 *Was ist die Grundsteuer?*

Bei der **Grundsteuer** besteuert die Gemeinde Grundvermögen, insbesondere bebaute Wohn- und Betriebsgrundstücke. Grundlage der Berechnung i. d. R. ist der Einheitswert des Grundbesitzes. Der **Einheitswert** ist ein von den Steuerbehörden festgesetzter Wert, um vereinfacht besteuern zu können.

> Grundsteuer besteuert Verkäufe von Grundvermögen nach dem Einheitswert.

397 *Wann fällt Grunderwerbsteuer an?*

Der Kauf von Grundstücken unterliegt der **Grunderwerbsteuer;** sie beträgt 5% vom Kaufpreis.[1]
- Der Verkauf eines Miethauses an den Ehepartner unterliegt nicht der Grunderwerbssteuer.

398 *Was bedeutet Erbschafts- und Schenkungssteuer?*

Seit 01.01.2009 gilt ein neues **Erbschafts-** und **Schenkungssteuerrecht.**
Die wesentlichen Inhalte sind:
1. Die Bewertung nach dem Einheitswert entfällt zugunsten einer **Bedarfsbewertung.** Dieser Wert ergibt sich im wesentlichen aus der 12,5-fachen Jahresmiete.
2. **Freibeträge.**
   - Persönliche:　Ehegatte　　　　500 000 €,
     　　　　　　　Kinder　je 400 000 €,[2]
     　　　　　　　Enkel　　　　　200 000 €.
     　　　　　　　Urenkel, Eltern = 100 000 €
   - Versorgungsfreibeträge:
     Überlebender Ehegatte　　　256 000 €.

> Die Bedarfsbewertung und Freibeträge bestimmen die Höhe der Erbschafts- und Schenkungssteuer.
> - Freibeträge für Betriebsvermögen: 225 000€.

D Rechtliche und steuerliche Grundlagen

---

[1] Der Steuersatz ist Bundesländer abhängig; in Hessen seit 2015 6%!
[2] Freibetrag von 400 000 € für Enkel, dessen Eltern verstorben sind.

3. **Steuersätze** nach Ausschöpfung der Freibeträge in **Erbschaftsteuerklasse I**[1]:
   - bis   75 000 € =   7% Steuer
   - bis   300 000 € =   11% Steuer
   - bis   600 000 € =   15% Steuer
   - über   26 000 000 € =   30% Steuer

4. **Klasse II:** Geschwister, Neffen/Nichten, Stiefeltern, geschiedene Ehegatten (Freibetrag je 20 000 €).

5. **Klasse III: Eingetragene Lebenspartner** (Freibetrag 500 000 €), Onkel, Tanten (Freibetrag 20 000 €).

- Drei Erbschaftsteuerklassen
- Erbschaftsteuer entfällt, wenn Erben von Betrieben diese mindestens 10 Jahre weiterführen. (Beschluss Bundesregierung im Juli 2006)

---

399 *Welche wichtigen Steuertermine gibt es?*

Wichtige **Steuertermine** sind

1. Einkommen- und Körperschaftsteuer: 10.03., 10.06., 10.09. und 10.12.

2. Gewerbesteuer und Grundsteuer: 15.02., 15.05., 15.08., und 15.11.

3. Umsatzsteuerzahllast und einbehaltene Lohn- und Kirchensteuer jeweils am 10. des folgenden Monats

---

400 *Was kann man gegen Steuerbescheide tun?*

Gegen **Steuerbescheide,** die nach Prüfung der Steuererklärungen erteilt werden, und in der eine höhere Nachzahlung als erwartet verlangt wird, kann innerhalb **eines Monats Einspruch beim Finanzamt** eingelegt werden. Um eine **Nachprüfung** zu erreichen, ist ein schriftlicher Antrag auf »Wiedereinsetzung in den vorigen Stand« zu erstellen. Gleichzeitig muss ein Antrag auf »Aussetzung der Vollziehung« gestellt werden, damit die Chance besteht, dass das Finanzamt bis zur endgültigen Klärung auf das Geld verzichtet.

Einsprüche gegen Steuerbescheide müssen innerhalb eines Monats erfolgen.

Gleichzeitig sind schriftliche Anträge zur Nachprüfung nötig.

---

401 *Was kostet ein Verfahren vor dem Finanzgericht?*

Verhilft der Behördenweg dem Unternehmer nicht zu seinem Recht, so kann **Klage** vor dem **Finanzgericht** erhoben werden.

Ein verlorener Steuerprozess, der einen Streitwert von 10 000 € (50 000 €) hat, kostete dem Unternehmer **mit Urteil** 666 € (1674 €) nur Gerichtskosten.

Bittet man darum, dass Verfahren nur schriftlich abzuwickeln – also über die Klage ohne mündliche Verhandlung zu entscheiden – kostet ein verlorener Steuerprozess weniger als die Hälfte der obigen Beträge.

Gewinnt der Unternehmer, trägt der Staat alle Kosten.

Es kann Klage vor dem Finanzgericht erhoben werden, wobei ein nur schriftliches Verfahren kostensparend sein kann.

---

[1] Zu der **Steuerklasse I** der **Erbschaft- und Schenkungsteuer** gehören: Ehegatte, Kinder, Stiefkinder, Enkel, Urenkel und weitere Abkömmlinge in gerader Linie; Eltern und Großeltern nur bei Erbschaften (Freibetrag 100 000 €).

E Prüfungsaufgaben mit Lösungen
– Für die Meisterschüler mit Teil III: Rechnungswesen, Wirtschaftslehre, Rechts- und Sozialwesen –

Liebe Meisterschülerin, lieber Meisterschüler,

zuerst einige Anmerkungen zur schriftlichen Prüfung von Teil III.

Die **Prüfung** der wirtschaftlichen und rechtlichen Kenntnisse erfolgt auf der Grundlage der »Verordnung über gemeinsame Anforderungen in der Meisterprüfung im Handwerk« vom 12.12.1972. Sie ist schriftlich und mündlich durchzuführen. Auf die mündliche Prüfung kann verzichtet werden, wenn die schriftliche Prüfung programmiert durchgeführt wird.

Die **schriftliche Prüfung** soll nicht länger als 5 Stunden sein. Falls eine **mündliche Prüfung** durchgeführt wird, soll diese nicht länger als eine halbe Stunde je Prüfling dauern.

In den einzelnen Prüfungsfächern kann **beispielsweise** schriftlich wie folgt geprüft werden:

Rechnungswesen und Controlling	Programmierte Fragen Offene Fragen und praktische Aufgaben	10 Minuten 120 Minuten
Grundlagen wirtschaft-lichen Handelns im Betrieb	Programmierte Fragen Offene Fragen	20 Minuten 90 Minuten
Rechtliche und steuerliche Grundlagen	Programmierte Fragen Offene Fragen	20 Minuten 40 Minuten

Die angegebenen Zeiten können in angemessenem Rahmen verändert werden.

Die Prüfung in Teil III ist **bestanden,** wenn mindestens ausreichende Leistungen in 2 Prüfungsfächern erbracht sind (= Mindestvoraussetzung).

Einige Kammern handhaben die Prüfungsregelungen so, dass im Durchschnitt der drei Prüfungsfächer mindestens ausreichende Leistungen erbracht sein müssen, um zu bestehen.

Nun zu den Ihnen vorliegenden **Prüfungsaufgaben.**

- Die Aufgaben decken **alle Inhalte** der Fächer Rechnungswesen, Wirtschaftslehre und Rechts- und Sozialwesen ab, also den gesamten Teil III der Meisterprüfung.

- Die **programmierten Aufgaben** enthalten in der Regel nur *eine* richtige Lösung. Sind mehrere Antworten richtig, so ist dies durch A:2 gekennzeichnet.

- Den **Lösungsteil** finden Sie im Anschluss an die Aufgaben.

Wir hoffen und denken, dass Sie die Prüfung mit diesem Buch ohne Schwierigkeiten bewältigen können.

Viel Erfolg wünschen Ihnen die Verfasser

Prüfung Teil III mit jeweils Rechnungswesen, Wirtschaftslehre und Rechts- und Sozialwesen

1. AUFGABENSATZ

A Rechnungswesen

1.1.1 Programmierte Aufgaben

1   Welcher Aufgabenbereich gehört *nicht* in das betriebliche Rechnungswesen?

    a) Kosten- und Leistungsrechnung
    b) Planungsrechnung
    c) Statistik
    d) Schreiben von Rechnungen
    e) Buchführung

2   Welche Aussage ist richtig?

    a) Die Bilanz ist eine Zeitraumbetrachtung
    b) Jeder Geschäftsfall verändert mindestens zwei Bilanzposten.
    c) Die Bilanz ist jeden Monat zu erstellen.
    d) Jeder Geschäftsfall verändert einmal die Aktiv- und die Passivseite der Bilanz.
    e) Die GuV-Rechnung ist eine Zeitpunktbetrachtung.

3   Wo steht auf einem Bestandskonto der Anfangsbestand?   **A:2**

    a) Bei den Aktivkonten wird der Anfangsbestand im Soll vorgetragen.
    b) Bei den Passivkonten wird der Anfangsbestand im Soll vorgetragen.
    c) Bei den Aktivkonten wird der Anfangsbestand im Haben vorgetragen.
    d) Bei den Passivkonten wird der Anfangsbestand im Haben vorgetragen.
    e) Der Anfangsbestand wird auf jedem Konto im Soll und Haben vorgetragen.

4   Der Unternehmer erhält Miete in Höhe von 2500 € für vermietete Geschäftsräume auf seinem Bankkonto gutgeschrieben. Wie lautet die Buchung?

    a) Bank 2500 an Mietaufwendungen 2500
    b) Mietaufwendungen 2500 an Bank 2500
    c) Bank 2500 an Mieterträge 2500
    d) Gebäude 2500 an Bank 2500
    e) Bank 2500 an Gebäude 2500

5   Wie wirken sich Privatentnahmen aus?

    a) Sie erhöhen das Eigenkapital.
    b) Sie mindern den Gewinn.
    c) Sie erhöhen den Gewinn.
    d) Sie mindern das Eigenkapital.
    e) Sie erhöhen den Verlust.

6   Welche Aussage zur Umsatzsteuer ist richtig?

    a) Die an das Finanzamt abzuführende Umsatzsteuer (Zahllast) mindert den Gewinn.
    b) Die Umsatzsteuer kann vom Finanzamt zurückgefordert werden.
    c) Für das Unternehmen ist die Umsatzsteuer ein durchlaufender Posten.
    d) Das Umsatzsteuerkonto ist ein Aktivkonto.
    e) Das Vorsteuerkonto ist ein Aufwandskonto.

7 Ein Kunde erhält Erzeugnisse im Wert von 5000 € + 19% Umsatzsteuer auf Ziel, wobei ihm ein Mengenrabatt von 10% eingeräumt wird. Wie lautet die Buchung?

a) Erlöse 4500 + Umsatzsteuer 855 an Forderungen 5355

b) Forderungen 5130 + Kundennachlässe 500 an Erlöse 5000 an Umsatzsteuer 675

c) Forderungen 5355 an Erlöse 4500 an Umsatzsteuer 855

d) Erlöse 4500 + Vorsteuer 855 an Forderungen 5355

e) Forderungen 5950 an Erlöse 5000 an Umsatzsteuer 950

8 Welche Aussage zu den Abgaben eines Arbeitnehmers ist **falsch?**

a) Auszubildende erhalten vom Arbeitgeber nur eine Ausbildungsvergütung und brauchen deshalb keine Lohnsteuer zu zahlen.

b) Die einbehaltene Kirchensteuer beträgt je nach Bundesland 8 bzw. 9% der Lohnsteuer.

c) Die vom Arbeitgeber gewährten vermögenswirksamen Leistungen sind steuerpflichtiger Arbeitslohn und erhöhen damit den Bruttolohn.

d) Die Lohn- und Kirchensteuer ist vom Arbeitgeber bis zum 10. des folgenden Monats abzuführen.

e) Die Höhe der Lohnsteuer (Einkommensteuer) ist abhängig vom Bruttolohn, dem Familienstand und der Kinderzahl.

9 Welche Aussage zur steuerlichen Buchführungspflicht für jeden Unternehmer ist richtig?

a) Sie ergibt sich aus dem BGB.

b) Sie ergibt sich aus der Abgabenordnung.

c) Sie ergibt sich aus dem Umsatzsteuergesetz.

d) Sie ergibt sich aus dem Einkommensteuergesetz.

e) Sie ergibt sich aus den Grundsätzen ordnungsmäßiger Buchführung.

10 Ordnen Sie den folgenden Begriffen die jeweiligen Antworten zu:

(1) Strenges Niederstwertprinzip

(2) Gemildertes Niederstwertprinzip

(3) Höchstwertprinzip

(4) Imparitätsprinzip

a) Es sind maximale Abschreibungen vorzunehmen, um die Vermögensgegenstände mit dem niedrigeren Wert anzusetzen, der sich aus Anschaffungs- oder Marktwert ergibt.

b) Schulden sind mit dem Rückzahlungsbetrag anzusetzen.

c) Nicht realisierte Gewinne dürfen nicht ausgewiesen, nicht realisierte Verluste müssen dargestellt werden.

d) Es können Abschreibungen unterschiedlicher Größe vorgenommen werden, um die Vermögensgegenstände mit dem niedrigeren Wert anzusetzen, der sich aus Anschaffungs- oder Marktpreis ergibt.

1.1.2 Offene Fragen

1 Unser Betrieb kauft ein Faxgerät im Wert von 150 € netto für das Betriebsbüro und zahlt bar. Nennen Sie die Buchungsmöglichkeit.

2 Was bedeutet Mehrwertsteuerzahllast **und** wie stellen Sie diese in der Bilanz dar?

3 Das Handelsgesetzbuch schreibt die Buchführungpflicht vor. Nennen Sie 5 Gründe für einen Betriebsinhaber, auch ohne Buchführungspflicht trotzdem Buchführung zu betreiben.

E Prüfungsaufgaben

4 Welchen Kontenguppen sind diese Konten zuzuordnen und worüber werden sie abgeschlossen?

    1. Rohstoffe

    2. Vorsteuer

    3. Erlösschmälerungen

    4. Privat

    5. Gewinn- und Verlustrechnung

    6. Kontokorrentkredit

    7. Rückstellungen

    8. Abschreibungen

    9. Haus- und Grundstücksaufwendungen

    10. Lieferantenskonto/Skontoerträge

5 Nennen Sie drei Beispiele für Stammdaten in der Finanzbuchhaltung.

6 Beschreiben Sie die wesentlichen Unterschiede zwischen einem Inventar und einer Bilanz.

7 Erläutern Sie das Gliederungsschema einer Bilanz.

8 Nennen Sie 3 Unterschiede zwischen linearer und degressiver AfA; diese kann für Wirtschaftsgüter fortgesetzt werden, die 2008 – 2010 angeschafft wurden.

9 Nennen Sie 3 häufig auftretende Fehler, die in der Kalkulation auf jeden Fall vermieden werden
sollen.

10 Die Herstellung von 2000 Fenstern verursacht 400 000 € Gesamtkosten. Die variablen Kosten je
Fenster betragen 40 €. Wie hoch sind die fixen Kosten je Stück?

11 Erklären Sie die Begriffe Grund-, Anders- und Zusatzkosten und nennen Sie je ein Beispiel.

12 Auf welche Weise kann der BAB die Aufgabe der Kostenkontrolle erfüllen?

13 Wie gliedert sich eine zur Auswertung aufbereitete Bilanz?

14 Warum werden bei der Liquidität 1. Grades die kurzfristigen Mittel zu den kurzfristigen Verbindlichkeiten in Beziehung gesetzt?

1.1.3 Praktische Aufgaben

1 Folgenden Zahlen liegen der Kostenrechnung zugrunde:

Umsatzerlöse		1 500 000 €
Materialkosten	600 000 €	
Lohnkosten	300 000 €	
Soziale Abgaben	200 000 €	
Steuern	40 000 €	
Miete	25 000 €	
Abschreibungen	50 000 €	
sonstige Gemeinkosten	60 000 €	
kalk. Unternehmerlohn	70 000 €	
kalk. Zinsen	30 000 €	
Betriebsgewinn	125 000 €	
	1 500 000 €	1 500 000 €

a) Errechnen Sie die Summe der Gemeinkosten und verteilen Sie diese im Verhältnis
10 : 60 : 30 auf die Kostenstellen Material, Fertigung und Verwaltung.

b) Ermitteln Sie die Material-, Lohn- und Verwaltungs-Gemeinkostensätze.

2 Tischlermeister Heinz Rode ermittelt zu Beginn des Geschäftsjahres Vermögenswerte von 230 000 € und Schulden von 70 000 €. Bei der Inventur am Ende des Geschäftsjahres werden Vermögenswerte in Höhe von 300 000 € und Schulden in Höhe von 90 000 € festgestellt. Zu berücksichtigen ist, dass Rode während des Geschäftsjahres Holz im Wert von 5 000 € für private Zwecke entnahm und er aus privaten Mitteln 20 000 € in sein Geschäft einlegte, um die Liquidität zu erhalten.
Wie hoch ist der Gewinn bzw. Verlust von Rode am Ende des Geschäftsjahres?

3 Folgende Geschäftsfälle liegen Heinz Rode vor *(Alle Käufe und Verkäufe erfolgen auf Ziel):*

1. Er kauft Rohstoffe im Wert von 5000 € + 19% USt.
2. Er erhält eine Rechnung über den Kauf eines PC in Höhe von 3000 € + 19% USt.
3. Er verkauft einen gebrauchten PKW zum Buchwert von 2800 € + 19% USt.
4. Ein Kunde erhält für eine Tür eine Rechnung in Höhe von 7000 € + 19% USt.

a) Bilden Sie die Buchungssätze.
b) Ermitteln Sie die Mehrwertsteuer-Zahllast für diese Geschäftsfälle.
c) Bilden Sie den Buchungssatz für die Überweisung.

B   Wirtschaftslehre

1.1.4 Programmierte Aufgaben

1 In der Volkswirtschaftslehre wird zwischen Bedürfnissen und Bedarf unterschieden. Welche der folgenden Aussagen ist richtig?

a) Unter Bedarf versteht man Bedürfnisse, denen ein Angebot gegenübersteht.
b) Bedürfnisse beziehen sich nur auf Luxusgüter, Bedarf besteht auch bei Existenzgütern.
c) Unter Bedarf versteht man Bedürfnisse, die durch geeignete Werbung geweckt werden.
d) Bedarf ist die Summe aller Existenzbedürfnisse und Luxusbedürfnisse des Menschen.
e) Bedarf ist der Teil der Bedürfnisse, für deren Befriedigung finanzielle Mittel bereitstehen.

2 Was versteht man in der Volkswirtschaftslehre unter dem Produktionsfaktor Kapital?

a) Die von der Bundesbank in Umlauf gebrachte Geldmenge.
b) Die Summe der volkswirtschaftlichen Wertschöpfung in einem Jahr.
c) Die hergestellten Produktionsmittel in einer Volkswirtschaft.
d) Die Menge des verfügbaren Einkommens der Verbraucher.
e) Den Geldwert des Vermögens einer Volkswirtschaft.

3 Welches der folgenden Merkmale trifft auf die Soziale Marktwirtschaft zu?

a) Staatliche Lenkung von Produktion und Absatz
b) Kollektiveigentum an den Produktionsmitteln
c) Staatliche Lohnfestlegung
d) Privateigentum an den Produktionsmitteln
e) Staatliche Festlegung der Güterpreise

4 Was trägt vorrangig dazu bei, die Stabilität des Preisniveaus in der Bundesrepublik zu sichern?

a) Ein ausgewogenes Verhältnis von Angebot und Nachfrage nach Gütern.
b) Die Absicherung des EURO durch große Goldreserven.
c) Ein erheblicher Überschuss der Exporte über die Importe.
d) Ein ausgewogenes Verhältnis von gesamtwirtschaftlicher Güter- und Geldmenge.
e) Hohe Defizite im Haushalt des Bundes.

5 Welche der nachfolgenden Aussagen zum realen Bruttosozialprodukt ist richtig?

a) Das reale Bruttosozialprodukt gibt Aufschluss über die Qualität der produzierten Güter.
b) Veränderungen des realen Bruttosozialproduktes geben Aufschluss über das Wachstum.

c) Das reale Bruttosozialprodukt gibt Aufschluss über die Verteilung der Einkommen.

d) Das reale Bruttosozialprodukt gibt Aufschluss über die Verteilung der Güter.

e) Das reale Bruttosozialprodukt gibt Aufschluss über die Verteilung der Sozialausgaben.

6 Welche Aussage zur Kaufkraft des Geldes ist richtig?

a) Steigende Nachfrage nach Gütern bei gleichem Angebot erhöht die Kaufkraft des Geldes.

b) Bei einer Inflation steigt die Kaufkraft des Geldes.

c) Die Kaufkraft des Geldes ist von der Geldmenge in der Volkswirtschaft unabhängig.

d) Die Kaufkraft wird an der Gütermenge gemessen, die man mit einer Geldeinheit kaufen kann.

e) Eine Senkung des Diskontsatzes erhöht die Kaufkraft des €.

7 Verschiedene Standortfaktoren beeinflussen die Standortwahl. Welche Steuer ist bei der Wahl des betrieblichen Standortes von Bedeutung?

a) Umsatzsteuer

b) Einkommensteuer

c) Vermögensteuer

d) Gewerbesteuer

e) Körperschaftsteuer

8 Bei welcher Stelle bzw. Behörde muss ein neu gegründeter Handwerksbetrieb *nicht* angemeldet werden?

a) Kreisverwaltung

b) Gemeindeverwaltung

c) Finanzamt

d) Handwerkskammer

e) Berufsgenossenschaft

9 Welches Recht hat in einer Kommanditgesellschaft nur der Komplementär?

a) Das Recht auf einen Anteil am Gewinn der Unternehmung.

b) Das Recht zur Führung der Geschäfte der Unternehmung.

c) Das Recht auf Kündigung der Einlagen an der Unternehmung.

d) Das Recht auf Information über die geschäftliche Entwicklung der Unternehmung.

e) Das Recht auf Einsicht in die Geschäftsbücher der Unternehmung.

10 Welche der folgenden Aussagen über die Gesellschaft des bürgerlichen Rechts (GbR) trifft *nicht* zu?

a) Sofern der Gesellschaftsvertrag nichts anderes regelt, wird der Gewinn gleichmäßig verteilt.

b) Die Gesellschaft bürgerlichen Rechts darf keine Firma führen.

c) Die Gesellschaft bürgerlichen Rechts wird nicht ins Handelsregister eingetragen.

d) Die Gesellschaft wird durch alle Gesellschafter gemeinschaftlich geführt.

e) Die Gesellschafter haften nicht gegenüber Gläubigern der Gesellschaft.

11 Welcher Nachteil ist mit einem großem Lager verbunden?

a) Engpässe in der Produktion bei verspäteter Lieferung von Großhändlern.

b) Versorgungsstörungen durch gesamtwirtschaftliche Ereignisse wie z.B. Streiks.

c) Große Lagermengen führen zu Unübersichtlichkeit im Lager.

d) Hohe Zins- und Lagerkosten für brachliegendes Kapital.

e) Organisatorische Probleme beim innerbetrieblichen Materialfluss.

12 Worauf ist der betriebliche Aufgabenbereich Absatz hauptsächlich ausgerichtet?

a) Die produzierten Güter und Leistungen am Markt möglichst ertragbringend zu verwerten.

b) Das erforderliche Kapital für das Erreichen des Unternehmenszweckes bereitzustellen.

c) Auf die Deckung des betrieblichen Bedarfs an allen Gütern und Leistungen.

d) Nur auf die Auswahl möglichst geeigneter Werbemethoden zur Gewinnung neuer Kunden.

e) Ausschließlich auf die Ermittlung von Marktanteilen und Preisen der Konkurrenz.

13 Was versteht man unter Marketing?

    a) Die Führung des Unternehmens von dem Wettbewerb her.
    b) Sämtliche Werbemittel und Werbeträger die von der Unternehmung eingesetzt werden.
    c) Die Führung des Unternehmens von der Güterproduktion her.
    d) Die Führung des Unternehmens vom Absatz her.
    e) Alle Maßnahmen um den Verkauf der Waren auf dem Markt.

14 Welche Form der Entlohnung bietet für die Unternehmung eine gute Kalkulationsgrundlage, da die Lohnkosten pro Stück konstant sind?

    a) Zeitlohn
    b) Prämienlohn
    c) Akkordlohn
    d) Monatsgehalt
    e) Umsatzprovision

15 Was versteht man unter Mechanisierung?

    a) Den zunehmenden Einsatz immer größerer und modernerer Maschinen.
    b) Die Ersetzung des Menschen im Produktionsprozess durch den Einsatz von Maschinen.
    c) Die Schaffung vieler ähnlicher Arbeitsvorgänge zur wirtschaftlicheren Produktion.
    d) Den Einsatz von computergesteuerten Fertigungsmaschinen zur Steigerung der Qualität.
    e) Die Einführung neuer Arbeitsverfahren zur Steigerung der Produktivität.

16 Wodurch ist der partnerschaftliche bzw. kooperative Führungsstil *nicht* gekennzeichnet?

    a) Führen durch Zusammenarbeit, von Führungskräften und Mitarbeitern im Betrieb
    b) Einbeziehung der Mitarbeiter in Probleme und Entscheidungen, für die sie kompetent sind
    c) Übertragung von Verantwortung für bestimmte Bereiche auf die Mitarbeiter
    d) Aufgabenübertragung auf die Mitarbeiter nur bei relativ unwichtigen Aufgaben
    e) Ständige Selbstkontrolle des Arbeitsergebnisses durch die Mitarbeiter

17 Welchen Zweck dienen Formulare im Betrieb *nicht?*

    a) Sie erleichtern die Bearbeitung betrieblicher Abläufe wie z. B. Materialbeschaffung oder Kostenkontrolle.
    b) Formulare sind zeit- und aufwandsparend und dienen damit der Wirtschaftlichkeit.
    c) Formulare erhöhen die Bedeutung des Meisters, da er sie in der Regel eingeführt hat.
    d) Formulare ermöglichen die schnellere Bearbeitung gleicher Arbeitsabläufe im Betrieb.
    e) Formulare erleichtern den organisatorischen Ablauf, da sie systematisch gegliedert sind.

18 Von Eigenfinanzierung wird gesprochen, wenn

    a) Das Unternehmen langfristige Kredite bei Kreditinstituten aufnimmt.
    b) Gewinne der Unternehmung nicht entnommen werden.
    c) Eigene Mittel für die Unternehmung bereitgestellt werden.
    d) Kapital aus Abschreibungen beschafft wird.
    e) Vom Unternehmen Zwischenkredite aufgenommen werden.

19 Was wird unter Factoring verstanden?

    a) Die Verpfändung von Lohnforderungen an einen Gläubiger.
    b) Den Einzug von Forderungen durch die kontoführende Bank.
    c) Die Abtretung von Forderungen an einen Lieferanten.
    d) Den Verkauf von kurzfristigen Forderungen aus Waren- und Leistungsverkäufen.
    e) Den Verkauf von Wechselforderungen an ein Kreditinstitut.

20 Beim Lastschriftverkehr erteilt der Zahlungspflichtige den Abbuchungsauftrag an

   a) das Kreditinstitut des Schuldners,
   b) das Kreditinstitut des Gläubigers,
   c) den Zahlungsempfänger,
   d) das Inkassoinstitut des Gläubigers,
   e) die Bank des Ausstellers.

1.1.5 Offene Fragen

1 Erklären Sie den Begriff Inflation, und nennen Sie dabei eine mögliche Ursache der Inflation!

2 Welche Bedeutung hat das »Sparen« für den einzelnen Haushalt und für die gesamte Volkswirtschaft?

3 Welche Aufgabe hat die Europäische Zentralbank (EZB) in der Wirtschaft der Euro-Mitgliedstaaten?

4 Warum ist die Wahl des Standortes bei der Gründung eines Handwerksbetriebes von besonderer Bedeutung, und welche Faktoren sollten bei der Standortentscheidung berücksichtigt werden?

5 Welches sind die wesentlichen Merkmale einer Gesellschaft mit beschränkter Haftung (GmbH) hinsichtlich der Merkmale: Geschäftsführung, Kapitalaufbringung, Haftung und Gewinnverteilung?

6 Welche Gründe können für eine Kooperation von Handwerksbetrieben sprechen?

7 Welche Aufgabe hat die Aufbauorganisation im Betrieb?

8 Welche Vorteile und Nachteile ergeben sich beim Zeitlohnverfahren für den Arbeitgeber und den Arbeitnehmer?

9 Wie kann der Handwerksmeister einen von seinem Kunden erhaltenen Wechsel verwenden?

10 Welche Arten von Preisnachlässen können unterschieden werden?

C Rechts- und Sozialwesen

1.1.6 Programmierte Aufgaben

1 Von welcher Einrichtung sollte sich der Handwerksmeister vor Gründung eines Betriebes beraten lassen?

   a) der Gewerbeförderungsstelle beim Wirtschaftsminister
   b) dem Gewerbeamt bei der Gemeinde- oder Stadtverwaltung
   c) der Beratungsstelle eines Marktforschungsunternehmens
   d) der Beratungsstelle der Anwaltskammer
   e) der Betriebsberatungsstelle der Handwerkskammer

2 Welche Aussagen zur Einkommenssteuererklärung (früher Lohnsteuerjahresausgleich) sind richtig?
                                                                                                    A:2

   a) Zu den Werbungskosten zählen die Fahrtkosten zur Arbeit und die Beiträge zur Gewerkschaft
   b) Fahrtkosten zur Arbeit zählen zu den Sonderausgaben.
   c) Der Antrag auf Erstattung der Einkommenssteuer wird bei der Gemeinde- oder Stadtverwaltung eingereicht.

d) Das zu versteuernde Einkommen ergibt sich, indem man zu dem Bruttogehalt die Werbungskosten und Sonderausgaben hinzuzieht.

e) Die monatlich einbehaltene Einkommensteuer (Lohnsteuer) ist für viele Steuerzahler nur ein vorläufiger Steuerbetrag. Die genaue Steuerberechnung für das gesamte Jahr erfolgt durch die Einkommensteuererklärung.

3 Ein Handwerksmeister, der sich selbstständig machen will, hat eine Meldepflicht bei amtlichen Stellen. Welche sind dies?

a) Gewerbeaufsichtsamt und Landratsamt
b) Amtsgericht und Landratsamt
c) Landesinnungsverband und Kreishandwerkerschaft
d) Bundesinnungsverband und Wirtschaftsministerium
e) Handwerkskammer, Gemeinde, Finanzamt, Berufsgenossenschaft

4 Ordnen Sie die folgenden Rechtsgeschäfte nach dem Gesichtspunkt der Formgebundenheit bzw. Formfreiheit. Versehen Sie die Rechtsgeschäfte, für die eine Form gesetzlich vorgeschrieben ist, mit der Kennziffer **1** und die Rechtsgeschäfte, die formfrei sind mit der Kennziffer **2.**

a) Arbeitsvertrag
b) Kaufvertrag
c) Ausbildungsvertrag
d) Dienstvertrag
e) Testament

5 Welche Aussage ist richtig?

a) Besitz und Eigentum unterscheiden sich nicht.
b) Eigentum beinhaltet die rechtliche Verfügungsgewalt über eine Sache.
c) Besitz beinhaltet die rechtliche Verfügungsgewalt über eine Sache.
d) Eigentum beinhaltet immer tatsächliche Verfügungsgewalt über eine Sache.
e) Besitzer und Eigentümer sind immer ein und dieselbe Person.

6 Ordnen Sie zu, indem Sie die Ziffern der »Rechtsgebiete« bei den entsprechenden »Situationen« eintragen:

Rechtsgebiete:
1. Öffentliches Recht
2. Privates Recht

Situationen:
Franz Müller kündigt den Arbeitsvertrag.
Karl-Heinz Buschi wird Befreiung vom Berufsschulunterricht gewährt.
Christa heiratet Felix.
Otto wird rechtskräftig wegen Diebstahls verurteilt.
Erika verklagt ihren Mann auf Unterhaltszahlungen.

7 In welchen Fällen handelt es sich um ein einseitiges Rechtsgeschäft?

a) Sie gehen in ein Kino und kaufen sich an der Kasse eine Eintrittskarte.
b) Sie ziehen sich Kondome aus einem Automaten.
c) Sie kündigen ihren Arbeitsvertrag.
d) Sie kaufen in einem Selbstbedienungsladen ein.
e) Sie haben eine Reise nach Paris gebucht und erklären dem Reisebüro, dass sie vom Vertrag zurücktreten müssen, da sie erkrankt sind.

E Prüfungsaufgaben

8 Man unterscheidet zwischen juristischen und natürlichen Personen. Ordnen Sie zu, indem Sie für juristische Personen eine **1** und für natürliche Personen eine **2** bei den Personen oder Institutionen eintragen!

Bezeichnungen: 1. Juristische Personen
                              2. Natürliche Personen

Personen/Institutionen: Handwerksmeister im Betrieb
                             Handwerkskammer
                             Gemeindeverwaltung
                             Gewerbeaufsichtsamt
                             Ausbildungsberater bei der Kammer

9 Welches Gesetz regelt die Rechte und Pflichten der Tarifpartner?

a) Arbeitsförderungsgesetz
b) Bürgerliches Gesetzbuch
c) Grundgesetz
d) Mitbestimmungsgesetz
e) Tarifvertragsgesetz
f) Betriebsverfassungsgesetz (BetrVG)

10 Welche Partner schließen eine Betriebsvereinbarung ab?

a) Arbeitgeberverband und Betriebsrat
b) Arbeitgeber und Betriebsrat
c) Arbeitgeberverband und Gewerkschaft
d) Arbeitgeber und Gewerkschaft
e) Arbeitgeber und Vorstand einer Gewerkschaft

11 Ein Betriebsratsmitglied und ein ausländischer Arbeitnehmer unterhalten sich. Welche Aussage ist richtig?

a) Betriebsrat: Ihr könnt an unseren allgemeinen Wahlen teilnehmen!
b) Arbeitnehmer: Nichts da, nicht einmal den Betriebsrat können wir mitwählen!
c) Betriebsrat: Doch und wir müssen auch eure Interessen gegenüber dem Arbeitgeber vertreten!
d) Arbeitnehmer: Aber keiner von uns kann in den Betriebsrat gewählt werden!
e) Betriebsrat: Der Betriebsrat muss paritätisch aus allen im Betrieb vertretenen Nationalitäten zusammengesetzt sein!

12 Das Betriebsverfassungsgesetz regelt verschiedene Individualrechte der Arbeitnehmer. Welches der folgenden Rechte gehört dazu?

a) Recht auf Mitsprache bei Tarifverhandlungen
b) Festlegung der täglichen Arbeitszeit
c) Einsichtnahme in die Personalakte nur unter Hinzuziehung des Betriebsrates
d) Recht auf Ausübung von Nebentätigkeiten
e) Beschwerderecht

13 Einem Arbeitnehmer ist am 28.08. zum 30.09. gekündigt worden. Die Kündigung geht dem Arbeitnehmer am 31.08. zu. Bis zu welchem Zeitpunkt muss der Arbeitnehmer spätestens beim Arbeitsgericht Kündigungsschutzklage erheben?

a) Bis zum 04.09.
b) Bis zum 06.09.
c) Bis zum 31.08.
d) Bis zum 21.09.
e) Bis zum 30.09.
f) Bis zum 31.12.

14 Bringen Sie die folgenden Schritte bei einem Verfahren vor dem Arbeitsgericht in die richtige Reihenfolge!

    a) Urteil oder Vergleich
    b) Einreichen der Klage
    c) mündliche Verhandlung
    d) Festlegung eines mündlichen Termins
    e) Güteverhandlung/-termin

15 Welche betriebswirtschaftlichen Planungsbereiche sind in der Regel im Handwerksbetrieb am wichtigsten?

    a) Beschaffungs- und Werbeplan
    b) Verkaufs-, Kundendienst- und Gewährleistungsplan
    c) Versetzungs-, Ausbildungs- und Verwaltungsplan
    d) Produktions- und Standortplan
    e) Finanz-, Auftrags- und Fertigungsplan

16 Welchen Zweck soll das Netz der sozialen Sicherung haben?

    a) Verbesserung des Lebensstandards für alle Bürger
    b) Hilfe in Notsituationen für Bedürftige
    c) Die finanzielle Absicherung der gesamten Lebensrisiken
    d) Vermögensbildung für die Arbeitnehmer
    e) Senkung der Wochen- und Lebensarbeitszeit

17 Ein Unternehmer zahlt *nicht* den Beitrag zur gesetzlichen Unfallversicherung. Welche Aussage ist richtig?

    a) Die Arbeitnehmer sind weiterversichert, wenn sie innerhalb von drei Wochen den Beitrag selbst bezahlen.
    b) Die Arbeitnehmer sind dennoch unfallversichert.
    c) Die Arbeitnehmer verlieren danach den Versicherungsschutz.
    d) Die Arbeitnehmer erhalten im Versicherungsfall nur die halben Leistungen.
    e) Die Arbeitnehmer sind dennoch weiter unfallversichert, wenn sie länger als fünf Jahre im Unternehmen tätig gewesen sind.

18 Der Geselle Müller hat Tischler gelernt und wird nach der bestandenen Prüfung arbeitslos. Hat er Anspruch auf Arbeitslosengeld I?

    a) Ja, er hat mehr als ein Jahr gearbeitet.
    b) Nein, da Auszubildende keine Beiträge zur Arbeitslosenversicherung zahlen.
    c) Nein, da er noch keine Beiträge als Facharbeiter gezahlt hat.
    d) Nein, da er weniger als fünf Jahre beschäftigt war.
    e) Nein, da es in diesem Beruf noch offene Stellen gibt.

19 Warum wird die berufliche Flexibilität für alle Arbeitnehmer immer wichtiger?

    a) Weil die Arbeitszeit immer kürzer und die Möglichkeiten gutbezahlter Schwarzarbeit immer besser werden.
    b) Weil die Betriebe immer schneller und häufiger ihren Standort verlegen.
    c) Weil sich die technologischen und wirtschaftlichen Verhältnisse in der Welt immer schneller verändern (Globalisierung).
    d) Weil sich die Lebensarbeitszeit dadurch deutlich verkürzen lässt.
    e) Weil die Pendler häufiger mit ihren Pkw unterwegs sein wollen.

E Prüfungsaufgaben

20 Unter welcher Voraussetzung darf der Erholungsurlaub ganz oder teilweise durch Geld abgegolten werden?

    a) Wenn wegen Auflösung des Arbeitsverhältnisses der Urlaub nicht mehr gewährt werden
       kann.

    b) Wenn der Arbeitnehmer den Urlaub aus privaten Gründen nicht nehmen will.

    c) Wenn aus betrieblichen Gründen der Urlaub nicht gewährt werden kann.

    d) Wenn das Arbeitsverhältnis nach dem 01.11. begann und der anteilige Urlaub nur 5 Tage
       beträgt.

    e) Wenn der Arbeitnehmer noch nicht das 30. Lebensjahr vollendet hat.

1.1.7 Offene Fragen

1 Nennen Sie mindestens drei Klauseln, die in den Allgemeinen Geschäftsbedingungen (AGBs)
nicht wirksam werden.

2 Erläutern Sie kurz die Möglichkeiten eines Käufers bei Nichterfüllung oder Schlechterfüllung
des Kaufvertrages.

3 Welche Pflichten haben Käufer und Verkäufer bei Abschluss eines Kaufvertrages?

4 Wann wird eine Verjährung gehemmt, wann beginnt diese neu zu laufen?

5 Wodurch unterscheiden sich Leasing-, Miet-, Leih- und Pachtvertrag?

6 Welche Einkunftsarten unterscheidet das Steuerrecht?

7 Beschreiben Sie die Inhalte der Umlageverfahren U1 und U2.

8 Was bedeutet ein außergerichtlicher Vergleich?

2. AUFGABENSATZ

2.1 Rechnungswesen

2.1.1 Programmierte Aufgaben

1 Welche Aussagen sind richtig?   **A : 2**

    a) Aufwendungen führen zu Eigenkapitalmehrungen.

    b) Erträge führen zu Eigenkapitalmehrungen.

    c) Erfolgskonten sind Unterkonten des Eigenkapitalkontos.

    d) Aufwendungen werden im Haben, Erträge werden im Soll gebucht.

    e) Die Erfolgskonten verursachen immer Eigenkapitalmehrungen.

2 Der Unternehmer kauft im März einen Pkw für die Firma für 40 000 € + 19% Umsatzsteuer. Die
Nutzungsdauer wird mit 5 Jahren angenommen. Wie hoch ist im ersten Jahr die lineare
Abschreibung?

    a)   4 000 €

    b)   8 000 €

    c) 12 000 €

    d) 14 500 €

    e) 20 000 €

3 Der Kontoauszug der Bank vom 31.12. enthält folgende Lastschriften:
Hypothekentilgung = 20 000 €, Hypothekenzinsen = 5 000 €. Wie muss gebucht werden?

a) Hypotheken an Bank 25 000
b) Bank an Hypotheken 25 000
c) Hypotheken 20 000 + Zinsaufwendungen 5 000 an Bank 25 000
d) Hypotheken 20 000 an Zinsaufwendungen 20 000
e) Zinsaufwendungen 5 000 an Hypotheken 5 000

4 Welche Aussage trifft zu?

a) In der Abgabenordnung (AO) ist geregelt, wer neben den handelsrechtlich zur Buchführung
Verpflichteten auch noch zur Buchführung verpflichtet ist.
b) Die Buchführungspflicht nach der AO bezeichnet man als abgeleitete Buchführungspflicht.
c) Die Buchführungspflicht nach der AO nennt man originäre Buchführungspflicht.
d) Die AO hat mit der Buchführungspflicht nichts zu tun.
e) Die Abgabenordnung bezieht sich nur auf Kaufleute.

5 Welche Aussage zum Kontenplan trifft zu?

a) Der Kontenplan eines Unternehmens hat mit dem Kontenrahmen nichts zu tun.
b) Aus einem Kontenrahmen erstellt das Unternehmen einen Kontenplan, der sich den Bedürfnissen und Besonderheiten des Unternehmens anpasst.
c) Die Kontenklassen eines Kontenplans stimmen mit denen des Kontenrahmens nicht wesentlich überein.
d) Ein erstellter Kontenplan darf nicht mehr geändert werden.
e) Alle Unternehmen einer Branche müssen mit dem gleichen Kontenplan arbeiten.

6 Wo sind die Vorschriften für den Jahresabschluss niedergelegt?

a) Im Bürgerlichen Gesetzbuch
b) In der Abgabenordnung
c) Im Strafgesetzbuch
d) Im Einkommenssteuergesetz
e) Im Handelsgesetzbuch

7 Welcher der folgenden Begriffe kennzeichnet **keine** Inventur im Sinne des Handelsgesetzbuches?

a) Permanente Inventur
b) Stichtaginventur
c) Zeitlich verlegte Inventur
d) Frühjahrsinventur
e) Stichprobeninventur

8 Welche Aussage ist richtig?

a) Aktive Rechnungsabgrenzungsposten erhöhen den Aufwand.
b) Aktive und passive Rechnungsabgrenzungsposten beeinflussen nicht den Erfolg eines
Unternehmens.
c) Passive Rechnungsabgrenzungsposten erhöhen den Aufwand.
d) Passive Rechnungsabgrenzungsposten erhöhen den Ertrag.
e) Aktive Rechnungsabgrenzungsposten mindern den Aufwand.

9 Nach welchem Prinzip wird grundsätzlich das Umlaufvermögen bewertet?

a) Nach dem Tageswertprinzip
b) Nach dem Höchstwertprinzip
c) Nach dem gemilderten Niederstwertprinzip
d) Nach dem Substanzerhaltungsprinzip
e) Nach dem strengen Niederstwertprinzip

E Prüfungsaufgaben

10 Wie beeinflusst eine Erhöhung an fertigen und unfertigen Erzeugnissen den Abschluss?

    a) Die Aufwendungen werden erhöht.
    b) Die Erträge werden erhöht.
    c) Die Erlöse werden erhöht.
    d) Das neutrale Ergebnis verbessert sich.
    e) Das Betriebsergebnis wird gemindert.

2.1.2 Offene Fragen

1 Die Nutzung von Wirtschaftsgütern im Betrieb führt zu Abnutzungen. Unterscheiden Sie zwischen ordentlicher (AfA) und außerordentlicher Abschreibung!

2 Welches sind die wichtigsten Grundsätze ordnungsmäßiger Buchführung?

3 Im Rahmen des Rechnungswesens bildet die Buchführung die Grundlage für betriebliche Entscheidungen. Welche Informationen liefert die Buchführung?

4 Die Buchführung ist nicht nur zeitpunkt-, sondern auch zeitraumbezogen. Erläutern Sie diese Begriffe anhand der Bilanz und der Gewinn- und Verlustrechnung.

5 Welche Aufgabe hat das Privatkonto?

6 Unterscheiden Sie zwischen Marktpreis und betrieblich kalkuliertem Preis.

7 Welche Aufgaben hat der BAB und wie ist er gegliedert?

8 Welche Bedeutung hat der Gewinn- und Wagniszuschlag und von welchen Faktoren ist seine Höhe abhängig?

9 Welche Möglichkeiten der steuerlichen Gewinnermittlung gibt es?

2.1.3 Praktische Aufgaben

1 Welche der folgenden Aussagen sind richtig?   **A : 2**

    a) Geschäftsfälle verändern mindestens 2 Bilanzpositionen.
    b) Durch jeden Geschäftsfall wird die Bilanzsumme verändert.
    c) Nur eine zum Ende des Geschäftsjahres aufgestellte Bilanz befindet sich im Gleichgewicht.
    d) Es sind auch Geschäftsfälle denkbar, die nur die Aktivseite betreffen.
    e) Es sind auch Geschäftsfälle denkbar, die den Wert der Aktivseite erhöhen und den der Passivseite verringern.

2 Vermögens- und Kapitalwerte der »Möbelwerke Kassel GmbH«, Geschäftsführer Hans-Jörg Meier, zum 31.12…:

Betriebs- und Geschäftsausstattung	27 080 €
Forderungen aus Lieferungen und Leistungen	167 740 €
Lieferantenverbindlichkeiten	140 210 €
Gebäude	182 950 €
Unfertige Erzeugnisse	39 410 €
Kasse	2 720 €
Kontokorrentkredit	13 700 €
Maschinen / Maschinelle Anlagen	173 130 €
Fertige Erzeugnisse	123 500 €

Bankguthaben	16 400 €
Darlehen	375 880 €
Roh-, Hilfs- und Betriebsstoffe (Material)	83 380 €

a) Stellen Sie die Bilanz zum 31.12. ... auf! Ordnen Sie diese nach den Regeln des HGB!
b) Am Jahresanfang betrug das Eigenkapital 275 500 €. Wie hoch war der Jahreserfolg und mit wieviel % hat sich das eingesetzte Eigenkapital verzinst (= Eigenkapitalrentabilität)?
c) Errechnen Sie die Anlagendeckung I, die Eigenkapitalquote und die Liquidität 2. Grades.

3 Die »Fahrzeughandelsgesellschaft mbh« stellt uns für den Kauf eines Lastwagens in Rechnung: Nettopreis 84 500 €, Spezialaufbau 9 500 €, Sonderlackierung mit Werbeaufschrift 3 100 €, Anhängerkupplung 1 400 €, Überführungskosten 1 200 €, Zulassungskosten 300 €, zuzüglich Umsatzsteuer vom Gesamtbetrag. Die Kfz-Steuer über 800 € und die Haftpflichtversicherung mit 1 800 € werden von uns durch Banküberweisung bezahlt.

a) Ermitteln Sie die Anschaffungskosten des Lastwagens.
b) Buchen Sie (nur) den Kauf des Lkw mit Zubehör!

4 Das Inventar des Sägewerks Lutz Weise weist zu Beginn des Geschäftsjahres ein Eigenkapital von 2 000 000 € aus. Am Ende des Geschäftsjahres ergibt sich aus dem Inventar ein Eigenkapital von 2 650 000 €. Für Privatzwecke hatte Lutz Weise im Laufe des Jahres bar 80 000 € entnommen.

a) Wie hoch ist der Gewinn des Geschäftsjahres?
b) Wie hoch ist der Verlust, wenn das Eigenkapital statt 2 650 000 € lediglich 1 550 000 € beträgt?

B Wirtschaftslehre

2.1.4 Programmierte Aufgaben

1 Warum ist der Mensch zum Wirtschaften gezwungen?

a) Aus gesellschaftlichen Zwängen und Anforderungen heraus.
b) Aus Mangel an Geld und Sachwerten.
c) Aufgrund sich ständig verändernder Bedürfnisse.
d) Wegen Angebot und Nachfrage nach Gütern.
e) Aus Selbstverwirklichung und Gewinnsucht.

2 Wie heißen die volkswirtschaftlichen Produktionsfaktoren?

a) Arbeit, Kapital und Standort
b) Kapital, Arbeit und Material
c) Boden, Arbeit und Kapital
d) Arbeit, Maschine und Kapital
e) Material, Boden und Arbeit

3 Was kennzeichnet Produktionsgüter?

a) Sie sind unbegrenzt verwendbar.
b) Sie dienen dem privaten Endverbrauch.
c) Sie dienen dem öffentlichen Gebrauch.
d) Sie dienen der Herstellung neuer Güter.
e) Sie haben wegen ihrer Knapppheit immer einen hohen Preis.

4 Was versteht man unter dem Bruttosozialprodukt?

a) Die Summe der Leistungen der Sozialversicherung in einem Jahr.
b) Der Anteil der Bruttosozialausgaben im Staatshaushalt in einem Jahr.

E Prüfungsaufgaben

c) Die Summe der Bruttoleistungen in der gesetzlichen Arbeitslosenversicherung.
d) Das Produkt aller sozialen Steuervergünstigungen des Staates in einem Jahr.
e) Die Summe aller in einer Volkswirtschaft produzierten Güter und Dienstleistungen.

5 Wann liegt in einer Volkswirtschaft Wirtschaftswachstum vor?

a) Wenn die Leistungen die Kosten übersteigen.
b) Wenn das reale Bruttosozialprodukt gestiegen ist.
c) Wenn der Staatshaushalt ausgeglichen ist.
d) Wenn die Inflation geringer ist als das Angebot.
e) Wenn die Güternachfrage größer als das Angebot ist.

6 Welche wirtschaftspolitischen Ziele bilden das »magische Viereck«?

a) Geldwertstabilität, Preisstabilität, Vollbeschäftigung, Exportgleichgewicht.
b) Wettbewerbssicherung, Außenhandelsgleichgewicht, Preisstabilität, Vollbeschäftigung.
c) Gerechte Einkommensverteilung, Preisstabilität, Vollbeschäftigung, Wettbewerbssicherung
d) Vollbeschäftigung, angemessenes Wirtschaftswachstum, Zahlungsbilanzausgleich, Preisstabilität.
e) Wirtschaftswachstum, Preisstabilität, außenwirtschaftliches Gleichgewicht, Sicherung des Wettbewerbs.

7 Die Standortanalyse im Rahmen der Betriebsgründung eines Handwerkers

a) muss von Betriebs- und Marketingberatern durchgeführt werden;
b) wird auch später ständig durchgeführt um Kundenwünsche zu erkennen und umzusetzen;
c) erbringt wichtige Informationen für die zukünftige Rechtsform der Unternehmung;
d) hat einen erheblichen Einfluss auf die Auswahl des betrieblichen Standortes;
e) ist bei der Übernahme eines bestehenden Betriebes unnötig.

8 Welche der folgenden Aussagen trifft für die GmbH zu?

a) Sie ist im Handwerk nicht möglich, da nur für Großbetriebe geeignet.
b) Die GmbH wird von einem Vorstand geführt.
c) Die GmbH ist im Handelsgesetzbuch geregelt.
d) Die Gesellschafter der GmbH haften nicht mit ihrem Privatvermögen.
e) Die Gründung erfolgt durch schriftlichen Gesellschaftsvertrag von mindestens zwei Personen.

9 Welchen Nachteil hat eine Einzelunternehmung?

a) Der Inhaber kann schnell entscheiden.
b) Der Inhaber haftet mit dem Privatvermögen.
c) Der Inhaber bestimmt allein und erhält den Gewinn allein.
d) Sie kann einen stillen Teilhaber aufnehmen.
e) Das mit geringem Kapitaleinsatz ein hoher Gewinn erwirtschaftet wird.

10 Welches sind die Grundfunktionen eines Handwerksbetriebes?

a) Produktion und Montage von Produkten.
b) An- und Verkauf von Waren und Gütern.
c) Verwalten und Verkaufen von produzierten Waren.
d) Beschaffung, Produktion, Absatz und Verwaltung.
e) Einkauf, Fertigung, Verwaltung und Verkauf.

11 Worauf ist die Beschaffung im Handwerksbetrieb ausgerichtet?

a) Auf die Deckung der gesamten im Betrieb anfallenden Kosten.
b) Auf die Versorgung des Betriebes mit Eigen- und Fremdkapital.
c) Auf die Auswahl und Einstellung von neuen Mitarbeitern.

d) Auf den Einkauf des gesamten notwendigen Materials zur Produktion.

e) Auf die Deckung des betrieblichen Bedarfs an allen Produktionsfaktoren.

12 Was versteht man unter dem »Eisernen Bestand«?

a) Durchschnittslagerbestand an Fertigungsmaterial.

b) Bestand mit den geringsten Lagerhaltungskosten.

c) Mindestlagerbestand zur Sicherung der Fertigung im Betrieb.

d) Lagerbestand, bei dem eine Meldung zum Kauf neuen Materials erfolgt.

e) Bestand an Material, der nicht verarbeitet werden darf.

13 Warum kann im Handwerk auf Handarbeit nicht verzichtet werden?   **A : 2**

a) Weil durch Handarbeit Arbeitsplätze gesichert werden.

b) Weil die Flexibilität der Produktion dies erfordert.

c) Weil die Erfahrung der Mitarbeiter im Handwerk gebraucht wird.

d) Weil Geschick und Handfertigkeiten gerade im Handwerk notwendig sind.

e) Weil durch Handarbeit eine höhere Produktqualität erreichbar ist.

14 Was versteht man unter Absatz?

a) Auswahl möglichst geeigneter Werbemethoden um die Kunden anzusprechen.

b) Erzielung eines größtmöglichen Verkaufserfolgs zu geringen Kosten.

c) Alle Maßnahmen, die auf den Verkauf der Produkte und Waren ausgerichtet sind.

d) Alle Maßnahmen, die den Umsatz erhöhen sollen.

e) Alle Mittel zur Werbung neuer Kunden.

15 Welche Aufgabe hat die Werbung im Handwerk?

a) Das Image der Unternehmung in der Öffentlichkeit zu heben.

b) Information der Kunden über die Produkte und Erzeugnisse der Unternehmung.

c) Verdrängung der Konkurrenz.

d) Information über den Erfolg der Unternehmung.

e) Verkauf der betrieblichen Erzeugnisse.

16 Was versteht man unter Aufbauorganisation?

a) Die räumliche und zeitliche Festlegung der Arbeitselemente.

b) Die Ordnung der verschiedenen betrieblichen Aufgaben.

c) Die organisatorische Gliederung eines Betriebes in Leitungs- und Funktionsebenen.

d) Die Aufgabengliederung eines Betriebes.

e) Die Stellenbesetzung und Zuweisung von Aufgaben im Betrieb.

17 Welchen Zweck hat die Lagerhaltung?

a) Lagerhaltung dient nur der Aufbewahrung von Material und Werkstoffen.

b) Lagerhaltung dient nur der Pflege von Material und Werkstoffen.

c) Lagerhaltung dient der Bevorratung von Material zum Ausgleich von Schwankungen im Bedarf.

d) Lagerhaltung ist, weil sie hohe Kosten verursacht, bei guten Lieferbeziehungen nicht nötig.

e) Lagerhaltung ist in Betrieben mit verderblichen Waren unmöglich.

18 Was versteht man unter der Leistungsfähigkeit des Menschen?

a) Die körperliche Stärke, Befähigung und Konstitution des Menschen.

b) Die Kollegialität des Menschen in der Arbeitswelt.

c) Den persönlichen Einsatzwillen des Menschen zur Arbeitsaufgabe.

d) Die persönlichen Kenntnisse, Begabungen und Erfahrungen des Menschen.

e) Die Leistung eines Mitarbeiters, gemessen am Arbeitsergebnis.

E Prüfungsaufgaben

19 Welche Finanzierungsart liegt vor, wenn Gewinne nicht entnommen werden?

    a) Fremdfinanzierung
    b) Eigenfinanzierung
    c) Selbstfinanzierung
    d) Kurzfristige Fremdfinanzierung
    e) Außenfinanzierung

20 Was kennzeichnet eine selbstschuldnerische Bürgschaft?

    a) Der Bürgschaftsvertrag wurde schriftlich abgeschlossen und beurkundet.
    b) Der Bürgschaftsvertrag wurde schriftlich abgeschlossen und vom Notar beurkundet.
    c) Der Bürge haftet erst, wenn die Zwangsvollstreckung gegen den Schuldner ergebnislos ist.
    d) Der Gläubiger muss erst gegen den Schuldner Klage erheben.
    e) Der Bürge hat kein Recht der Einrede der Vorausklage.

2.1.5 Offene Fragen

1 Welche wesentlichen Gestaltungsmerkmale kennzeichnen die Soziale Marktwirtschaft der Bundesrepublik?

2 Erklären Sie das Ökonomische Prinzip an einem Beispiel!

3 Die Haftung der OHG-Gesellschafter erfolgt unmittelbar, unbeschränkt und solidarisch. Erklären Sie was unmittelbare, unbeschränkte und solidarische Haftung bedeutet?

4 Was versteht man unter Gemeinschaftswerbung und welche Vorteile hat die Gemeinschaftswerbung im Handwerk?

5 Aus welchen Gründen kann für viele Arbeiten im Handwerk das Akkordlohnsystem nicht angewandt werden?

6 Von ihren Lieferer erhalten Sie eine Rechnung über 12 500 €. Als Zahlungsbedingungen wurden vereinbart: »Zahlbar innerhalb von 10 Tagen unter Abzug von 3% Skonto oder innerhalb von 30 Tagen rein netto«. Um Skonto ausnutzen zu können, müssten Sie einen Kontokorrentkredit zu 13,4% p.a. aufnehmen.

    a) Wie viel EUR müssen unter Abzug von Skonto an den Lieferer überwiesen werden?
    b) Soll der Kontokorrentkredit in Anspruch genommen werden, um Skonto auszunutzen?
    c) Wie hoch ist die tatsächliche Einsparung (Finanzierungsgewinn)?
    d) Welchem Zinssatz pro Jahr entspricht der Skontosatz?

7 In vielen Handwerksbetrieben wird nach dem partnerschaftlichen Führungsstil geführt. Wodurch ist dieser Führungsstil gekennzeichnet und welche Vorteile hat er?

8 Welcher Unterschied besteht zwischen einer Einzugsermächtigung und einem Dauerauftrag?

9 Was sind Kreditgarantiegemeinschaften des Handwerks, und welche Aufgabe kommt ihnen zu?

10 Wodurch sind die Kreditsicherheiten Pfandrecht und Sicherungsübereignung gekennzeichnet?

C Rechts- und Sozialwesen

2.1.6 Programmierte Aufgaben

1 Welche Ruhepausen muss ein Arbeitnehmer nach dem Arbeitszeitgesetz (AZG) haben, der volljährig ist und regelmäßig 8 Stunden arbeitet?

   a) Eine Pause von 30 Minuten oder 2 Pausen von 15 Minuten
   b) Eine Pause von 60 Minuten
   c) Eine Pause von 30 Minuten oder 3 Pausen von 10 Minuten
   d) Eine Pause von 45 Minuten
   e) Zwei Pausen von 30 Minuten

2 Ein Arbeitnehmer will Rechte aus dem Kündigungsschutzgesetz geltend machen. Welche
Bedingung muss er erfüllen?

   a) Er muss verheiratet sein.
   b) Er muss 21 sein.
   c) Er muss Deutscher sein.
   d) Er muss im letzten Jahr der Ausbildung sein.
   e) Er muss länger als 6 Monate dem Betrieb angehören.

3 Welche Aufgabe hat u.a. die Handwerkskammer?

   a) Festlegen der Höhe der Ausbildungsvergütung
   b) Feststellen der Eignung von Ausbildungsstätten
   c) Ausarbeitung der sachlichen und zeitlichen Gliederung der Berufsausbildung
   d) Kostenlose Bereitstellung des Prüfungsmaterials für die Prüfungen
   e) Überwachung des Berufsschulunterrichts

4 Welche Aussagen über Betriebsvereinbarungen sind richtig?   **A : 2**

   a) Betriebsvereinbarungen betreffen nur gewerkschaftlich organisierte Arbeitnehmer des
       Betriebes.
   b) Betriebsvereinbarungen betreffen nicht nur gewerkschaftlich organisierte Arbeitnehmer des
       Betriebes.
   c) Betriebsvereinbarungen bestimmen die Löhne für bestimmte Facharbeitergruppen.
   d) Betriebsvereinbarungen regeln die Gehälter der leitenden Angestellten.
   e) Betriebsvereinbarungen regeln Inhalte, die nicht im Tarifvertrag festgehalten sind.

5 Für welchen Fall ist das Arbeitsgericht *nicht* zuständig?

   a) Streitigkeit zwischen Arbeitgeber und Betriebsrat über Betriebsvereinbarungen.
   b) Streitigkeit zwischen Arbeitgeberverband und Gewerkschaft über einen Tarifvertragsinhalt.
   c) Streitigkeit zwischen Arbeitgeber und einem Arbeitnehmer über Urlaubsfragen.
   d) Streitigkeit zwischen leitenden Angestellten und Arbeitnehmern über Akkordregelungen.
   e) Streitigkeit zwischen Rentenversicherung und Arbeitnehmer über die Rentenhöhe.

6 Welche Begriffe sind der gesetzlichen Unfallversicherung zuzuordnen?

   a) Altersruhegeld, Waisenrente
   b) Witwenrente, Berufsberatung
   c) Insolvenzgeld, Verletztenrente
   d) Umschulung nach Arbeitsunfall, Hinterbliebenenrente
   e) Arbeitslosengeld, Kurzarbeitergeld

7 Welche Aussage zur Arbeitssicherheit und Unfallschutz am Arbeitsplatz trifft zu?

   a) Sie haben keinen Einfluss auf die Arbeitsleistung.
   b) Sie braucht der Betrieb nicht zu beachten, weil das Gewerbeaufsichtsamt dafür zuständig ist.

c) Sie sind nur in bestimmten, unfallträchtigen Branchen wichtig.
d) Sie hemmen die Leistung, weil sie die Arbeitnehmer stören.
e) Sie wirken sich positiv auf die Arbeitsleistung aus.

8 Wie finanzieren sich die gesetzlichen Krankenkassen?

a) Zu je 25% durch Staat, Arbeitgeber, Arbeitnehmer und Rentner.
b) Zu je 50% durch Staat und Beiträge der Versicherten.
c) Hauptsächlich durch die Beiträge der Arbeitgeber und Arbeitnehmer.
d) Durch Zahlungen der EU.
e) Vor allem durch Zahlungen des Staates.

9 Welche Aussage über die gesetzliche Rentenversicherung trifft zu?

a) Alle Arbeitnehmer können aus der Rentenversicherung austreten, wenn sie über die Beitragsbemessungsgrenze verdienen.
b) Alle Arbeitnehmer können frei entscheiden, ob sie Mitglied sein möchten.
c) Alle Arbeitnehmer sind Mitglied in der Rentenversicherung.
d) Alle Bürger können der Rentenversicherung freiwillig beitreten.
e) Arbeitslose können bei Bezug von Leistungen des Arbeitsamtes der Rentenversicherung beitreten.

10 Welches Gesetz gehört zum öffentlichen Recht?

a) Bürgerliches Gesetzbuch (BGB)
b) Gesetz gegen den unlauteren Wettbewerb (UWG)
c) GmbH-Gesetz
d) Handelsgesetzbuch (HGB)
e) Strafgesetzbuch (StGB)

11 Ordnen Sie zu, indem Sie die Kennziffern der 3 Erläuterungen in die Kästchen bei den entsprechenden Begriffen eintragen!

Erläuterungen:
1. Willenserklärungen, die einen Kaufvertrag begründen.
2. Die rechtliche Herrschaft über eine Sache.
3. Die tatsächliche Herrschaft über eine Sache.

Begriffe:
☐ Besitz   ☐ Rechtsgeschäft   ☐ Eigentum

12 Tragen Sie die Ziffern **1** für natürliche und **2** für juristische Personen in die Kästchen bei den jeweiligen Beispielen ein.

Beispiele:
☐ Die Handwerkskammer

☐ Der Gerichtsvollzieher Streng

☐ Der Rechtsanwalt Petersen

☐ Der Kegelverein »Alle Neune e.V.«

☐ Der Richter Schlau beim Amtsgericht

13 Ein Arbeitnehmer wird aus betrieblichen Gründen versetzt. Ein Arbeitsplatz mit gleicher gehaltlicher Vergütung ist nicht vorhanden, sodass eine tarifliche Rückgruppierung unumgänglich ist. Welche Aussage ist richtig?

a) Der Arbeitgeber kann die Rückgruppierung ohne besondere Ankündigung mit dem Tag der Versetzung wirksam werden lassen.

b) Es ist eine Änderungskündigung erforderlich.
c) Es gelten nicht die gleichen Kündigungsfristen wie bei einer ordentlichen Kündigung.
d) Der Betriebsrat ist bei einer Änderungskündigung nicht zu hören.
e) Die gehaltliche Änderung ist ohne Kündigung möglich; nur der Betriebsrat muss zustimmen.

14 Verschiedene Personengruppen genießen **keinen** besonderen Kündigungsschutz. Welche sind das?

a) Freiwilliger Wehrdienst
b) Betriebsratsmitglieder
c) Schwangere Frauen
d) Gewerkschaftsmitglieder
e) Schwerbehinderte
f) Auszubildende nach der Probezeit

15 Welche Einrichtung ist für die Einhaltung der Arbeitszeitordnung zuständig?

a) Arbeitsgericht
b) Amtsgericht
c) Landgericht
d) Ordnungsamt
e) Gewerbeaufsichtsamt oder »Staatliches Amt für Arbeitsschutz und Sicherheitstechnik«

16 In welchem Fall wird gegen die Tarifautonomie verstoßen?

a) Der Gesetzgeber beschließt ein Gesetz über den Kündigungsschutz.
b) Die Tarifpartner vereinbaren eine Schlichtungsordnung.
c) Ein einzelner Arbeitgeber schließt mit einer Gewerkschaft einen Tarifvertrag ab.
d) Der Gesetzgeber regelt die Höhe des Mindesturlaubs.
e) Der Bundestag beschließt einen befristeten Lohnstopp.

17 Dem Arbeitnehmer werden Beiträge vom Bruttogehalt abgezogen. Welche der folgenden Positionen ist falsch?

a) Beitrag zur gesetzlichen Unfallversicherung.
b) Beitrag zur gesetzlichen Krankenversicherung.
c) Beitrag zur Arbeitslosenversicherung.
d) Beitrag zur Rentenversicherung.
e) Beitrag zur gesetzlichen Pflegeversicherung.

18 Was bedeutet in der gesetzlichen Krankenversicherung die Familienversicherung?

a) Familienangehörige sind **immer** beitragsfrei versichert.
b) Familienangehörige müssen alle in der gleichen Krankenkasse Mitglied sein.
c) Familienangehörige zahlen einen ermäßigten Beitragssatz.
d) Für mitversicherte Kinder sind keine Altersgrenzen festgelegt.
e) Familienangehörige sind bei einem versicherten Mitglied beitragsfrei versichert.

19 Welche Aufgaben hat die Berufsgenossenschaft *nicht* zu erfüllen?

a) Zahlung von Waisen- und Verletztenrente
b) Kontrolle der Einhaltung der Arbeitszeitordnung, Arbeitszeitgesetz
c) Kostenübernahme für die Behandlung nach einem Arbeitsunfall.
d) Herausgabe von Unfallverhütungsvorschriften
e) Überwachung der Unfallverhütungsvorschriften

E Prüfungsaufgaben

20 Welche Aufgaben hat die Bundesagentur für Arbeit *nicht?*

    a) Haftpflichtversicherung der Arbeitslosen
    b) Umschulung und Berufsberatung
    c) Arbeitsvermittlung
    d) Zahlung des Arbeitslosengeldes
    e) Zahlung von Lohnkostenzuschüssen an Betriebe

2.1.7 Offene Fragen

1 Was kennzeichnet ein Handwerksgewerbe?

2 Welche Pflichten hat der Arbeitgeber?

3 Ein Handwerksmeister, der auf einer Messe den Kauf einer Maschine mit Zahlungsziel drei Monate schriftlich vereinbart hat, erhält die Auftragsbestätigung des Herstellers ohne dieses Ziel. Kann der Käufer die drei Monate ohne weiteres in Anspruch nehmen?

4 Welche Rechtsgebiete werden durch das BGB geregelt?

5 Welche Personengruppen genießen einen besonderen Kündigungsschutz?

6 Welche Aushänge zur Unterrichtung der Arbeitnehmer und zur besseren Beachtung der Arbeitsschutzvorschriften muss der Unternehmer vornehmen? Nennen Sie mindestens drei!

7 Wie kommt ein Grundstückskaufvertrag zustande und wann erwirbt der Käufer das Eigentum?

8 Welche Stelle erhält von wem die Sozialabgaben aus einem Arbeitsverhältnis?

3. AUFGABENSATZ

3.1 Rechnungswesen

3.1.1 Programmierte Aufgaben

1 Wie hoch ist die Eigenkapitalrentabilität des Unternehmens, wenn der Reingewinn 120 000 € beträgt und das Eigenkapital zu Beginn des Jahres 600 000 € ausmacht?

    a) 50 %
    b) 20 %
    c) 10 %
    d) 22 %
    e) 16 %

2 Welche Kennziffer drückt die Anlagenintensität aus?

    a) Anlagevermögen : Umlaufvermögen
    b) Eigenkapital : Fremdkapital
    c) Anlagevermögen : Gesamtvermögen
    d) Umlaufvermögen : Gesamtvermögen
    e) Eigenkapital : Gesamtkapital

3 Welches sind Zusatzkosten?

a) das Fertigungsmaterial
b) die kalkulatorischen Versicherungsbeiträge
c) die kalkulatorischen Zinsen auf das Gesamtkapital
d) der kalkulatorische Unternehmerlohn
e) die kalkulatorischen Abschreibungen

4 Über welches Konto ist zu buchen, wenn das Finanzamt zuviel gezahlte Gewerbesteuer zurücküberweist?

a) Betriebsfremder Ertrag
b) Periodenfremder Aufwand
c) Betriebssteuern
d) Periodenfremder Ertrag
e) Betrieblich außerordentlicher Betrag

5 Welcher Begriff ergibt sich aus der Differenz zwischen Leistungen (Erlöse) und Kosten?

a) das neutrale Ergebnis
b) das Gesamtergebnis
c) das Betriebsergebnis
d) der steuerpflichtige Gewinn
e) der Bilanzgewinn

6 Wann handelt sich es um eine Bestandsmehrung an Fertigerzeugnissen?

a) Es werden mehr fertige als unfertige Erzeugnisse produziert.
b) Es werden mehr fertige als unfertige Erzeugnisse verkauft.
c) Es werden mehr Fertigerzeugnisse verkauft als produziert.
d) Es werden mehr Fertigerzeugnisse produziert als verkauft.
e) Es werden mehr unfertige als fertige Erzeugnisse verkauft.

7 Welche Aussage zum Break-even-point ist richtig?

a) Er trennt die Gewinn- von der Verlustzone.
b) Er zeigt den maximalen Gewinn an.
c) Fixkosten und Deckungsbeitrag sind identisch.
d) Variable Kosten und Erlöse sind identisch.
e) Die Stückerlöse decken die variablen Stückkosten.

8 Bei welcher Unternehmensform darf kein kalkulatorischer Unternehmerlohn angesetzt werden?

a) Einzelunternehmung
b) Gesellschaft mit beschränkter Haftung
c) Offene Handelsgesellschaft
d) Stille Gesellschaft
e) Kommanditgesellschaft

9 Welche Kennzahl drückt die Wirschaftlichkeit aus?

a) Istkosten : Sollkosten
b) Leistungen : Kosten
c) Ausbringungsmenge : Einsatzmenge
d) Produktivität : Kosten
e) Ausgaben : Einnahmen

E Prüfungsaufgaben

10 Der Unternehmer zahlt sich ein Gehalt in Höhe von 8000 € per Banküberweisung. Wie lautet der Buchungssatz?

    a) Unternehmerlohn 8000 an Bank 8000
    b) Gehälter 8000 an Bank 8000
    c) Privatkonto 8000 an Bank 8000
    d) Löhne 8000 an Bank 8000
    e) Bank 8000 an Privatkonto 8000

3.1.2 Offene Fragen

1 Wie unterscheiden sich betriebliche und steuerliche Abschreibungen?

2 Welche Wertbegriffe kennen Sie? Nennen Sie mindestens 6 und erklären Sie diese kurz!

3 Wie ermittelt man den Materialverbrauch in einer Periode?

4 Erläutern Sie den Begriff »durchlaufender Posten« mit Hilfe eines Beispiels.

5 Warum sollten Konten – wie im Kontenrahmen – sinnvoll geordnet sein?

6 Woran erkennt man aus einer Bilanz die Überschuldung eines Unternehmens?

3.1.3 Praktische Aufgaben

1 Ein Arbeitnehmer bekommt einen Bruttolohn von 2000 €. Die vermögenswirksamen Leistungen trägt der Arbeitgeber mit 26 €. Insgesamt spart der Arbeitnehmer hierbei 40 € monatlich. Die Lohnsteuer beträgt 300 €, die Kirchensteuer 27 €.[1]

Die Sozialversicherungsbeiträge betragen z.B. 2013
    Krankenversicherung   14,6% + 0,9% nur Arbeitnehmer!
    Rentenversicherung   19,9%
    Arbeitslosenversicherung   3,3%
    Pflegeversicherung   2,2%

    a) Errechnen Sie den Auszahlungsbetrag
    b) Buchen Sie die Lohnabrechnung auf den Konten:
       Löhne,
       gesetzliche Sozialaufwendungen,
       Verbindlichkeiten aus Lohn- und Kirchensteuer,
       Verbindlichkeiten aus Sozialabgaben (Arbeitnehmer und Arbeitgeber)
       Verbindlichkeiten Vermögenswirksame Leistungen (VWL)
       Bank

2 Erstellen Sie ein Inventarverzeichnis der Tischlerei Heinz Rode, Kassel, zum 31.12. Ermitteln Sie das Betriebsvermögen (Eigenkapital).

Langfristiges Darlehen	28000 €
Schuldwechsel (Wechselverbindlichkeiten)	3000 €
Bankguthaben	6000 €
Forderungen	10000 €
Mehrwertsteuerschuld	1500 €

---

[1] In der Hoffnung, dass der Solidarzuschlag **(2016 = 5,5% von der Lohnsteuerschuld)** bald wieder abgeschafft wird, haben die Verfasser auf die Einbeziehung dieser Größe in der Lohnabrechnung verzichtet.

Fahrzeuge	20 000 €
Materialbestand	11 000 €
Kassenbestand	2 800 €
Passive Rechnungsabgrenzung	1 200 €
Verbindlichkeiten	20 500 €
Einrichtung/Ausstattung	17 000 €
Besitzwechsel (Wechselforderungen)	3 000 €

3 Eine Maschine mit einer Nutzungsdauer von 5 Jahren, die linear abgeschrieben wurde, hatte zum 31.12. des 2. Nutzungsjahres noch einen Restbuchwert von 60 000 €.
Zum Jahresende wird gleichzeitig bekannt, dass in den nächsten Monaten ein verbessertes Nachfolgemodell zu einem wesentlich günstigeren Preis angeboten wird. Dadurch sinkt der Wert der Maschine auf 45 000 € zum 31.12.

    a) Wie hoch waren die Anschaffungskosten und die bisherigen Abschreibungen?
    b) Wie hoch sind insgesamt die Abschreibungen für das 2. Nutzungsjahr?
    c) Bilden Sie dazu den Buchungssatz.

4 Entscheiden Sie, ob es sich in folgenden Vorfällen der Karl Meier OHG um betriebliche, außerordentliche, betriebsfremde, periodenfremde oder private Vorgänge handelt.

    a) Entnahme von Holz für das Wochenendhaus des Inhabers
    b) Banküberweisung von Versicherungsprämien
        (1) Diebstahlversicherung für das Holzlager
        (2) Lebensversicherung für den Inhaber
    c) Verrechnung des Nutzungswertes der Privatwohnung im Betrieb
    d) Totalschaden eines LKW in Folge eines selbstverschuldeten Unfalls
    e) Inventurdifferenz Holz
    f) Banklastschriften
        (1) HWK-Beitrag
        (2) Kfz-Steuer für privat genutzten Pkw
        (3) Haftpflichtversicherung für Lkw
    g) Gewerbesteuer für das vergangene Jahr ist nachzuzahlen
    h) Bankgutschrift der Miete für vermietete Betriebsgebäudeteile
    i) Bankgutschrift für Zinserträge aufgrund von Bankguthaben
    j) Bankgutschrift für Einkommensteuerrückzahlung
    k) Holzverderb infolge feuchter Lagerung

B Wirtschaftslehre

3.1.4 Programmierte Aufgaben

1 Die Bedürfnisse des Menschen können nach verschiedenen Kriterien geordnet werden; eine Möglichkeit ist die Ordnung nach der Dringlichkeit. Welche der folgenden Einteilungen folgt dem Gesichtspunkt der Dringlichkeit?

    a) Geistige (psychische) Bedürfnisse und körperliche (physische) Bedürfnisse.
    b) Materielle Bedürfnisse und immaterielle Bedürfnisse.
    c) Individuelle Bedürfnisse und kollektive Bedürfnisse.
    d) Bekannte (offene) Bedürfnisse und unbekannte (latente) Bedürfnisse.
    e) Existenzielle Bedürfnisse und nicht lebensnotwendige Bedürfnisse.

2 In der Volkswirtschaftslehre wird zwischen freien und wirtschaftlichen Gütern unterschieden. Durch welche Merkmale sind freie Güter gekennzeichnet?

    a) Freie Güter sind nicht knapp und haben einen geringen Preis.
    b) Freie Güter sind nicht knapp und verursachen nur geringe Kosten.
    c) Freie Güter sind knapp und haben einen Preis.
    d) Freie Güter sind nicht knapp und haben keinen Preis.
    e) Freie Güter sind knapp und verursachen nur geringe Kosten.

3 Welche der folgenden Aussagen über das Ökonomische Prinzip ist richtig?

    a) Ziel des Ökonomischen Prinzips ist die Minimierung aller Kosten in der Unternehmung.
    b) Ziel des Ökonomischen Prinzips ist die Maximierung des Gewinns in der Unternehmung.
    c) Ziel des Ökonomischen Prinzips ist die Maximierung des Umsatzes bei sinkenden Kosten.
    d) Ziel des Ökonomischen Prinzips ist die Erzielung eines maximalen Erfolges mit gegebenen Mitteln bzw. eines bestimmten Erfolges mit geringsten Mitteln.
    e) Ziel des Ökonomischen Prinzips ist die optimale Auslastung aller Betriebskapazitäten.

4 Welche der nachfolgenden Aussagen bezüglich der Preisbildung in einer Marktwirtschaft ist richtig?

    a) Gleichbleibendes Angebot und sinkende Nachfrage führt zu Preiserhöhungen.
    b) Steigendes Angebot und sinkende Nachfrage führt zu Preissenkungen.
    c) Sinkendes Angebot und steigende Nachfrage führt zu Preissenkungen.
    d) Steigendes Angebot und gleichbleibende Nachfrage führt zu Preissteigerungen.
    e) Gleichbleibende Nachfrage und steigendes Angebot führt zu Preissteigerungen.

5 Welche der folgenden Aussagen trifft auf die Soziale Marktwirtschaft der Bundesrepublik Deutschland *nicht* zu?

    a) Tarifverträge zwischen Arbeitgebern und Gewerkschaften können frei ausgehandelt werden.
    b) Die Preisbildung erfolgt frei durch Angebot und Nachfrage auf Gütermärkten.
    c) Der Staat betreibt Wirtschaftspolitik und die Deutsche Bundesbank betreibt Geldpolitik.
    d) Die Bildung von privaten Vermögen wird in bestimmten Fällen vom Staat gefördert.
    e) Alle Zusammenschlüsse von Unternehmen müssen vom Bundeskartellamt genehmigt werden.

6 Was wird unter Mindestreservepolitik der EZB verstanden?

    a) Der Zinssatz der EZB für die Verpfändung von Wertpapieren durch Kreditinstitute.
    b) Der Zinssatz, für den die Kreditinstitute Handelswechsel von Kunden ankaufen dürfen.
    c) Der Zinssatz der EZB für den Ankauf von Wechseln der Kreditinstitute.
    d) Der Diskontsatz ist der Preis, für den die EZB Wertpapiere an der Börse ausgibt.
    e) Die Festlegung von zinslosen Mindestguthaben der Geschäftsbanken bei der EZB.

7 Wo bzw. bei welcher Stelle oder Einrichtung kann ein Handwerksmeister Informationen zur Beurteilung verschiedener Standorte *nicht* bekommen?

    a) Gemeindeverwaltung
    b) Handwerkskammer
    c) Handelsregister
    d) Grundbuchamt
    e) Fachzeitschriften

8 Welche der nachfolgenden Überlegungen vor der Gründung einer Unternehmung betrifft hauptsächlich rechtliche Gesichtspunkte?

    a) Analyse des lokalen und regionalen Bedarfs
    b) Wahl der Unternehmungsform
    c) Untersuchung der Arbeitsmarktstruktur

d) Wahl des betrieblichen Standortes

e) Analyse des Finanzbedarfs

9 Welches der folgenden Merkmale ist bei der Wahl der Rechtsform der Unternehmung *nicht* von Bedeutung?

a) Finanzbedarf

b) Geschäftsführung

c) Haftung des Unternehmers bzw. der Gesellschafter

d) Gewinn- und Verlustverteilung

e) Arbeitsmarktsituation

10 Welche Rechtsform der Unternehmung ist in der Bundesrepublik Deutschland die häufigste?

a) Offene Handelsgesellschaft (OHG)

b) Einzelunternehmung

c) Gesellschaft mit beschränkter Haftung (GmbH)

d) Kommanditgesellschaft (KG)

e) Gesellschaft des bürgerlichen Rechts (GbR)

11 Wovon ist der Erfolg einer Unternehmung in der Gegenwart hauptsächlich abhängig?

a) Von der Auswahl eines möglichst günstigen Standortes.

b) Von der Wahl der bestmöglichen Rechtsform der Unternehmung.

c) Von der Realisierung kostengünstigster Finanzierungsmöglichkeiten.

d) Von dem Einsatz rationellster Produktionsverfahren.

e) Von umsatzfördernden Absatzmärkten.

12 Was versteht man unter dem Begriff »Absatzmarktanalyse«?

a) Ein Handwerksmeister beschafft sich gelegentlich Informationen für die Beurteilung seines Absatzmarktes.

b) Ein Handwerksmeister beschafft sich systematisch Informationen für die Beurteilung seines Absatzmarktes.

c) Ein Handwerksmeister ermittelt die Zahl seiner Kunden durch die Versendung von Werbebriefen mit einem Losabschnitt zur Teilnahme an einem hauseigenen Preisausschreiben.

d) Ein Handwerksmeister ermittelt die Wünsche seiner Kunden in gelegentlichen Gesprächen.

e) Ein Handwerksmeister informiert sich über Preise und Marktanteile seiner Konkurrenten.

13 Kleinbetriebe sind vor allem durch Einzelfertigung gekennzeichnet. Welche der folgenden Aussagen ist richtig?

a) Die Betriebsmittel und Arbeitsplätze bei Einzelfertigung sind durch ein Transportbandverbunden.

b) Bei Einzelfertigung arbeiten hochspezialisierte Facharbeiter an computergesteuerten Maschinen.

c) Die Einzelfertigung ist gekennzeichnet durch relativ hohe Personalkosten und die Verwendung von Mehrzweckmaschinen.

d) Die Einzelfertigung ist durch hohen Kapitaleinsatz und Spezialmaschinen gekennzeichnet.

e) Bei Einzelfertigung ist das Unternehmen relativ unflexibel, da die Betriebsmittel bei neuen Aufträgen umgestellt werden müssen.

14 Was versteht man unter Public Relations?

a) Werbung auf Plakaten und durch Anzeigen in Zeitungen.

b) Eingehende Beratungsgespräche mit den Kunden.

c) Heranführen des Kunden an die Produkte durch kostenlose Proben und Muster.

d) Verbesserung des Ansehens und des Prestiges der Unternehmung in der Öffentlichkeit.

e) Verwendung von Werbemitteln, die in der Öffentlichkeit bereits bekannt sind.

E Prüfungsaufgaben

15 In welchem Fall liegt Gemeinschaftswerbung vor?

a) Mehrere Glasermeister werben mit dem Slogan:« Wir schaffen Durchblick«.
b) Ein Handwerksmeister lässt sich in Fragen der Gestaltung seiner Verkaufsräume von einem Lieferanten beraten.
c) Die Handwerker einer Gemeinde werben mit einem gemeinsamen Werbeplakat.
d) Für das Handwerk wird gemeinschaftlich im Hörfunk geworben.
e) Ein Handwerksmeister verteilt Werbebriefe eines Großhändlers.

16 Welche Aufgabe hat die Personalorganisation im Betrieb *nicht?*

a) Planung des zukünftigen Personalbedarfs nach qualitativen und quantitativen Gesichtspunkten.
b) Personalbeschaffung und Personalauswahl.
c) Praktizierung eines zeitgemäßen Führungsstils zur Schaffung eines guten Betriebsklimas.
d) Lösung von Konflikten bei zwischenmenschlichen Problemen im Betrieb.
c) Überwachung der Einhaltung der Bestimmungen des Arbeitszeitgesetzes.

17 Durch welches der nachfolgenden Merkmale wird die Leistungsbereitschaft der Mitarbeiter im Betrieb entscheidend beeinflusst?

a) Durch eine günstige Auftragslage und Vollauslastung des Betriebes.
b) Durch den jahreszeitlich bedingten individuellen Gesundheitszustand des Mitarbeiters.
c) Durch den Führungsstil und das Führungswissen des Meisters bzw. Vorgesetzten.
d) Durch die persönliche Stimmungslage des Mitarbeiters.
e) Durch die Dauer der Betriebszugehörigkeit des Mitarbeiters.

18 Welches der folgenden Merkmale ist *kein* Nachteil des Zeitlohnverfahrens?

a) Hoher Lohnkostenanteil pro gefertigtem Stück.
b) Geringer Anreiz der Mitarbeiter zu einer höheren Leistung.
c) Unkomplizierte Berechnung der monatlichen Lohnhöhe.
d) Notwendigkeit einer strengeren Arbeitskontrolle.
e) Geringere Arbeitsproduktivität im Betrieb.

19 Welche der folgenden Aussagen ist richtig?

a) Leasing von Anlagegütern lohnt sich für den Handwerker nicht, da es teurer ist als ein Kredit.
b) Leasing im Bereich neuer Techniken lohnt sich immer, da solche Geräte bei technischer Veralterung zurückgegeben werden können.
c) Leasing ist keine Finanzierungsform, sondern nur ein anderer Ausdruck für einen Mietvertrag.
d) Beim Leasing werden Investitionsgüter vom Hersteller oder von Leasinggesellschaften gegen Entgelt dem Leasingnehmer zur Nutzung zur Verfügung gestellt.
e) Beim Leasing von Investitionsgütern muss der Leasinggegenstand nach Ablauf der Mietzeit immer an den Leasinggeber zurückgegeben werden.

20 Von einem Kontokorrentkredit wird gesprochen, wenn

a) die Zinsen für den Kredit bereits im gesamten Kreditbetrag einkalkuliert sind.
b) die Rückzahlung des Kredites am Ende der Laufzeit in einer Summe erfolgt.
c) der Schuldner Wertpapiere als Kreditsicherheit auf einem Konto verpfändet.
d) die Kreditbereitstellung auf einem Bankkonto in Form einer Kreditlinie erfolgt, bis zu der verfügt werden kann (Dispo).
e) die Rückzahlung des Kredites in festen monatlichen Raten erfolgt, die vom Konto abgebucht werden.

3.1.5 Offene Fragen

1 Erklären Sie die vier Ziele der staatlichen Wirtschaftspolitik in der Sozialen Marktwirtschaft der Bundesrepublik!

2 Bei der Wahl des betrieblichen Standortes sind behördliche Auflagen und kommunale Anreize ein Standortfaktor. Welche Maßnahmen ergreifen Gemeinden, um Existenzgründern die Gewerbeansiedlung in ihrem Bereich attraktiv zu machen?

3 Welche formalen Voraussetzungen müssen für die selbstständige Berufsausübung im Handwerk vorliegen, und bei welchen Behörden bzw. Ämtern hat eine Anmeldung eines Handwerksgewerbes zu erfolgen?

4 Welche Fertigungsarten werden im Handwerk am häufigsten praktiziert?

5 Welche Aufgaben hat die Lagerhaltung im Handwerk, und welche Kosten werden durch die Lagerhaltung verursacht?

6 Ein Unternehmer nimmt für seinen Betrieb für die Zeit vom 19.01. bis 28.04. einen Überbrückungskredit in Höhe von 26 000 € auf.

   a) Wieviel Zinsen berechnet das Kreditinstitut bei einem Zinssatz von 9% p.a.?
   b) Welcher Gesamtbetrag ist vom Unternehmer zurückzuzahlen?

7 Was versteht man unter Finanzierung, und welche Finanzierungsgrundsätze sollten dabei beachtet werden?

8 Beschreiben Sie die Personalbeschaffung bis zur Einstellung eines neuen Mitarbeiters!

9 Was versteht man unter einem Wechseldiskontkredit? Welche Vorteile bietet ein solcher Kredit?

10 Welche Maßnahmen kann ein selbstständiger Unternehmer ergreifen, um auf niedrigere Preise für Waren und Dienstleistungen eines Konkurrenzunternehmens zu reagieren?

C Rechts- und Sozialwesen

3.1.6 Programmierte Aufgaben

1 Wofür ist das Bundeskartellamt zuständig?

   a) den marktwirtschaftlichen Wettbewerb zu überwachen
   b) die von den Herstellern empfohlenen Preise zu kontrollieren
   c) für bestimmte Artikel Preisempfehlungen auszusprechen
   d) staatliche Eingriffe in die Wirtschaft zu verhindern
   e) auf die Preisbegrenzung der Händler zu achten

2 Bei welcher Einrichtung ist die Mitgliedschaft für Handwerker gesetzliche Pflicht?

   a) Bundesverband der Deutschen Industrie
   b) Gewerkschaft Ver.di
   c) Deutscher Gewerkschaftsbund
   d) Bundesverband der Deutschen Arbeitgeberverbände
   e) Handwerkskammer

3 Welcher Begriff passt *nicht* direkt zum HGB?

    a) Handelsfirma
    b) Handelsgesellschaft
    c) Handelsbücher
    d) Handelsgeschäfte
    e) Handelsfachwirt

4 Welche Antwort über die deutsche Gewerkschaftsgeschichte ist richtig?

    a) Nach dem 1. Weltkrieg gab es in Deutschland die Einheitsgewerkschaft.
    b) Aufgrund des Sozialistengesetzes Ende des 19. Jahrhunderts bildeten sich die ersten Gewerkschaften.
    c) Wer im Dritten Reich Mitglied der Gewerkschaft war, musste auch in der NSDAP sein.
    d) Die ersten Gewerkschaften entstanden im 18. Jahrhundert.
    e) Die Weimarer Verfassung enthielt die staatliche Anerkennung der Gewerkschaften.

5 Welche Antwort trifft für die Handwerkskammer zu?

    a) Sie kümmert sich um Vertrieb und Werbung für die angeschlossenen Handwerksbetriebe.
    b) Sie führt Prüfungen zum Facharbeiter durch.
    c) Die Mitgliedschaft für Handwerksbetriebe ist freiwillig.
    d) Sie schließen Tarifverträge mit den Gewerkschaften ab.
    e) Sie ist eine Körperschaft des öffentlichen Rechts, die die Interessen der Handwerksbetriebe vertritt.

6 Welche Ziele verfolgen Arbeitgeberverbände *nicht?*

    a) Verringerung der Lohnnebenkosten
    b) Senkung der Unternehmenssteuern
    c) Einführung einer Abgabe für nichtausbildende Betriebe
    d) Senkung der Lohnfortzahlung im Krankheitsfall
    e) Flexiblere Gestaltung der Arbeitszeiten

7 Für wen galt das Arbeitsplatzschutzgesetz bis 2011 *nicht?*

    a) zur Musterung vorgeladene Arbeitnehmer
    b) für wehrübenden Arbeitnehmer
    c) für zivildienstleistende Arbeitnehmer
    d) für zum Grundwehrdienst einberufene Auszubildende
    e) für ausländische Arbeitnehmer (nicht-EU), die in ihrem Heimatland ihren Wehrdienst ableisten

8 Wo kann der Erlass eines Mahnbescheides beantragt werden?

    a) Bei der Industrie- und Handelskammer
    b) Beim zuständigen Landgericht
    c) Bei den Krankenkassen
    d) Beim Gewerbeaufsichtsamt
    e) Beim zuständigen Amtsgericht

9 Eine Forderung ist verjährt. Welche der Aussagen ist richtig, wenn der Schuldner die Einrede der Verjährung geltend macht?

    a) Der Gläubiger hat keinen Anspruch mehr auf die Forderung.
    b) Der Gläubiger kann seine Forderung nicht mehr gerichtlich durchsetzen.
    c) Der Schuldner kann die Zahlung nicht verweigern.
    d) Der Gläubiger kann mit einem Mahnbescheid die Forderung eintreiben.
    e) Der Gläubiger kann mit einem Vollstreckungsbescheid die Forderung eintreiben.

10 Welche Wirkung hat der Neubeginn der Verjährung?

a) Die Verjährungsfrist beginnt vom Tage der Stundung an neu zu laufen.
b) Die Verjährungsfrist wird um die Zeitspanne der Unterbrechung verlängert.
c) Die Verjährungsfrist wird mit Ablauf des Jahres um 2 Jahre verlängert.
d) Eine Verlängerung der Verjährungsfrist tritt nicht ein.
e) Die Unterbrechung der Verjährung verändert die Verjährungslaufzeit nicht.

11 Es wird von einem Großhändler Ware geliefert, die einen versteckten Mangel aufweist. Wann muss ein Betrieb reklamieren?

a) nach schriftlicher Aufforderung durch den Lieferer
b) unverzüglich nach der Entdeckung, spätestens innerhalb von 2 Jahren
c) überhaupt nicht
d) innerhalb von 8 Tagen
e) innerhalb eines Jahres

12 Welche Rechtsgeschäfte bedürfen zur Gültigkeit in jedem Fall der Schriftform?   **A : 2**

a) Abzahlungsgeschäft
b) Arbeitsvertrag
c) Dienstvertrag
d) Werkvertrag
e) Kaufvertrag

13 Womit beginnt jedes Arbeitsgerichtsverfahren?

a) Der Vorsitzende Richter muss Arbeitnehmer und Arbeitgeber zu einer Güteverhandlung einladen.
b) Der Vorsitzende Richter muss den Kläger zur schriftlichen Klageeinreichung auffordern.
c) Der Vorsitzende Richter muss dem Arbeitnehmer einen Anwalt stellen.
d) Der Vorsitzende Richter muss den Beklagten, z.B. den Arbeitgeber, zur schriftlichen Stellungnahme zur Klage auffordern.
e) Bei einer Kündigung muss der Arbeitgeber diese zurücknehmen.

14 Welcher Beschäftigte ist **kein** Arbeitnehmer im Sinne des Betriebsverfassungsgesetzes?

a) ein ausländischer Arbeitnehmer
b) eine Sekretärin bei der Handwerkskammer
c) eine teilzeitbeschäftigte Bauzeichnerin
d) der Geschäftsführer einer GmbH
e) ein Bauarbeiter, der auf verschiedenen Baustellen tätig ist

15 Welches Papier muss ein Arbeitnehmer als Kraftfahrer einem neuen Arbeitgeber *nicht* vorlegen?

a) Sozialversicherungsausweis mit Foto
b) Krankenkassenausweis
c) Urlaubsbescheinigung für das zutreffende Kalenderjahr
d) Personalausweis
e) Führerschein

16 Was muss ein Arbeitsloser zuerst machen, wenn ihm von der Arbeitsagentur das Arbeitslosengeld II gesperrt wird und er dies für falsch erachtet?

a) selber beim Sozialgericht Klage erheben
b) einen Rechtsanwalt mit einer Klage vor dem Verwaltungsgericht beauftragen
c) einen Gewerkschaftsvertreter mit seiner Interessenvertretung beauftragen
d) schriftlich beim Arbeitsgericht die Einwände geltend machen
e) bei der Arbeitsagentur Widerspruch erheben

E Prüfungsaufgaben

17 Herr Ochsenkühn war 7 Jahre als Tischler tätig. Danach war er 5 Jahre Hausmann. Er meldet sich nun bei der Arbeitsagentur arbeitslos, bekommt aber keine Stelle. Hat er Anspruch auf Arbeitslosengeld I?   **A : 2**

a) Ja, weil die Hausmanntätigkeit als Berufstätigkeit angerechnet wird.
b) Nein, da er die Bedingungen nach dem Arbeitsförderungsgesetz nicht erfüllt.
c) Ja, wobei die Höhe des Arbeitslosengeldes nach dem Tarif einer Hausgehilfin berechnet wird.
d) Nein, da er derzeit kein Arbeitnehmer ist.
e) Nein, er bekommt lediglich Arbeitslosengeld II.

18 Wofür gibt es Sozialgerichte?

a) Um die Arbeitnehmer vor einem Abbau von betrieblichen Sozialleistungen zu schützen.
b) Um den Staat vor überzogenen Ansprüchen der Bürger zu schützen.
c) Um die Sozialversicherungen vor überhöhten Krankenhauskosten zu bewahren.
d) Um sozialversicherte Arbeitnehmer vor fehlerhaften Entscheidungen der Sozialversicherungen zu schützen.
e) Um die Bürger vor einem starken Abbau von Sozialleistungen durch den Staat zu schützen.

19 Welche Antwort über die Deutsche Rentenversicherung Land trifft zu?

a) Sie sind übergeordnete Organisationen aller Versicherungen der Bundesländer.
b) Sie sind zuständig für die Rentenversicherung der Arbeiter.
c) Sie sind zuständig für die gesetzliche Unfallversicherung der Arbeiter.
d) Sie erstellen Unfallverhütungsvorschriften und überwachen diese.
e) Sie erstellen Richtlinien für alle Sozialversicherungszweige.

20 Wovon hängt die Höhe des Altersruhegeldes für einen Arbeitnehmer ab?

a) Von dem Durchschnittseinkommen des Arbeitnehmers.
b) Von der Anzahl der Beitragsjahre des Arbeitnehmers.
c) Von der Anzahl der Beitragsjahre, dem Durchschnittseinkommen des Arbeitnehmers und dem Durchschnittseinkommen aller Arbeitnehmer.
d) Von dem Durchschnittseinkommen aller Arbeitnehmer.
e) Von der Anzahl der Beitragsjahre und dem Durchschnittseinkommen des Arbeitnehmers

3.1.7 Offene Fragen

1 Was ist ein Gewerbe?

2 Erklären Sie kurz den regionalen und fachlichen Aufbau der Handwerksorganisation.

3 Welche Teile enthält die Handwerksordnung?

4 Welche Eintragungen stehen im Handelsregister?

5 Wann hat ein Arbeitnehmer ein Recht auf ein Zeugnis und welche Regelung hat der Arbeitgeber dabei zu beachten?

6 Welche Rechtsgrundlagen bilden das Arbeitsrecht?

7 Was bedeutet Insolvenzgeld?

E Lösungen zu den Prüfungsaufgaben

1. AUFGABENSATZ

A Rechnungswesen

1.1.1 Programmierte Aufgaben

Richtige Lösungen sind:

1 d)	**6** c)
2 b)	**7** c)
3 a) + d)	**8** a)
4 c)	**9** b)
5 d)	**10** a) – 1, b) – 3, c) – 4, d) – 2

1.1.2 Offene Fragen

1 Sofortabschreibung 150 + Vorsteuer 28,50 an Kasse 178,50. Geringwertige Wirtschaftsgüter bis zu einem Anschaffungswert von 150 € netto müssen im Jahr des Zugangs voll abgeschrieben werden. Alle Wirtschaftsgüter über 150 € netto Anschaffungswert müssen in einer Sammelliste erfasst werden. Abschreibung GWG über 5 Jahre, wenn mehr als 150 E, aber nicht mehr als 1 000 € gegeben sind – dazu Bildung eines Sammelpostens.

2 Die Umsatzsteuer besteht für den Betrieb aus Vorsteuer, die er für Rechnungen vom Lieferanten zu zahlen hat, und aus Mehrwertsteuer, die der Kunde für erstellte Leistungen bezahlt. Da die Vorsteuer ein Guthaben gegenüber dem Finanzamt ist (Der Endverbraucher hat bekanntlich die Umsatzsteuer letztlich zu zahlen!) und die Mehrwertsteuer eine Verbindlichkeit gegenüber dem Finanzamt darstellt, verrechnet der Unternehmer beide miteinander. Das Ergebnis ist im Regelfall eine Mehrwertsteuerzahllast, die er im nächsten Monat abzuführen hat. Am Monatsende erscheint diese als Schuld gegenüber dem Finanzamt in der Bilanz.

3 Erfolgsermittlung, Kalkulation, Ermittlung der Selbstkosten, Wirtschaftlichkeitsberechnungen, Statistik, Ermittlung einer Grundlage für zukünftige Entscheidungen, Bestandserfassung und Verbleib der Abgänge, Grundlage und Nachweis zur Ermittlung der Umsatzsteuer, Gewerbesteuer, Einkommenssteuer, Grundlage der Gewinnverteilung, Rechenschaftslegung Gesellschaftern gegenüber, Nachweis der Bank gegenüber Kreditwürdigkeit, Grundlage bei Erbauseinandersetzungen

4 1. Bilanz Aktiva, 2. Bilanz Aktiva bzw. Mehrwertsteuer (beim Monatsabschluss), 3. mindern die Erlöse, G+V, 4. Eigenkapital, 5. Eigenkapital, 6. Bilanz Passiva, 7. Bilanz Passiva, 8. Gewinn- und Verlustrechnung, 9. Gewinn- und Verlustrechnung, 10. Über die Konten, für die Nachlass gewährt wurde, z.B. Rohstoffe, Maschinen oder Fuhrpark.

5 Firmendaten (Name, Adresse, Bankverbindung, Finanzamt), Kundendaten, Lieferantendaten, Kontenplan, Steuerung, Umsatzsteuerdaten.

6 Das Inventar ist eine ausführliche wert- und mengenmäßige Erfassung aller Vermögens- und Schuldenteile zu einem bestimmten Zeitpunkt in Staffelform. Die Bilanz dagegen ist eine Zusammenfassung des Inventars und enthält nur die Werte der Vermögens- und Schuldenteile zu einem bestimmten Zeitpunkt, i.d.R. in Kontenform. Die Bilanz ist zu unterschreiben.

7 *Aktiva:*   Anlagevermögen + Umlaufvermögen (geordnet nach Liquidität)
   Passiva: Eigenkapital + Fremdkapital (geordnet nach Fälligkeit),
   auf beiden Seiten sind Rechnungsabgrenzungsposten möglich

8 (1) Linear vom Anschaffungswert, degressiv vom Restbuchwert;
   (2) degressiv erfasst eher den tatsächlichen stärkeren Werteverlust in den ersten Jahren;
   (3) einmal darf von der degressiven zur linearen Methode gewechselt werden, umgekehrt nicht

9 (1) falscher Verteilerschlüssel im BAB
   (2) eine Übernahme von Konkurrenzpreisen
   (3) eine weitgehend auf Schätzung beruhende Zahlendarstellung

10 Gesamtkosten (Gk) = fixe Kosten (Kf) + variable Kosten (Kv)
   Gk = Kf + (40 * 2000) → Kf = 400 000 – 80 000 = 320 000 € : 2000 = 160 € fixe Kosten je Stück

11 Die Grundkosten entsprechen den Aufwendungen der Kontenklasse 4, die durch die betriebliche Leistungserstellung verursacht wurden und aufwandsgleich (als Grundkosten) in die
   Kostenrechnung übernommen werden. (Löhne, Materialeinsatz, Energieaufwand...)
   Anderskosten ersetzen die neutralen Aufwendungen in der Kostenrechnung mit dem Betrag,
   der dem tatsächlichen Werteverzehr an Gütern und Leistungen entspricht, z.B. kalk. Abschreibungen.
   Zusatzkosten sind in der Kostenrechnung, um die Leistungen als Kosten zu erfassen, die als Aufwand nicht dargestellt werden dürfen, z.B. kalk. Unternehmerlohn, kalk. Miete.

12 Vergleich mehrerer aufeinanderfolgender BAB, auch Betriebsvergleich, Soll-Ist-Vergleich,
   Kostenkontrolle an der Kostenstelle, Prüfung der Wirtschaftlichkeit in den einzelnen Kostenstellen.

13 Bei der aufbereiteten Bilanz wird
   – das Anlagevermögen zu einer Summe zusammengefasst,
   – das Umlaufvermögen nach der Liquidität in nicht flüssiges Umlaufvermögen (Material,
     Waren, Rohstoffe, Unfertige Arbeiten...), bedingt flüssiges Umlaufvermögen (Forderungen,
     Besitzwechsel...) und flüssiges Umlaufvermögen (Bank, Postgiro, Kasse...) unterteilt,
   – das Fremdkapital in langfristiges (Laufzeit über ein Jahr wie z.B. Hypothekendarlehn...) und
     kurzfristiges Kapital (Laufzeit bis ein Jahr wie z.B. Lieferantenkredite...) unterteilt,
   – das Eigenkapital in einer Summe übernommen.

14 Um zu ermitteln, inwieweit der Betrieb mit seinen flüssigen Mitteln ohne Kreditaufnahme seine
   kurzfristigen Zahlungsverpflichtungen erfüllen kann.

1.1.3 Praktische Aufgaben

1 a) Gemeinkosten   =   475 000 €
       Kostenstelle Material   =   47 500 €
       Kostenstelle Fertigung   =   285 000 €
       Kostenstelle Verwaltung   =   142 500 €

   b) MGKZ   =   47 500 × 100/ 600 000 = 7,92%
       FGKZ   =   285 000 × 100/ 300 000 = 95   %
       VWKZ   =   142 500 × 100/1 232 500 = 11,56%
       (1 232 500 = Herstellkosten)

2 Eigenkapital am 31.12.: 300 000 – 90 000 =   210 000
   Eigenkapital am 01.01.: 230 000 – 70 000 =   160 000
   ─── + 50 000
   + Privatentnahmen   + 5 000
   – Privateinlagen   – 20 000
   ───
      Gewinn von Heinz Rode   = 35 000

3 a) 1. Rohstoffe   5 000
              + VSt   950   an Verbindlichkeiten   5 950
           2. BGA   3 000
              + VSt   570   an Verbindlichkeiten   3 570
           3. Forderungen   3 332   an Fahrzeuge   2 800
                                            an USt   532
           4. Forderungen   8 330   an Erlöse   7 000
                                            an USt   1 330

   b) Vorsteuer im Soll: 1 520; Umsatzsteuer im Haben: 1 862.
       Daraus ergibt sich eine Zahllast von 342 (1 862 – 1 520)
   c) Umsatzsteuer 342 an Bank 342

B Wirtschaftslehre

1.1.4 Programmierte Aufgaben

Richtige Lösungen sind:

1 e)	**6** d)	**11** d)	**16** d)
2 c)	**7** d)	**12** a)	**17** c)
3 d)	**8** a)	**13** d)	**18** c)
4 d)	**9** b)	**14** c)	**19** d)
5 b)	**10** e)	**15** b)	**20** a)

1.1.5 Offene Fragen

1 Unter Inflation wird ein Prozess anhaltender Preissteigerungen infolge einer Überversorgung der Wirtschaft mit Geld verstanden. Bei einer Inflation steht der gesamtwirtschaftlichen Gütermenge eine zu große Geldmenge gegenüber (Aufblähung der Geldmenge), die Folge sind steigende Güterpreise, d.h. Waren und Dienstleistungen werden in der Volkswirtschaft ständig teurer.

Eine Inflation bzw. eine inflationäre Entwicklung hat in der Praxis regelmäßig nicht nur eine Ursache. Mögliche Ursachen einer Inflation sind z.B. eine Übernachfrage nach Gütern, die Preiserhöhungen auslöst und die sog. Lohn-Preis-Spirale (steigende Löhne bewirken steigende Preise und umgekehrt) in Gang setzt, oder Preissteigerungen bei Importgütern wie Rohstoffen (importierte Inflation) die die Produktionskosten erhöhen und damit das nationale Preisniveau in die Höhe treiben.

2 Sparen bedeutet, dass nicht das gesamte verfügbare Einkommen eines Haushaltes für Konsumzwecke verwendet wird, d.h. es wird weniger Geld ausgegeben, als im gleichen Zeitraum eingenommen oder verdient wurde. Spart ein Haushalt, so betreibt er also aktuellen Konsumverzicht bzw. Konsumaufschub in die Zukunft.

Haushalte bilden z.B. Ersparnisse für größere Anschaffungen in der Zukunft (Zwecksparen) oder zur Erhöhung der wirtschaftlichen Sicherheit (Sicherheitsmotive).

Auf volkswirtschaftlicher Ebene wird durch Sparen einerseits die Nachfrage nach Gütern verringert. Andererseits setzt Sparen jedoch finanzielle Mittel frei, die über Kreditinstitute (Geschäftsbanken und Sparkassen) den Unternehmen in Form von Fremdkapital zufließen, und von diesen für Investitionszwecke genutzt werden können. Durch Sparen werden damit letztlich die Produktionsbedingungen in der Volkswirtschaft, d.h. die Ausstattung der Unternehmen mit Produktionsgütern (= Maschinen oder technische Anlagen am neuesten Stand der Technik) verbessert.

3 Die Aufgabe der Europäischen Zentralbank (EZB) ist die Regelung des Geldumlaufs und die Kreditversorgung der Wirtschaft der Euro-Mitgliedstaaten.

Vor allem mit Hilfe der Hauptfinanzierungsgeschäfte steuert die EZB die Zinsen und die Entwicklung der Geldmenge im Euroraum und setzt damit für die Geschäftsbanken wichtige Zeichen im Rahmen der Geldpolitik.

4 Die Wahl des Standortes eines Handwerksbetriebes zählt zu den wichtigen Entscheidungen bei der Betriebsgründung. Die Standortentscheidung ist von besonderer Bedeutung, weil sie langfristige Wirkung hat, nur schwer zu revidieren ist und Rahmenbedingungen für die Lösung späterer betriebswirtschaftlicher Aufgaben und Probleme setzt.

Die Wahl des betrieblichen Standortes wird von verschiedenen Einflussgrößen, den sog. Standortfaktoren bestimmt. Im Rahmen einer Standortanalyse werden diese Faktoren untersucht, und der Standort ausgewählt, der den größten wirtschaftlichen Nutzen (= optimaler Standort) verspricht. Faktoren, die bei der betrieblichen Standortwahl berücksichtigt werden sollten sind z.B.:

Beschaffungsfaktoren:
Materialversorgung, Lieferantendichte, Beschaffungskonkurrenz, bebaubare Grundstücke: Erschließungs- und Nutzungskosten, Leistungen und Zuschüsse des Staates, Investitionsgüter, Fremdkapitalbeschaffung, Arbeitskräfteangebot, örtliche Dienste, staatliche Auflagen.

Absatzfaktoren:
Lokaler und regionaler Bedarf, Kaufkraft, Konkurrenzsituation, Gewohnheiten der Verbraucher, Absatzkontakte, Absatzhilfen durch den Staat.

Infrastruktur:
Verkehrsnetz, Verkehrsintensität, Parkmöglichkeiten, Energieversorgung, Abwasserbeseitigung, Nachrichtenverbindungen.

5 Die Gesellschaft mit beschränkter Haftung (GmbH) ist eine rechtsfähige Unternehmungsform, bei der die beteiligten Gesellschafter mit Stammeinlagen am Stammkapital der Gesellschaft beteiligt sind und für Schulden der Gesellschaft nicht persönlich haften. Wesentliche Merkmale der GmbH sind:

Geschäftsführung:
Die Geschäftsführung der GmbH wird von einem oder mehreren Geschäftsführern ausgeübt. Geschäftsführer können Gesellschafter oder angestellte Beschäftigte sein.

Kapitalaufbringung:
Das Stammkapital ist der Gesamtbetrag aller Stammeinlagen der Gesellschafter, der durch die Satzung der GmbH festgelegt wird. Das Stammkapital der GmbH muss lt. GmbH-Gesetz mindestens 25 000 € betragen. Die Stammeinlage ist der von einem Gesellschafter der GmbH übernommene Anteil am Stammkapital. Die Stammeinlage muss lt. Gesetz mindestens 100 € betragen.

Haftung:
Für Verbindlichkeiten haften die Gesellschafter der GmbH nicht persönlich, sondern jeweils nur bis zur Höhe ihrer Stammeinlage. Die Satzung der GmbH kann jedoch eine beschränkte oder unbeschränkte Nachschusspflicht vorsehen.

Gewinnverteilung:
Die Gesellschafter der GmbH haben Anspruch auf einen Anteil am Jahresgewinn der Gesellschaft im Verhältnis ihrer Geschäftsanteile. Der Jahresabschluss und die genaue Gewinnverteilung wird durch Beschluss der Gesellschafterversammlung bestimmt.

6 Eine zwischenbetriebliche Kooperation von Unternehmen liegt vor, wenn sich rechtlich und wirtschaftlich selbstständige Unternehmen vertraglich zur Zusammenarbeit auf bestimmten Gebieten verpflichten. Kooperationen sind für die beteiligten Unternehmen immer dann sinnvoll, wenn der Grad der Zielerreichung durch gemeinsames Vorgehen in bestimmten Bereichen höher ist, als bei alleiniger Vorgehensweise.

Die Gründe die für Kooperationen von Handwerksbetrieben sprechen sind vielfältig, laufen jedoch in der Regel auf eine Stärkung der Wettbewerbfähigkeit durch gemeinschaftliches Vorgehen hinaus. Gründe die für Kooperationen von Handwerksbetrieben sprechen sind z.B.:

– Sicherung der Beschäftigung und der Wettbewerbsfähigkeit durch Übernahme größerer Aufträge, die die Kapazität eines einzelnen Betriebes sowie dessen Finanzkraft übersteigen würden.

– Ertragssteigerung der einzelenen Unternehmung durch Senkung der Kosten z.B. als Folge der Nutzung gemeinsamer Fertigungsstätten oder Großmaschinen.

– Erschließung neuer Kundenkreise und Märkte für den einzelnen Handwerker z.B. durch gemeinsame Werbung oder Öffentlichkeitsarbeit.

7 Die Aufgabe der Aufbauorganisation ist die Gliederung der betrieblichen Gesamtaufgabe in Teil- und Elementaraufgaben, dargestellt in einem Organigramm. Durch die Aufbauorganisation wird festgelegt, welche Stellen und Abteilungen diese Aufgaben erledigen und wie die Zusammenarbeit und die Rangfolge dieser Stellen und Abteilungen erfolgen soll.

Mit Hilfe einer Aufgabenanalyse werden die betrieblichen Teilaufgaben sichtbar gemacht und eine Gliederung der Gesamtaufgabe beispielsweise nach Objekten (z.B. Rohstoffe, Hilfsstoffe, Betriebsstoffe), nach Verrichtungen (z.B. Lagern, Transportieren, Zuschneiden, Montieren) oder nach Phasen (z.B. Arbeitsvorbereitung, Produktion, Montage, Kontrolle) vorgenommen.

Ergebnis der Aufgabenanalyse und der anschließenden Aufgabensynthese ist die Bildung von Stellen und Abteilungen, die die betrieblichen Teilaufgaben bearbeiten sollen und deren Rangfolge und Zusammenarbeit in einem Organisationsplan grafisch dargestellt werden.

8 Beim Zeitlohnverfahren richtet sich die Höhe der Entlohnung der Mitarbeiter ausschließlich nach der aufgewendeten Arbeitszeit (Stundenlohn). Ein direkter Zusammenhang zwischen Entlohnung und Arbeitsleistung besteht beim Zeitlohn nicht, eine bestimmte Leistung wird jedoch vom Mitarbeiter vorausgesetzt. Der Zeitlohn ist im Betrieb vor allem für solche Tätigkeiten geeignet, bei denen eine Messung der Arbeitsleistung nicht möglich ist, oder bei Tätigkeiten bei denen die Qualität größere Bedeutung hat, als die Quantität

Vorteile des Zeitlohnverfahrens für den

Arbeitgeber:	*Arbeitnehmer:*
Einfache Berechnung der Lohnhöhe	Festes Einkommen
Höhere Ausführungsqualität	Größere Arbeitsruhe

Nachteile des Zeitlohnverfahrens für den

Arbeitgeber:	*Arbeitnehmer:*
Kein Leistungsanreiz	Keine Möglichkeit, durch mehr Leistung mehr zu
Aufwendigere Kontrollen	verdienen

9 Ein Wechsel ist eine an gesetzliche Formvorschriften gebundene Urkunde, in der der Aussteller (Gläubiger) den Bezogenen (Schuldner) auffordert, an einen bestimmten Tag eine bestimmte Geldsumme an den Wechselnehmer oder an ihn selbst (an eigene Order) zu bezahlen.

Der Handwerksmeister kann einen Wechsel, den er von Kunden zur Zahlung seiner Leistung erhält wie folgt verwenden:

– Er bewahrt den vom Kunden akzeptierten Wechsel bis kurz vor den Verfalltag auf und übergibt ihn seinen Kreditinstitut zum Einzug, d.h. zur Gutschrift nach Eingang des Gegenwertes.

- Er gibt den akzeptierten Wechsel an einen seiner Gläubiger (z.B. einen Lieferanten) zahlungshalber (d.h. zur Zahlung seiner Verbindlichkeit) weiter.
- Er übergibt den Wechsel seiner Bank oder Sparkasse zum Diskont. Das Kreditinstitut kauft hierbei den Wechsel unter Abzug der Zinsen vom Einreichungstag bis zum Verfalltag an und schreibt den Barwert dem Handwerksmeister gut.

10 Übliche Preisnachlässe im kaufmännischen Geschäftsverkehr sind Skonto, Bonus und Rabatt.

Skonto:

Skonto ist ein prozentuale Preisnachlass bei Zahlung innerhalb einer bestimmten, vom Gläubiger festgelegten Frist. Der Skontosatz der vom Rechnungsbetrag abziehbar ist, kann auch gestaffelt sein.

Bonus:

Bonus ist eine nachträgliche Gutschrift, die dem Abnehmer in Form einer Umsatzvergütung vom Lieferanten als Treue- oder Mengenrabatt zugestanden wird. Boni werden in der Praxis z.B. gewährt, wenn eine bestimmte, vom Lieferanten festgelegte Abnahmemenge pro Jahr überschritten wird.

Rabatt:

Rabatte sind Preisnachlässe oder Abzüge, die von Lieferanten aus verschiedenen Gründen gewährt werden. Nach dem Grund der Rabattgewährung unterscheidet man z. B. zwischen Mengenrabatten, Einführungsrabatten, Treuerabatten, Wiederverkäuferrabatten oder Mitarbeiterrabatten.

C Rechts- und Sozialwesen

1.1.6 Programmierte Aufgaben

Richtige Lösungen sind:

1 e)	**6** 2-1-2-1-2	**11** c)	**16** b)
2 a) + e)	**7** c)	**12** e)	**17** b)
3 e)	**8** 2-1-1-1-2	**13** d)	**18** a)
4 1-2-1-2-1	**9** e)	**14** 1 – b, 2 – e, 3 – d, 4 – c, 5 – a	**19** c)
5 b)	**10** b)	**15** e)	**20** a)

1.1.7 Offene Fragen

1 – Einschränkung der gesetzlichen Gewährleistungsrechte
 – Ausschluss der Haftung bei Vorsatz oder grober Fahrlässigkeit des Versenders/Verkäufers
 – Ausschluss des Rücktrittsrechts des Kunden bei Verzug des Versenders
 – Ausschluss von Gewährleistungsansprüchen bei Kaufverträgen über neue Waren und bei Werkverträgen
 – Kurzfristige Preiserhöhungen (bis 4 Monate nach Vertragsabschluss) sind nicht zulässig

2 Nacherfüllung verlangen, von dem Vertrag zurücktreten oder den Kaufpreis mindern und Schadensersatz oder Ersatz vergeblicher Aufwendungen verlangen.

3 *Verkäufer:*   mangelfreie Übergabe der Kaufsache und Übertragung des Eigentums auf den Käufer
   Käufer: Zahlung des Kaufpreises und Abnahme der Kaufsache

4 *Hemmung:*   bei Klage, Zustellung des Mahnbescheids, bei höherer Gewalt (Krieg, Naturkatastrophen, Streik), u.a.m. (§ 206 BGB).

Unterbrechung bzw. *Neubeginn* der Verjährung bei Abschlags-, Zins-, Tilgungszahlung, Schuldanerkenntnis, bei Vollstreckungshandlung durch Gerichte.

5 *Mietvertrag:*   Überlassen von Sachen, Wohnungen gegen Mietzins zum Gebrauch

Pachtvertrag: Überlassen von Sachen, Einrichtungen gegen Pachtzins zum Gebrauch und zum Recht auf Nutzung des Ertrages

Leihvertrag: Benutzung einer Sache ohne Entgelt

Leasingvertrag: Erwerb von Nutzungsrechten gegen monatliche Zahlungen. Der Leasingnehmer nutzt die Güter auf Zeit, Einzelheiten sind vertragsabhängig.

6 Einkünfte aus Land- und Forstwirtschaft
Einkünfte aus selbstständiger Tätigkeit
Einkünfte aus nichtselbstständiger Tätigkeit
Einkünfte aus Gewerbebetrieb
Einkünfte aus Vermietung und Verpachtung
Einkünfte aus Kapitalvermögen
Sonstige Einkünfte

7 Zur Entlastung der Kleinbetriebe (bis 30 Beschäftigte) bei Lohnfortzahlung und aller Betriebe bei Mutterschaftsgeld zahlen diese 1% – 2% der Lohnsumme an die Krankenkasse, die dann 70% bzw. 100% der Lohnfortzahlung bzw. des Mutterschaftsgeldes übernimmt.

8 Dem in Zahlungsschwierigkeiten geratenen Kunden gewähren die Gläubiger häufig einen Zahlungsaufschub oder sie verzichten auf einen Teil ihrer Forderungen. Damit bleibt das Unternehmen als Kunde erhalten. In solchen Fällen spricht man von einem außergerichtlichen Vergleich.

2. AUGFGABENSATZ

2.1 Rechnungswesen

2.1.1 Programmierte Aufgaben

Richtige Lösungen sind:

1 b) + c)   **6** e)
2 b)   **7** d)
3 c)   **8** e)
4 a)   **9** e)
5 b)   **10** b)

2.1.2 Offene Fragen

1 Die ordentliche oder planmäßige AfA wird für abnutzbare Wirtschaftsgüter jährlich und aus steuerlichen Gründen vorgenommen. Die AfA-Tabelle des Finanzamtes gibt die regelmäßige Abschreibung vor.

Die außerordentliche oder außerplanliche Abschreibung gilt auch für nicht abnutzbare Wirtschaftsgüter (z.B. Grundstücke), als Sonderabschreibung für Klein- und Mittelbetriebe und in Fällen außerordentlicher und dauernder Wertminderung einschließlich der Vollabschreibung von Wirtschaftsgütern.

2 – Die Geschäftsfälle vollständig, richtig, zeitgerecht und geordnet aufzeichnen
– keine Buchung ohne Beleg
– Kasseneinnahmen und -ausgaben sind täglich aufzuzeichnen
– Buchungen nur als Storno-Buchungen veränderbar
– Eintragungen nur mit dokumentenechtem Stift vornehmen
– Speicherung auf Datenträgern möglich, Bilanz und G+V-Rechnung müssen ausgedruckt werden; beide bilden den Jahresabschluss
– am Anfang und am Ende eines Jahres muss ein Inventar und eine Bilanz erstellt werden

E Prüfungsaufgaben

3 – Feststellung der Vermögens- und Schuldenwerte
   – Ermittlung des Erfolgs des Unternehmens
   – Lieferung der Zahlen für die Kalkulation
   – Grundlage für die Berechnung der Steuern
   – Beweismittel bei Rechtsstreitigkeiten

4 Die Bilanz ist zeitpunktbezogen: EB lt. Inventur zum Bilanzstichtag
   Die G+V-Rechnung ist zeitraumbezogen: Vom 01.01. bis 31.12. ...

5 Das Privatkonto nimmt auf der Sollseite die Entnahmen, auf der Habenseite die Einlagen auf.
   Der Saldo des Kontos wird dem Eigenkapital zugeführt.

6 *Marktpreis:*   Preis, den man auf dem Markt für seine Produkte erzielen kann, entsteht
                         durch Angebot und Nachfrage.

   Kalkulierter Preis: Preis, den der Betrieb aufgrund seiner Kalkulation ermittelt; er sollte
                         unter dem Marktpreis liegen.

7 Aufgaben des BAB: Kostenerfassung, Kostenverteilung mittels Schlüssel, Kostenverrechnung
   über Zuschlagssätze, Kostenkontrolle.
   Gegliedert ist der BAB in Kostenarten und Kostenstellen.

8 Er ist eine Risikoabgeltung für die unternehmerische Tätigkeit und Selbstfinanzierungsmittel
   für Investitionen.
   Die Höhe des Gewinn- und Wagniszuschlags ist abhängig von dem speziellen Auftragsrisiko,
   der konjunkturellen Lage und der Marktsituation.

9 – Im Rahmen der Buchführung durch die G+V
   – Durch den Kapitalvergleich (= Betriebsvermögensvergleich)
   – Durch Einnahmen-Überschussrechnung (Ärzte, Steuerberater, Rechtsanwälte = Nicht-Kauf-
     leute machen dies)

2.1.3 Praktische Aufgaben

1 Richtig: a), d)

2 a)

Aktiva	Bilanz zum 31.12...		Passiva
Gebäude	182 950 €	Eigenkapital	286 520 €
Maschinen	173 130 €	Darlehen	375 880 €
BGA	27 080 €	Verbindlichkeiten	140 210 €
Material	83 380 €	Kontokorrentkredit	13 700 €
Unfertige Erz.	39 410 €		
Fertige Erz.	123 500 €		
Forderungen	167 740 €		
Bank	16 400 €		
Kasse	2 720 €		
	816 310 €		816 310 €

b) Gewinn   = 11 020 (286 520 – 275 500)
   275 500   = 100%
    11 020   = x%   x = 4% (Eigenkapitalrentabilität)

c) Anlagendeckung I   = 286 520 × 100/383 160 € = 74,8%
   Eigenkapitalquote   = 286 520 × 100/816 310 € = 35,1%
   Liquidität 2.Grades = 186 860 × 100/153 910 € = 121,4%

3 a) $84\,500 + 9\,500 + 3\,100 + 1\,400 + 1\,200 + 300 = 100\,000 =$ Anschaffungskosten

b) Fahrzeuge 100 000 + Vorsteuer 19 000 an Verbindlichkeiten 119 000

4 a)

	Eigenkapital zum 31.12.	2 650 000 €
–	Eigenkapital zum 01.01.	2 000 000 €
		+ 650 000 €
+	Privatentnahmen	80 000 €
	Gewinn	730 000 €

b) Verlust = 370 000 (– 450 000 + 80 000)

B Wirtschaftslehre

2.1.4 Programmierte Aufgaben

Richtige Lösungen sind:

1 c)	**6** d)	**11** e)	**16** c)
2 c)	**7** d)	**12** c)	**17** c)
3 d)	**8** d)	**13** b) + d)	**18** a)
4 e)	**9** b)	**14** c)	**19** c)
5 b)	**10** d)	**15** b)	**20** e)

2.1.5 Offene Fragen

1 In der Sozialen Marktwirtschaft als Wirtschaftsordnung der Bundesrepublik sollen die Nachteile eines freien, marktwirtschaftlichen Wirtschaftssystems (z.B. ruinöser Wettbewerb oder unsoziale Auswirkungen) vermieden werden, aber gleichzeitig deren Vorteile (z.B. hohes Güterversorgungsniveau) realisiert werden. Das Verhalten des Staates ist deshalb darauf ausgerichtet, dass Wirtschaftsgeschehen möglichst wenig zu beeinflussen, aber wenn nötig in die Wirtschaft einzugreifen. Das grundsätzliche Gestaltungsmerkmal der Soziale Marktwirtschaft ist somit die marktwirtschaftliche Ordnung. Andererseits ist der Staat jedoch verpflichtet, regulierend in das Marktgeschehen einzugreifen, wenn sich wirtschaftlich oder sozial unerwünschte Folgen durch den Wettbewerb ergeben. Das Ziel der Sozialen Marktwirtschaft ist also, wirtschaftliche Leistungsfähigkeit und höchstmögliche Güterproduktion bei größtmöglicher sozialer Sicherheit der Bürger zu verwirklichen.

Wesentliche Gestaltungsmerkmale der Sozialen Marktwirtschaft sind z.B.:
– Privateigentum
– Wettbewerb und Gewinnstreben
– Gewerbefreiheit (in Grenzen)
– Marktpreisbildung
– Tarifautonomie der Sozialpartner
– Freie Einkommensverwendung
– Aktive Rolle des Staates.

2 Um ein möglichst hohes Maß an Bedürfnisbefriedigung zu erreichen, muss der Mensch sich bemühen, die knappen, wirtschaftlichen Güter möglichst sparsam, vernünftig und wirkungsvoll einzusetzen. Wirtschaftliches Handeln vollzieht sich deshalb nach dem sog. ökonomischem Prinzip (= Prinzip der Wirtschaftlichkeit), das die Alternativen beschreibt, wie begrenzte wirtschaftliche Mittel gesetzten Zielen zugeordnet werden können. Beim ökonomischen Prinzip kann zwischen zwei verschiedenen Ansätzen gewählt werden, dem Maximal- oder dem Minimalprinzip.

Maximalprinzip:

Beim Wirtschaften nach dem Maximalprinzip sollen die vorgegebenen Mitteln so eingesetzt werden, dass damit ein maximaler Erfolg erreicht wird. Z.B.: Erzielung eines möglichst hohen Unternehmensgewinns mit einer gegebenen betrieblichen Ausstattung an Maschinen, Mitarbeitern, Rohstoffen und Kapital.

Minimalprinzip (Sparprinzip):

Beim Wirtschaften nach dem Minimalprinzip wird von einem vorgegebenen Ziel ausgegangen, das unter Einsatz minimaler Mittel erreicht werden soll. Z.B.: Eine bestimmte Rohstoffmenge soll möglichst kostengünstig eingekauft werden. Ein bestimmtes Produkt soll möglichst kostengünstig hergestellt werden.

3   Die Haftung der OHG-Gesellschafter ist unmittelbar, unbeschränkt und solidarisch.

Unmittelbare Haftung:

Ein Gläubiger der OHG kann sich direkt an einen Gesellschafter der OHG wenden, und von ihm die Zahlung der Schulden der Gesellschaft verlangen.

Unbeschränkte Haftung:

Der OHG-Gesellschafter haftet nicht nur mit seiner Einlage d.h. seinem Anteil an der Gesellschaft, sondern mit seinem gesamten Privatvermögen (z.B. seinem privaten Wohnhaus) für Schulden der Gesellschaft.

Solidarische Haftung:

Jeder OHG-Gesellschafter haftet für die gesamten Schulden der Gesellschaft.

4   Eine Gemeinschaftswerbung liegt vor, wenn Unternehmen oder eine Gruppe von Unternehmen der gleichen Wirtschaftsstufe, gemeinsam z.B. über ihre Verbände für Produkte und Dienstleistungen werben. Die einzelnen Betriebe bleiben bei der Gemeinschaftswerbung anonym. Im Handwerk wird Gemeinschaftswerbung häufig über die Innungen oder Landesinnungsverbände betrieben so, z.B. im Tischler- oder Optikerhandwerk.

Die Vorteile der Gemeinschaftswerbung im Handwerk liegen vor allem in der Möglichkeit einen größeren Kundenkreis ansprechen zu können, als bei Alleinwerbung des einzelnen Betriebes. Durch Gemeinschaftswerbung wird ein größerer Kapitaleinsatz möglich, was die Durchschlagskraft erhöht und das Streugebiet der Werbung vergrößert, da andere Werbemittel wie z.B. Werbesendungen und Werbefilme in Rundfunk und Fernsehen eingesetzt werden können. Der Kunde des Handwerkers wird durch Gemeinschaftswerbung über Innungen oder Landesinnungsverbände zusätzlich zur Werbung des einzelnen Betriebes auf eine andere Art angesprochen und auf die Waren und Dienstleistungen des betreffenden Handwerks aufmerksam gemacht.

5   Beim Akkordlohnsystem richtet sich die Entlohnung des Mitarbeiters unmittelbar nach dessen Arbeitsleistung (Mengenergebnis). Der Arbeitsverdienst des Mitarbeiters pro Zeiteinheit entwickelt sich dabei im gleichen Verhältnis wie seine Leistung, d.h. je höher die gefertigte Stückzahl, desto höher ist der Verdienst des Mitarbeiters.

Das Akkordlohnsystem ist in Handwerksbetrieben vielfach nicht einsetzbar, da ein solches Entlohnungsverfahren Arbeiten bzw. Tätigkeiten voraussetzt, die sich häufig wiederholen, die gleichartig sind, die der Mitarbeiter durch sein Arbeitstempo beeinflussen kann, und bei denen das Arbeitsergebnis sowie der Zeitbedarf messbar ist. Viele Handwerksarbeiten wie z.B. Maßarbeiten nach Kundenwünschen, Reparaturarbeiten oder Restaurationsarbeiten, die eine besondere Sorgfalt erfordern, erfüllen diese Voraussetzungen jedoch nicht und können deshalb nicht im Akkord ausgeführt und entlohnt werden.

6   a) Berechnung des Überweisungsbetrages unter Abzug von 3% Skonto:

Rechnungsbetrag	12 500 €
– 3% Skonto	375 €
Überweisungsbetrag	12 125 €

b) Kosten des Kontokorrentkredites:

$$Z = \frac{K \cdot p \cdot t}{100 \cdot 360}$$

$$Z = \frac{12\,125 \cdot 13,4 \cdot 20}{100 \cdot 360}$$

$$Z = 90,26 \ €$$

c) Höhe der tatsächlichen Einsparung:

	3% Skonto vom Rechnungsbetrag	375,00 €
–	Zinsen für Kontokorrentkredit	90,26 €
=	Finanzierungsgewinn	284,74 €

d) Zinsen des Skontosatzes pro Jahr:

20 Tage Lieferantenkredit – 3%

360 Tage Lieferantenkredit – x%

$$x = \frac{360 \cdot 3}{20}$$

$$x = 54\% \ \text{p.a.}$$

7 Beim kooperativen oder partnerschaftlichen Führungsstil werden die Mitarbeiter an betrieblichen Entscheidungen durch Befragen oder Anhören beteiligt. Typisch ist dabei die Delegation (d.h. Übertragung) von Verantwortung für bestimmte Aufgabern und Tätigkeiten an Mitarbeiter oder an Betriebsabteilungen. Die eigentliche Aufgabenerledigung erfolgt dann weitgehend selbstständig.

Die Vorteile des partnerschaftlichen Führungsstils, ergeben sich insbesondere durch die Einbeziehung der Mitarbeiter in betriebliche Entscheidungen, was eine Vergrößerung des Informationshintergrundes, und damit eine möglicherweise bessere Entscheidung bewirkt. Die Übertragung von Verantwortungsbereichen auf die Mitarbeiter entlastet den selbstständigen Meister und ermöglicht eine bessere Entfaltung der Fähigkeiten der Gesellen. Dies führt wiederum zu einer höheren Arbeitszufriedenheit und Motivation.

8 Das Lastschrifteinzugsverfahren erfolgt entweder durch eine Einzugsermächtigung oder durch einen Abbuchungsauftrag. Bei der Einzugsermächtigung erlaubt der Zahlungspflichtige (Kontoinhaber) dem Zahlungsempfänger, z.B. für offene Rechnungen geschuldete Beträge direkt von seinem Konto durch ausstellen einer Lastschrift einzuziehen. Beim Abbuchungsauftrag beauftragt der Schuldner sein Kreditinstitut von Lieferanten oder anderen Gläubigern eingehende Lastschriften abzubuchen. Das Lastschrifteinzugsverfahren eignet sich z.B. für Strom- und Gasrechnungen, Kommunalgebühren oder Telefonrechnungen.

Der Dauerauftrag ist eine besondere Form der Überweisung. Beim Dauerauftrag erteilt der Zahlungspflichtige seinem Kreditinstitut den Auftrag bis auf Widerruf regelmäßig zu bestimmten Terminen gleichbleibende Beträge an denselben Begünstigten bzw. Gläubiger zu überweisen. Daueraufträge eignen sich für z. B. für die Zahlung von monatlichen Mieten oder Rundfunk und Fernsehgebühren.

9 Die Kreditgarantiegemeinschaften werden in der Rechtsform der GmbH betrieben und sind Selbsthilfeeinrichtungen für mittelständische Unternehmen und Handwerksbetriebe. Auf Bundesebene haben sich die regionalen Kreditgarantiegemeinschaften zu Bundes-Kreditgarantiegemeinschaften, z.B. der Bundes-Kreditgarantiegemeinschaft des Handwerks zusammengeschlossen.

Die Aufgabe der Kreditgarantiegemeinschaften des Handwerks ist die Übernahme von Ausfallbürgschaften, wenn Handwerksbetriebe keine oder nicht ausreichende Sicherheiten für

E Prüfungsaufgaben

Darlehen von Kreditinstituten bereitstellen können. Die Höhe der von der Kreditgarantiegemeinschaft übernommenen Ausfallbürgschaft beträgt bis zu 80% der Darlehenssumme. Für einen Teil der übernommenen Ausfallbürgschaften erhalten die Kreditgarantiegemeinschaften Rückbürgschaften von Bund und Ländern. Eigene Kredite vergeben die Kreditgarantiegemeinschaften nicht.

10 Unter dem Pfandrecht versteht man ein Recht an fremden Sachen das der Sicherung einer Geldforderung (z.B. eines Darlehens) dient und den Gläubiger berechtigt sich durch öffentliche Versteigerung des verpfändeten Gegenstandes zu befriedigen. Zur Bestellung des Pfandrechts an beweglichen Sachen ist es erforderlich, dass ein Vertrag abgeschlossen wird und sich Verpfänder (Schuldner und Eigentümer der Sache) und Pfandgläubiger (Kreditgeber) über die Entstehung des Pfandrechts einig sind. Außerdem muss die Pfandsache an den Pfandgläubiger übergeben werden (Faustpfandrecht). Gerade die körperliche Übergabe des Pfandes an den Gläubiger hat sich in der Praxis jedoch als nachteilig erwiesen, da einerseits der Schuldner die verpfändete Sache nicht nutzen kann und andererseits die Sache vom Pfandgläubiger verwahrt werden muss.

Die Sicherungsübereignung ist die Übereignung von beweglichen Sachen wie z.B. Maschinen, Kraftfahrzeugen oder Waren durch einen Kreditnehmer an den Kreditgeber zur Absicherung einer Geldforderung. Der Kreditnehmer bleibt Besitzer des übereigneten Gutes und der Kreditgeber wird Eigentümer. In der praktischen Besicherung von Darlehen oder Krediten ist die Sicherungsübereignung vorteilhaft, da der Schuldner im Besitz des Sicherungsgutes bleibt und z.B. übereignete Maschinen oder Kraftfahrzeuge weiter nutzen – und mit ihnen arbeiten kann.

C Rechts- und Sozialwesen

2.1.6 Programmierte Aufgaben

Richtige Lösungen sind:

1 a)	**6** d)	**11** 3-1-2	**16** e)
2 e)	**7** e)	**12** 2-1-1-2-1	**17** a)
3 b)	**8** c)	**13** b)	**18** e)
4 b) + e)	**9** c)	**14** d)	**19** b)
5 e)	**10** e)	**15** e)	**20** a)

2.1.7 Offene Fragen

1 Unter *Handwerk* versteht man eine gewerbsmäßige, nicht industrielle, auf die Be- und Verarbeitung von Stoffen (z.B. Schlosser oder Schreiner), Reparatur (z.B. Schuhmacher) oder die Erstellung von Dienstleistungen (z.B. Friseur) ausgerichtete Erwerbstätigkeit.

Kennzeichnend für das *Handwerksgewerbe* ist, dass trotz des Einsatzes von Maschinen und moderner Technik die individuelle Handarbeit weiterhin im Vordergrund steht. Das *Gesamtbild des Betriebes* ist dabei entscheidend; d.h. insbesondere die Art der Güterherstellung, der Grad der Arbeitsteilung (im Handwerk im Vergleich zur Industrie eher gering) und die hauptsächliche Beschäftigung von ausgebildeten, qualifizierten Facharbeitern zur Bereitstellung der handwerklichen Leistungen (im Bereich der Industrie tendenziell mehr angelernte und ungelernte Beschäftigte). *Typisch für Handwerksbetriebe,* vor allem im produzierenden Handwerk (z.B. Dachdecker, Tischler oder Zahntechniker) ist die am Auftrag des Kunden orientierte und nach dessen Maßgabe erfolgende Produktion individueller Leistungen.

2 Die *Hauptpflicht* des *Arbeitgebers* ist die *Lohnzahlungspflicht*. Dabei kann sich die Vergütung des Arbeitnehmers – je nach getroffener Vereinbarung – nach der Dauer der geleisteten Arbeitszeit *(Zeitlohn)* oder nach ihrem Ergebnis *(Akkordlohn)* richten.

Zu der Vergütung kommen eventuelle *Lohnzuschläge,* sodass sich aus dieser Summe der Brut-tolohn ergibt. Von diesem werden *Steuern* (Einkommenssteuer, Kirchensteuer), *Sozialversiche-rungsbeiträge* sowie etwaige Abzüge, die auf privatem Recht beruhen (z.B. Pfändungen) abge-zogen.

Weiterhin hat der Arbeitgeber den Arbeitnehmer zu *beschäftigen* und er ist zum Schutz der Per-son des Arbeitnehmers verpflichtet *(Fürsorgepflicht).* Zum letzteren gehört vor allem die Pflicht zum Schutz von Leben und Gesundheit des Arbeitnehmers am Arbeitsplatz.

3   Nein, es sei denn, der Unternehmer hätte unverzüglich der Auftragsbestätigung unter Hinweis auf die getroffene Vereinbarung widersprochen (Kaufmännisches Bestätigungsschreiben).

4   Allgemeiner Teil, Schuldrecht, Sachenrecht, Familienrecht, Erbrecht.

5   Betriebsrat, Wehrpflichtige- und Zivildienstleistende, Schwerbehinderte, schwangere Arbeit-nehmer, Auszubildende nach der Probezeit, Datenschutzbeauftragte, Jugend- und Auszubil-dendenvertreter.

6   Unfallverhütungsvorschriften, Adresse der Berufsgenossenschaft, Arbeitszeitgesetz, Jugendar-beitsschutzgesetz, Mutterschutzgesetz

7   Ein notarieller Kaufvertrag zwischen Verkäufer und Käufer muss erfolgen. Der Eigentumser-werb erfolgt durch Einigung über den Eigentumsübergang (Auflassung) und Eintragung im Grundbuch.

8   Der Arbeitgeber führt die gesamten Sozialabgaben aus einem Arbeitsverhältnis, die der Arbeit-nehmer mehr als zur Hälfte mitträgt, an die zuständige Krankenkasse des Arbeitnehmers ab.
    Die Beiträge zur BG werden jährlich vom Arbeitgeber überwiesen.

3. AUFGABENSATZ

3.1 Rechnungswesen

3.1.1 Programmierte Aufgaben

Richtige Lösungen sind:

1	b)	**6**	d)
2	c)	**7**	a)
3	d)	**8**	b)
4	d)	**9**	b)
5	c)	**10**	c)

3.1.2 Offene Fragen

1   Die betrieblichen Abschreibungen (= *kalkulatorische Abschreibungen*) richten sich nach der tatsächlichen betrieblichen Abnutzung, sind Teil des Angebotspreises und werden vom Wie-derbeschaffungswert berechnet.
    Die steuerlichen Abschreibungen (= *AfA*) richten sich nach den Möglichkeiten des Unterneh-mens, den Gewinn zu schmälern. Deshalb kann nicht nur linear, sondern auch degressiv abge-schrieben werden. Grundlage der jährlichen Abschreibungen sind die fortgeführten Anschaf-fungskosten.

2   Folgende Wertbegriffe sollten Sie kennen:
    Anschaffungswert = der Wert, den wir für unsere Wirtschaftsgüter tatsächlich zu zahlen haben
    Wiederbeschaffungswert = der Wert, den uns ein Wirtschaftsgut später kostet
    Buchwert = Anschaffungskosten – planmäßige Abschreibungen (AfA)
    Erinnerungswert = 1 €. Mit diesem Wert werden alle abgeschriebenen und noch genutzten Wirtschaftsgüter in der Bilanz dargestellt.

E Prüfungsaufgaben

Niederstwert = aus Gründen der Vorsicht sollten alle Vermögensteile mit dem niedrigeren der möglichen Werte bilanziert werden

Höchstwert = aus Gründen der Vorsicht sollten Schulden mit dem höchsten der möglichen Werte bilanziert werden

3 Den Materialverbrauch kann man ermitteln durch
Inventur (AB + Zugänge – Endbestand = Verbrauch)
exakte Lagerbuchhaltung (z.B. durch Materialentnahmescheine)

4 Ein typisches Beispiel für »durchlaufende Posten« ist die Umsatzsteuer. Dabei erhält der Unternehmer von seinem Kunden über die Rechnung die Mehrwertsteuer, die er mit der Vorsteuer verrechnet, die er den Lieferanten bei Käufen zu zahlen hat. Die Differenz von Mehrwertsteuer und Vorsteuer, die Zahllast hat der Unternehmer im nächsten Monat an das Finanzamt abzuführen.
(Übrigens: Damit ist der Unternehmer Steuereintreiber für den Staat, wobei der Endverbraucher der tatsächliche Zahler ist).

5 Die Konten sollten sinnvoll geordnet sein, um einem sachverständigen Dritten innerhalb angemessener Zeit einen Überblick über die Geschäftsfälle und über die Lage des Unternehmens zu vermitteln. Nur dann lassen sich die Geschäftsfälle in ihrer Entstehung und Abwicklung verfolgen.

6 Eine Überschuldung liegt vor, wenn das Eigenkapital durch Verluste aufgezehrt ist und das Vermögen nicht ausreicht, die Schulden zu decken. Der sich dann ergebene Überschuss der Passiva über die Aktiva muss vom Unternehmer am Schluss der Jahresbilanz auf der Aktivseite unter der Bezeichnung »Nicht durch Eigenkapital gedeckter Fehlbetrag« ausgewiesen werden.

3.1.3 Praktische Aufgaben

1 a) 2 000 + 26 – 300 – 27 – 423,43 (= Arbeitnehmer-Anteil zur Sozialversicherung = 20,9% von 2 026) – 40 = 1 235,57 Auszahlungsbetrag

b) Löhne 2 026,00   an Bank   1 235,57
                        an Verb. aus Lst./KiSt   327,00
                        an Verb. aus Sozialabgaben   423,43 ($\hat{=}$ 20,9%) = AN-Anteil
                        an Verb. VWL   40,00
     Gesetzliche Sozialaufwendungen   405,20 ($\hat{=}$ 20,0%) = AG-Anteil
                        an Verb. aus Sozialabgaben   405,20

2 *Inventar der Tischlerei Heinz Rode, Kassel, zum 31.12...*

A. Vermögen	**EUR**	**EUR**
I. *Anlagevermögen*		
1. Fahrzeuge	20 000	
2. Einrichtung	17 000	37 000
II. *Umlaufvermögen*		
1. Materialbestand	11 000	
2. Kundenforderungen	10 000	
3. Wechselforderungen	3 000	
4. Kassenbestand	2 800	
5. Bankguthaben	6 000	32 800
Summe des Vermögens		**69 800**

B. Schulden

I. *Langfristige Schulden*
Darlehen   28 000

II. *Kurzfristige Schulden*
1. Lieferantenverbindlichkeiten   20 500
2. Wechselverbindlichkeiten   3 000
3. Mehrwertsteuerschuld   1 500   25 000

III. *Passive Rechnungsabgrenzung*   1 200

Summe der Schulden   **54 200**

C. Ermittlung des Eigenkapitals

Summe des Vermögens   69 800
− Summe der Schulden   54 200

= **Eigenkapital = Betriebsvermögen**   **15 600**

3   a)   Anschaffungskosten   = 100 000 €
       Abschreibungen   = 40 000 €

    b)   Die Abschreibungen für das 2. Nutzungsjahr sind **insgesamt**   35 000 €.

    c)   Abschreibungen auf Sachanlagen   35 000 €
            an Maschinen   35 000 €

4   a)   privat
    b)   (1) betrieblich
         (2) privat
    c)   privat
    d)   außerordentlich
    e)   außerordentlich
    f)   (1) betrieblich
         (2) privat
         (3) betrieblich
    g)   periodenfremd
    h)   betriebsfremd
    i)   betriebsfremd
    j)   privat
    k)   außerordentlich

B Wirtschaftslehre

3.1.4 Programmierte Aufgaben

1 e)	5 e)	9 e)	13 c)	17 c)
2 d)	6 e)	10 b)	14 d)	18 c)
3 d)	7 d)	11 e)	15 a)	19 d)
4 b)	8 b)	12 b)	16 c)	20 d)

3.1.5 Offene Fragen

1   Die vier Ziele der staatlichen Wirtschaftspolitik in der Sozialen Marktwirtschaft der Bundesrepublik nach dem Stabilitätsgesetz (Gesetz zur Förderung der Stabilität und des Wachstums der Wirtschaft von 1967) sind:

Stabilität des Preisniveaus
Die Güterpreise in der Volkswirtschaft sollen über einen längeren Zeitraum möglichst gleich bleiben bzw. sich nur wenig verändern, um den Wert des Geldes zu sichern und die Kaufkraft des € zu erhalten. Ziel 1 % Inflationsrate (Inflationsrate = durchschnittliche Preissteigerung in Prozent, in einem Jahr, verglichen mit dem entsprechenden Vorjahr).

E Prüfungsaufgaben

Angemessenes Wirtschaftswachstum

Wirtschaftswachstum bewirkt eine Zunahme des Waren- und Dienstleistungsangebotes in der Volkswirtschaft und damit letztlich eine Erhöhung der Lebensqualität. Gemessen wird das Wirtschaftswachstum am realen Bruttosozialproduktes, das möglichst stetig zunehmen soll: Ziel 4% Wachstumsrate (Wachstumsrate = Zunahme des realen Bruttosozialproduktes in Prozent im Vergleich zum Vorjahr).

Hoher Beschäftigungsstand

Hoher Beschäftigungsgrad bedeutet, dass möglichst wenig Erwerbsfähige in der Volkswirtschaft keinen Arbeitsplatz haben. Ziel: 2% Arbeitslosenquote (Arbeitslosenquote = Zahl der Arbeitslosen zur Zahl der abhängig Beschäftigten).

Außenwirtschaftliches Gleichgewicht

Die Außenwirtschaftsbeziehungen der deutschen Volkswirtschaft sollen möglichst ausgeglichen sein, d.h. Zahlungseingänge für Ausfuhren (Exporte) und Zahlungsausgänge für Einfuhren (Importe) sollten sich die Waage halten. Ziel: 1,5% bis 2% Außenbeitrag am Bruttosozialprodukt (Außenbeitrag = Differenz aus Importen und Exporten).

2 Angesiedelte Handwerks- und Gewerbebetriebe bringen für die Standortgemeinde verschiedene Vorteile wie z.B. die Schaffung von Arbeitsplätzen, oder die Zahlung von Gemeindesteuern, insbesondere von Gewerbesteuer. Aus diesen Gründen versuchen die Gemeinden Existenzgründern ihren Standort durch verschiedene Maßnahmen möglichst attraktiv zu machen. Maßnahmen, die Gemeinden zur Förderung der Gewerbeansiedlung in ihrem Bereich ergreifen, sind z.B.:

– Ausweisung spezieller Gewerbe- und Industriegebiete.

– Bereitstellung günstiger Baugrundstücke für Gewerbebetriebe.

– Übernahme eines Teils der Anlieger- und Erschließungskosten.

– Niedrige Gewerbesteuerhebesätze.

3 Voraussetzung für die selbstständige Berufsausübung im Handwerk ist die Eintragung in die bei der Handwerkskammer geführte Handwerksrolle. Über die erfolgte Eintragung in die Handwerksrolle stellt die Handwerkskammer eine Bescheinigung, die sog. Handwerkskarte, aus.

In die Handwerksrolle wird grundsätzlich der eingetragen, der die Meisterprüfung in dem von ihm zu betreibenden Handwerk oder einem verwandten Handwerk bestanden hat. In die Handwerksrolle wird jedoch auch eingetragen, wer eine offizielle, der Meisterprüfung mindestens gleichwertige, staatlich oder staatlich anerkannte Prüfung bestanden hat und in dem betreffenden Handwerk entweder eine Gesellenprüfung abgelegt hat oder mindestens drei Jahre praktisch tätig war. Als mindestens gleichgestellt gelten Abschlussprüfungen deutscher Hochschulen oder Diplome aus EU-Staaten. Daneben gibt es gemäß Handwerksordnung weitere spezielle Vorschriften für Personen- und Kapitalgesellschaften, Witwen- und Erbenbetriebe sowie Ausnahmen zur Eintragung in die Handwerksrolle.

Der Handwerksbetrieb muss bei folgenden Stellen angemeldet werden:

Handwerkskammer:

Nachweis der Befähigung nach Handwerksordnung (in der Regel Meisterprüfung) und Eintragung in die Handwerksrolle.

Gewerbeamt der Gemeinde:

Anmeldung des Gewerbes und Entgegennahme des Gewerbescheins.

Finanzamt:

Die Anmeldung des Betriebes erfolgt im Regelfall bereits durch das Gewerbeamt, vom Finanzamt wird dann eine Betriebs- und Steuernummer zugeteilt.

Berufsgenossenschaft:

Betriebseröffnungsanzeige innerhalb einer Woche, alle Beschäftigten sind zu versichern; der Eigentümer nur, wenn die Satzung der Berufsgenossenschaft dies vorsieht.

4 Die Fertigungsarten, die im Handwerk am häufigsten praktiziert werden, sind Einzelfertigung, (Klein-)Serienfertigung und Sortenfertigung.

Einzelfertigung:
Einzelfertigung wird von den meisten Handwerksbetrieben durchgeführt. Bei Einzelfertigung stellt der Handwerksbetrieb Erzeugnisse her, die in ihrer Art nur einmal, nach Maßgabe und Wünschen des jeweiligen Kunden oder Zeichnungen des Architekten produziert werden, z.B. der Bau eines Dachstuhls durch den Zimmermann oder die Anfertigung eines Treppengeländers durch den Bauschlosser.

(Klein-)Serienfertigung:
Serienfertigung im Handwerk liegt vor, wenn Erzeugnisse in begrenzter Stückzahl produziert werden, deren Herstellung relativ ähnlich ist, z.B. die Produktion von Aluminiumfenstern gleicher Größe durch den Bauschlosser oder der Bau von gleichen Werkzeugen durch den Werkzeugmacher.

Sortenfertigung:
Bei der Sortenfertigung im Handwerk werden aus dem gleichen Grundstoff bzw. Material verschiedene Sorten einer Ware oder eines Erzeugnisses auf denselben Maschinen hergestellt, z.B. im Bäcker- oder Fleischerhandwerk.

5 Die Aufgabe der Lagerhaltung im Handwerk ist es, die jederzeitige Produktionsbereitschaft zu sichern und die Zeitspanne zwischen der Lieferung der Rohstoffe, der Produktion der handwerklichen Erzeugnisse und den Absatz dieser Erzeugnisse zu überbrücken. Darüber hinaus ermöglicht die Lagerhaltung dem Handwerksmeister im Rahmen der Beschaffung von Material und Rohstoffen die Ausnutzung von Preisvorteilen und Sonderkonditionen seiner Lieferanten, z.B. durch Mengenrabatte oder Sonderangebote.

Lagerhaltung schafft für den Handwerksmeister somit einerseits die Möglichkeit, die Einstandspreise pro Stück oder pro Quadratmeter der benötigten Materialien durch die Ausnutzung von Mengenrabatten bei größeren Bestellmengen zu senken. Andererseits erhöhen steigende Bestellmengen jedoch die Kosten für die Lagerhaltung und das investierte Kapital.

Im einzelnen verursacht die Lagerhaltung im Handwerk die folgenden Kosten:

Raum- bzw. Platzkosten:
Gebäudeabschreibung, Miete oder Pachten, Energiekosten.

Stoff- und Materialkosten:
Zinsen des investierten Kapitals, Aufwand für falsche Lagerung sowie Kosten für Schwund und Verderb von Material und Rohstoffen.

Verwaltungskosten:
Gehälter für Lagerpersonal und organisatorische Hilfsmittel im Lager.

6 a) Berechnung der Zinsen für die Zeit vom 19.01. bis 28.04.:

$$Z = \frac{\text{Kapital} \cdot \text{Zinssatz} \cdot \text{Tage}}{100 \cdot 360}$$

$$Z = \frac{26\,000 \cdot 9\% \cdot 99}{100 \cdot 360}$$

$$Z = 643{,}50\ €$$

b) Gesamtbetrag der Rückzahlung: 26 643,50 €

7 Die Finanzierung beinhaltet sämtliche Maßnahmen, die mit der Beschaffung des betriebsnotwendigen Kapitals zur Begründung des Vermögens (Anlage- und Umlaufvermögen) der Unternehmung verbunden sind.

Finanzierungsgrundsätze sind z.B.:
–   Die Finanzierung sollte so erfolgen, dass die Liquidität (= jederzeitige Zahlungsbereitschaft) gesichert ist.

E Prüfungsaufgaben

– Bestehen mehrere Finanzierungsalternativen, sollte die kostengünstigste Alternative gewählt werden.

– Langfristige Investitionen in das Anlagevermögen, z.B. der Bau von Gebäuden oder die Anschaffung von Maschinen, sollten durch Eigenkapital oder langfristiges Fremdkapital finanziert werden.

– Kurzfristige Investitionen in das Umlaufvermögen, z.B. die Material- und Rohstoffbeschaffung sollten mit kurzfristigen Finanzmitteln wie z.B. Wechselkrediten finanziert werden.

– Die Nutzungsdauer der mit Fremdkapital finanzierten Vermögensteile im Betrieb sollte der Laufzeit des aufgenommenen Fremdkapitals ungefähr entsprechen.

– Bei allen betrieblichen Finanzierungsmaßnahmen sollte die Rentabilität des Kapitaleinsatzes beachtet werden.

8 Die Personalbeschaffung und die anschließende Einstellung eines neuen Mitarbeiters geschieht üblicherweise nach folgenden Schritten:

– Ausschreibung der betreffenden Stelle durch Inserate in der lokalen/regionalen Presse und/oder in Fachzeitschriften.

– Beurteilung der eingehenden Bewerbungsunterlagen (= Anschreiben, Lebenslauf, Zeugnisse und Referenzen) und Vorauswahl.

– Persönliche Beurteilung geeigneter Bewerber in einem Vorstellungsgespräch (ggf. mit Hilfe von Eignungstests).

– Auswahl eines geeigneten Bewerbers unter Beachtung der eingereichten Bewerbungsunterlagen und der persönlichen Beurteilung.

– Einstellung des neuen Mitarbeiters und Abschluss eines Arbeitsvertrages. Benötigte Unterlagen sind Lohnsteuerkarte, Sozialversicherungsnachweisheft sowie eine Urlaubsbescheinigung des letzten Arbeitgebers.

9 Ein Wechseldiskontkredit liegt vor, wenn ein Handelswechsels vor Fälligkeit vom Wechselinhaber an eine Bank oder Sparkasse verkauft wird. Die Bank gewährt dabei dem Verkäufer des Wechsels einen kurzfristigen Kredit (Laufzeit bis 90 Tage), da sie selbst den Wechselbetrag erst am Wechselverfalltag erhält. Das Kreditinstitut berechnet deshalb für die Gutschrift des Wechsels vor Fälligkeit Zinsen (= Diskont). Die Diskontzinsen werden vom Tag der Einreichung des Wechsels bis zum Verfalltag berechnet.

Die Vorteile des Wechseldiskontkredites für den Kreditnehmer sind z.B.:

– Günstige Konditionen, da es sich beim Wechseldiskontkredit vergleichsweise um einen preiswerten kurzfristigen Kredit handelt.

– Erhöhung der Barmittel des Kreditnehmers zur Ablösung von Verbindlichkeiten die höher zu verzinsen sind oder zur Skontierung von Eingangsrechnungen.

10 Maßnahmen, die der Unternehmer ergreifen kann, wenn Konkurrenzunternehmen Waren oder Dienstleistungen zu niedrigeren Preisen anbieten sind z.B.:

– Überprüfung und ggf. Korrektur der Preiskalkulation.

– Kostensenkung durch günstigere Material- und Rohstoffpreise.

– Kostensenkung durch bessere Zahlungsbedingungen für Einkäufe.

– Kostensenkung durch verbesserte Personalauslastung.

– Kostensenkung durch Rationalisierung in der Produktion, z.B. durch den Einsatz moderner Betriebsmittel.

– Intensivierung der Werbung und Herausstreichung von Qualitätsvorzügen der eigenen Erzeugnisse und Produkte.

– Verbesserung von Service und Kundendienst.

– Absenkung des Zuschlags für Wagnis und Gewinn.

C Rechts- und Sozialwesen

3.1.6 Programmierte Aufgaben

Richtige Lösungen sind:

1	a)	**11**	b)
2	e)	**12**	a) + b)
3	e)	**13**	a)
4	e)	**14**	d)
5	e)	**15**	d)
6	c)	**16**	e)
7	e)	**17**	b) + e)
8	e)	**18**	d)
9	b)	**19**	b)
10	a)	**20**	c)

3.1.7 Offene Fragen

1 Ein Gewerbe ist jede erlaubte, private, selbstständig ausgeübte, auf Dauer angelegte und mit der nachhaltigen Absicht der Gewinnerzielung verbundene Tätigkeit.

Als selbstständig gelten die Personen, die eine gewerbliche Tätigkeit im eigenen Namen und für eigene Rechnung, d.h. auf eigenes Risiko ausüben.

Der Selbstständige bringt das betriebsnotwendige Kapital für das Gewerbe auf, entscheidet über die Betriebsführung, erhält den Betriebsgewinn, trägt aber auch einen möglichen Verlust und das allgemeine Betriebsrisiko.

Ein Gewerbe ist z.B. die selbstständige Ausübung eines Handwerks, genauso wie der Betrieb eines Einzel- oder Großhändlers.

2 *Regionale Organisation:* Kreishandwerkerschaft – Handwerkskammer – Handwerkskammertag

Fachliche Organisation: Innung – Landesinnungsverband – Bundesinnungsverband

3 Teil I   Ausübung eines Handwerks,

Teil II   Berufsbildung im Handwerk,

Teil III Meisterprüfung und Meistertitel,

Teil IV Organisation des Handwerks,

Teil V   Bußgeld, Übergangs- und Schlussvorschriften

4 Das Handelsregister beim Amtsgericht enthält im wesentlichen folgende Eintragungen:

- – Firma der Unternehmung
- – Name des Inhabers oder der Gesellschafter
- – Geschäftssitz der Unternehmung
- – Gegenstand der Unternehmung
- – Geschäftsführer (Name und Geburtsdatum)
- – Erteilung oder Entzug einer Prokura

E Prüfungsaufgaben

5 Jeder Arbeitnehmer hat einen gesetzlichen Anspruch auf ein Zeugnis bei Beendigung des Arbeitsverhältnisses (§ 630 BGB). Da das Zeugnis ein wichtiges Element der Bewerbung des Arbeitnehmers um einen neuen Arbeitsplatz ist, soll es möglichst positiv formuliert sein.

Dazu hat der Arbeitgeber vier Grundregeln zu beachten.

Das Zeugnis muss vollständig, klar, wahr und wohlwollend formuliert sein. Dies letztere ist möglicherweise schwierig für den Arbeitgeber, denn:

Selbst bei negativen Leistungen des Arbeitnehmers muss das Zeugnis wohlwollend formuliert sein. Fällt die Beurteilung zu positiv aus, besteht die Gefahr von hohen Schadenersatzansprüchen des neuen Arbeitgebers.

6 Rechtsgrundlagen des Arbeitsrechts ist zuerst das Grundgesetz, dann die Gesetze (Betriebsverfassungsgesetz, Mutterschutzgesetz), Tarifverträge, z.B. zwischen Arbeitgeberverband und Einzelgewerkschaft, Betriebsvereinbarungen zwischen Geschäftsleitung und Betriebsrat und endlich Einzelarbeitsverträge zwischen Arbeitgebern und Arbeitnehmern.

7 Auf Antrag haben Arbeitnehmer bei Zahlungsunfähigkeit **und** Eingang des Insolvenzantrags beim Amtsgericht Anspruch auf den ausgefallenen Arbeitsverdienst (Insolvenzgeld), längstens für 3 Monate. Das Geld erhalten alle Beschäftigten des zahlungsunfähigen Betriebes, auch die, die nicht in der Arbeitslosenversicherung versichert sind.

Die Betriebe zahlen dazu eine Umlage von 0,15% der Lohnsumme.

Sachwortverzeichnis[1]

Angegeben sind jeweils die Stellen, an denen der Begriff im einzelnen erklärt wird.

---

[1] Die Prüfungsaufgaben sind nicht erfasst.